HISTOIRE ABRÉGÉE

DES

DROGUES SIMPLES.

TOME I.

IMPRIMERIE DE PLASSAN, RUE DE VAUGIRARD, N° 15,
DERRIÈRE L'ODÉON.

HISTOIRE ABRÉGÉE

DES

DROGUES SIMPLES,

PAR N.-J.-B.-G. GUIBOURT,

PHARMACIEN,

MEMBRE-ADJOINT DE L'ACADÉMIE ROYALE DE MÉDECINE, DE LA SOCIÉTÉ DE MÉDECINE, DE CELLE DE PHARMACIE ET DE CELLE DE CHIMIE MÉDICALE DE PARIS, MEMBRE HONORAIRE DE LA SOCIÉTÉ DES PHARMACIENS DE L'ALLEMAGNE SEPTENTRIONALE, EX-SOUS-CHEF DE LA PHARMACIE CENTRALE DES HOPITAUX CIVILS DE PARIS.

SECONDE ÉDITION,

CORRIGÉE ET AUGMENTÉE.

TOME PREMIER.

PARIS.

MÉQUIGNON-MARVIS, LIBRAIRE, ÉDITEUR,

RUE DU JARDINET, N° 13,

QUARTIER DE L'ÉCOLE DE MÉDECINE.

Et A BRUXELLES, au dépôt-général de la librairie médicale française.

SEPTEMBRE. — 1826.

A MR THÉNARD,

MEMBRE DE L'INSTITUT,

PROFESSEUR AU COLLÉGE ROYAL DE FRANCE, etc., etc.

HOMMAGE

DE RESPECT ET DE RECONNAISSANCE.

GUIBOURT.

AVANT-PROPOS.

L'HISTOIRE des Drogues a de nombreux rapports avec l'histoire naturelle, mais ne doit pas être entièrement confondue avec elle. Celle-ci a pour objet de décrire, et de nous apprendre à distinguer les corps et les êtres tels qu'ils se trouvent dans la nature; la première nous fait connaître, en outre, des parties de ces corps ou de ces êtres plus ou moins éloignées de leur état naturel, ou même encore, des substances qui n'existent pas dans la nature et sont formées par la chimie.

Cependant l'histoire des Drogues est beaucoup plus bornée que l'une ou l'autre de ces deux sciences prise séparément; car chacune doit traiter, de la manière qui lui est propre, de tous les corps de la nature, ou ne serait pas complète : l'histoire des Drogues peut ne s'étendre qu'aux corps employés jusqu'à présent dans l'art médical; et quelle que soit la crainte de la mort, qui porte l'homme à chercher des remèdes à ses maladies parmi tous les corps qui l'entourent, il est encore loin d'avoir pu se les appliquer tous. De plus, des substances ont pu être essayées et préconisées pendant un temps, qui sont tombées dans l'oubli dès qu'on a mieux apprécié leurs prétendues propriétés : est-il donc indispensable de les rappeler toutes? D'autres, non encore essayées, pourront l'être un jour, et feront partie de la matière médicale future.

Il suit de là que l'histoire des Drogues n'est pas une science particulière qui puisse être distinguée des autres sciences naturelles; mais c'est une étude qui, pour être mixte et variable comme les corps qui en font l'objet, n'en est pas moins indispensable aux pharmaciens. Il est donc utile de leur présenter à des époques plus ou moins distantes ou rapprochées, suivant les progrès plus ou moins rapides des sciences naturelles, un ouvrage élémentaire où l'on ramène cette histoire à peu près au niveau des connaissances nouvelles : c'est après avoir examiné avec attention ceux de ces ouvrages que nous possédions, que j'ai cru pouvoir hasarder celui dont je donne aujourd'hui une seconde édition.

L'ordre que j'ai suivi est d'abord fondé sur la division si ancienne, et si connue, de tous les corps naturels en trois *Règnes :* les Règnes *minéral, végétal* et *animal.* Linné, comme on le sait, a exprimé d'une manière aussi heureuse que laconique ce qui les distingue principalement; il a dit : « Les minéraux croissent, les végétaux croissent et vivent, les animaux croissent, vivent et sentent. »

J'observerai, cependant, à l'égard de cette ancienne division, que depuis que la chimie nous a fait connaître l'existence de plusieurs corps, qui n'appartiennent à aucun des deux derniers règnes et qu'il serait difficile de comprendre dans le premier en lui conservant son nom; depuis, surtout, qu'on a mieux apprécié la distance infinie qui sépare la matière inerte de la matière vivante, comparativement à celle que l'on observe entre les deux classes d'êtres vivans, on a été porté à changer la première division et à ne plus distinguer que deux grands règnes dans la nature : le *Règne inorganique* et le *Règne organique*.

Le règne organique renferme tous les corps doués d'une structure autre que celle qui résulte des lois générales de la matière, ou qui sont formés de parties distinctes et agissantes nommées *organes*, dont le but commun et l'effet sont l'entretien de la vie. Ce règne comprend les *végétaux* et les *animaux*.

Le règne inorganique comprend tous les corps qui ne sont soumis dans leur structure, leur durée et leurs autres qualités, qu'aux lois générales de la matière : tels sont les *minéraux*.

Sans vouloir approfondir ici les nombreuses différences que l'on remarque entre les êtres qui composent ces deux grandes classes, je ne puis cependant m'empêcher d'en exposer quelques-unes tellement tranchées qu'elles seront facilement reconnues de tous.

Les corps inorganiques sont formés de particules toutes semblables entre elles, jointes par simple juxtaposition en vertu de la force d'attraction universellement répandue, et pouvant se réunir toutes les fois qu'elles se trouvent en contact. Ces corps peuvent, à la rigueur, avoir une croissance et une durée indéfinies; et si une cause extérieure vient à séparer leurs parties, chacune d'elles, considérée isolément, sera encore un corps entier, existant de la même manière que le tout primitif.

Les corps organiques, au contraire, sont formés de parties hétérogènes qui ne peuvent se réunir ou s'accroître que par un travail intérieur nommé *intus-susception*, et qui séparées ne peuvent vivre ou exister de la même manière que le tout qu'elles formaient par leur réunion. Ces corps ne peuvent naître que d'individus préexistans et semblables à eux, ne croissent qu'autant que le permet le développement des organes dont ils sont formés, et ne peuvent vivre indéfiniment; car ces organes, après avoir atteint leur plus grand développement, ne tardent pas à dépérir; d'abord leurs fonctions s'affaiblissent, bientôt elles cessent entièrement, et l'individu n'existe plus.

Si nous comparons à présent les deux classes d'êtres organisés, ou les végétaux et les animaux, nous y verrons aussi des différences bien marquées, quoique d'un ordre inférieur à celles que nous venons de signaler, et qui ne seront, pour ainsi dire, que des modifications de la même manière d'exister.

Les végétaux, qui sont ceux de ces êtres dont l'organisation est la plus simple, sont dépourvus de sensibilité et de la faculté de se mouvoir volontairement; ils ne se nourrissent, d'après cela, que de matières universellement répandues dans la nature, inertes et déjà très-divisées, tels sont l'eau, l'air et les corps qui peuvent y être dissous ; ils n'ont pas de cavité particulière pour recevoir leurs alimens, et l'absorption de leur nourriture paraît se faire pour tous les points de leur surface ; enfin ils peuvent très-souvent être partagés en plusieurs individus et se propager par boutures.

Les animaux ont le sentiment de leur existence, la faculté de se mouvoir selon leur volonté, et, par suite, celle de chercher leur nourriture, qui alors peut être plus diversifiée, plus consistante et moins abondamment répandue dans la nature. Ils ont un sac particulier ou un *estomac* pour recevoir cette nourriture ; c'est vers ce centre que sont dirigés leurs vaisseaux absorbans, et de ce que leur centre de nutrition est unique, ils ne sont que très-rarement divisibles en plusieurs individus. Cela même n'a lieu que dans les classes d'animaux les plus imparfaits et dont la manière d'exister se rapproche le plus de la vie végétative.

Voici donc une grande division établie entre tous les corps de la nature. Corps bruts, inertes ou inanimés, et corps ou êtres vivans. Tous les minéraux sont compris dans les premiers, les seconds se composent des végétaux et des animaux. Telle est aussi la division générale de cet ouvrage en trois livres.

Dans le premier livre je traite des substances minérales employées en pharmacie, soit qu'elles existent dans la nature, soit qu'on les fabrique dans les arts, car, sans vouloir borner l'art pharmaceutique, il est certain que l'on doit comprendre dans une histoire des Drogues celle des acides et des préparations de plomb, de fer, de cuivre ou de mercure, que les pharmaciens ont de tout temps puisés dans le commerce. D'ailleurs, dans une grande ville, on n'est pas toujours libre de se loger de manière à pouvoir préparer dans son laboratoire des substances d'une action très-énergique sur nos organes, sans danger pour soi, pour ses élèves, et sans nuire à la salubrité d'une maison entière. Dans cette position, il est conforme aux sentimens d'humanité et aux réglemens sur la salubrité publique, d'abandonner la préparation de ces substances à ceux qui peuvent l'exécuter dans des ateliers isolés, spécialement destinés à cet usage, et où l'on peut prendre toutes les précautions qu'un local moins propice ne pourrait pas admettre. C'est à ce titre que j'ai compris dans cet ouvrage le sublimé corrosif, le précipité rouge et quelques autres; je ne crois pas en être blâmé.

Une suite nécessaire de ce que je comprends dans ce livre des produits artificiels, est qu'il eût été illusoire de m'astreindre à suivre une méthode quelconque faite seulement pour des corps naturels : j'ai donc été obligé de m'en faire une, et telle qu'elle m'a paru la plus propre à comprendre les corps dont j'avais à parler. J'ai cru cependant devoir commencer par exposer la méthode minéralogique de Haüy, afin qu'on puisse au moins y rapporter les espèces qui en font partie. Cette exposition est suivie de celle des principaux caractères à l'aide desquels on peut décrire et reconnaître les minéraux.

J'ai distribué les drogues minérales en huit divisions comprenant successivement : les *corps simples non métalliques*, les *métaux*, les *composés métalliques non acides ni salins*, les *acides*, les *sels*, les *mélanges* ou *composés ter-*

reux, l'*eau*, enfin les *bitumes*. Je conserve encore la distinction de *corps non métalliques* et de *métaux*, quoique j'aie dit ailleurs, dans un *essai de classification et de nomenclature chimiques* (*Journ. Pharm.* X, 317), que cette distinction était tout-à-fait gratuite, et nuisible même aux progrès de la chimie : mais autre chose est de considérer l'universalité des corps et de leurs combinaisons, ou de n'avoir à traiter que des plus usuels d'entre eux et sous un certain but d'utilité. On peut ici resserrer le cadre et se contenter d'un à peu près dans les divisions ; là, il faut suivre pas à pas la nature et former autant de groupes qu'il y a de familles et de genres distincts. C'est sous ce point de vue que je regarde toujours la classification proposée par M. Ampère, pour les corps simples, comme un modèle à suivre dans l'enseignement de la chimie. J'aurais désiré pouvoir l'exposer ici; mais craignant de n'en donner qu'une idée trop incomplète, je préfère renvoyer, quant à présent, à l'extrait de mon mémoire cité plus haut, et mieux encore au mémoire de M. Ampère, inséré dans les premiers volumes des *Annales de chimie et de physique*.

L'histoire de chaque substance se compose de ses différens états dans la nature, de ses procédés d'extraction, de ses propriétés physiques et chimiques les plus marquantes, et de ses usages. Je me suis beaucoup aidé dans cette partie de l'ouvrage, surtout dans ce qui se rapporte à l'état naturel des substances et à l'extraction des métaux, soit du *Traité de Chimie* de M. Thénard, soit du *Traité de Minéralogie* de M. Brongniart. Quelques passages, même, en sont presque textuellement tirés; d'autres fois aussi la ressemblance de mes articles a été involontaire ou commandée par le sujet : il m'était en effet impossible, lorsque je me suis borné à indiquer les formes principales d'une substance, les lieux où on la trouve et ses propriétés les plus caractéristiques, de ne pas me rencontrer avec ces deux savans, de même qu'avec tous ceux qui ont traité du même corps.

En exposant les propriétés des drogues minérales, et surtout celles des substances métalliques, je me suis attaché à présenter d'une manière précise les caractères de leurs dissolutions. Il y a une infinité de cas où un pharmacien a besoin de se rappeler de suite les caractères de celles d'argent, d'antimoine, de mercure, de plomb, etc. : il les trouvera facilement en cherchant dans la table générale, placée à la fin du second volume, les articles *argent dissous*, *antimoine dissous*, etc.

J'ai suivi dans le second livre un ordre analogue à celui du premier, modifié cependant en raison de la nature différente des êtres qui en fournissent le sujet : ainsi les minéraux n'ayant pas d'organes et étant composés de particules toutes similaires, leurs généralités se sont presque uniquement composées de la description des propriétés qui appartiennent à la matière en général ; les végétaux, outre ces mêmes propriétés qui leur sont communes, doivent être étudiés sous le rapport des parties qui les composent, et comme la description des premières ne serait qu'une répétition de ces mêmes propriétés considérées dans les minéraux, j'ai dû principalement m'attacher aux secondes : j'ai décrit successivement la *racine*, la *tige*, les *bourgeons*, les *feuilles*, la *fleur* et le *fruit*. Ces généralités sont terminées par l'exposition du système de Linné et de la méthode de Jussieu.

Les drogues que nous tirons du règne végétal ne se composent pas seulement de parties immédiates ou d'organes, elles comprennent aussi un grand nombre de leurs produits, soit naturels, soit extraits par le moyen de l'art; telles sont, la manne, les gommes et les résines, qui en découlent spontanément; le sucre, l'opium, l'aloès qu'on en retire par des manipulations plus ou moins compliquées; tels sont encore le vin et l'alcohol, qui n'existent pas dans les végétaux et qui résultent de l'altération de quelques-uns de leurs produits immédiats. J'ai formé une dernière division de toutes ces substances, et le second livre en renferme neuf : les *racines*, les *bois*, les *écorces*, les *bulbes* et *bourgeons*, les *feuilles* et *sommités*, les *fleurs*, les *fruits*, les *cryptogames* et les *excroissances*, enfin les *produits végétaux*.

Dans les huit premières divisions, les substances sont simplement disposées par ordre alphabétique. Beaucoup de mes lecteurs trouveront cet ordre trop puéril et me dispenseront de le tant exposer; mais qu'ils considèrent que je fais une histoire des Drogues et non un traité de botanique; je décris la racine d'ipécacuanha, l'écorce de quinquina, la noix vomique, non pas les *cephælis*, les *cinchona*, les *strychnos*; or jamais ces substances n'ont été rangées dans un droguier autrement que je ne les dispose; cet ordre est suivi dans tous les cours, c'est celui de l'excellent traité de matière médicale de Geoffroy ; il faut donc qu'il porte avec lui les qualités propres au sujet ; et, s'il m'était permis de conclure des grandes choses aux petites, je dirais : au muséum d'histoire naturelle, les animaux sont rangés suivant la méthode de M. Cuvier, les végétaux suivant celle de M. de Jussieu, les minéraux d'après le Traité de minéralogie de Haüy ; les ouvrages de ces illustres savans et les collections qu'ils ont fondées ou enrichies, sont une exposition les uns des autres; de même une histoire des Drogues doit être l'exposition d'un droguier.

Il ne faut pas croire cependant que je ne donne aucun détail sur les plantes elles-mêmes ; toutes les fois qu'un végétal est indigène, je le décris d'une manière suffisante pour le faire reconnaître, et pour cela j'emploie deux moyens : d'abord j'expose ses caractères génériques et spécifiques tels que les botanistes les donnent, ce qui est la seule manière rigoureuse d'en déterminer l'espèce ; ensuite, en peu de mots, je fais connaître la grandeur de la plante, la couleur de ses feuilles, de ses fleurs, ou d'autres caractères analogues, qui, quoique moins essentiels que les premiers, sont cependant nécessaires pour en pouvoir conserver une idée. Outre la brièveté qui résulte de cette manière de procéder, les élèves y trouveront l'avantage de se familiariser avec les termes organographiques des plantes, et pourront, à l'aide d'un livre peu volumineux, soit en fréquentant les écoles, soit en parcourant les campagnes, soit même dans les officines, au moyen des plantes qu'ils y voient journellement, joindre une étude préliminaire de la botanique à celle des drogues simples. Cette partie de l'ouvrage a été revue avec soin, et j'ose croire qu'on y trouvera une grande amélioration.

La dernière division du second livre, celle des produits végétaux, demandait une sous-division intermédiaire avant l'ordre alphabétique. Je l'ai établie, à peu près, suivant l'ordre communément reçu, en *produits sucrés*, *gommes*, *gommes-résines*, *résines*, etc. J'avoue que cet ordre n'est pas rigoureux, et que, par exemple, plusieurs gommes-résines offrent à l'analyse autre chose que de la gomme et de la résine, que plusieurs résines contiennent de la gomme, des principes colorans, de la cire, etc.; mais il en sera de cette division comme de celle des eaux minérales en eaux gazeuses, salines, ferrugineuses et sulfureuses, dont aucune ne contient exclusivement de l'acide carbonique, ou des sels à base d'alcali, ou du fer, ou du soufre; j'appellerai *gomme-résine* le produit végétal où la gomme et la résine domineront; *résine*, celui qui sera presque entièrement résineux; *baume*, celui qui contiendra de l'acide benzoïque : cette classification ainsi modifiée, et non plus exclusive, est encore la meilleure, parce qu'elle est la plus simple.

Un séjour de huit années à la pharmacie centrale des hôpitaux civils, sous la direction de M. Henry, m'a mis à même de voir et de manier une masse prodigieuse de drogues simples. C'est durant ce temps et toujours les substances sous les yeux que j'ai fait mes premières descriptions, et depuis je n'ai pas cessé de les perfectionner. Aussi ai-je l'espérance qu'on les trouvera généralement plus exactes que dans les ouvrages antérieurs. De plus j'ai comparé entre elles les substances que les élèves pourraient confondre, en raison d'une analogie de forme plus ou moins grande. C'est ainsi que j'ai opposé la racine d'asarine à celles d'asarum, d'asclépiade et de valériane phu, l'hermodacte au colchique, le meum au charbon roland et au nard indien, le turbith au costus arabique, le bois néphrétique à celui de gayac, la busserole à l'airelle ponctuée et au buis, le scordium à la germandrée et à la scorodone, le carthame au safran, l'anacarde à la noix d'acajou, le carpobalsamum aux cubèbes, les fruits d'ombellifères les uns aux autres, le galbanum à la gomme ammoniaque et au sagapénum, etc. Enfin je n'ai rien négligé pour faire connaître les substitutions et falsifications que les drogues simples subissent dans le commerce.

J'ai rapporté autant que j'en ai eu connaissance les meilleures analyses qui ont été faites sur les substances dont j'ai traité. Quelquefois j'ai comparé les résultats de plusieurs chimistes et indiqué ceux qui me paraissaient préférables. D'autres fois encore j'ai opposé, aux faits qu'ils ont observés ou aux opinions qu'ils ont émises, des faits et des opinions qui me sont personnels : mon excuse est d'avoir cru le faire dans l'intérêt de la vérité.

Il me reste peu de chose à exposer sur le troisième livre, comprenant les drogues tirées du règne animal. J'ai réduit ces substances au petit nombre de celles qui sont encore usitées en pharmacie, et n'en ai formé que quatre sections qui sont : les *animaux entiers*, les *parties solides*, les *humeurs et sécrétions*, les *huiles animales*. Leur histoire est précédée de l'exposition détaillée de la méthode zoologique de M. Cuvier telle qu'elle existe dans son ouvrage intitulé : *Le règne animal distribué d'après son organisation*. Paris, 1817.

Je dois des remercîmens à plusieurs droguistes de Paris, pour les données commerciales qu'ils m'ont fournies de nouveau sur un grand nombre de substances; je nommerai entre autres MM. A. Delondre et Marchand : ce que j'ai puisé de lumières auprès d'eux me fait regretter que leurs occupations personnelles et les miennes propres ne m'aient pas permis d'y recourir plus souvent.

ORDRE DE L'OUVRAGE.

TOME SECOND.

HISTOIRE ABRÉGÉE

DES

DROGUES SIMPLES.

LIVRE PREMIER.

DES DROGUES MINÉRALES.

On entend par *drogues minérales*, des substances qui participent de la nature des minéraux et que les pharmaciens puisent dans le commerce, soit que ces substances existent réellement dans la nature, comme les minéraux proprement dits, soit qu'elles aient été formées par des procédés chimiques.

Ainsi que je l'ai fait observer précédemment, il résulte de cette définition, qu'on ne peut suivre dans l'étude des drogues minérales une méthode de classification faite uniquement pour des corps existans dans la nature; et cependant le grand nombre d'entre elles qui s'y trouvent, nécessite l'exposition préliminaire d'une des méthodes minéralogiques les plus répandues, afin de faciliter aux élèves les recherches plus approfondies qu'ils voudront faire sur les substances naturelles dont nous aurons à traiter par la suite. Dans cette édition comme dans la première, nous exposerons la méthode de M. Haüy, mais avec les changemens que cet illustre savant y a faits, peu de temps avant de terminer sa laborieuse carrière (1).

(1) Voir le *Traité de minéralogie* de M. Haüy, 2e édition, Paris.

MÉTHODE DE M. HAUY.

M. Haüy divise les minéraux en quatre classes principales, dont la première renferme les acides que l'on a trouvés libres dans la terre. Il n'y en a que deux, qui forment deux espèces : ce sont les *acides sulfurique* et *boracique*.

La seconde classe renferme toutes les combinaisons, avec les acides, des substances qui portaient le nom de *terres* ou d'*alcalis*, avant que M. Davy n'eût démontré qu'elles étaient de véritables oxides métalliques. Par suite de ce changement arrivé en chimie, M. Haüy, qui dans la première édition de son traité, nommait ces composés des *substances acidifères, terreuses et alcalines*, les nomme maintenant des *substances métalliques hétéropsides* (1), parce que, en effet, ils ne se présentent jamais avec l'éclat propre aux substances métalliques, et que ce n'est même qu'avec beaucoup de difficultés qu'on peut obtenir le radical métallique de quelques-uns d'entre eux.

Dans cette classe, chaque base salifiable forme un genre, l'acide détermine l'espèce, et les formes secondaires les variétés.

A la suite de la seconde classe, se trouve un appendice pour des corps formés par la combinaison de la silice, avec les autres oxides terreux et alcalins. D'après M. Berzélius, on assimile généralement aujourd'hui ces sortes de composés aux sels, en considérant que la silice y joue le rôle d'un véritable acide; mais M. Haüy n'a pas encore cru devoir appliquer à ces corps le principe général de la classification minéralogique, lequel consiste à fonder les genres sur les radicaux les plus électro-positifs ou sur les bases salifiables et

---

1822. On peut suivre également le *Nouveau système de minéralogie*, de M. Berzélius, fondé entièrement sur les résultats de l'analyse chimique, Paris, 1819.

(1) C'est-à-dire qui se montrent sous un aspect étranger.

non sur les acides. Après cet appendice, nous en placerons un second pour des substances analogues et encore moins déterminées dans leur composition. M. Haüy les avait rejetées à la fin de sa méthode.

La troisième classe renferme les substances métalliques *autopsides*, c'est-à-dire qui peuvent s'offrir sous leur véritable aspect. M. Haüy les divise, comme dans son premier Traité, en trois ordres dont le premier contient les métaux non oxidables immédiatement, si ce n'est à un feu très-violent, et réductibles sans intermède; ce sont le *platine*, l'*iridium*, l'*or* et l'*argent*. Le second ordre ne renferme que le *mercure*, qui est oxidable et réductible immédiatement. Le troisième ordre comprend les métaux oxidables immédiatement, et non réductibles sans intermède; tels sont le *plomb*, le *fer* et tous les autres : M. Haüy commence la série par six qui sont ductiles, et la termine par douze autres qui sont cassans.

Dans cette troisième classe comme dans la seconde, chaque métal fournit un genre, chaque combinaison distincte une espèce, et chaque forme une variété.

La quatrième et dernière classe comprend les substances combustibles non métalliques, telles que le *soufre*, le *diamant* et l'*anthracite* ou charbon minéral. Dans un appendice placé à la suite, se trouvent les bitumes ou *substances phytogènes*, c'est-à-dire d'*origine végétale*.

DISTRIBUTION DES ESPÈCES MINÉRALES

D'APRÈS LA MÉTHODE DE M. HAUY.

PREMIÈRE CLASSE. — Acides libres.

1re espèce. *Acide sulfurique.*
2e —— *Acide boracique* ou *borique.*

SECONDE CLASSE. — Substances métalliques hétéropsides.

PREMIER GENRE. — Chaux.

1re espèce. *Chaux carbonatée*, craie, marbre.
2e —— *Arragonite* (1).
3e —— *Ch. phosphatée.*
4e —— *Ch. fluatée:* spath fluor.
5e —— *Ch. sulfatée:* plâtre, gypse.
6e —— *Ch. anhydro-sulfatée* (2).
7e —— *Ch. nitratée.*
8e —— *Ch. arseniatée:* pharmacolithe.
9e —— *Ch. boratée siliceuse:* datolithe.

SECOND GENRE. — Baryte.

1re espèce. *Bar. sulfatée:* spath pesant.
2e —— *Bar. carbonatée.*

TROISIÈME GENRE. — Strontiane.

1re espèce. *Str. sulfatée.* 2e espèce. *Str. carbonatée.*

QUATRIÈME GENRE. — Magnésie.

1re espèce. *Magn. sulfatée:* sel d'Epsom ou de Sedlitz.
2e —— *Magn. boratée:* boracite.
3e —— *Magn. carbonatée.*
4e —— *Magn. hydratée.*

CINQUIÈME GENRE. — Alumine.

1re espèce. *Alumine pure.* Corindon.
2e —— *Al. sulfatée.*
3e —— *Al. sous-sulfatée.*
4e —— *Al. sous-sulfatée alcaline:* pierre alumineuse.
5e —— *Al. fluatée siliceuse:* topaze.
6e —— *Al. fluatée alcaline:* cryolithe.
7e —— *Al. hydro-phosphatée:* wavellite.
8e —— *Al. hydratée:* diaspore.
9e —— *Al. magnésiée:* rubis spinelle.

(1) Espèce particulière de chaux carbonatée.
(2) Chaux sulfatée privée d'eau.

Sixième genre. — Potasse.

1re espèce. *Potasse nitratée :* salpêtre, sel de nitre.
2e —— *Pot. sulfatée.*

Septième genre. — Soude.

1re espèce. *Soude sulfatée :* sel de Glauber.
2e —— *S. muriatée :* sel gemme.
3e —— *S. boratée :* borax, tinckal.
4e —— *S. carbonatée :* natron.
5e —— *S. nitratée :* nitre cubique.
6e —— *Glauberite* (1).

Huitième genre. — Ammoniaque.

1re espèce. *Am. sulfatée.*
2e —— *Am. muriatée :* sel ammoniac.

APPENDICE A LA SECONDE CLASSE. — Silice.

Premier genre. — Silice libre.

Espèce unique. *Quarz :*
A. *Hyalin.*
B. *Agate.*
C. *Résinite.*
D. *Jaspe.*

Second genre. — Combinée avec la zircone.

Espèce unique. *Zircon.*

Troisième genre. — Combinée avec l'alumine.

1re espèce. *Cymophane.*
2e —— *Grenat.*
3e —— *Helvin.*
4e —— *Haüyne.*
5e —— *Staurotide.*
6e espèce *Néphéline.*
7e —— *Pinite.*
8e —— *Disthène.*
9e —— *Macle.*

Quatrième genre. — Combinée avec la chaux.

1re espèce. *Amphibole.*
2e —— *Pyroxène.*
3e espèce. *Wollastonite.*

(1) Combinaison naturelle de sulfate de chaux et de sulfate de soude, tous les deux anhydres.

Cinquième genre. — Combinée avec l'yttria.

Espèce unique. *Gadolinite.*

Sixième genre. — Combinée avec la magnésie.

1re espèce. *Hyperstène.*
2e —— *Diallage.*
3e —— *Péridot.*
4e espèce. *Condrodite.*
5e —— *Asbeste.*
6e —— *Talc.*

Septième genre. — Combinée avec l'alumine et la glucine.

1re espèce. *Emeraude.*
2e espèce. *Euclase.*

Huitième genre. — Avec l'alumine et la chaux.

1re espèce. *Aptome.*
2e —— *Essonite.*
3e —— *Idocrase.*
4e —— *Gehlénite.*
5e —— *Axinite.*
6e —— *Epidote.*
7e espèce. *Wernérite.*
8e —— *Paranthine.*
9e —— *Dipyre.*
10e —— *Anthophyllite.*
11e —— *Préhnite.*

Neuvième genre. — Avec l'alumine et la magnésie.

Espèce unique. *Cordiérite.*

Dixième genre. — Avec l'alumine et la soude.

1re espèce. *Tourmaline.*
2e —— *Lazulite.*
3e espèce. *Sodalite.*

Onzième genre. — Avec l'alumine et la potasse.

1re espèce. *Amphigène.*
2e —— *Meïonite.*
3e espèce. *Feldspath.*
4e —— *Mica.*

Douzième genre. — Avec l'alumine et la lithine.

1re espèce. *Triphane.*
2e espèce. *Pétalite.*

Treizième genre. — Avec l'alumine et l'eau.

Espèce unique. *Triclasite.*

Quatorzième genre. — Avec l'alumine, la baryte et l'eau.

Espèce unique. *Harmotome.*

Quinzième genre. — Avec l'alumine, la chaux et l'eau.

1re espèce. *Laumonite.*
2e —— *Stilbite.*
3e espèce. *Chabasie.*

Seizième genre. — Avec l'alumine, la soude et l'eau.

1re espèce. *Analcime.* 2e espèce. *Mésotype.*

Dix-septième genre. — Avec la chaux, la potasse et l'eau.

Espèce unique. *Apophyllite.*

SECOND APPENDICE. Substances analogues aux précédentes, mais dont la classification est encore incertaine :

Albite.
Allochroïte.
Allophane.
Amianthoïde.
Bergmannite.
Breislackite.
Eudialyte.
Feldspath apyre.
Feldspath bleu.
Fibrolite.
Gabronite.
Hedenbergite.
Jade.
Karpholite.
Killénite.
Lazulit de Werner.
Mélilite.
Pierre grasse.
Spinellane.
Spinthère.
Talc granulaire et talc glaphique.
Turquoise.

TROISIÈME CLASSE. — Substances métalliques autopsides.

PREMIER ORDRE. — Non oxidables immédiatement, etc.

Premier genre. — Platine.

Espèce unique. *Platine natif ferrifère.*

Second genre. — Iridium.

Espèce unique. *Iridium osmié.*

Troisième genre. — Or.

Espèce unique. *Or natif.*

Quatrième genre. — Argent.

1re espèce. *Argent natif.*
2e —— *Arg. antimonial.*
3e —— *Arg. sulfuré.*
4e —— *Arg. antimonié sulfuré.*
5e —— *Arg. carbonaté.*
6e —— *Arg. muriaté.*

SECOND ORDRE. — Oxidables et réductibles immédiatement.

Genre unique. *Mercure.*

1re espèce. *M. natif.*
2e —— *M. Argental.*
3e espèce. *M. Sulfuré.*
4e —— *M. Muriaté.*

TROISIÈME ORDRE. — Oxidables, mais non réductibles immédiatement.

* Ductiles.

PREMIER GENRE. — Plomb.

1re espèce. *Pl. natif.*
2e —— *Pl. sulfuré.*
3e —— *Pl. oxidé rouge.*
4e —— *Pl. arseniaté.*
5e —— *Pl. chromaté.*
6e —— *Pl. chromé.*
7e espèce. *Pl. carbonaté.*
8e —— *Pl. phosphaté.*
9e —— *Pl. molybdaté.*
10e —— *Pl. sulfaté.*
11e —— *Pl. hydro-alumineux.*

SECOND GENRE. — Nickel.

1re espèce. *N. natif.*
2e —— *N. Arsenical.*
3e espèce. *N. arseniaté.*

TROISIÈME GENRE. — Cuivre.

1re espèce. *C. natif.*
2e —— *C. pyriteux.*
3e —— *C. gris.*
4e —— *C. sulfuré.*
5e —— *C. oxidulé.*
6e —— *C. sélénié.*
7e —— *C. sélénié argental.*
8e espèce. *C. hydro-siliceux.*
9e —— *C. Dioptase.*
10e —— *C. Muriaté.*
11e —— *C. carbonaté.*
12e —— *C. arseniaté.*
13e —— *C. phosphaté.*
14e —— *C. sulfaté.*

QUATRIÈME GENRE. — Fer.

1re espèce. *Fer natif.*
2e —— *F. oxidulé.*
3e —— *F. oligiste.*
4e —— *F. arsenical.*
5e —— *F. sulfuré.*
6e —— *F. sulfuré magnét.*
7e —— *F. sulfuré blanc.*
8e —— *F. carburé.*
9e —— *F. calcaréo-siliceux.*
10e espèce. *F. oxidulé titané.*
11e —— *F. oxidé (hydraté?).*
12e —— *F. phosphaté.*
13e —— *F. chromaté.*
14e —— *F. arseniaté.*
15e —— *F. muriaté.*
16e —— *F. oxalaté.*
17e —— *F. Sulfaté.*

CINQUIÈME GENRE. — Étain.

1re espèce. *Étain oxidé.* 2e espèce. *Étain sulfuré.*

SIXIÈME GENRE. — Zinc.

1re espèce. *Z. oxidé.* 3e espèce. *Z. sulfuré.*
2e —— *Z. carbonaté.* 4e —— *Z. sulfaté.*

** Non Ductiles.

SEPTIÈME GENRE. — Bismuth.

1re espèce. *B. natif.* 3e espèce. *B. oxidé.*
2e —— *B. sulfuré.*

HUITIÈME GENRE. — Cobalt.

1re espèce. *C. arsenical.* 3e espèce. *C. oxidé noir.*
2e —— *C. gris.* 4e —— *C. arseniaté.*

NEUVIÈME GENRE. — Arsenic.

1re espèce. *Ars. natif.* 3e espèce. *Ars. sulfuré.*
2e —— *Ars. oxidé.*

DIXIÈME GENRE. — Manganèse.

1re espèce. *M. oxidé.* 4e espèce. *M. carbonaté.*
2e —— *M. oxidé hydraté.* 5e —— *phosphaté.*
3e —— *M. sulfuré.*

ONZIÈME GENRE. — Antimoine.

1re espèce. *A. natif.* 3e espèce. *A. oxidé.*
2e —— *A. sulfuré.* 4e —— *A. oxidé sulfuré.*

DOUZIÈME GENRE. — Urane.

1re espèce. *Ur. oxidulé.* 3e espèce. *Ur. sulfaté.*
2e —— *Ur. oxidé.*

TREIZIÈME GENRE. — Molybdène.

Espèce unique. *M. sulfuré.*

QUATORZIÈME GENRE. — Titane.

1re espèce. *T. oxidé.* 3e espèce. *T. calcaréo-siliceux.*
2e —— *T. Anatase.*

QUINZIÈME GENRE. — Schéelin (1).

1re espèce. *Sch. ferrugineux.* 2e espèce. *Sch. calcaire.*

(1) *Tungstène* des chimistes.

SEIZIÈME GENRE. — Tellure.

1re espèce. *Tel. natif.*
2e —— *Tel. sélénié bismutifère.*

DIX-SEPTIÈME GENRE. — Tantale (1).

Espèce unique. *Tant. oxidé.*

DIX-HUITIÈME GENRE. — Cérium.

1re espèce. *C. oxidé siliceux.* 2e espèce. *C. fluaté.*

QUATRIÈME CLASSE. — Substances combustibles non métalliques.

1re espèce. *Soufre.*
2e —— *Diamant.*
3e espèce. *Anthracite.*
4e —— *Mellite.*

APPENDICE. — Substances phytogènes.

1re espèce. *Bitume.*
2e —— *Houille.*
3e espèce. *Jayet.*
4e *Succin.*

APPENDICE GÉNÉRAL. — Minéraux en masse ou roches (2).

PREMIÈRE DIVISION. — Roches d'apparence homogène qui ne peuvent se rapporter exactement à aucune espèce minérale.

PREMIER ORDRE. — Roches tendres.

Kaolin.
Argile.
- *Cimolithe.*
- *Plastique.*
- *Smétique.*
- *Lithomarge.*
- *Schisteuse.*
- *Ocre.*

Marne.
Schiste.
Ampélite.
Wake.
Cornéenne.
Argilolite.

---

(1) *Columbium* des chimistes.

(2) Cet appendice n'appartient pas à la méthode de M. Haüy; il est emprunté de celle de M. Brongniart, que l'on trouve exposée dans le tome 31e du *Dictionnaire des sciences naturelles*, et dans le tome 29 du *Dictionnaire d'histoire naturelle* de Déterville.

DEUXIÈME ORDRE. — Roches dures ou rayant le verre.

Trapp. *Obsidienne.*
Basalte. *Ponce.*
Phtanite. *Thermantide.*
Pétrosilex. *Tripoli.*

DEUXIÈME DIVISION. Roches hétérogènes, ou mélanges naturels, fréquens et en masses étendues, d'espèces minérales précédemment classées.

PREMIER ORDRE. — Roches formées par voie de cristallisation confuse.

PREMIER GENRE. — Les Feldspathiques.

Granite. *Pegmatite.*
Protogyne. *Dolérite* ou *Mimose.*

DEUXIÈME GENRE. — Les Amphiboliques.

Syénite. *Hémitrène.*
Diabase.

TROISIÈME GENRE. — A base de quarz hyalin.

Hyalomicte.

QUATRIÈME GENRE. — A base de mica.

Gneiss. *Micaschiste.*

CINQUIÈME GENRE. — A base de schiste.

Phillade. *Calschiste.*

SIXIÈME GENRE. — A base de talc.

Stéaschiste.

SEPTIÈME GENRE. — A base de serpentine.

Ophiolite. *Ophicalce.*
Çipolin. *Calciphyre.*

HUITIÈME GENRE. — A base de cornéenne ou de wake.

Spillite ou *Amygdaloïde.* *Trappite.*
Wakite.

NEUVIÈME GENRE. — A base d'amphibole.

Amphibolite. *Mélaphyre.*
Basanite.

DIXIÈME GENRE. — A base de pétrosilex amphiboleux.

Porphyre. *Pyroméride.*
Ophite. *Euphotide.*
Variolite.

ONZIÈME GENRE. — A base de pétrosilex ou de feldspath grenu.

Eurite. *Argilophyre.*
Trachite. *Domite.*

DOUZIÈME GENRE. — A base de rétinite ou d'obsidienne.

Stigmite.

TREIZIÈME GENRE. — A base indéterminée.

Lave.

Leucostine. *Téphrine.*
Pumite. *Basanite.*
Obsidienne. *Gallinace.*

DEUXIÈME ORDRE. — Roches agrégées ou arénacées.

PREMIER GENRE. — Roches cimentées.

Psammites. *Macigno.*
Arkoses.

DEUXIÈME GENRE. — Roches empâtées; parties enveloppées dans une pâte très-distincte.

Mimophyre. *Poudingue.*
Pséphite. *Brèches.*

CARACTÈRES

à l'aide desquels on distingue les minéraux.

Ces caractères sont de trois sortes : *physiques*, *géométriques* et *chimiques*.

Caractères physiques.

Les caractères physiques sont ceux dont l'observation n'apporte aucun changement à la nature des corps que l'on examine; tels sont l'*état d'agrégation*, la *pesanteur spécifi-*

que, l'*impression sur les sens*, les *effets d'électricité et de magnétisme*.

États d'agrégation. Les corps se présentent à nous sous trois états principaux, qui sont l'état solide, l'état liquide, et l'état gazeux ou aériforme. Dans le premier, le corps résiste plus ou moins au choc et à la pression; dans le second, les particules ne conservent qu'une si faible cohésion, qu'elles cèdent à la seule force de pesanteur qui les attire vers la terre, et qu'elles roulent les unes sur les autres jusqu'à ce qu'elles se soient toutes mises en équilibre par rapport à cette force, et que la surface du corps soit horizontale; dans le troisième état, la cohésion est tout-à-fait nulle, et le corps ne paraît soumis qu'à l'influence du calorique qui, en lui supposant une tension constante, écarterait ses molécules indéfiniment, si elles n'étaient coërcées par la pression de l'atmosphère.

L'état d'agrégation d'un corps, ou la distance à laquelle se tiennent ses particules, dépend d'une sorte d'équilibre qui s'établit entre la force attractive des molécules, plus la pression de l'atmosphère d'une part, et la force élastique du calorique de l'autre : plus la première a de prépondérance sur la dernière, plus le corps est solide. Quant à la pression de l'atmosphère, elle n'ajoute pas sensiblement à la force d'agrégation, lorsque le corps est solide; mais elle contribue puissamment à retenir un certain nombre de corps à l'état liquide, et, comme je viens de le dire, elle seule limite le volume des corps gazeux.

Il est probable que ces différens états ont chacun différens degrés, et qu'ils passent à peu près de l'un à l'autre. Cela est très-sensible pour les corps solides, dont les uns sont très-durs et difficiles à rompre, et dont les autres cèdent à une pression assez légère. La liquidité n'est pas non plus la même pour tous les corps; mais il nous est moins facile d'établir, à cet égard, des distinctions entre les corps gazeux, ce qui tient à ce qu'ils cèdent tous si facilement à la moindre pression, que nous n'avons aucun moyen d'en discerner le plus ou le moins. C'est donc surtout aux diverses modifications de l'état de solidité qu'il convient de nous attacher.

On reconnaît ces modifications, en essayant différentes manières de désunir les particules des corps solides; tels sont : *A.* le frottement réciproque des corps; *B.* le frottement de la lime; *C.* le choc du briquet; *D.* la percussion du marteau; *E.* la flexion; *F.* la pression du laminoir; *G.* la traction de la filière; *H.* la suspension d'un poids augmenté jusqu'à fracture.

A. Le frottement des parties anguleuses d'un corps contre la surface d'un autre corps, indique la dureté relative de chacun. *Exemples :* Le carbonate de chaux cristallisé raye le sulfate de chaux, et est rayé par le fluate de la même base. Le diamant raye tous les corps, et ne peut être usé que par le frottement de sa propre poussière.

B. C. Le frottement de la lime et le choc du briquet servent aussi à reconnaître la dureté des corps : les plus durs résistent à la lime, ou n'en sont que faiblement attaqués. Un assez grand nombre étincellent sous le briquet, ce qui est dû à ce qu'ils séparent de celui-ci quelques particules d'acier qui brûlent vivement en raison du contact de l'air et de la haute température à laquelle la compression du choc les a portées. C'est au même effet que l'on doit rapporter la propriété qu'ont certains corps durs de briller dans l'obscurité, lorsqu'on les frotte l'un contre l'autre; la seule différence est que les particules échauffées ne brûlent pas.

Les deux propriétés opposées à la dureté, sont la *tendreté* et la *mollesse*. Un corps est tendre, lorsqu'il joint la friabilité à l'absence de dureté; *exemple*, la craie. Il est mou, lorsque le manque de dureté est associé à la ductibilité; *exemple*, le plomb.

D. La percussion du marteau sert à séparer les corps en deux autres catégories, qui sont les corps *malléables* et les corps *cassans*. Les premiers s'aplatissent et s'étendent sans se rompre ; les seconds, au contraire, se brisent sans s'étendre ; mais ils ne le font pas de la même manière, ce qui permet encore de distinguer : *a*, les corps qui se brisent difficilement, effet dû à une certaine ténacité jointe à la dureté ; *b*, les corps qui, étant durs et dépourvus de toute ténacité, se brisent très-facilement, on les nomme *fragiles* ; *c*, les corps qui se divisent en grains faiblement agglomérés, on dit qu'ils sont *friables*. La friabilité n'exclut pas la dureté ; lorsqu'elle est jointe à la propriété contraire, le corps est *tendre*, comme on vient de le voir.

E. La flexion étant appliquée à des lames ou à des prismes d'une certaine épaisseur, les corps qui composent ces lames ou ces prismes, se conduisent de l'une quelconque des manières suivantes : *a*, ils se rompent sans ployer ; alors ils sont *fragiles*, et ce sont les mêmes corps qui se brisent facilement sous le marteau, qui sont également dans ce cas : *b*, ils ploient sans se rompre, et reviennent à leur premier état lorsqu'on fait cesser la force de flexion ; on les nomme *élastiques*, et l'on remarque qu'en général leur élasticité est en raison de leur dureté : *c*, ils fléchissent et gardent la forme qu'on leur a donnée, même après que la force de flexion a cessé d'agir ; alors on dit qu'ils sont *mous*, ou *non élastiques*, parce qu'effectivement cette propriété de plier sans être élastique ne va jamais sans la mollesse.

F. G. La pression graduée du laminoir et celle de la filière (1) servent à séparer les corps en deux classes : 1° les

---

(1) Le laminoir est composé de deux cylindres d'acier placés horizontalement l'un au-dessus de l'autre, pouvant être rapprochés à volonté, et tournant en sens contraire. On aplatit par un bout le corps que l'on veut y faire passer, et on l'engage par cette extrémité entre les deux cylindres, dont le mouvement contraire tend à l'y faire entrer. La résistance qu'oppose l'axe des cylindres à leur écartement étant plus grande que celle du corps soumis à l'expérience, celui-ci est forcé de s'aplatir

corps *ductiles* ou qui peuvent s'étendre sans se rompre ; 2° les corps *non ductiles*. On trouve parmi les premiers tous ceux qui s'étendent également sous le marteau, et qui sont *malléables*. Les seconds comprennent tous les corps *cassans*.

Il faut cependant remarquer que les corps ductiles ne suivent pas le même ordre dans leur faculté de pouvoir se réduire en fils d'un très-petit diamètre au moyen de la filière, ou en lames très-minces par le laminoir ou le marteau, ce qui dépend de leur degré de dureté ou de mollesse, et de leur texture fibreuse ou lamellaire. L'or est le plus malléable de tous les métaux, et peut être réduit en feuilles si légères que le moindre souffle les enlève ; mais sa mollesse s'oppose à ce qu'on en tire des fils très-fins, tandis que le fer, dont la dureté est plus considérable, et qui a d'ailleurs une texture fibreuse, se réduit en fils d'une ténuité extrême. Voici donc l'ordre de la malléabilité des métaux : or, argent, cuivre, platine, étain, plomb, zinc, fer, nickel, palladium. Voici celui de leur ductilité à la filière : fer, cuivre, platine, argent, or, étain, zinc, plomb.

H. La suspension d'un poids, augmenté jusqu'à fracture, à des fils métalliques d'un certain diamètre, sert à découvrir

---

et de se réduire en une lame d'autant plus mince que les cylindres sont plus rapprochés. Il n'y a que les métaux, et encore un petit nombre de métaux, qui puissent passer au laminoir.

La filière est une plaque rectangulaire d'acier percée de trous de différens diamètres, à travers lesquels on fait passer le corps que l'on veut réduire en fil. Il n'y a de même que quelques métaux qui puissent se prêter à cette opération ; on les coule en lingots allongés dont on amincit une extrémité, de manière à pouvoir l'engager dans un des trous de la plaque disposée verticalement et fixée avec beaucoup de solidité. On saisit l'extrémité amincie avec une pince fortement serrée et tirée à l'aide d'une force mécanique. La filière offrant encore plus de résistance que le corps métallique, c'est lui qui, lorsqu'il en est susceptible, s'étend dans le sens de sa longueur, s'amincit et se réduit en un fil d'autant plus délié que le trou de la filière est plus petit.

dans ces sortes de corps une dernière propriété, nommée *ténacité*, qui, à le bien prendre cependant, n'est que la limite de celle en vertu de laquelle les métaux peuvent se tirer en fils plus ou moins déliés au moyen de la filière; car il est évident que la force qui tend à faire passer le fil à travers la filière peut être assimilée à un poids suspendu à l'extrémité de ce fil, pris à l'endroit où son diamètre est le plus petit, et que, dans les deux cas, le fil se rompra au même diamètre pour une égale force de traction. L'ordre des ténacités est donc le même que celui de la plus grande ductilité à la filière.

Pesanteur spécifique. Que l'on mette un corps quelconque dans le plateau d'une balance et un certain nombre de poids dans l'autre, jusqu'à ce qu'il y ait équilibre des deux parts, le nombre de poids employé pourra représenter la *masse* du corps ou son *poids absolu*, si l'on fait abstraction de son volume; mais si l'on compare ce poids au volume, on aura ce qu'on nomme la *densité* ou la *pesanteur spécifique* du corps, parce qu'en effet chaque corps pourra présenter, sous le même volume, un poids qui lui sera propre et différent de tous les autres. Ainsi lorsque, pour faire équilibre à un morceau de fer, il faut employer un poids de 8 kilogrammes, je dis que son poids est de 8 kilogrammes : pareillement, lorsque pour faire équilibre à une certaine quantité d'eau il faut un poids de un kilogramme, je dis que son poids est de un kilogramme; mais si j'observe que le volume de l'eau est d'un litre, unité de mesure de capacité; que le volume du morceau de fer est également d'un litre, et si je prends le poids du litre d'eau pour unité, il est évident que la densité ou la pesanteur spécifique du fer, comparée à celle de l'eau, sera de 8. On voit par là que, pour trouver le rapport des pesanteurs spécifiques de deux corps, il suffit de les peser sous le même volume. On rapporte ordinairement toutes les densités à celle de l'eau, prise pour unité.

L'eau étant liquide, et tous les liquides prenant facilement la forme des vases dans lesquels on les renferme, il est très-facile d'en déterminer les différentes pesanteurs spécifiques; il suffit d'avoir un flacon de verre fermé avec un bouchon de même matière, et bien séché en dedans comme au dehors. On le pèse dans une balance très-sensible; on le remplit entièrement d'eau distillée et bouillie (1), on le bouche, et, après l'avoir essuyé à l'extérieur, on le pèse de nouveau: la différence des deux poids donne celui de l'eau contenue dans le flacon. Alors on le vide, on le fait sécher, on le remplit de la même manière du liquide dont on veut connaître la pesanteur spécifique, et on le pèse une troisième fois : la différence de ce dernier poids avec la tare du flacon donne le poids du nouveau liquide pesé sous le même volume que l'eau. Supposons que le flacon contienne 220 grammes d'eau et 407 grammes d'acide sulfurique concentré, la pesanteur spécifique de l'acide sera à celle de l'eau comme 407 est à 220; ou, en ramenant celle de l'eau à l'unité, au moyen d'une proportion, comme 1,85 est à 1.

Si, au lieu de peser de l'acide sulfurique dans le flacon, j'y pèse du naphte ou du pétrole distillé, et que le flacon n'en contienne que 176 grammes, la pesanteur spécifique du naphte sera à celle de l'eau comme 176 est à 220, ou comme 0,80 est à 1. Dans le langage ordinaire on supprime la comparaison à l'unité, et l'on dit simplement que la pesanteur spécifique de l'acide sulfurique est de 1,85, et celle du naphte de 0,80. Souvent aussi l'on représente la pesanteur spécifique de l'eau distillée par 1000, ou 10000; alors celle

(1) Il faut prendre de l'eau distillée et bouillie, car l'eau ordinaire contient des sels qui en augmentent la pesanteur spécifique, et de l'air qui la diminue; mais de manière que le premier effet l'emporte ordinairement sur le second. Il faut de plus opérer autant que possible à une basse température, l'eau se dilatant par la chaleur à partir du 4e degré au-dessus de la glace fondante, et ayant une pesanteur spécifique d'autant moins considérable que sa température est plus élevée.

de l'acide sulfurique devient 1850 ou 18500, et celle du naphte 800 ou 8000, et ainsi des autres corps. La pesanteur spécifique des solides n'est pas plus difficile à déterminer; mais on est obligé d'employer un autre moyen pour les peser comparativement avec l'eau sous un même volume; car il serait, le plus souvent, impossible de fabriquer un solide ayant exactement le même volume qu'une quantité donnée d'eau distillée. Voici en quoi consiste ce moyen : on a une balance très-sensible, dite *balance hydrostatique*, qui ne diffère de la balance ordinaire qu'en ce que la tige qui supporte le centre de mouvement peut s'élever ou s'abaisser à volonté, et que les plateaux sont munis par dessous d'un petit crochet destiné à suspendre le corps solide au moyen d'un crin. On pèse d'abord le corps ainsi suspendu en l'air, et ensuite on abaisse la balance de manière à faire plonger le corps dans un vase plein d'eau distillée, placé au-dessous. On observe alors que le corps pèse moins sur le bras de la balance auquel il est suspendu, et que les poids placés de l'autre côté l'emportent; effet dû à ce que, le corps plongé dans l'eau ayant pris la place d'un volume d'eau égal au sien, l'eau environnante qui soutenait le poids de ce volume soutient une partie égale dans le poids du corps, et diminue d'autant son action sur la balance. Il suit de là qu'en pesant de nouveau le corps plongé dans l'eau, la différence des deux poids fera connaître le poids d'un volume d'eau égal à celui du corps, d'où on pourra conclure la pesanteur spécifique de celui-ci.

Soit, par exemple, un morceau de fer pesant dans l'air 85 grammes : ce fer plongé dons l'eau, ne pèsera plus que 73,946 grammes; d'où l'on conclura que le poids d'un pareil volume d'eau = 85 — 73,946 = 11,054, et que la pesanteur spécifique du fer est à celle de l'eau comme 85 : 11,054 = 7,78 : 1; enfin qu'elle est de 7,78; ce qui est la réalité.

Si l'on avait à déterminer la pesanteur spécifique d'un

corps solide plus léger que l'eau, on y parviendrait également en le renfermant dans un petit vase suspendu à la balance et fermé par un couvercle de plomb dont on aurait d'abord déterminé la perte de poids dans l'eau; l'excès de la perte serait attribué au corps plongé, et il est facile de concevoir que, dans ce cas, la perte sera plus grande que le poids du corps dans l'air, puisque le corps est moins dense que l'eau, et en déplace une masse plus considérable que la sienne propre.

On peut aussi peser le corps plus léger que l'eau dans du naphte ou de l'alcohol, lorsque ces menstrues ne sont pas susceptibles de le dissoudre. Par une raison semblable, il faut peser dans du naphte tous les corps solides sur lesquels l'eau peut avoir de l'action; par ce moyen, on trouve leur pesanteur spécifique comparée à celle du naphte, qui est environ de 0,80, et que l'on doit d'ailleurs déterminer d'avance; on ramène ensuite cette pesanteur à celle de l'eau distillée qui est 1, au moyen d'une proportion.

Impression sur les sens. — A. *Sur le goût.* Les corps soumis à cette épreuve sont insipides, ou présentent des saveurs qui sont aussi variées que leur propre nature. On distingue cependant la saveur *salée* qui se rapproche de celle du sel marin; *astringente*, analogue à celle de l'alun; *amère*, comme celle du sulfate de magnésie; *piquante*, celle du sel ammoniac; *sucrée*, celle des sels de plomb; *urineuse*, celle de la chaux; *sulfureuse*, celle des eaux sulfureuses; *ferrugineuse*, *cuivreuse*, *mercurielle*, *etc.*, celle que l'on trouve toujours aux dissolutions de fer, de cuivre, de mercure, etc. De plus, quelques corps abondans en eau de cristallisation et d'une facile dissolution dans l'eau, occasionent dans la bouche un sentiment de *fraîcheur* dû à la promptitude avec laquelle ils passent de l'état solide à l'état liquide; d'autres, par une raison contraire, ont une saveur *chaude*; ce sont ceux qui sont desséchés et qui ont une forte affinité pour l'eau; ils commencent par solidifier celle qui humecte le palais et en dégagent une quantité sensible de calorique. *Exemple,* la chaux. Quelques autres corps, quoiqu'insipides, font encore sur la langue un effet nommé *happement.* Ces corps sont toujours poreux et avides d'eau, non à la manière de la chaux, mais seulement à l'instar d'une éponge; ils absorbent celle de la langue, dessèchent cet organe et s'y attachent en raison d'un certain liant qu'acquiert leur mélange avec l'eau; telles sont les différentes argiles et la craie.

B. *Sur le toucher.* Les corps soumis au toucher offrent une surface *onctueuse, ex.* le talc; ou *douce* sans onctuosité, *ex.* l'asbeste, le mica; ou *rude, ex.* la pierre ponce.

C. *Sur l'odorat.* Les corps sont odorans par eux-mêmes, *ex.* le naphte, le pétrole; ou le deviennent par la chaleur, *ex.* le bitume de Judée; ou par le frottement des mains, *ex.* le fer, le cuivre, l'étain, le plomb; ou par la vapeur de l'haleine, *ex.* l'argile. Les odeurs sont variées comme les corps qui les produisent.

D. *Sur l'ouïe.* Les corps frappés sont sonores ou ne le sont pas. Or, la sonorité résultant de la propriété qu'ont certains corps de pouvoir être altérés dans leur forme, sans cependant en être brisés, et de revenir à cette forme en oscillant, pour ainsi dire, alternativement au-delà et en deçà du terme, il est visible qu'elle suit la même loi que l'élasticité. Il faut observer cependant qu'il y a quelques corps mous élastiques, et que tous les corps sonores sont durs.

E. *Sur la vue.* Les impressions que les corps exercent sur ce sens sont très-variées et offrent plusieurs caractères importans. On y distingue surtout *la couleur, l'éclat de la surface, la transparence* ou *l'opacité, la force réfringente.*

a. La couleur d'un corps vu en masse peut être *uniforme,* comme dans l'émeraude, le soufre, les métaux; *variée,* comme dans les marbres secondaires; *chatoyante,* comme dans l'opale.

Très-souvent la couleur du corps réduit en poudre n'est pas la même que celle de la masse. C'est ainsi que le cinabre, qui est d'un gris violet en masse, est d'un rouge vif réduit en poudre; que l'arsenic sulfuré rouge devient orangé; le sulfure d'antimoine, noir, etc.

Quelquefois aussi lorsque le corps est tendre, il n'est pas nécessaire de le pulvériser et d'en détruire une partie pour l'examiner sous ce point de vue. Il suffit de le frotter contre un corps plus résistant que lui, et même sur le papier. Il en résulte une tache dont on note la couleur. L'essai des matières d'or et d'argent, à l'aide de la touche sur une pierre dure, peut être considéré comme une application de ce procédé.

b. L'éclat de la surface peut être *brillant*, *ex.* la plupart des corps cristallisés; *terne*, la plupart des corps amorphes ou mélangés de matières terreuses; *onctueuse*, le jade poli; *soyeuse*, une variété de cuivre carbonaté vert, l'asbeste; *nacrée*, la stilbite; *métallique*, tous les métaux; n'ayant que *l'apparence métallique*, le mica.

c. La transparence peut être parfaite, imparfaite ou nulle. Les corps tout-à-fait transparens laissent distinguer les objets au travers de leur substance; ceux qui laissent passer trop peu de lumière pour permettre de les distinguer sont dits *translucides;* ceux qui n'en laissent pas passer du tout sont *opaques*. Le verre et le spath d'Islande sont transparens, l'agate est translucide, les métaux sont opaques.

d. La force réfringente est *simple* ou *double*: simple lorsque le corps transparent ne laisse voir qu'une image de l'objet que l'on regarde au travers; double, quand on en distingue deux. Pour observer ce phénomène, on place le corps cristallisé sur une feuille de papier et sur un point noir qui s'y trouve marqué, et l'on regarde ce point à travers la face opposée au papier. Quelquefois cependant la double réfraction n'a lieu qu'en regardant le corps à travers une des faces inclinées, ou même à travers une facette artificielle.

Électricité. L'électricité, considérée comme caractère des minéraux, est passive ou active. *Passive*, lorsqu'on s'occupe de celle qu'ils reçoivent des corps avec lesquels on les met en contact. *Active*, quand il s'agit de celle qu'ils leur font prendre. Les minéraux reçoivent l'électricité passive, ou par communication, lorsqu'ils sont conducteurs du fluide, ou par frottement lorsqu'ils ne sont pas conducteurs, ou par l'exposition au calorique. L'électricité donnée par communication est de la même nature que celle du corps communiquant. Celle développée par frottement (on suppose un frottoir de laine), est ordinairement *vitrée* pour les pierres et les sels à surface polie, et *résineuse* pour le soufre, le succin, et les autres corps combustibles non métalliques : celle développée à l'aide du calorique, dans les corps susceptibles de présenter cet effet, est vitrée d'un côté et résineuse de l'autre; *exemple :* la tourmaline.

L'électricité active ou communiquée à la cire à cacheter par le frottement, est tantôt vitrée, tantôt résineuse, quelquefois nulle. Elle est vitrée pour le sulfure de molybdène, résineuse pour la plupart des minéraux, nulle pour le carbure de fer.

On reconnaît l'état électrique d'un corps en le présentant à distance à une petite aiguille horizontale et mobile, préalablement chargée d'une électricité connue. Si, par exemple, l'aiguille est chargée de l'électricité vitrée, et que le minéral la repousse, on en conclura qu'il est électrisé de la même manière; s'il l'attirait, il serait, au contraire, électrisé résineusement, parce que les molécules de chacun des deux fluides qui composent l'électricité naturelle, se repoussent elles-mêmes, et attirent, au contraire, les molécules de l'autre fluide.

Magnétisme. Le fluide magnétique est un fluide analogue à celui qui produit les phénomènes électriques, mais qui n'agit d'une manière sensible que sur le fer, le nickel, le cobalt, et un petit nombre de leurs composés. Le fer est celui des trois dans lequel l'action magnétique se développe le plus; il suffit même souvent d'une très-petite quantité de fer dans un minéral pour le rendre susceptible d'agir sur le barreau aimanté. On dit que cette action est *simple* lorsque le corps attire indifféremment les deux poles de l'aiguille, et qu'elle est *polaire* lorsqu'il attire un pôle et repousse l'autre, comme le font presque tous les cristaux de fer.

Caractères géométriques.

Ces caractères sont ceux que l'on peut tirer de la *forme* des corps, de leur *structure* et même de leur *cassure*.

Formes. Les formes sous lesquelles se présentent les corps sont *déterminables*, *indéterminables* ou *imitatives*. Les premières sont terminées par des faces planes, des arêtes rectilignes et des angles finis que l'on peut mesurer géométriquement : les corps qui les offrent sont dits *cristallisés*, et chaque polyèdre distinct est un *cristal*. Les secondes n'offrent que des faces et des angles altérés, ou n'ont aucune structure distincte. On nomme *amorphes* les corps qui se présentent sous ce dernier état. Les troisièmes imitent des formes généralement connues, comme des cônes, des cylindres, des sphères; ou représentent des formes de corps organisés, auxquels le minéral s'est peu à peu substitué : c'est ainsi que le sulfure de fer se présente souvent sous la forme de coquilles roulées en volute.

Une étude approfondie des corps cristallisés a conduit M. Haüy à établir une théorie de la formation des cristaux, admirable surtout en ce qu'elle montre que toutes les formes déterminables sous lesquelles on peut trouver le même corps sont susceptibles d'être ramenées, par la division mécanique des lames et des joints naturels, à une seule et même forme qui en est comme le noyau commun. Cette règle une fois établie est devenue, entre les mains de ce savant minéralogiste, un moyen de séparer des corps que les naturalistes avaient, avant lui, réunis en une seule espèce, ou d'en réunir d'autres qu'ils avaient séparés, et presque toujours l'analyse chimique est venue confirmer les résultats de ses calculs. Mais ce n'est pas ici qu'il convient de les développer, et le peu de détails qui suivent suffiront dans un ouvrage de la nature de celui-ci.

On distingue trois sortes de formes pour un même cristal : la forme *secondaire*, qui est celle extérieure du cristal; la forme *primitive*, que l'on peut trouver en séparant mécaniquement les lames du cristal, et qui est *unique* pour chaque espèce minéralogique, quelle que soit la forme secondaire dont on la fasse dériver; enfin la forme de la *molécule intégrante*, que l'on peut obtenir par une division ultérieure de la forme primitive.

On n'a encore reconnu que trois formes principales de molécules intégrantes : le *tétraèdre*, le *prisme triangulaire* et le *parallélipipède*. Ces formes ont cela de remarquable que ce sont les plus simples que l'on puisse concevoir. En effet, il faut au moins quatre plans pour circonscrire un espace, et trois lignes pour circonscrire un plan. Le solide le plus simple sera donc terminé par quatre faces triangulaires, et c'est le tétraèdre. Le prisme triangulaire est de même le solide le plus simple que l'on puisse former avec cinq plans, et le parallélipipède avec six.

Quant aux formes primitives observées jusqu'ici, il y en a six qui sont : 1° le *tétraèdre*, qui, dans ce cas, est toujours régulier; 2° le *parallélipipède*, qui est tantôt rhomboïdal, tantôt cubique; 3° l'*octaèdre*, dont les faces sont des triangles équilatéraux, isocèles ou scalènes, selon les espèces; 4° le *prisme hexaèdre régulier*; 5° le *dodécaèdre* à plans rhombes, égaux et semblables; 6° le *dodécaèdre* composé de deux pyramides droites hexaèdres, réunies par leur base.

Voici un exemple bien remarquable des résultats obtenus par la division mécanique des cristaux. La chaux carbonatée cristallisée qui, en raison de la grande diversité des formes secondaires qu'elle présente, a reçu le nom de *protée minéral*, n'offre pas moins de 105 variétés de formes. Parmi ces variétés il y a un prisme hexaèdre régulier et différens rhomboïdes : or, ils conduisent tous à un même rhomboïde obtus, qui est la forme primitive de la chaux carbonatée. Ce rhomboïde, une fois obtenu, ne peut plus se diviser que par des plans parallèles à ses faces, et de plus en plus rapprochés entre eux; de sorte que la forme de la molécule intégrante est encore un rhomboïde.

Si l'on avait un autre minéral dont la forme primitive fût un dodécaèdre à plans rhombes, la molécule intégrante serait un tétraèdre; dans le cas d'un prisme hexaèdre régulier, elle serait un prisme triangulaire.

Structure. La structure d'un minéral est la disposition intérieure ou le groupement de ses particules. La structure est *laminaire*, lorsqu'elle offre des lames continues; *lamellaire*, lorsque les lames sont plus petites, et souvent inclinées en différens sens; *stratiforme*, en couches non séparables; *feuilletée*, en couches séparables; *fibreuse*, à fibres parallèles; *radiée*, à fibres convergentes; *granuleuse*, à grains distincts; *compacte*, à grains très-fins, serrés et non visibles à l'œil; *cellulaire*, offrant des espaces vides.

Cassure. La cassure est la manière dont les portions d'un minéral se séparent, lorsque la division ne suit pas l'ordre de la structure. Cette cassure est *conchoïde*, lorsqu'elle présente des concavités et des convexités qui imitent l'empreinte de coquilles. Elle peut être *lisse*, *raboteuse*, *écailleuse*, etc.; ces mots ne demandent pas d'explication.

Caractères chimiques.

Ces caractères sont ceux qui résultent de l'action chimique des corps sur la substance que l'on soumet à l'examen, et qu'on ne peut observer sans en altérer plus ou moins la nature. Les agens dont on se sert ordinairement pour les déterminer, sont : le *calorique*, ordinairement aidé de la lumière et de quelques autres corps; l'*eau*, les *acides*, quelques *sels*, et différentes *teintures végétales*.

Le *Calorique.* On essaie les corps par cet agent, soit en

les exposant au chalumeau, soit en les projetant sur un charbon ardent; plus rarement en les renfermant dans un creuset, ce moyen en détruisant une trop grande quantité. Le chalumeau est un tube de verre ou de métal, renflé au milieu, recourbé et tiré en pointe à une extrémité, ouvert des deux côtés. On souffle avec la bouche par l'extrémité la plus ouverte, et l'on dirige l'autre vers la flamme d'une bougie ou d'une lampe que l'on darde, par ce moyen, sur un petit fragment du corps soumis à l'essai. Ce corps est fixé à l'extrémité d'une petite pince de platine, ou contenu dans une petite cuillère du même métal, ou placé au fond d'une cavité creusée dans un charbon.

Les corps exposés au chalumeau sont : 1° *fixes* et *infusibles;* 2° *fusibles*, avec ou sans boursouflement, et donnant, pour résultats, un verre transparent, un émail, ou une masse spongieuse; 3° *volatils*, avec une fumée blanche, odorante, etc.; 4° *réductibles* en substance métallique.

Quelquefois on aide la fusion du corps au moyen d'un *fondant*, qui est ordinairement le *borax*, et on examine la couleur de la masse : il en résulte un caractère tranché pour reconnaître un grand nombre d'oxides métalliques.

On essaie sur les charbons ardens les corps pour lesquels on s'aperçoit que l'action du chalumeau est trop forte. Ces corps se fondent avec ou sans boursouflement, ou décrépitent et sont projetés au loin, ou en activent la combustion d'une manière remarquable, ou s'y réduisent en vapeurs.

L'*Eau*. Les corps sont ou insolubles dans l'eau, ou légèrement solubles, ou très-solubles. Ils sont ordinairement plus solubles à chaud qu'à froid, et peuvent cristalliser en partie par le refroidissement du liquide.

Les *Acides*. Tous les corps solubles dans l'eau se dissolvent également dans les acides lorsqu'ils ne sont pas trop concentrés. Quelques-uns le font en donnant lieu à une vive effervescence, due au dégagement de leur acide qui, étant gazeux, se trouve chassé par l'acide plus fixe que l'on emploie.

Parmi les corps insolubles dans l'eau, il y en a qui ne se dissolvent pas sensiblement davantage dans les acides, à moins qu'ils ne soient très-puissans et très-concentrés, et d'autres qui s'y dissolvent plus ou moins facilement; mais ces sortes d'actions sont tellement variées et accompagnées de phénomènes si différens, qu'il est impossible de les énoncer d'une manière succincte et générale : j'en remets donc la description à l'histoire de chaque corps pour lequel il sera utile de la faire connaître.

Il en est de même des données que l'on peut tirer, pour la connaissance des corps, de l'emploi des agens chimiques communément nommés *réactifs*; et je passe, sans plus de détail, à l'histoire particulière des drogues minérales.

Ire DIVISION. — *Corps simples non métalliques.*

1. *De l'Iode*, Iodium, ii.

Historique et rapports naturels. L'iode a été découvert en 1812, dans les eaux mères des soudes de varecs, par M. Courtois, salpêtrier à Paris. Il a été étudié d'abord par MM. Clément, Desormes, Gay-Lussac et Davy, mais c'est à M. Gay-Lussac surtout qu'on doit la connaissance de ses propriétés (*Ann. chim.*, XCI). Il résulte des expériences de ce chimiste célèbre, que l'iode est un corps simple, analogue au chlore et au soufre, et qui, dans l'ordre naturel, doit se trouver placé entre eux. Comme ces deux corps, il forme avec l'hydrogène un acide gazeux et soluble dans l'eau, nommé *acide hydriodique*. Il appartient à l'ordre des gazolytes de M. Ampère, et au genre des thionides. (Voyez l'*avant-propos*.)

Etats naturels. L'iode pur ou natif ne se trouve pas dans la nature; il existe à l'état d'acide hydriodique, combiné à la potasse et à la soude, dans plusieurs espèces de *fucus* ou de varecs, plantes qui croissent abondamment dans la mer, près des côtes (Gauthier de Claubry, *Ann. chim.*, XCIII, 83); depuis, M. Cantu, professeur de chimie à Turin, l'a trouvé sous le même état dans l'eau sulfureuse d'Asti (*Ann. chim. phys.*, XXVIII, 221). Il est probable, d'après quelques expériences de M. Balard, que l'iode existe aussi, quoiqu'en très-petite quantité, dans l'eau de la mer (*Ibid.*, pag. 178); enfin, tout récemment, M. Vauquelin a découvert l'iode dans une mine d'argent apportée d'Amérique : il y est à l'état d'iodure d'argent, et combiné au sulfure de plomb (*Ann. chim. phys.* XXIX, 99).

Extraction. On obtient en Normandie, par la combustion et l'incinération des varecs, une sorte de soude de fort mauvaise qualité, et qui, avant la découverte de M. Courtois, n'était guère employée que pour la fabrication du verre. Aujourd'hui on lessive cette soude, on épuise la liqueur, par des cristallisations successives, de tout le carbonate alcalin et de la plupart des autres sels qu'elle contient. L'eau mère retient les hydriodates de potasse et de soude. On la met dans une cornue tubulée à laquelle on adapte une alonge et un récipient. On y ajoute du peroxide de manganèse, de l'acide sulfurique en excès, et on chauffe : une portion de l'acide décompose les deux hydriodates alcalins, forme des sulfates de potasse et de soude, et met l'acide hydriodique à nu. Alors le peroxide de manganèse cède de l'oxigène à l'hydrogène de l'acide hydriodique, et il se forme de l'eau et de l'iode qui passent dans le récipient; mais ils sont mêlés de chlore et d'acide hydrochlorique, qui proviennent des hydrochlorates restés dans les eaux mères de varec. Pour purifier l'iode, on le distille de nouveau avec de l'eau faiblement alcalisée; on le sèche en le pressant entre des feuilles de papier gris, et on le renferme dans des vases bien bouchés.

Propriétés. L'iode se présente sous la forme de paillettes ou de lames micacées qui jouissent de l'éclat métallique et de la couleur grise foncée du carbure de fer (plombagine).

Il a une odeur forte et fatigante analogue à celle du chlore, mais plus faible; il possède une saveur très-âcre et forme sur la peau une tache brune foncée, qui finit par se dissiper à l'air; sa pesanteur spécifique est de 4,948 à la température de 17 degrés centigrades.

L'iode entre en fusion à 107 degrés, et bout à 175 ou 180 degrés; cependant il se volatilise dans l'eau bouillante en raison du mélange de sa vapeur avec celle de l'eau. De quelque manière qu'on le volatilise, avec l'eau ou dans l'air, sa vapeur offre une couleur violette magnifique qui lui a valu son nom d'*iode* tiré de ἰώδης, *violet*.

L'iode est à peine soluble dans l'eau, qui en acquiert cependant une couleur jaune très-marquée et des propriétés énergiques; il est soluble en grande proportion dans l'alcool et dans l'éther, et leur communique une couleur rouge très-foncée. Il est inattaquable par l'oxigène et par les acides qui en sont saturés; mais avec l'intermède de l'eau qu'il décompose, il exerce une action puissante sur les acides qui sont au *minimum* d'oxigénation; il les fait passer à l'état d'acides très-oxigénés, en devenant lui-même acide hydriodique. Cet effet a particulièrement lieu avec l'acide sulfureux, et, néanmoins, à l'aide de la chaleur, l'acide sulfurique décompose l'acide hydriodique et reforme de l'eau, de l'acide sulfureux et de l'iode; c'est même par ce procédé qu'on obtenait d'abord l'iode des eaux mères de vareç.

Usages. En 1819, M. Coindet, de Genève, ayant constaté l'efficacité de l'iode dans le traitement du goître, depuis cette époque ce corps n'a pas cessé d'être employé comme médicament, soit dissous directement dans l'alcool, soit à l'état d'hydriodate de potasse simple ou ioduré (*Ann. chim. phys.* XV, 49, et XVI, 252). A la vérité, son emploi, surtout sous forme de teinture alcoolique, a été quelquefois suivi d'accidens, lorsque la dose en a été portée trop haut; mais l'iode partage cet inconvénient avec tous les médicamens énergiques, et ce n'est pas une raison pour le bannir de la matière médicale.

L'iode est encore employé comme réactif pour découvrir l'amidon dans les substances végétales. Il suffit en effet de verser quelques gouttes de teinture d'iode dans une liqueur contenant de l'amidon, ou même de plonger dans cette teinture étendue d'eau, une racine ou une partie végétale quelconque amylacée, pour y développer une belle couleur bleue due à la combinaison de l'iode avec l'amidon.

Falsification. L'iode est quelquefois falsifié dans le commerce avec de l'eau, différens sels, ou de la houille. L'iode pur ne doit pas mouiller le papier dans lequel on le presse; après avoir été traité par l'eau, l'eau évaporée à siccité ne doit laisser aucun résidu; enfin il doit être entièrement soluble dans l'alcohol.

2. *Du phosphore*, Phosphorus, i.

Rapports naturels et historique. Le phosphore appartient à la classe des combustibles simples non métalliques de M. Thénard, ou à celle des gazolytes de M. Ampère, et à son genre des arsenides. Son nom *phosphore*, qui signifie *porte-lumière*, lui vient de ce qu'il ne peut être exposé à l'air sans y brûler et sans y répandre une lumière plus ou moins vive, mais qui devient toujours très-apparente dans l'obscurité.

Le phosphore a été obtenu pour la première fois en 1669, par Brandt, alchimiste de Hambourg, en distillant de l'urine desséchée avec des métaux qu'il voulait convertir en or. Peu d'années après, Kunckel et Boyle trouvèrent le secret de sa préparation; mais elle resta cachée jusqu'en 1737, époque à laquelle un étranger vint l'effectuer à Paris, devant des commissaires nommés par l'Académie des sciences. Le procédé consistait alors simplement à chauffer de l'extrait d'urine desséché, dans une cornue à laquelle était adaptée une alonge plongeant dans l'eau. Depuis on ajouta un sel de plomb à la matière desséchée; mais le phosphore, toujours très-rare, restait un objet de curiosité et d'étonnement par ses singulières propriétés. Enfin, en 1769, Gahn et Schéele firent connaître un procédé pour le retirer des os, qui permit de l'obtenir en plus grande quantité et de mieux étudier ses rapports avec les autres corps.

États naturels. Le phosphore n'existe pas à l'état de pureté dans la nature; mais on l'y rencontre sous celui d'acide phosphorique, formant des phosphates avec plusieurs oxides métalliques. Le plus abondant de tous ces composés est le phosphate de chaux, qui constitue des collines entières dans l'Estramadure en Espagne, et qui forme les deux cinquièmes des os d'un grand nombre d'animaux. En outre, le phospore se trouve combiné à l'oxigène, à l'azote, à l'hydrogène et au carbone, dans la matière cérébrale des animaux et dans la laitance des poissons. C'est encore au phosphore, dans un état particulier de combinaison, qu'on attribue la phosphorescence des lampyres et celle que présente souvent l'Océan dans les régions inter-solstitiales (1).

Extraction. Les os des mammifères sont composés, sur 100 parties, d'environ 50 parties de tissu gélatineux, de 37 parties de sous-phosphate de chaux, de 10 parties de carbonate de chaux, de 1,3 de phosphate de magnésie, et de traces de silice, d'alumine, d'oxides de fer et de manganèse.

---

(1) Ce phénomène se présente aussi, mais moins fréquemment sur les autres points de l'Océan. On lui reconnaît plusieurs causes : tantôt il est dû à ce qu'une infinité de petits animaux marins, tels que des méduses, des béroés, des biphores, des crabes, répandent par eux-mêmes une lumière d'autant plus vive qu'ils sont plus agités par le mouvement des vagues ; d'autres fois on doit l'attribuer à une sorte d'huile phosphorée qui provient de la décomposition de l'immense quantité de poissons, de mollusques et d'animaux rayonnés qui meurent au sein des mers ; d'autres fois enfin on ne peut lui assigner d'autre cause apparente que l'électricité produite par le frottement des molécules de l'eau salée.

On brûle ces os, on les calcine à blanc, pour les priver de toute matière organique : dans cet état ils sont friables et formés surtout de phosphate et de carbonate de chaux, dans le rapport qui vient d'être indiqué. On en prend 100 parties réduites en poudre fine, on en forme une bouillie liquide avec de l'eau, et on y mêle peu à peu de 65 à 70 parties d'acide sulfurique concentré. Il se produit une chaleur considérable et une vive effervescence due à l'acide carbonique qui provient de l'entière décomposition du carbonate de chaux. Quant au phosphate, il n'est décomposé qu'en partie, et il se convertit en un phosphate acide de chaux qu'on sépare du sulfate de chaux formé, en étendant le *magma* d'eau bouillante et filtrant la liqueur à travers des toiles. On fait évaporer la liqueur en consistance sirupeuse. Il se précipite, pendant l'évaporation, une assez grande quantité de sulfate de chaux qui s'était dissous à la faveur de l'excès d'acide. On étend d'eau, on filtre, on fait évaporer de nouveau en consistance sirupeuse, on ajoute au liquide le quart de son poids de charbon en poudre fine. On achève l'évaporation, on chauffe le mélange presque jusqu'au rouge, dans une chaudière de fonte, pour le dessécher le plus possible; enfin on l'introduit dans une cornue de grès bien lutée que l'on chauffe lentement et graduellement jusqu'à la plus forte chaleur que l'on puisse produire dans un fourneau à réverbère.

On a préalablement adapté à la cornue une alonge en cuivre qui va plonger dans un vase rempli d'eau.

Au commencement de l'opération, le charbon décompose l'eau qui restait dans le mélange, et il ne se dégage d'abord que de l'oxide de carbone et de l'hydrogène carboné; mais lorsque la température devient plus élevée, l'acide phosphorique se décompose également, et il se forme de l'hydrogène phosphoré qui vient s'enflammer à la surface de l'eau et du phosphore qui se condense au fond. On continue le feu sans interruption pendant 24 ou 30 heures, ou jusqu'à ce qu'il ne se dégage plus rien; alors on laisse refroidir l'appareil.

Le phosphore ainsi obtenu n'est pas pur et contient surtout du charbon qui le colore en rouge et le rend moins fusible. Pour le purifier, on se contente ordinairement de le renfermer dans une peau de chamois dont on forme un nouet bien solide, de le plonger dans l'eau presque bouillante et de l'exprimer à l'aide d'une pince. Le phosphore liquéfié passe à travers la peau, tandis que le plus impur reste dedans. Alors, tandis que le phosphore est fondu sous l'eau, on y plonge l'extrémité d'un long tube de verre ouvert par les deux bouts, et on l'y fait monter jusqu'à la moitié ou aux deux tiers de la hauteur, en aspirant l'air avec la bouche; on ferme l'extrémité inférieure du tube avec le doigt, et on porte le tube dans un autre vase contenant de l'eau froide. Le phosphore se solidifie, prend du retrait et se retire facilement du tube. On le conserve sous l'eau dans un vase de verre bien bouché.

Propriétés. Le phosphore est solide, ordinairement sous la forme de bâtons transparens, d'un blanc légèrement jaunâtre, mous et flexibles, faciles à couper aux ciseaux.

Il entre en fusion à 43 degrés centigrades, se volatilise à une température plus élevée. Sa pesanteur spécifique est 1,77.

Le phosphore exposé à l'air brûle en y répandant une lumière qui est très-sensible dans l'obscurité, et une fumée blanche, épaisse, alliacée, due à la formation d'un acide nommé *acide phosphatique* ou *hypo-phosphorique*. Lorsque le phosphore est en morceaux isolés et d'une masse peu considérable, la combustion continue lentement et sans donner d'autres produits; mais dès que plusieurs morceaux se trouvent rapprochés, la chaleur dégagée s'accumule entre eux et devient bientôt assez forte pour en faire entrer quelques parties en fusion. Aussitôt la combustion devient rapide, éclatante et telle qu'il est difficile à l'œil de la supporter. Il se produit des flots de vapeurs blanches, opaques, d'acide hypo-phosphorique et d'un autre acide saturé d'oxigène qui est l'*acide phosphorique*. La masse entière du phosphore entre en fusion, coule et propage l'incendie partout où elle se répand. On ne saurait donc apporter trop de précautions à la conservation du phosphore. Il faut le garder divisé dans des flacons d'une médiocre capacité, remplis d'eau bouillie, bouchés à l'émeril et placés à l'abri de tout choc, de la chaleur et de la gelée; car celle-ci pourrait aussi occasioner la fracture des flacons, et par suite l'incendie des planches, etc., lorsque l'eau liquéfiée, par suite d'une élévation de température, aurait laissé le phosphore au contact de l'air.

Usages. Le phosphore est employé dans les arts pour préparer des briquets phosphoriques qui ne sont autres que de petits tubes de verre, ou de plomb, contenant du phosphore fondu et en partie oxidé. On plonge dans le tube une allumette soufrée à laquelle s'attachent quelques parcelles de phosphore. L'allumette étant retirée, s'enflamme à l'air, soit spontanément, soit par un léger frottement sur un morceau de liége ou de feutre.

En médecine le phosphore a quelquefois été employé à l'intérieur, comme un puissant excitant qui porte surtout son action sur les organes de la génération. Mais quelque faible qu'en soit la dose, il est rare que la chaleur de l'estomac, jointe à l'air qui s'y introduit toujours en petite quantité, n'en détermine la combustion, et qu'il n'en résulte une irritation plus ou moins vive et souvent funeste. On l'emploie avec plus de sécurité à l'extérieur, sous la forme de frictions, étant dissous préalablement dans l'éther, dans la graisse ou dans une huile volatile.

3. *Du Soufre,* Sulphur, is.

États naturels. Le soufre, connu de toute antiquité, appartient au genre des thionides, dans la méthode proposée par M. Ampère, pour la classification des corps simples. Il existe dans la terre, tantôt à l'état de pureté, tantôt combiné aux métaux et formant des sulfures, d'autres fois combiné à l'oxigène et aux oxides métalliques et formant des sulfates : il ne sera question ici que du soufre pur ou natif.

Le soufre natif est quelquefois cristallisé en octaèdres transparens; le plus souvent il est en masses translucides ou opaques, mêlées par couches dans du sulfate de chaux, de l'argile ou d'autres substances terreuses; souvent aussi on le trouve aux environs des volcans, sous la forme d'une poussière jaune très-fine.

Les soufrières les plus célèbres sont celles de la solfatare près de Pouzzol, dans le royaume de Naples; celles de Sicile, des États romains, de l'Islande, de la Guadeloupe et des Cordilières du Pérou.

Exploitation. Les différens procédés employés pour l'exploitation du soufre se réduisent tous à le volatiliser, ou au moins à le fondre, et à le séparer, par ce moyen, des terres qui lui servent de gangue. A la solfatare, on chauffe la mine de soufre dans de grands pots de terre cuite, placés sur les deux côtés d'un fourneau plus long que large, nommé *galère*. Chacun de ces pots est muni, à sa partie supérieure, d'un tuyau qui conduit le soufre dans un autre pot percé par le fond, et placé au-dessus d'un baquet plein d'eau; c'est dans cette eau que le soufre coule et se solidifie.

Mais ce soufre n'est pas pur, car il est passé pour la plus grande partie dans les récipiens, sous forme liquide, en se boursouflant dans les premiers pots, et en élevant des matières terreuses jusqu'au tuyau d'écoulement : il faut donc le purifier.

La plus ancienne manière d'y procéder consiste à refondre le soufre dans une chaudière de fonte, et à le tenir fondu jusqu'à ce que les matières terreuses soient précipitées au fond; alors on le puise avec une cuillère, et on le coule dans des moules cylindriques de bois, dont il prend la forme. Ce soufre se nomme dans le commerce *soufre en canons*; il est d'un jaune plus ou moins terne et grisâtre.

Aujourd'hui on obtient le soufre beaucoup plus pur, en le distillant dans une grande chaudière de fonte couverte d'un chapiteau, et communiquant avec une chambre en maçonnerie qui sert de récipient : on obtient même à volonté, par ce moyen, du soufre en canons ou du soufre en poudre.

Pour cela, il suffit de faire varier la grandeur de la chambre et la quantité de vapeur de soufre qui y passe dans un temps donné : lorsque la chambre est très-grande, et que la volatilisation du soufre est lente, ou qu'on l'interrompt pendant la nuit, les murs s'échauffent peu, et le soufre s'y condense à l'état solide, sous la forme d'une poussière jaune, nommée *fleur de soufre* ou *soufre sublimé;* lorsque la chambre est petite, et que la distillation du soufre est accélérée et non interrompue, les parois s'échauffent, le soufre ne s'y condense plus qu'à l'état liquide, et coule vers le sol qui le conduit, suivant son inclinaison, dans un grand nombre de moules de bois cylindriques, où il se solidifie. Ce soufre est tout-à-fait exempt de matières terreuses; il est d'un jaune beaucoup plus pur que celui qui a été obtenu par l'ancien procédé, et doit lui être préféré.

Propriétés. Le soufre est un corps solide, jaune, très-friable, insipide et inodore; il pèse 1,99; acquiert l'électricité résineuse par le frottement; se fond à 170 degr. centigr.; s'enflamme à une température plus élevée, s'il éprouve le contact de l'air; forme, par sa combustion, de l'acide sulfureux, très-reconnaissable à son action irritante et suffocante sur les organes de la respiration; quand, au contraire, le soufre n'a pas le contact de l'air, il se sublime ou distille sans altération.

Si, lorsque le soufre a été fondu et qu'il est déjà en partie refroidi, on perce la croûte solide qui le recouvre, pour faire écouler ce qui est resté liquide, on trouve la paroi interne tapissée d'une foule de cristaux aiguillés. Le soufre en canons offre souvent, dans son intérieur, une ébauche de cette cristallisation.

Ce même soufre en canons présente un autre fait assez singulier : lorsqu'on le presse pendant quelque temps dans la main, il craque et se brise en plusieurs morceaux. Cet effet est vraisemblablement dû à deux causes; d'abord à ce que les couches extérieures de soufre s'étant solidifiées, lorsque l'intérieur était encore liquide et dilaté par le calorique, la masse totale occupe un espace plus grand que si toutes ses parties s'étaient solidifiées isolément; de sorte qu'elle se trouve dans un état de tension que la moindre pression peut détruire; secondement, le calorique, qui se transmet de la main dans le soufre, occasione, dans ses particules, un petit mouvement qui favorise encore la rupture.

Usages. Le soufre sert dans les arts à fabriquer l'acide sulfurique, le cinabre et d'autres composés chimiques ; il fait partie essentielle de la poudre à canon; on l'emploie au blanchîment de la soie; en pharmacie on en fait des sulfures alcalins et métalliques, des pastilles, des onguens, et des huiles volatiles soufrées, dites *Baumes de soufre.*

IIe DIVISION. — *Corps simples métalliques.*

Tous les corps compris dans cette division font partie de la classe des *métaux* qui est encore admise par les chimistes. Ils sont opaques, très-brillans, bons conducteurs du calorique et du fluide électrique; ils sont susceptibles de se combiner à l'oxigène, peuvent presque tous le faire en plusieurs proportions, et donnent naissance alors, quelquefois à des *acides,* le plus souvent à des *oxides,* qui peuvent au contraire neutraliser plus ou moins les acides, et former avec eux des composés connus sous le nom général de *sels.*

M. Thénard a divisé les métaux, au nombre de 41, en six sections fondées sur l'affinité qu'ils ont pour l'oxigène.

Il place, dans la première section, sept substances métalliques que l'on présume exister dans les corps qui, avant la découverte de la décomposition des alcalis, étaient ou auraient été regardés comme des terres et des corps simples. Ces terres, dont une seule a été décomposée jusqu'ici, sont : la *Magnésie*, la *Glucine*, l'*Yttria*, l'*Alumine*, la *Thorine* (1), la *Zircone* et la *Silice*. Tout porte à croire qu'elles renferment un métal uni à l'oxigène et que l'impossibilité où l'on se trouve encore de les réduire à l'état métallique, tient à la forte attraction de leurs deux principes constituans. Les métaux de ces terres ont été nommés, par avance, *Magnésium*, *Glucinium*, *Yttrium*, *Aluminium*, *Thorinium*, *Zirconium*, *Silicium*.

M. Thénard comprend dans la seconde section, les métaux qui servent de radical aux corps nommés auparavant *Alcalis fixes;* ces métaux sont : le *Calcium*, le *Strontium*, le *Barium*, le *Lithium*, le *Sodium* et le *Potassium* (2). Ils ont pour caractère essentiel d'absorber l'oxigène de l'air à la température la plus élevée, et de décomposer subitement l'eau à la température ordinaire; ils s'emparent de son oxigène, et en dégagent l'hydrogène avec une vive effervescence. A l'exception du lithium, ils ont tous été obtenus à l'état métallique.

La troisième section renferme cinq métaux qui peuvent absorber le gaz oxigène à la température la plus élevée, mais qui ne décomposent l'eau qu'à l'aide du calorique. Ces métaux sont : le *Manganèse*, le *Zinc*, le *Fer*, l'*Étain* et le *Cadmium*.

La quatrième section est composée de quinze métaux, qui, comme les précédens encore, peuvent absorber le gaz

---

(1) M. Berzélius, qui avait cru trouver dans la thorine une espèce de terre particulière, a reconnu dernièrement que ce corps était un sous-phosphate d'yttria.

(2) Ces noms sont tirés de ceux des alcalis : *chaux*, *strontiane*, *baryte*, *lithine*, *soude* et *potasse*.

oxigène à la température la plus élevée, mais qui ne décomposent l'eau ni à froid ni à chaud. Parmi ces métaux, six peuvent, en se combinant à un *maximum* d'oxigène, donner naissance à des acides, ce sont : l'*Arsenic*, le *Molybdène*, le *Chrôme*, le *Tungstène*, le *Colombium* et l'*Antimoine;* les neuf autres ne forment que des oxides; on les nomme : *Urane, Cérium, Cobalt, Titane, Bismuth, Cuivre, Tellure, Nickel* et *Plomb.*

La cinquième section comprend les métaux qui ne peuvent absorber l'oxigène qu'à un certain degré de chaleur, dont les oxides se réduisent seuls à une haute température, et qui ne peuvent opérer la décomposition de l'eau. Ces métaux sont seulement au nombre de deux : le *Mercure* et l'*Osmium.*

La dernière section est formée de métaux qui ne peuvent absorber le gaz oxigène, ni décomposer l'eau à aucune température, et dont les oxides se réduisent au-dessous de la chaleur rouge. Ces métaux sont au nombre de six, savoir : l'*Argent*, le *Palladium*, le *Rhodium*, le *Platine*, l'*Or* et l'*Iridium.*

Quel que soit le mérite de cette classification, et celui de la méthode toute différente de M. Ampère, dont nous avons parlé (voir l'*avant-propos*), le petit nombre des métaux qui sont employés à l'état métallique, et dont je dois parler, est si borné, que je me contenterai de les ranger suivant l'ordre alphabétique.

4. *De l'Antimoine.* Antimonium, nii : Stibium, bii.

États naturels. L'antimoine se trouve, à l'état natif, allié à l'arsenic, combiné au soufre, oxidé, enfin combiné à la fois à l'oxigène et au soufre, ou *oxisulfuré.* C'est cette dernière mine qui, ressemblant au kermès minéral par sa couleur, a été nommée *Kermès natif.*

De toutes ces mines, la plus abondante et la seule exploitée est celle du sulfure; on le trouve presque partout, mais surtout dans le midi de la France et en Auvergne, en Hongrie, en Bohême, en Saxe, en Angleterre et en Sibérie.

Extraction. Pour extraire l'antimoine de son sulfure, on commence par purifier celui-ci par la fusion, comme il sera dit à l'article *sulfure d'antimoine*; ensuite on le concasse, on le mêle avec un peu de charbon, et on le grille dans des fours d'une forme particulière propre à cette opération. On chauffe d'abord très-modérément, pour ne pas fondre le sulfure; mais, à mesure que le soufre se dégage et que l'antimoine s'oxide, la matière devient moins fusible, et on augmente le feu : on continue ainsi jusqu'à ce que le sulfure soit converti en une matière d'un gris terne, qui est un mélange, plutôt qu'une combinaison d'oxide d'antimoine et de sulfure non décomposé.

On mêle cette matière grise avec partie égale de tartre brut pulvérisé, et on projète le tout dans des creusets rouges. L'acide tartarique et la matière colorante du tartre, étant composés de principes combustibles non saturés d'oxigène, réduisent l'oxide d'antimoine, en même temps que la potasse du même tartre s'empare du soufre du sulfure. Le résultat de cette double action est un culot métallique recouvert de scories, qui contiennent du sulfure de potasse uni à de l'oxide d'antimoine sulfuré. On fait refondre le métal une fois, et on le coule dans un bassin de terre où il se refroidit et cristallise (1).

---

(1) On prétend que ce procédé commence à être abandonné, et qu'aujourd'hui on obtient l'antimoine en décomposant directement son sulfure par du fer métallique. Si cela est ainsi, les pharmaciens devront chercher dans les caractères physiques de ce nouvel antimoine un moyen de le distinguer du premier; car cet antimoine doit contenir du fer, et ne peut que donner de l'*antimoine diaphorétique* coloré, tandis qu'on tient avec raison à l'avoir très-blanc, puisque c'est un signe de sa pureté. A défaut de caractère physique assez tranché, on pourra

Propriétés. L'antimoine est d'un blanc bleuâtre, très-éclatant, lamelleux et cassant; le culot entier offre ordinairement à sa surface une cristallisation ébauchée, disposée en étoiles ou en feuilles de fougère; il pèse 6,70; se fond à la chaleur rouge, et cristallise facilement en octaèdres par le refroidissement.

L'antimoine exposé à une forte chaleur, dans un creuset recouvert d'un autre renversé et percé à son fond, se volatilise peu à peu, s'oxide, et se condense dans le creuset supérieur, en un oxide blanc, souvent cristallisé en aiguilles, qui était nommé autrefois *fleurs argentines d'antimoine.* Cet oxide est fusible au feu, volatil lorsqu'il a le contact de l'air, un peu soluble dans l'eau, et vomitif.

L'antimoine, traité à chaud par l'acide sulfurique concentré, se convertit en un sous-sulfate qui perd tout son acide par une forte chaleur, et se change en un simple oxide semblable à celui dont il vient d'être question (protoxide). Traité par l'acide nitrique, il se convertit en un deutoxide blanc, insoluble dans cet acide. Il est inattaquable par l'acide hydrochlorique, à moins qu'il n'ait en même temps le contact de l'air.

Dissolutions. L'antimoine dissous dans les acides se reconnaît aux caractères suivans : il forme avec les alcalis un précipité blanc, qu'un excès de potasse ou de soude redissout, et que l'ammoniaque ne redissout pas; il produit avec l'acide hydrosulfurique et les hydrosulfates, un précipité orangé, soluble dans l'acide hydrochlorique, avec dégage-

---

essayer l'antimoine du commerce en le traitant par un peu d'acide chloro-nitreux (*eau régale*), étendant peu à peu la liqueur d'une grande quantité d'eau pour en précipiter tout l'oxide d'antimoine, filtrant, et essayant par les réactifs convenables si cette liqueur contient du fer. (Voyez les moyens de reconnaître les dissolutions de fer, à l'article de ce métal.)

ment de gaz hydrosulfurique; il forme un précipité blanc avec l'infusum de noix de galle, et n'est pas précipité par l'hydrocyanate de potasse ferrugineux.

Usages. L'antimoine combiné avec quatre fois son poids de plomb, forme l'alliage des caractères d'imprimerie. Les potiers d'étain l'emploient également pour donner de la dureté à l'étain. En médecine, ses principales préparations usitées sont : le sulfure d'antimoine, les oxisulfures vitreux et demi-vitreux (*verre d'antimoine et crocus*), les deux sulfures hydratés (*kermès minéral* et *soufre doré d'antimoine*), le tartrate double d'antimoine et de potasse (*émétique*), le chlorure d'antimoine (*beurre d'antimoine*), l'antimoniate de potasse (*antimoine diaphorétique*) : les trois premiers de ces composés nous étant fournis par le commerce, seront traités séparément.

5. *De l'Argent.* Argentum, ti.

États naturels. L'argent se trouve sous cinq états, savoir : *natif* ou ne contenant qu'une quantité d'alliage assez faible pour ne pas cesser d'être ductile, *allié à l'antimoine, sulfuré, antimonié sulfuré,* à l'état de *muriate* ou de *chlorure.*

1°. *Argent natif.* Cet argent n'est jamais pur; il contient de l'or, du cuivre ou du plomb; ils est tantôt en filets déliés, tantôt en lames insérées dans les fissures des pierres, ou appliquées à leur surface; on le trouve aussi en masses plus ou moins considérables.

L'argent natif se trouve surtout au Pérou, au Mexique et en Sibérie. Il existe en Europe dans les mines de Kongsberg en Norwège, de Freyberg et de Johann-Georgen-Stadt en Saxe, d'Allemont et de Sainte-Marie-aux-Mines en France. On a trouvé dans ce dernier endroit, des masses de 50 à 60 livres. On fait aussi mention d'un bloc d'argent natif de 400 quintaux, trouvé en 1478, à Schnéeberg en Saxe; mais de pareils cas sont très-rares, et le dernier peut paraître douteux.

2°. *Argent antimonié, mine d'argent blanche.* Cette espèce est cassante, lamelleuse, et d'un blanc jaunâtre. Elle varie dans sa composition, car Klaproth en a analysé deux variétés, dont l'une lui a donné 0.16, et l'autre 0.24 d'antimoine, le reste en argent. M. Vauquelin a aussi analysé un fragment de l'argent antimonial d'Andreasberg, et l'a trouvé composé de 0.22 d'antimoine, et 0.78 d'argent. Indépendamment de ces variations, l'argent antimonial contient quelquefois de l'arsenic, et rarement du fer. On le trouve surtout près de Guadalcanal en Espagne, et à Wolfach, dans la principauté de Furstemberg.

3°. *Argent sulfuré.* Il est noir, lamelleux, brillant lorsqu'il est cristallisé, mat et informe quand il se trouve disséminé dans les roches. Il est malléable, tendre, et se laisse entamer par le couteau; la flamme d'une bougie suffit pour le fondre; exposé au chalumeau, le soufre s'en dégage, et l'argent paraît à l'état métallique.

L'argent sulfuré se trouve en Saxe, en Bohême, en Hongrie, en Norwège et au Mexique. On a quelquefois profité de sa mollesse et de sa malléabilité, pour en frapper des médailles : on peut même ensuite chauffer peu à peu les pièces, pour en dégager le soufre, et l'argent qui reste garde encore assez fidèlement l'empreinte.

4°. *Argent antimonié sulfuré, argent rouge.* Ce minéral se trouve en cristaux, tantôt transparens et d'un rouge vif, tantôt opaques et jouissant d'un brillant métallique gris, lorsqu'il a éprouvé quelque altération à sa surface; sa poudre est d'un beau rouge cramoisi; il est cassant, facile à racler avec le couteau, et très-fusible; il est électrique par communication.

On avait d'abord pris l'argent rouge pour une mine d'argent arsenicale, parce qu'il dégage, lorsqu'on le chauffe, de l'antimoine dont l'odeur est analogue à celle de l'arsenic. Sa couleur, qui ressemble assez à celle du réalgar, et l'arsenic qui s'y trouve quelquefois accidentellement, avaient aussi contribué à propager cette erreur. M. Vauquelin a trouvé l'argent rouge composé de : argent 0.57, antimoine 0.16, soufre 0.15, oxigène 0.12; mais, suivant M. Proust, cette mine est un sulfure double formé de sulfure d'argent et de sulfure d'antimoine. Cette dernière opinion a été confirmée par M. de Bonsdorff (*Ann. chim. phys.*, XIX, 5).

5°. *Argent muriaté, chlorure d'argent, argent corné.* Ce chlorure est quelquefois en masses considérables; mais on le trouve le plus souvent en petits cristaux cubiques et transparens, ayant pour gangue du quartz, de la chaux carbonatée, ou recouvrant de l'argent natif. Il est mou, demi-transparent, fusible au-dessus de la flamme d'une bougie, d'une pesanteur spécifique de 4.748. Il est insoluble dans tous les acides, et soluble dans l'ammoniaque; le frottement du fer et du zinc humectés donne à sa surface l'éclat métallique de l'argent.

Outre ces cinq mines d'argent, et plusieurs variétés qui s'y rapportent, on trouve encore ce métal :

6°. *Amalgamé au mercure.* C'est le *Mercure argental* de M. Haüy : il est susceptible de cristalliser.

7°. A l'état de carbonate et uni au carbonate d'antimoine. Cette espèce est fort rare.

8°. Sous un état de combinaison non encore bien déterminé, dans un minéral nommé autrefois *argent gris*, mais que M. Haüy a rangé parmi les mines de cuivre, sous le nom de *cuivre gris*. Cette mine varie souvent dans la proportion, et même dans le nombre de ses composans : le plus souvent elle est formée de cuivre, d'antimoine, d'argent, de fer et de soufre; quelquefois elle contient de l'arsenic au lieu d'antimoine, d'autres fois les deux ensemble, rarement du zinc, du mercure ou du manganèse.

9°. Disséminé dans le sulfure de plomb ou *galène*, surtout dans celui qui est à grain d'acier et à petites facettes. Ces sulfures contiennent depuis une once jusqu'à trente d'argent par quintal, de manière que ce métal est le principal produit de leur exploitation.

10°. A l'état d'iodure d'argent et combiné de même au sulfure de plomb (*Ann. ch. ph.* XXIX, 99).

Extraction. Les mines d'argent les plus considérables sont celles du Mexique et du Pérou, qui en fournissent incomparablement plus à elles seules que les mines réunies des autres parties du monde. En Europe, c'est la mine de Kongsberg qui est la plus riche; viennent ensuite celles de Hongrie et de Saxe : nous n'avons en France que la mine d'Allemont, dans le département de l'Isère, qui produit fort peu à présent, et celle de Sainte-Marie-aux-Mines dans le département du Haut-Rhin, qui est plus considérable.

Les procédés employés dans ces différens pays pour extraire l'argent, varient en raison de la nature des mines, de leur richesse et des localités; cependant, en dernier résultat, ces procédés consistent à ramener l'argent à l'état métallique lorsqu'il n'y est pas, à l'allier au plomb ou au mercure pour le séparer des autres métaux, à l'isoler enfin de ces derniers.

— *De l'argent natif.* A Kongsberg, où la mine consiste principalement en argent natif, on la fait fondre avec partie égale de plomb, après l'avoir bocardée et séparée de sa gangue par le lavage : il en résulte un alliage qui contient de 0.30 à 0.35 d'argent ; on en retire celui-ci par *la coupellation* : voici en peu de mots comment on procède à cette opération :

On fabrique un très-grand creuset avec des os calcinés, pulvérisés et mis en pâte avec de l'eau; lorsque ce creuset, qui se nomme *coupelle*, est bien sec, on le place au milieu de l'aire d'un four à réverbère, ce qui se fait en l'élevant peu à peu à travers le sol du fourneau qui est à jour, jusqu'à ce que le bord supérieur de la coupelle se trouve de niveau avec l'aire du four; alors, on l'assujettit avec la même pâte qui a servi à le former, de manière qu'il fasse corps avec le fourneau.

Quelquefois la coupelle n'est autre chose que l'aire même du four qui est creusée en coupe, et recouverte d'une couche de cendre lessivée et fortement battue; dans les deux cas, la voûte du four qui recouvre la coupelle est très-surbaissée; d'un côté de la coupelle se trouve le foyer; la cheminée est à l'opposé; dans un des côtés attenans au foyer est placée la douille d'un fort soufflet, et dans l'autre, vers la partie supérieure de la coupelle, on a pratiqué une rigole.

On remplit la coupelle de plomb argentifère, et l'on chauffe le fourneau : bientôt l'alliage fond; alors le vent du soufflet étant dirigé vers sa surface, le plomb s'oxide, et avec lui le cuivre et le fer qui peuvent s'y trouver. Ces oxides, étant moins pesans que l'argent, restent à la surface du bain, et s'écoulent par la rigole pratiquée vers la partie supérieure de la coupelle. A mesure que cet effet a lieu, on verse de nouveau plomb dans la coupelle, pour l'entretenir toujours convenablement pleine, et l'on continue ainsi pendant plusieurs jours, ou jusqu'à ce que la coupelle contienne une forte masse d'argent. Alors, on achève de faire écouler l'oxide de plomb qui la recouvre, en creusant l'échancrure d'écoulement jusqu'à la surface du bain d'argent. On retire celui-ci, en y plongeant à plusieurs reprises et jusqu'à la fin, des ringards froids sur lesquels l'argent se solidifie et s'attache.

— *Du cuivre gris.* Dans les pays où cette mine est abondante, on la pulvérise, on la grille pour volatiliser le soufre et l'antimoine, et l'on traite le résidu avec un fondant convenable, pour en retirer un culot de cuivre et d'argent, le fer n'ayant pas été réduit. Le culot est rouge, et contient beaucoup plus de cuivre que d'argent.

On fond cet alliage avec environ trois fois et demie son

poids de plomb (1), et on le coule en lingots carrés ou orbiculaires, nommés *pains de liquation*. Ces pains sont ensuite placés de champ dans des fourneaux à réverbère, dont le sol est disposé de manière à pouvoir recueillir le plomb qui se liquéfie. On chauffe d'abord doucement, et l'on n'augmente le feu que graduellement, à mesure que l'alliage devient moins fusible par la séparation du plomb : ce métal, en fondant, entraîne avec lui l'argent. Mais, comme une seule opération n'enlève pas tout l'argent au cuivre, on fait refondre les pains de liquatipn avec de nouveau plomb : on répète même quelquefois l'opération une troisième et une quatrième fois, en diminuant à chaque fois la dose du métal ajouté. Le plomb des dernières opérations est refondu pour servir à de nouvelles liquations; quant à celui de la première, on le passe à la coupelle pour en retirer l'argent.

Le cuivre qui reste des pains de liquation retient toujours un peu de plomb; on le purifie, comme nous le dirons en parlant de l'extraction du cuivre.

— *Du sulfure de plomb argentifère.* Cette mine est comme les autres, bocardée, lavée et grillée. Le grillage se fait à une chaleur modérée dans un fourneau à réverbère, en remuant continuellement la matière avec des râbles de fer, et en y ajoutant, par intervalles, de la poudre de charbon, qui ramène le sulfate de plomb formé à l'état de sulfure, et favorise la séparation d'une partie du soufre : le résultat de cette opération est un mélange grisâtre d'oxide, de sulfate et de sulfure de plomb.

On mêle cette matière avec de la poudre de charbon, de la menue ferraille ou de la mine de fer oxidé, et assez d'eau pour en former une pâte, que l'on introduit par portion, et

(1) Ou plus exactement la quantité de plomb est proportionnée à celle de l'argent qui existe dans l'alliage. On s'assure de cette quantité par une analyse préliminaire.

alternativement avec du charbon, dans un fourneau à manche. Dans ce fourneau, qui est quadrangulaire et assez haut, le feu est activé par deux forts soufflets : le fer se réduit, se combine au soufre du sulfate et du sulfure, et coule avec le plomb réduit également à l'état métallique, vers la partie la plus basse et antérieure du fourneau, d'où ils s'écoulent tout rouges de feu dans un bassin destiné à les recevoir. C'est dans ce bassin que se fait la séparation du plomb et du sulfure de fer : celui-ci, étant plus léger, reste à la surface; l'autre, plus pesant, gagne le fond, et s'écoule seul dans un second bassin inférieur au premier, nommé *bassin de percée.* (Le premier se nomme *bassin de réception.*)

Le plomb argentifère ainsi obtenu, porte le nom de *plomb d'œuvre*; on le passe à la coupelle pour en extraire l'argent.

— *Des pyrites argentifères de Freyberg.* On suit à Freyberg deux procédés, dont un surtout mérite d'être connu : il est appliqué à un minerai de sulfure d'argent disséminé dans une grande quantité de pyrites de fer et de cuivre, et ne contenant guère que deux millièmes et demi d'argent.

Après avoir mêlé cette mine avec un dixième de sel marin, ou chlorure de sodium, on la grille dans un fourneau à réverbère, en la remuant fréquemment. Le soufre des pyrites se brûle et se change, partie en acide sulfureux qui se dégage, partie en acide sulfurique qui se combine au sodium, au fer et au cuivre, passés à l'état d'oxides, tandis que le chlore se porte sur l'argent et sur une partie des autres métaux : le résultat du grillage est donc un mélange de sulfates de soude, de fer et de cuivre, de chlorures d'argent, de fer et de cuivre, d'oxides de fer et de cuivre. On réduit ce mélange en poudre fine, et on le met dans des tonneaux traversés par un axe horizontal qui tourne au moyen d'une roue mue par l'eau. On y ajoute, sur 100 parties de poudre, 50 de mercure, 30 d'eau et 6 de disques de fer, de la grandeur et de la forme de dames à jouer. On fait tourner ce mélange pendant seize à dix-huit heures. Voici alors ce qui se passe : le chlorure d'argent est décomposé par le fer, et donne lieu à du chlorure de fer qui se dissout dans l'eau, et à de l'argent métallique très-divisé qui s'unit au mercure; les sulfates de soude, de fer et de cuivre se dissolvent également dans l'eau.

On retire l'amalgame des tonneaux, on le lave et on l'exprime fortement pour en séparer l'excès du mercure. L'amalgame est ensuite moulé en boules de la grosseur d'un œuf, et placé sur une sorte de *trépied*, ou de *chandelier* en fer, muni par étages de plusieurs plateaux ou soucoupes de même matière. Le tout est recouvert d'une cloche de fer, autour de laquelle on allume du feu. Le mercure se volatilise; mais, ne pouvant s'échapper par le haut, il est obligé de gagner le bas de l'appareil, qui est formé par une caisse de fer continuellement rafraîchie par un courant d'eau, et il s'y condense à l'état liquide. L'argent reste sur les plateaux du chandelier.

Les quatre procédés que je viens de décrire peuvent suffire pour donner une idée générale de l'exploitation des mines d'argent; les personnes qui voudront plus de détails, et surtout connaître les appareils dont on se sert pour l'extraction des différens métaux, devront recourir au traité de minéralogie de M. Brongniart.

Propriétés. L'argent est d'un blanc pur et très-éclatant; il est très-malléable, très-ductile, moins mou que l'or et plus tenace; sa pesanteur spécifique est de 10,47. Il est inaltérable à l'air sec ou humide; il se fond au-dessus de la chaleur rouge. Si on le tient fondu avec le contact de l'air, il en absorbe l'oxigène et s'oxide; mais une chose bien remarquable, c'est qu'au moment de la solidification de la masse l'oxigène est chassé, et que l'argent revient à l'état métallique.

Parmi les acides, il n'y a guère que les acides sulfurique et nitrique qui dissolvent l'argent : le premier ne l'attaque que lorsqu'il est concentré et bouillant; le second le dissout à toutes les températures. Avec celui-ci, il se dégage du deutoxide d'azote, qui devient acide nitreux par le contact de l'air, et l'argent oxidé se dissout dans l'acide nitrique non décomposé.

Le nitrate d'argent est très-soluble, et facilement cristallisable en belles lames incolores et transparentes ; fondu dans un creuset, et coulé dans une lingotière légèrement enduite de suif, il forme ce qu'on nomme communément la *pierre infernale*.

Dissolutions. L'argent en dissolution est facile à reconnaître : il forme, avec la potasse caustique, un précipité gris-jaunâtre d'oxide d'argent, et avec l'ammoniaque un précipité jaune passant au noir, soluble dans un excès de cet alcali. Il donne, par l'acide hydrochlorique, un précipité blanc de chlorure d'argent, qui est insoluble dans l'acide nitrique, et soluble dans l'ammoniaque; il précipite en noir par l'acide hydrosulfurique et les hydrosulfates; il forme sur le cuivre une tache blanche qui résiste au feu; il noircit la peau et toutes les matières organiques.

Usages. Les usages de l'argent sont généralement connus: on en fait des monnaies, des ustensiles et des bijoux; mais, avant de l'employer, on l'allie toujours avec une certaine quantité de cuivre qui lui donne de la dureté, et le rend plus propre à résister aux effets de l'usure. Cette quantité de cuivre est déterminée par la loi, et forme ce qu'on nomme *le titre* de l'argent. Le titre de l'argent des monnaies de France est de 0.900 pour la monnaie blanche, c'est-à-dire, que 1000 parties d'alliage contiennent 900 parties d'argent pur; celui de la monnaie de billon est de 0.200. L'argent d'orfévrerie peut avoir deux titres; le premier à 0.950, le second à 0.800.

On bat l'argent pur en feuilles, et on le réduit en fils comme l'or : il faut dire même que ce qu'on nomme fil d'or n'est que de l'argent doré: l'or seul étant trop mou et trop peu tenace pour être tiré en fil très-fin.

L'argent est employé en chimie et en pharmacie pour préparer le nitrate d'argent cristallisé et fondu.

6. *De l'arsenic.* Arsenicum, ci.

Historique et rapports naturels. L'arsenic, ou *régule d'arsenic*, paraît avoir été connu de Paracelse, et Schrœder décrivit, en 1649, un procédé pour l'obtenir; mais sa nature particulière n'a été bien établie que par Brandt en 1733. Rangé plus tard parmi les métaux acidifiables, il semble aujourd'hui qu'il faille l'en retirer, pour le comprendre, avec M. Ampère, dans l'ordre des gazolytes, où il forme avec le phosphore le genre des arsenides. Ces deux corps présentent, en effet, une si grande ressemblance de propriétés, que, sans parler de l'odeur alliacée de leur vapeur qui est la même, ils se combinent de la même manière et en mêmes proportions avec les autres corps, et présentent deux séries de composés exactement semblables. Il n'est pas plus possible de séparer l'arsenic du phosphore, dans l'ordre naturel, que l'iode du chlore ou le baryum du strontium.

États naturels et extraction. L'arsenic existe dans la terre sous trois états principaux : *natif*, *oxidé* et *sulfuré*; mais on le trouve en outre combiné à un certain nombre de métaux avec lesquels il constitue des *arseniures* (tels sont ceux de *cobalt*, de *nickel*, de *bismuth*, de *cuivre*, d'*argent*, d'*antimoine*, de *fer*, etc.). Enfin il existe à la fois combiné à l'oxigène et à différens oxides métalliques, et formant des *arseniates*.

L'arsenic natif se trouve surtout en Saxe, en Bohême, au Hartz et à Sainte-Marie-aux-Mines en France. Il y accompagne différentes mines de métaux sulfurés et arseniés. Il est d'un gris sombre ou noirâtre, et sous la forme de lames serrées les unes contre les autres, ou de tubercules composés de couches concentriques, ou de masses à cassure écailleuse. Le seul traitement qu'on lui fasse subir consiste à le sublimer dans des cornues de fonte; mais, comme il n'est pas abondant, ce n'est pas ainsi qu'on se procure la plus grande partie de l'asenic du commerce.

Celui-ci provient surtout des mines de *cobalt arsenical*, dont il n'est qu'un produit très-secondaire. Pour priver cette mine de l'arsenic qu'elle contient, on la grille dans un fourneau à réverbère terminé par une longue cheminée horizontale. L'arsenic volatilisé et brûlé en grande partie par l'oxigène de l'air, se condense à l'état d'*oxide blanc* ou d'*acide arsenieux* dans la cheminée, tandis que la portion qui a échappé à la combustion, étant moins volatile, s'arrête presqu'à la naissance du tuyau. On recueille cet arsenic et on le sublime de nouveau dans des cornues de fonte, avant de le verser dans le commerce.

Propriétés. Cet arsenic est en masses noirâtres, formées d'aiguilles prismatiques lamelleuses, peu adhérentes les unes aux autres, jouissant d'un grand éclat métallique lorsque leur surface est récemment mise à nu, mais se ternissant à l'air et y prenant la teinte noirâtre de la masse. Sa pesanteur spécifique en masse n'est que de 4,166, à cause des vides que les aiguilles laissent entre elles; mais celle des cristaux isolés est de 5,789, ce qui est aussi sensiblement la densité de l'arsenic natif (1).

Cet arsenic, chauffé sur des charbons ardens, ou dans un creuset de terre, se réduit en vapeurs blanches qui répandent une forte odeur alliacée, et ne laisse pas de résidu sensible (0,007 de son poids), ce qui est une marque de sa pureté.

---

(1) M. Haüy, dans son Traité de minéralogie, et M. Thénard, dans son Traité de chimie, rapportent, d'après Bergmann, que la pesanteur spécifique de l'arsenic fondu est de 8,308. Il est d'autant plus probable qu'il y a erreur de nombre ou d'observation, que, d'après Brisson, la pesanteur spécifique de l'arsenic fondu est de 5,7633, la même que M. Haüy donne pour l'arsenic natif.

Postérieurement à cette note, j'ai trouvé que la pesanteur spécifique de l'arsenic métallique, parfaitement privé d'oxide, est de 5,959. L'arsenic du commerce est toujours plus ou moins oxidé.

Chauffé dans un tube de verre fermé, il se volatilise également et se sublime sous la forme de petits cristaux très-éclatans, et d'un gris d'acier. L'état métallique de ce produit sublimé et l'odeur alliacée qu'il répand sur les charbons, forment les caractères les plus certains de la présence de l'arsenic.

L'arsenic métallique porte dans le commerce le nom de *Cobolt*, qui est l'ancien nom vulgaire du *Cobalt*, des mines duquel on le retire; on le nomme aussi *poudre à mouches*, parce que son principal usage est de servir à la destruction de cet insecte ailé. Pour cela on le réduit en poudre et on le mêle avec de l'eau dans des assiettes exposées à l'air. Le métal s'oxide peu à peu par l'oxigène de l'air que l'eau contient et qu'il absorbe successivement; l'oxide se dissout dans l'eau et tue les mouches qui viennent y boire.

L'arsenic se combine avec trois ou cinq proportions d'oxigène, et forme, dans le premier cas, de l'*oxide blanc* ou *acide arsenieux* dont nous traiterons n° 16, et dans le second, de l'*acide arsenique* dont la combinaison avec les bases forme les *arseniates*. Il se combine également en plusieurs proportions avec le soufre, et forme au moins trois sulfures qui sont : le *réalgar*, l'*orpiment* et l'*arsenic rouge* ou *faux réalgar* (voyez plus loin, n°s 27, 28 et 30).

L'arsenic ne sert dans les arts qu'à composer quelques alliages que leur éclat rend propres à faire des miroirs de télescope, mais qui ont l'inconvénient de se ternir par le contact prolongé de l'air. On remarque en général qu'il blanchit les métaux colorés et ôte à ceux qui sont ductiles leur ductilité.

7. *Du Bismuth.* Bismuthum, thi.

Le bismuth se trouve sous trois états de la nature : 1° *natif*, mais contenant le plus souvent de l'arsenic; 2° *oxidé*; 3° *sulfuré*. Ces trois sortes de mines, et surtout la première, se trouvent principalement en Suède, en Saxe et en Bohême.

Il en existe aussi en France dans les mines de Bretagne, et à la vallée d'Ossan dans les Pyrénées.

Le bismuth est si fusible qu'il suffit pour l'obtenir, ou de projeter sa mine pulvérisée dans une fosse creusée en terre et remplie de fagots, ou de la mettre avec des copeaux dans une rainure pratiquée longitudinalement à un tronc d'arbre incliné au-dessus d'une fosse, et de mettre le feu aux copeaux, ou enfin de la chauffer dans des tuyaux de fonte qui traversent presque horizontalement un fourneau. Dans tous les cas le bismuth se fond, ou se réduit s'il est à l'état d'oxide, et coule dans le bassin destiné à le recevoir. On le fond ordinairement une seconde fois, et on le chauffe même assez fortement pour le priver de l'arsenic qu'il contient encore.

Le bismuth est d'un blanc jaunâtre et rosé; il est lamelleux, éclatant, très-cassant et facile à pulvériser; c'est de tous les métaux celui qui cristallise le plus facilement; ses cristaux sont des cubes; il pèse 9.82, est peu altérable à l'air froid, mais s'y oxide promptement aussitôt qu'il entre en fusion; à la température rouge, il brûle avec un faible dégagement de lumière, en donnant lieu à un oxide facilement fusible.

Le bismuth est soluble dans l'acide nitrique concentré, avec dégagement de gaz nitreux qui devient rutilant à l'air (1). Le nitrate de bismuth cristallise facilement par l'évaporation de la liqueur. Ce sel cristallisé ou encore dissous, est décomposé, lorsqu'on le verse dans une grande quantité d'eau, en nitrate très-acide qui reste en dissolution, et en sous-nitrate

---

(1) Souvent, néanmoins, le bismuth du commerce ne se dissout pas entièrement dans l'acide nitrique, et il reste, surtout en opérant à chaud, un résidu blanc, insoluble, qui est de l'arseniate de bismuth. Ce sel provient de ce que l'arsenic contenu dans le bismuth a été changé en acide arsenique par l'acide nitrique, et s'est alors emparé d'une certaine quantité d'oxide de bismuth. Un caractère que l'on doit rechercher dans le bismuth du commerce, est donc son entière solubilité dans l'acide nitrique.

insoluble qui se précipite. C'est ce sous-nitrate, qui est blanc, argenté et très-éclatant, que l'on nommait autrefois *magistère de bismuth*; on le nommait aussi *blanc de fard*, à cause de l'usage que les femmes en faisaient pour se blanchir la peau; mais son emploi présentait beaucoup d'inconvéniens, dont le moindre était de noircir très-promptement dans les lieux d'assemblée, en raison des miasmes animaux dont l'air de ces sortes de lieux est saturé.

Le sous-nitrate de bismuth est quelquefois employé en médecine; on le reconnaît à la couleur noire parfaite qu'il acquiert par le contact de l'acide hydrosulfurique, et au bouton de bismuth qu'il produit lorsqu'on le chauffe dans un creuset avec du charbon.

8. *Du Cuivre.* Cuprum, pri.

États naturels. Le cuivre est très-répandu dans la terre et s'y trouve sous huit états principaux, qui sont : le cuivre *natif*, *oxidé*, *sulfuré*, *muriaté* ou *oxichloruré*, *carbonaté*, *arseniaté*, *phosphaté*, *sulfaté*.

1°. Le *cuivre natif* existe surtout en Sibérie; on en trouve aussi en Hongrie, dans la Transylvanie, en Suède, en Angleterre, en France, dans la mine de Saint-Bel près de Lyon. Il est cristallisé en cubes, en octaèdres ou en cubo-octaèdres. Il est plus ou moins rouge et malléable, suivant son état de pureté, car il n'est jamais parfaitement pur : il contient ordinairement du fer, de l'or ou de l'argent.

2°. Le *cuivre oxidé*. Il y en a deux espèces, dont la première est de l'oxide de cuivre pur au *minimum* ou du protoxide. Ce protoxide accompagne presque toujours le cuivre natif; il est tantôt en masses compactes peu volumineuses, tantôt en cristaux rouges, octaédriques, cubiques ou cubo-octaédriques; tantôt en filets soyeux, capillaires et d'un rouge très-vif.

Kirwan l'avait rangé parmi les carbonates de cuivre, à

cause de l'effervescence qu'il produit avec l'acide nitrique; mais cette effervescence est due au gaz nitreux provenant de la décomposition de l'acide par le protoxide de cuivre, lequel passe alors à l'état de deutoxide.

L'autre espèce d'oxide de cuivre que M. Haüy a nommée *cuivre sulfuré hépatique* ou *cuivre pyriteux hépatique*, suivant qu'elle accompagne le cuivre sulfuré ou le cuivre pyriteux, doit évidemment son origine à l'une ou à l'autre de ces mines qui, par un moyen quelconque, est passée de l'état de sulfure à l'état d'oxide : on y trouve simultanément du cuivre, du fer, de l'oxigène et du soufre. Elle est verdâtre, bleue, violette, rougeâtre, ou quelquefois brune, suivant que la décomposition du sulfure et l'oxidation du métal sont plus ou moins avancées.

3°. Le *cuivre sulfuré*. C'est la mine de cuivre la plus répandue. On en distingue deux espèces, dont la première, anciennement nommée *mine de cuivre vitreuse* (*cuivre sulfuré*, Haüy), est un simple sulfure de cuivre. Elle est d'un gris noirâtre, se laisse couper au couteau, est susceptible de prendre du poli, s'étend un peu sous le marteau, enfin répand une odeur d'acide sulfureux au chalumeau. Cette mine se trouve surtout en Sibérie, en Suède, en Saxe, en Cornouailles : elle est quelquefois recouverte d'une efflorescence bleue et verte.

La seconde espèce, nommée par M. Haüy *cuivre pyriteux*, est d'un jaune métallique plus ou moins foncé et souvent marqué des couleurs de l'iris; elle n'étincelle que difficilement sous le choc du briquet et se laisse même entamer par le couteau : ces différens caractères la font facilement distinguer du fer sulfuré qui a la même couleur, mais plus pâle et jamais irisée, qui est plus dur et étincelle bien sous le briquet. Cette espèce n'est pas un simple sulfure de cuivre, c'est une combinaison de sulfure de cuivre et de sulfure de fer, dans laquelle même celui-ci se trouve souvent en plus grande quantité que le premier.

C'est également au cuivre sulfuré que l'on peut rapporter la mine de cuivre nommée *cuivre gris*, ou *argent gris*, dont j'ai parlé à l'article de l'argent. Cette mine, comme on l'a vu, est d'une composition très-compliquée et variable, dans laquelle cependant le cuivre paraît être à l'état de sulfure.

4°. Le *cuivre muriaté* ou *oxichloruré*. Cette mine est un *oxichlorure de cuivre hydraté*, formé de trois atomes d'oxide de cuivre, un atome de chlorure et quatre atomes d'eau. Elle est d'un vert assez beau et brillant; elle colore en vert et en bleu la flamme d'une bougie, à travers laquelle on la projette, réduite en poudre; elle se dissout dans l'acide nitrique sans effervescence, et se réduit au chalumeau en un globule de cuivre, sans répandre d'odeur arsenicale; elle pèse 3.52.

On trouve le cuivre muriaté au Chili, en masses rayonnées dans leur intérienr; et au Pérou, en filons assez puissans, dans une gangue de quarz; ce dernier, qui ne nous parvient que sous la forme d'une poudre grossière qu'on a long-temps crue naturelle, a porté, à cause de cela, le nom de *sable vert du Pérou*.

5°. Le *cuivre carbonaté*. Il est soluble avec effervescence dans les acides, et affecte une couleur bleue ou verte, suivant les proportions différentes d'eau et d'acide carbonique qu'il contient.

Le cuivre carbonaté bleu, nommé aussi *azur de cuivre*, est composé, d'après M. Berzélius, de deux atomes de carbonate et d'un atome d'hydrate de cuivre. Il est d'une très-belle couleur bleue qu'il conserve dans l'huile; il est tantôt cristallisé distinctement, tantôt en petites concrétions striées du centre à la circonférence, souvent sous une apparence terreuse, et mélangé de matières terreuses qui pâlissent sa couleur : sous ce dernier état, on le nomme *bleu de montagne*; sous celui de petites concrétions inégales, raboteuses, souvent cristallisées à l'intérieur, il forme ce qu'on nommait autrefois en pharmacie la *pierre d'Arménie*.

Le cuivre carbonaté vert est un simple *carbonate de cui-*

vre hydraté. On en connaît trois variétés : la première est le *cuivre carbonaté soyeux;* la seconde le *cuivre carbonaté vert concrétionné,* ou *malachite;* la troisième le *cuivre carbonaté vert pulvérulent,* ou *vert de montagne.* La malachite est sous forme de concrétions plus ou moins volumineuses, mamelonnées, composées, à l'intérieur, de couches concentriques de différentes nuances de vert, et susceptibles de recevoir un très-beau poli; on en fait des meubles, des tabatières et des bijoux.

6°. Le *cuivre sulfaté :* il n'existe guère que dissous dans les eaux qui avoisinent les mines de cuivre pyriteuses, ou qui coulent dans leur intérieur.

Je passe sous silence les autres espèces.

Extraction. L'extraction du cuivre des différentes mines où il est à l'état de sulfure, qui sont presque les seules exploitées, est une des opérations de ce genre les plus longues et les plus compliquées.

On commence par griller le minerai, ce qui s'exécute suivant plusieurs procédés, entre autres par le suivant : On dispose le minerai en pyramides tronquées, sur un lit de bois, et de telle manière, que les plus gros morceaux soient placés au centre, et les plus petits à la surface; ceux ci sont battus, et quelquefois mêlés d'un peu de terre, pour ralentir la combustion et diriger les vapeurs vers le haut; au centre de la pyramide est un canal vertical dans lequel on jette quelques tisons enflammés. Le bois placé au bas prend feu, et le communique peu à peu au sulfure, qui, une fois échauffé, continue de brûler et de se griller par lui-même. Il se forme, pendant ce grillage, qui dure quelquefois plus d'un an, des oxides et des sulfates de cuivre et de fer, de l'acide sulfureux et du soufre qui se dégagent : une partie de ce dernier est recueilli dans des cavités que l'on pratique à cet effet dans la partie supérieure de la pyramide.

La mine grillée, et composée surtout des oxides et des sulfates de cuivre et de fer, est traitée, dans un fourneau à manche, avec du charbon de bois ou de la houille épurée : par la fusion, les sulfates de cuivre et de fer reviennent à l'état de sulfures; les oxides, et surtout celui du cuivre, se réduisent : il en résulte un métal impur, noir et cassant, nommé *matte*, composé encore de cuivre, de fer et de soufre.

La matte est concassée et soumise à un assez grand nombre de grillages successifs qui oxident de nouveau les métaux, et reforment un peu de leurs sulfates; ensuite elle est refondue dans un fourneau à manche, mais avec addition d'une certaine quantité de quarz, lequel s'oppose à la réduction de l'oxide de fer, par l'affinité qu'il a pour lui. Les résultats de cette opération sont, du *cuivre noir*, une nouvelle matte, et des scories composées principalement de silice et d'oxide de fer : on rejette ces scories; la matte est grillée derechef; quant au cuivre noir qui contient environ 0,90 de cuivre pur, on le porte au *fourneau d'affinage*.

Ce fourneau est à réverbère; son sol, qui est concave et recouvert d'une brasque de charbon et d'argile, sert pour la fusion du métal; sur l'un des côtés se trouvent deux soufflets, de l'autre deux bassins de réception; à une extrémité est le foyer, à l'autre la cheminée. On charge le sol du fourneau de cuivre noir, et l'on allume le feu : le cuivre fond, et forme à sa surface des scories que l'on enlève avec une espèce de râteau sans dents; alors on dirige dessus le vent des soufflets, ce qui le fait rouler sur lui-même, et présenter successivement toutes ses parties au contact de l'air. A l'aide de ce mouvement, le fer et le soufre, qui sont beaucoup plus combustibles, se brûlent d'abord, et le cuivre s'affine. Au bout de deux heures, ou lorsqu'on s'aperçoit de la pureté du métal à sa couleur et à l'absence des scories, on met le bassin de fusion en communication avec ceux de réception : le cuivre y coule et s'y refroidit; on hâte son refroidissement, surtout à la surface, en y jetant un peu d'eau avec un balai, et on enlève avec un ringard la croûte solide à mesure qu'elle se forme. Le cuivre, ainsi obtenu, se nomme *cuivre de rosette.*

Outre le cuivre que l'on extrait de ses sulfures, on en retire aussi une assez grande quantité des diverses variétés de cuivre gris.

J'ai rapporté, en parlant de l'argent (p. 47), la manière dont cette mine était grillée et réduite, et celle dont le métal, d'abord allié au plomb, et mis sous la forme de *pains de liquation*, était ensuite privé de ce plomb et de l'argent, par une fusion ménagée; le cuivre ne se fondant pas au même degré de chaleur, et conservant la forme des pains. Ce cuivre, qui est très-poreux, retient toujours une certaine quantité de plomb dont il faut le priver : on y parvient en le tenant fondu pendant quelques temps dans un fourneau de réverbère, à peu près de la même manière que pour l'affinage dont il vient d'être parlé; car le plomb se convertit en litharge, et le cuivre s'approche de plus en plus de l'état de pureté. Cependant il paraît que ce métal, ainsi obtenu, ne se travaille pas aussi bien que le cuivre neuf; d'un autre côté, il résiste mieux, dit-on, à l'action de l'air et de l'eau, et est avantageux pour le doublage des vaisseaux.

Propriétés. Le cuivre pur est solide, très-éclatant et d'un rouge rosé; il a une saveur très-marquée et acquiert une odeur désagréable par le frottement. C'est le plus élastique et le plus sonore de tous les métaux, c'est aussi l'un des plus ductiles et des plus tenaces; sa dureté est moins grande que celle du fer; sa pesanteur spécifique est de 8,895 : il est un peu plus fusible que l'or, et moins fusible que l'argent.

Le cuivre est peu altérable à l'air sec : à l'air humide il se ternit et se recouvre d'une couche de sous-carbonate vert, que l'on nomme vulgairement *vert-de-gris,* mais qui n'est pas celui que nous employons.

Il n'y a presque pas d'acides, même parmi ceux que l'on retire des végétaux, qui n'attaquent le cuivre lorsque ce métal est en même temps exposé au contact de l'air; les acides sulfurique et hydrochlorique surtout l'attaquent dans cette circonstance; l'acide sulfurique concentré et bouillant le dissout, comme il le fait pour presque tous les métaux.

L'acide nitrique attaque très-vivement le cuivre et le dissout même à froid; il se dégage beaucoup de deutoxide d'azote, et il en résulte une dissolution bleue qui, comme toutes les dissolutions de cuivre au *maximum* d'oxidation, jouit des propriétés suivantes:

Elle forme avec la potasse un précipité bleu-pâle qui est un *hydrate de deutoxide de cuivre:* l'ammoniaque y occasione un précipité pareil; mais pour peu qu'on en ajoute un excès, le précipité disparaît, et la liqueur acquiert une couleur bleu-céleste de toute beauté.

Elle forme avec l'hydrogène sulfuré et les hydrosulfures (*acide hydrosulfurique* et *hydrosulfates*), un précipité brun-noir; avec le prussiate de potasse ferrugineux (*hydrocyanate de potasse et de protoxide de fer*), un précipité rouge-brun; enfin, lorsqu'on y plonge une lame de fer décapée, cette lame se recouvre d'une couche de cuivre métallique. De ces différens réactifs, la lame de fer, le prussiate de potasse ferrugineux et l'ammoniaque, sont ceux qui indiquent les plus petites quantités de cuivre dans une liqueur.

Usages. Outre les différens composés cuivreux que nous préparons en pharmacie, le commerce nous en fournit trois dont nous parlerons dans la division des sels; ce sont: le sulfate de cuivre ou *vitriol bleu*, l'acétate de cuivre brut ou *vert-de-gris*, et l'acétate cristallisé ou *verdet.*

Mais les usages du cuivre et de ses composés en pharmacie sont les moins importans de ce métal; le cuivre lui-même, par sa dureté moyenne et la facilité qu'il offre au travail, sera toujours employé à faire des chaudières, des cucurbites et autres vases analogues, toutes les fois qu'on n'aura pas à craindre l'action dissolvante des corps qu'on doit y traiter, et le développement des propriétés vénéneuses qui en est la suite; il est également précieux pour la gravure à l'eau forte et au burin; combiné avec 0,10 d'étain il forme le *métal des canons;* avec 0,25 de ce dernier, l'alliage est plus aigre et cassant, quoique résistant encore à des chocs assez forts : c'est le *métal des cloches.*

Le *similor* et le *laiton* ou *cuivre jaune* sont des alliages de cuivre et de zinc également très-employés. Le cuivre sert encore à former, par sa calcination directe au feu, un oxide brun très-employé dans la fabrication des émaux qu'il colore en un fort beau rouge; l'oxide au *maximum* retiré du sulfate de cuivre les colore en vert.

9. *De l'Étain.* Stannum, ni.

États naturels et extraction. L'étain existe à l'état de sulfure et sous celui d'oxide; le sulfure est très-rare et n'a encore été trouvé que dans le comté de Cornouailles en Angleterre; l'oxide, plus commun, se trouve dans le même pays qui en possède la mine la plus riche de l'Europe, dans la Galice en Espagne, en Saxe, en Bohème, et par-dessus tout dans les Indes orientales, où sont les mines d'étain les plus considérables et celles qui fournissent ce métal le plus pur.

L'oxide d'étain est souvent cristallisé et toujours assez dur pour étinceler sous le choc du briquet; il pèse 6.9, est rarement bleu, et sa couleur, qui est ordinairement jaune, rouge ou brune, paraît due à des quantités variables d'oxide de fer.

Le procédé employé pour retirer l'étain de cette mine varie suivant la nature des substances qui l'accompagnent. Lorsque l'oxide d'étain n'est mêlé qu'avec une gangue pierreuse, on se contente, avant de procéder à la fusion, de le bocarder et de le séparer de cette gangue par le lavage; mais lorsqu'il est accompagné d'arsenic et des sulfures de fer et de cuivre, on est obligé, après le bocardage et le lavage, de le griller dans un four à réverbère, et ensuite de jeter la matière toute chaude dans l'eau, pour dissoudre les sulfates de fer et de cuivre formés et en séparer l'oxide d'étain. On mêle alors cet oxide avec un dixième de charbon, et on le projette par pelletées dans un fourneau à manche très-bas et rempli de charbon dont la combustion est activée par deux soufflets : l'étain se réduit et gagne la partie inférieure du fourneau, d'où il s'écoule dans un *bassin d'avant-foyer*, et de là dans un autre dit *bassin de réception* : le laitier, provenant des terres échappées au lavage, combinées à de l'oxide de fer qui n'a pas été réduit et à une certaine quantité d'oxide d'étain, reste dans le premier bassin.

L'étain qui résulte de cette opération contient encore de l'arsenic, du fer et du cuivre. On peut, jusqu'à un certain point, le priver de ces deux derniers par une seule fusion à une très-douce chaleur; l'étain pur se fond d'abord et peut être décanté presque jusqu'à la fin : alors ce qui reste au fond, contenant beaucoup de cuivre et de fer, se solidifie et est mis à part pour quelques usages particuliers.

On trouve dans le commerce plusieurs sortes d'étain : l'*étain de Malaca*, qui est le plus pur et sous la forme de pyramides quadrangulaires tronquées, dont la base aplatie donne au lingot la forme d'un chapeau; l'*étain d'Angleterre*, qui est en saumons plus ou moins considérables, et qui contient du cuivre et une très-petite quantité d'arsenic; l'*étain d'Allemagne* qui est encore plus impur.

Propriétés. L'étain pur est d'un blanc d'argent; il pèse 7.296, est un peu moins mou que le plomb, un peu plus élastique, plus sonore et plus fusible; il fait entendre, lorsqu'on le ploie, un craquement particulier nommé *cri de l'étain*; lorsqu'on le plie plusieurs fois de suite au même endroit et brusquement, il s'échauffe considérablement et finit par se rompre : le frottement lui communique une odeur fétide.

L'étain fondu avec le contact de l'air s'oxide et se recouvre d'une pellicule irisée, qui se renouvelle à chaque fois qu'on l'enlève : par ce moyen, le métal peut être entièrement transformé en une matière grise, qui est un mélange d'étain et de son oxide au *minimum*. Si l'on expose cette matière au feu de réverbère, et qu'on l'agite avec une tige de fer, elle absorbera une nouvelle quantité d'oxigène, blanchira beaucoup, et finira par passer entièrement au *maximum* d'oxidation. Cet oxide préparé en grand pour les arts se nomme *potée d'étain*; c'est lui qui forme la base des émaux et de la couverte des poteries; il sert également à polir l'acier (1).

L'acide sulfurique concentré et froid a peu d'action sur l'étain; concentré et bouillant, il se décompose en partie, oxide le métal au *minimum*, et forme un sulfate presque insoluble, même dans un excès de son acide.

L'acide nitrique concentré exerce une action des plus violentes sur l'étain, même à froid; il se dégage beaucoup de vapeurs nitreuses, et il se forme un oxide d'étain au *maximum* qui ne se dissout pas dans l'acide.

L'acide hydrochlorique dissout très-facilement l'étain, surtout à l'aide de la chaleur; il se forme un chlorure ou un hydrochlorate d'étain au *minimum* de chlore ou d'oxigène, et il se dégage de l'hydrogène, qui, dans la supposition d'un chlorure, provient de l'acide hydrochlorique lui-même, et, dans celle d'un hydrochlorate, provient de l'eau dont alors l'oxigène a oxidé le métal. Le sel qui en résulte, sert dans la teinture et pour préparer le *Pourpre de Cassius.*

L'étain peut se combiner avec une plus grande proportion de chlore, et former un deutochlorure dont les propriétés sont très-remarquables. Ce composé, qu'on obtient en distillant de l'étain avec du sublimé corrosif, est incolore et tout-à-fait liquide, quoiqu'il ne contienne pas d'eau; il est très-volatil, forme une fumée très-épaisse à l'air, et se nommait autrefois *liqueur fumante de Libavius*; mis en contact avec

---

(1) La potée d'étain préparée pour les arts contient ordinairement de l'oxide de plomb dont le métal a été préalablement ajouté à l'étain, parce qu'il en favorise beaucoup l'oxidation et qu'il est à meilleur compte.

l'eau, il la décompose avec bruit et chaleur, et se change en hydrochlorate. Cet hydrochlorate est employé dans la teinture, où il sert surtout à préparer la *couleur écarlate* avec la cochenille, et le *rouge d'Andrinople* avec la garance; mais pour cet usage, on l'obtient plus directement que je ne viens de le dire, en dissolvant de l'étain dans de l'acide chloro-nitreux (*eau régale*).

L'étain dissous dans les acides jouit des propriétés suivantes :

Au *minimum* comme au *maximum* d'oxidation il forme, avec les alcalis, un précipité blanc, que la potasse et la soude ajoutées en excès peuvent redissoudre; il n'est pas précipité par l'acide hydrosulfurique; il forme, avec les hydrosulfates, un précipité dont la couleur varie suivant son degré d'oxidation : s'il est au *minimum*, le précipité sera brun-marron; tandis qu'au *maximum* il sera orangé. Ces deux précipités, qui sont deux sulfures, ne paraissent différer entre eux que par la quantité de soufre qu'ils contiennent, de même que l'état de l'étain dissous variait par la proportion d'oxigène.

Usages. L'étain est employé pour faire un grand nombre de vases et d'ustensiles qui sont à la portée de tout le monde par leur bas prix. On peut le nommer l'*argent des pauvres*. On l'emploie aussi allié aux autres métaux; par exemple, au cuivre, dans le métal des canons et des cloches; au mercure, dans le *tain* des glaces; au plomb, dans la soudure des plombiers; il sert enfin à étamer les vases de cuivre dont on se sert dans l'économie domestique, et à préserver les alimens des dangers qu'entraîne l'emploi de ce dernier métal.

Les pharmaciens n'emploient l'étain que pour le réduire en poudre, et pour en préparer un sulfure artificiel; ce sont les seuls états sous lesquels on l'administre quelquefois.

10. *Du Fer.* Ferrum, ri.

États naturels. Le fer est un des métaux le plus-ancien-

-nement connus; c'est le plus répandu dans la terre et le plus utile à l'homme.

Le fer se trouve sous treize états principaux dans la nature, savoir : *natif, oxidé, sulfuré, carburé, sulfo-arsenié, chloruré* (?), *sulfaté, phosphaté, carbonaté, arseniaté, chromaté, tungstaté, oxalaté.*

1°. *Fer natif.* On a douté long-temps de l'existence du fer natif, disposé en filons dans la terre, comme les autres mines métalliques; mais il y a une autre espèce de fer natif qui se trouve en blocs isolés à la surface du sol, dont on n'a pu révoquer en doute l'existence, et dont la masse, souvent très-considérable et éloignée de toute mine de fer, n'a pas permis d'en attribuer la formation à la main des hommes. C'est ainsi qu'on a trouvé, dans l'Amérique méridionale, et au milieu d'une plaine immense, une masse de fer malléable du poids de 1500 myriagrammes. Ce qu'il y a de remarquable, c'est que ce fer, de même que tous les autres analogues, contient du nickel; et comme toutes les pierres tombées de l'atmosphère offrent également ces deux métaux à l'analyse, on est porté à croire qu'elles ont une origine semblable, c'est-à-dire que le fer natif de l'Amérique, de la Sibérie et des autres lieux, est tombé de l'atmosphère, quelle que soit d'ailleurs sa première origine et son point de départ.

2°. *Fer oxidé.* On en distingue trois espèces sous les noms de *fer oxidulé*, *fer oligiste* ou *fer oxidé*, et *fer hydraté.*

A. Le *fer oxidulé* répond au deutoxide ou à l'oxide noir des chimistes. Il a souvent la couleur et l'apparence du fer métallique; mais il est plus noir que lui et très-friable; il pèse de 4.24 à 4.94, donne une poudre qui est tout-à-fait noire, exerce une forte action sur le barreau aimanté : sa forme primitive est l'octaèdre régulier.

On trouve le fer oxidulé cristallisé en octaèdres ou en dodécaèdres, souvent très-réguliers et d'un gros volume; d'autres fois il est en masses compactes à cassure grenue ou même écailleuse, plus rarement fibreuse; on le trouve aussi sous forme sabloneuse, et contenant une certaine quantité de titane (1). L'aimant naturel n'est autre chose qu'une variété de fer oxidulé compacte, jouissant, à un plus haut degré que les autres, de la propriété magnétique.

Le fer oxidulé existe surtout en Corse, et en Suède, dans la province d'Upland, qui possède une mine de fer très-riche et dont le fer est très-estimé.

B. Le *fer oligiste* ou *fer oxidé.* Cette espèce paraît répondre au tritoxide de fer, ou oxide rouge de chimistes; cependant il est encore un peu attirable à l'aimant; lorsqu'il est cristallisé, il a la couleur et l'éclat métallique de l'acier, mais sa poudre est toujours d'un rouge brun, ce qui le distingue du précédent; la forme primitive de ses cristaux est un rhomboïde aigu : une chose assez remarquable, c'est que, contenant plus d'oxigène et moins de fer que l'espèce précédente, il ait une pesanteur spécifique plus considérable; il pèse de 5 à 5.2.

Les mines de fer de l'île d'Elbe, qui sont les plus renommées de l'Europe, appartiennent à cette espèce; elles sont si anciennement connues, que Virgile appelle cette île une *île féconde en veines inépuisables d'acier.* La *pierre hématite* des officines, et le *crayon rouge* des dessinateurs, dans lesquels le fer est entièrement peroxidé, s'y rapportent également : ce dernier est mêlé d'argile, à laquelle il doit son peu de dureté et sa douceur sur le papier.

C. Le *fer hydraté.* Cette espèce n'est pas magnétique naturellement, mais elle le devient un peu par la chaleur. Sa couleur est ordinairement brune, mais sa poudre est toujours jaunâtre. Elle contient de l'eau en combinaison; elle perd cette eau par la calcination, et alors sa poudre devient rouge.

---

(1) Il paraîtrait, d'après M. Robiquet, que l'oxide de titane accompagne presque constamment le fer oxidulé. (Ann. Ch. phys. XI. 206.)

La *mine de fer en stalactite*, l'*hématite brune*, l'*œtite* ou la *pierre d'aigle*, le *fer limoneux*, appartiennent à cette espèce; on y rapporte aussi l'*ocre brune*, dite *terre d'ombre*, et l'*ocre jaune*. Ces deux dernières contiennent de l'argile, et dans l'ocre jaune l'oxide de fer est entièrement à l'état d'hydrate.

3°. *Fer sulfuré*, anciennement nommé *pyrite martiale*. On en distingue deux espèces qui diffèrent, par la proportion de soufre qu'elles contiennent.

A. Le *fer per-sulfuré* contient, suivant M. Berzélius, 100 parties de fer et 118.62 parties de soufre; il est d'un jaune de bronze ou d'un gris d'acier, jouit du brillant métallique, n'est pas attirable à l'aimant, étincelle par le choc du briquet, mais ne produit pas assez de chaleur pour allumer l'amadou; ses étincelles sont accompagnées d'une odeur sulfureuse; il pèse de 4.10 à 4.74; chauffé fortement dans une cornue, il laisse dégager 22 parties de soufre, et se fond.

Le fer per-sulfuré est un des minéraux les plus communs; il se trouve dans tous les terrains, quoique, cependant, plusieurs de ses variétés aient des gisemens particuliers; il est cristallisé en cubes, en dodécaëdres, ou en formes moins déterminées; ses formes secondaires paraissent dériver au moins de deux formes primitives, de sorte que les minéralogistes séparent encore le fer per-sulfuré en deux sous-espèces : la première, d'un jaune de bronze, a pour forme primitive un cube; la seconde, d'une couleur plus pâle et presque blanche, dérive d'un prisme rhomboïdal (*fer sulfuré blanc* de Haüy).

B. Le *fer proto-sulfuré*, nommé aussi *fer sulfuré magnétique* ou *pyrite magnétique*, se distingue du précédent par sa couleur jaune plus foncée et tirant quelquefois sur celle du cuivre, par sa propriété d'être sensible à l'aimant, et parce qu'il ne laisse pas dégager de soufre en se fondant à une haute température : il est bien moins commun que le per-sulfure, puisqu'on peut citer les différens endroits où on l'a trouvé; il est composé de 100 parties de fer et de 59.31 parties de soufre (1).

Ces deux sulfures, surtout le premier (*fer sulfuré blanc*), sont susceptibles d'éprouver plusieurs genres d'altération par le contact de l'eau et de l'air : lorsqu'ils sont exposés à l'air humide, ils passent presque toujours à l'état de sulfate de fer, par la combustion simultanée du soufre et du fer; mais, lorsqu'ils sont encore dans le sein de la terre, ou cachés sous les eaux, ils subissent une autre métamorphose, dont les causes sont encore inconnues : le soufre disparaît peu à peu, en allant de la circonférence au centre des masses ou des cristaux, et il se trouve remplacé par de l'oxigène et une certaine quantité d'eau, sans que souvent la forme du minéral en ait été altérée. On trouve souvent de ces morceaux, principalement de la variété radiée, qui, changés en oxide brun dans une partie de leur masse, sont encore, au centre, à l'état de sulfure jaune et brillant. Souvent aussi le minéral est entièrement converti en oxide, et alors il ne diffère plus de la troisième espèce de fer oxidé dont j'ai parlé (*fer oxidé brun-jaunâtre* ou *fer hydraté*); ce qui porte à croire que les différentes variétés de cette espèce sont également dues, originairement, à la décomposition d'un sulfure de fer.

4°. *Fer carburé*, autrefois *plombagine* et *mine de plomb* : il est noir, doux au toucher, difficilement combustible, et inattaquable par les acides; on ne peut le décomposer qu'en le traitant à une haute température par le nitrate de po-

(1) Fer 63, soufre 37. Telle est la composition du véritable proto-sulfure de fer et de la pyrite magnétique du Cornouailles analysée par Hattchett; mais on trouve des pyrites beaucoup moins magnétiques que la précédente, et qui contiennent 40 ou 44 de soufre pour 100. Ces pyrites sont des combinaisons en proportions différentes des 2 sulfures de fer.

tasse; alors le fer s'oxide, et le carbone se change en acide carbonique qui se dégage. Le fer carburé est tendre, tache le papier en noir, et sert à faire des crayons. Les minéralogistes l'avaient retiré du nombre des mines de fer pour le ranger, sous le nom de *graphite*, parmi les corps combustibles composés non métalliques; mais ils l'ont réuni de nouveau aux premières et avec raison, car le fer s'y trouve encore en assez grande proportion, et l'incombustibilité de cette substance l'éloigne tout-à-fait des corps bitumineux compris dans la classe des combustibles non métalliques; d'ailleurs son origine paraît être aussi toute différente.

5°. *Fer sulfo-arsenié*, ou *pyrite arsenicale, mispickel*. Ce minéral, qui résulte de la combinaison du persulfure de fer avec l'arseniure du même métal, a l'éclat et la couleur de l'étain; il étincelle sous le briquet, en exhalant une odeur arsenicale; il pèse 6.52.

6°. *Fer sulfaté, Vitriol natif*. Ce sel formé par la combinaison naturelle du sulfure de fer avec l'oxigène de l'air, ne se trouve qu'en petite quantité, et sous la forme d'une efflorescence fine, aiguillée, blanche, verdâtre ou jaunâtre, à la surface des pyrites martiales et des substances argileuses, schisteuses, ou autres, qui en sont imprégnées. On le fabrique artificiellement, et en très-grande quantité, par un procédé imité de celui de la nature; nous en parlerons en particulier dans la division des sels.

7°. *Fer phosphaté*. Il n'y a presque pas de mines de fer, surtout parmi celles dites *limoneuses*, qui ne contiennent du phosphate de fer. On le trouve aussi isolé, pulvérulent, informe et cristallisé; il est d'un très-beau bleu, et sa poudre conserve la même couleur; mais elle devient noire dans l'huile, ce qui empêche qu'elle ne puisse servir en peinture, et la distingue, d'ailleurs, du carbonate de cuivre natif, ou azur de cuivre.

8°. *Fer carbonaté*, nommé aussi *fer spathique, mine de fer blanche*. Il affecte toujours des formes appartenant au carbonate de chaux, dont il contient ordinairement une quantité plus ou moins grande : cette circonstance avait d'abord conduit M. Haüy à penser que ce n'était peut-être qu'une espèce de carbonate de chaux contenant du fer; mais l'analyse a démontré que le carbonate de fer cristallisé était assez souvent exempt du premier.

Il y a deux autres corps que l'on trouve ordinairement unis au fer carbonaté : l'un est l'oxide de manganèse qui lui donne la propriété de brunir à l'air et au feu; l'autre est la magnésie, qui lui communique une grande infusibilité, qualité nuisible dans l'extraction du fer, et à laquelle on ne remédie qu'en laissant le minerai, grillé ou non grillé, très-long-temps exposé à l'air libre; parce qu'alors l'eau dissout peu à peu le carbonate de magnésie ou le sulfate de la même base formé, pendant le grillage, à l'aide du soufre des pyrites.

Je ne m'arrêterai pas aux autres mines de fer.

Extraction. De toutes les mines de fer on n'exploite, dans la vue d'en retirer le métal, que les oxides et le carbonate, parce qu'elles sont les plus aisées à traiter et qu'elles suffisent à la consommation; de plus les oxides, qui se trouvent presque partout, fournissent plus de fer que le carbonate qui est beaucoup plus rare.

En général, pour extraire le fer, on bocarde la mine, et on la lave pour en séparer l'excès des matières terreuses ou de la *gangue*, surtout lorsqu'on opère sur les mines de fer limoneuses; mais il faut laisser une partie de cette gangue qui facilite beaucoup la fusion de l'oxide de fer, et même, comme il est nécessaire pour que cette fusion s'opère bien, que le fondant soit composé de certaines proportions de craie et d'argile, d'après un premier essai, on ajoute à la mine bocardée et lavée celle de ces deux substances qui paraît ne pas y être en proportion suffisante. Quelquefois la mine de fer oxidé contient du soufre et de l'arsenic; alors on la grille avant d'y ajouter le fondant : lorsque la mine est convenablement préparée, on procède à la fonte.

Le fourneau qui sert à cette opération a de 30 à 40 pieds de hauteur, et se nomme à cause de cela *haut-fourneau*. Il a dans son intérieur la forme de deux cônes tronqués appuyés base à base, et de telle manière que sa plus grande largeur se trouve être au tiers de sa hauteur environ; il est ouvert par le haut, et l'ouverture que l'on nomme *gueulard* sert à le charger; il est terminé inférieurement par un creuset en briques dans lequel doit se rassembler la fonte. On remplit ce fourneau, jusqu'au tiers, de charbon de bois ou de houille épurée dont on active la combustion au moyen d'énormes soufflets; bientôt après on y ajoute par pelletées et alternativement de la mine préparée et du charbon; on en remplit le fourneau et on l'entretient dans cet état en y versant de nouvelles matières, à mesure que celles qui s'y trouvent descendent, par suite de la combustion et de la fusion qui s'opèrent dans la partie soumise à l'action des soufflets.

Voici ce qui se passe dans cette opération : l'acide carbonique de la craie se dégage, même bien avant que la matière ne soit parvenue au bas du fourneau; la chaux se combine à la silice et à l'alumine qui composent l'argile, les fond et détermine aussi la fusion de l'oxide de fer; alors celui-ci se trouve en contact immédiat avec le charbon et se réduit; le fer et le verre qui provient de la fusion des terres coulent vers le creuset et le remplissent; mais ce verre que l'on nomme *laitier*, étant plus léger que le fer, reste à sa surface et s'écoule par une ouverture pratiquée au haut du creuset. Lorsqu'on juge que celui-ci est plein de fer, on débouche un second trou percé au fond et bouché momentanément avec de l'argile, et l'on reçoit le métal dans une rainure creusée dans le sable. Pendant le temps que le fer coule, on cesse de souffler et de charger le fourneau; mais cela dure à peine un quart d'heure, et l'on recommence de suite l'opération.

Le métal obtenu par cette opération se nomme *fonte*; ce

n'est pas du fer proprement dit, c'est un mélange de fer carburé, d'oxide de fer, de laitier et de charbon non combiné : quelquefois même on y trouve du phosphore, du chrôme et du cuivre.

La fonte varie en couleur, en dureté et en bonté, suivant la nature de la mine et le soin qu'on a apporté à l'opération. En général, la fonte la plus pâle qu'on nomme fonte *blanche* est la moins estimée; elle contient plus d'oxigène et moins de carbone que les autres. On distingue aussi la fonte grise qui est la plus estimée, et la fonte noire qu'un excès de carbone rend peu propre à plusieurs usages.

Pour affiner la fonte on se sert d'un autre fourneau qui n'est, à vrai dire, qu'un grand creuset que l'on remplit de charbon et vers la surface duquel on dirige le vent de deux soufflets. On place au milieu de ce charbon embrasé l'extrémité d'un de ces gros lingots de fonte nommés *gueuses*, et on l'y pousse à mesure qu'elle fond : la matière fondue se rassemble au fond du creuset, et bientôt le remplit en partie.

Mais le vent des soufflets étant dirigé sur le métal, le charbon qui s'y trouvait mêlé ou combiné brûle, et avec lui une certaine quantité de fer; et comme l'oxide de fer qui se forme est plus fusible que le métal lui-même, il en résulte une matière presque fluide tenant, comme suspendu, un corps beaucoup plus dur qui est le fer; alors un ouvrier remue la matière avec une barre de fer qu'il plonge partout, pour rassembler autour et y fixer le fer métallique; et lorsqu'il en a ramassé une masse de trente à trente-cinq kilogrammes, il la soulève et la fait glisser sur un plan incliné, jusque vers une grosse enclume où un lourd marteau, dit *martinet*, la bat, en rapproche les molécules et en expulse la fonte interposée. Lorsque la masse est déjà bien formée et consistante, l'ouvrier la reporte au feu, la fait rougir de nouveau et la remet sur l'enclume, où alors elle se trouve frappée si vivement (le martinet qui pèse environ 450 kilogrammes tombe deux fois en une seconde) qu'il a le temps d'en former une partie en une barre plate et rectangulaire, qu'il achève enfin après avoir encore reporté au feu l'extrémité non forgée.

Propriétés. Voici les propriétés du fer tel qu'on peut l'obtenir, car il n'est jamais exactement pur, par la raison qu'on ne peut faire autrement que d'employer le charbon pour le fondre et le travailler, et qu'il absorbe toujours une certaine quantité de ce corps combustible.

Le fer est d'un blanc-gris très éclatant lorsqu'il est poli; c'est le plus dur, le plus élastique, le plus tenace et peut-être le plus ductile de tous les métaux ductiles; cependant il se lamine difficilement; il pèse 7.78; un fil de fer d'un dixième de pouce de diamètre supporte un poids de 500 livres avant que de se rompre.

Le fer a une saveur très-marquée; il a aussi une odeur particulière qui se développe par le frottement des mains; il est attirable à l'aimant qui n'est, comme je l'ai dit, qu'une mine de fer oxidulé, et il est susceptible de devenir aimant lui-même, soit par le frottement d'un autre aimant, soit spontanément, lorsqu'il se trouve placé dans quelques circonstances particulières. Comme on le sait aujourd'hui, le fer n'est pas le seul métal qui jouisse de ces propriétés : le nickel et le cobalt les possèdent également, quoique dans un moindre degré.

Le fer est un des métaux les plus infusibles, car sa fusion n'a lieu qu'au-dessus du 150e degré du pyromètre de Wegdwood.

Le fer se combine à tous les corps simples non métalliques, excepté à l'hydrogène et à l'azote; les plus importans de ses composés avec ces corps sont ceux qu'il forme avec l'oxigène et le carbone; les premiers portent le nom d'*oxides*, et les seconds celui de *carbures*.

Le fer forme trois oxides, dont le premier, qui existe dans les sels au *minimum* d'oxidation, ne peut être obtenu isolé, en raison de la grande avidité avec laquelle il s'empare de l'oxigène; il est blanc à l'état d'*hydrate*, ou tel qu'on le précipite de ses dissolutions et combiné avec de l'eau. Le second oxide est d'un vert foncé lorsqu'il est à l'état d'hydrate, et noir lorsqu'il est sec; on le nommait autrefois *éthiops martial*. Le troisième oxide est orangé à l'état d'hydrate, et rouge lorsqu'il est privé d'eau. Comme on le prépare en grand dans les fabriques et qu'il est très-répandu dans le commerce, j'en parlerai en particulier dans la section des oxides.

Le fer paraît former deux carbures; l'un contenant beaucoup de carbone et peu de fer, c'est la *plombagine* dont j'ai parlé plus haut et qui se trouve dans la nature; l'autre ne contenant qu'environ 0.01 de carbone sur 0.99 de fer; on le nomme *acier*.

L'acier est solide, plus dur que le fer, très-ductile, très-malléable, sans saveur ni odeur, moins pesant que le fer, et susceptible d'un poli parfait. Il se distingue surtout du fer par la propriété suivante. Que l'on fasse rougir une barre de fer et une d'acier, et qu'on les laisse refroidir lentement, elles conserveront leurs propriétés primitives; mais qu'on les fasse rougir et qu'on les plonge dans l'eau froide, le fer conservera sensiblement les mêmes propriétés, tandis que l'acier en acquerra de nouvelles : il deviendra plus dur, moins dense, plus élastique, moins ductile et d'un grain plus fin qu'auparavant. On le nomme alors *acier trempé*, et il sert, comme on le sait, à fabriquer toutes sortes d'instrumens tranchans et autres.

Le fer se dissout dans tous les acides et forme des sels qui sont plus ou moins employés dans les arts; le plus important de tous est le sulfate dont nous parlerons dans la division des sels.

Dissolutions. Le fer en dissolution est facile à reconnaître, quoique la couleur des précipités qu'y forment les réactifs varie selon le degré d'oxidation du métal. Lorsqu'il est au *minimum* d'oxidation, il forme, avec les alcalis, un précipité blanc qui passe de suite au vert par le contact de l'air, ensuite au vert noirâtre, enfin au rouge; il forme avec le prussiate de potasse ferrugineux un précipité blanc passant au bleu par le contact de l'air; il ne précipite pas par la noix de galle, mais la liqueur se colore à l'air en bleu violet.

Le fer au *medium* d'oxidation précipite en vert noirâtre par les alcalis, en bleu céleste par le prussiate de potasse ferrugineux, en bleu foncé par la noix de galle.

Le fer au *maximum* précipite en rouge ou en orangé par les alcalis, en bleu foncé par le prussiate de potasse ferrugineux, en noir par la noix de galle.

Usages. Les usages du fer dans les arts sont trop connus pour qu'il soit nécessaire de les rappeler ici : en pharmacie on en prépare une poudre par porphyrisation, des oxides, un sous-carbonate, des muriates, plusieurs tartrates qui, amenés sous différentes formes, portent les noms de *teinture de mars, extrait de mars, tartre chalibé, tartre martial soluble, boules de mars,* etc. Sa poudre porphyrisée entre dans un grand nombre d'autres préparations officinales et magistrales.

11. *Du Mercure.* Hydrargyrum, ri.

États naturels. Le mercure se trouve sous quatre états dans la terre : *natif, amalgamé à l'argent, combiné au soufre,* à l'état de *muriate* ou *de chlorure*; peut-être existe-t-il aussi quelquefois à l'état d'*oxide.*

Le *mercure natif* est en globules brillans disséminés dans l'intérieur de différentes substances, telles que les schistes argilleux, la marne, le quarz, etc. Il accompagne très-souvent le mercure sulfuré, et quelquefois les pyrites, le plomb sulfuré, l'argent antimonié-sulfuré : il y a des endroits où il coule à travers les fentes des rochers, et s'arrête dans les cavités où l'on va le puiser. Les pays qui en fournissent le plus, sont les mêmes où abonde le mercure sulfuré, et particulièrement Almaden en Espagne, Idria dans le Frioul, et Guenca-Velica au Pérou.

Le *mercure argental* est cassant ; il laisse sur le cuivre un enduit métallique blanc, dégage du mercure au chalumeau, et donne un bouton d'argent. On le trouve dans la Haute-Hongrie, dans le Palatinat et dans le duché des Deux-Ponts.

Le *mercure sulfuré* est facile à gratter au couteau; lorsqu'il est pur, il est d'un rouge plus ou moins foncé en masse, et d'un rouge vif en poudre; l'action du chalumeau le volatilise entièrement. Cette mine est la plus répandue des quatre, et la seule exploitée en grand : on la trouve surtout dans les pays déjà nommés.

Le *mercure chloruré* est d'un gris sombre, fragile, facile à gratter avec le couteau; il se volatilise entièrement au chalumeau; sa poudre jaunit dans l'eau de chaux. Il est très-rare, et ne se trouve que dans quelques mines de mercure.

Extraction. Le procédé employé pour extraire le mercure de son sulfure varie suivant les pays. Dans le duché des Deux-Ponts on mêle la mine broyée avec de la chaux éteinte, et on la chauffe dans de grandes cornues de fonte, disposées sur une *galère.* La chaux s'empare du soufre, et le mercure volatilisé par le calorique vient se condenser dans un pot de terre, en partie rempli d'eau, adapté à chaque cornue.

A Almaden, on chauffe la mine triée, et quelquefois, en outre, bocardée et lavée, dans des fourneaux carrés, disposés de manière que le sulfure, placé sur un sol à jour, est traversé par la flamme du foyer qui se trouve au-dessous. A la partie supérieure de l'une des faces du fourneau sont pratiquées des ouvertures, à chacune desquelles est adaptée une suite de conduits dits *aludels,* qui passent au-dessus d'une terrasse, et vont se rendre dans une grande chambre ou réservoir commun. Au moyen de cette disposition et du courant d'air établi par le feu dans tout l'intérieur de l'appareil, le soufre de la mine se brûle et se dégage à l'état d'acide sulfureux; le mercure, revenu à l'état métallique, se volatilise et se condense dans les aludels, d'où il coule dans le réservoir commun. La terrasse au-dessus de laquelle passent les aludels, est inclinée des deux côtés vers son milieu, où elle forme une rigole destinée à recevoir et verser dans la chambre le mercure que les jointures des conduits laisseraient échapper.

Propriétés. Le mercure est liquide à la température habituelle de l'air; il est très-éclatant et d'un blanc légèrement bleuâtre; il pèse 13.568.

Le mercure, exposé à un froid artificiel de 39 à 40 degrés, se solidifie et devient malléable. Soumis au contraire à l'action du calorique, il bout et se volatilise à la température de 350 degrés.

Le mercure conservé tranquille à l'air ne s'y altère pas d'une manière sensible, mais il s'y oxide visiblement par une agitation long-temps continuée; il se convertit alors en une poudre d'un gris noirâtre, que l'on nommait autrefois *éthiops per se*, et qui est plutôt un mélange de deutoxide de mercure et de mercure, qu'un véritable protoxide.

L'oxidation du mercure est plus marquée à une température voisine du point de son ébullition; il forme alors un oxide rouge, nommé autrefois *précipité per se.* Le même oxide, préparé par la décomposition d'un nitrate mercuriel au feu, était nommé *précipité rouge.* Nous en parlerons dans la division des composés métalliques que nous retirons du commerce, de même que du sulfure de mercure artificiel et du sublimé corrosif.

Le mercure n'est attaqué ni par l'acide hydrochlorique, ni par l'acide sulfurique froid; mais ce dernier l'oxide lorsqu'il est concentré et bouillant : alors il se dégage de l'acide sulfureux, et il se forme un sulfate de mercure qui est au *minimum* ou au *maximum* d'oxidation, suivant la quantité d'acide employée et la durée de l'opération. Lorsque l'acide égale une fois et demie le poids du mercure, et qu'on chauffe le mélange jusqu'à siccité, il en résulte un deuto-sulfate blanc qui, mis en contact avec l'eau, se décompose en deux autres sulfates : l'un très-acide, qui reste dissous dans l'eau; l'autre avec excès d'oxide, jaune et insoluble; on le nommait autrefois *turbith minéral*.

L'acide nitrique attaque et dissout le mercure à toutes les températures; il peut en résulter une grande variété de nitrates, suivant la quantité d'acide, son état de concentration et la température que prend le mélange, ou qu'on lui fait éprouver.

Dissolutions. Le mercure se reconnaît facilement à l'état de sel sec ou de dissolution. L'épreuve la plus certaine, lorsque la quantité de matière est très-petite, consiste à humecter le sel, et à le frotter sur une lame de cuivre bien décapée, ou à plonger cette lame dans la dissolution : dans les deux cas, il s'y forme une tache blanche, ou qui devient telle par le frottement, et qui disparaît par la chaleur, ce qui la distingue de la tache formée par l'argent qui résiste au feu.

De plus, les sels mercuriels au *minimum* d'oxigène précipitent en noir par tous les alcalis, et ceux au *maximum* précipitent en orangé par les mêmes réactifs, excepté par l'ammoniaque qui les précipite en blanc. Enfin tous sont précipités en noir par un excès d'acide hydrosulfurique, ou d'un hydrosulfate alcalin.

Usages. Le mercure est employé dans l'exploitation des mines d'or et d'argent, et pour construire les baromètres et les thermomètres. On l'amalgame avec l'or pour faire la dorure dite d'*or moulu*, et avec l'étain pour l'étamage des glaces; il fournit à la pharmacie son oxide, ses sulfures, ses chlorures et un grand nombre de sels; il fait la base des pommades citrine et mercurielles, de l'emplâtre de Vigo, etc. Ses composés sont en général vénéneux, ou au moins dangereux; cependant, lorsqu'ils sont employés avec prudence, ils tiennent le premier rang parmi les anti-syphilitiques connus.

12. *De l'Or.* Aurum, ri.

État naturel, exploitation. L'or n'existe qu'à l'état métallique dans la terre, non exactement pur, mais toujours allié d'une certaine quantité d'argent ou de cuivre; on le trouve sous la forme de rameaux, de filamens, de paillettes ou de grains disséminés dans des gangues siliceuses blanches ou jaunâtres; souvent aussi il accompagne les mines de sulfures de fer, de zinc, de plomb, de cuivre et d'argent.

Les mines d'or les plus abondantes sont celles du Mexique et du Pérou; en Europe, la Hongrie et la Transylvanie en possèdent d'assez considérables : on en a découvert une en France dans le Dauphiné, mais elle produisait peu, et a été abandonnée.

Indépendamment des lieux où l'or se trouve en place dans le sein de la terre, il est disséminé en paillettes dans le sable de plusieurs rivières, comme sont, en France, le Rhône, l'Arriège et la Cèze; il y a des hommes nommés *orpailleurs*, dont l'unique occupation est de ramasser cet or.

Le travail, pour l'exploitation des mines d'or, se réduit à peu de chose. Lorsque c'est du sable des rivières qu'on veut le retirer, on lave ce sable dans des sébiles de bois d'une forme particulière, ou sur des tables inclinées recouvertes d'une étoffe de laine; l'or, en raison de sa grande pesanteur, tombe au fond des sébiles ou s'arrête sur le drap; lorsqu'il n'est plus mêlé que d'une certaine quantité de sable, on l'amalgame avec du mercure, on exprime l'amalgame pour en séparer l'excès de ce métal, dont enfin on retire le reste par la distillation.

L'exploitation des mines d'or en roches ne consiste de même, qu'à les pulvériser et à les laver dans des sébiles ou sur des tables inclinées; lorsque l'or est séparé de sa gangue, on le fond et on l'affine comme les autres espèces d'or.

Quant aux sulfures aurifères, on les grille pour en séparer le soufre et l'arsenic, et pour brûler une partie des autres métaux oxidables; on les fond ensuite pour rassembler l'or dans une masse métallique moins considérable; on grille de nouveau, et l'on fond le métal grillé avec du plomb, qui s'empare de l'or, de l'argent qui s'y trouve habituellement, d'un peu de cuivre, de fer, et quelquefois d'étain; on coupelle cet alliage de la même manière que lorsqu'on veut obtenir l'argent : la seule différence est que la matte d'argent, au lieu d'être pure, contient de l'or (1).

D'autres fois, au lieu de fondre la mine grillée avec du plomb, on la traite par le mercure, ce qui se fait de même que pour l'argent; on retire le mercure de l'amalgame par la distillation.

L'or provenant de l'affinage par le plomb, peut encore contenir de l'argent, du cuivre, du fer et de l'étain; celui obtenu par l'amalgamation ne contient que de l'argent. On sépare le cuivre, le fer et l'étain du premier, en le fondant avec du nitre qui oxide ces trois métaux; on ne peut en séparer l'argent qu'au moyen du *départ*, opération fondée sur la propriété que possède l'acide nitrique, de dissoudre l'argent, sans toucher à l'or.

Mais pour que le départ s'opère exactement, la quantité d'argent contenue dans l'alliage doit être assez grande, pour que le métal attaqué devienne très-poreux, et soit entièrement pénétré par l'acide; car autrement, l'or retiendrait une partie de l'argent. Cette quantité d'argent nécessaire,

---

(1) A vrai dire, l'argent retiré des mines de plomb, etc., contient toujours de l'or, ce dont on pourrait s'assurer en le soumettant aux deux opérations de l'*inquartation* et du *départ*; mais on n'y fait passer que celui qui contient assez d'or pour couvrir les frais du travail; l'autre est regardé comme argent pur.

est de trois parties contre une d'or; lorsqu'on s'est assuré par un essai préliminaire, que l'alliage ne la contient pas, il faut la compléter, en y ajoutant de l'argent par la fusion dans un creuset, et couler l'alliage en grenaille. Ajouter ainsi à l'or la quantité d'argent nécessaire, pour que celui-ci forme les trois quarts de la masse, est ce qu'on nomme en faire l'*inquartation*.

On divise la grenaille dans des pots de grès disposés sur un bain de sable, et on la traite à chaud, par une égale quantité d'acide nitrique, à 25 degrés; on décante la liqueur, et on la remplace par de l'acide à 30 ou 32 degrés, que l'on fait bouillir comme le premier; ensuite, après avoir décanté l'acide et lavé l'or, on le traite par de l'acide sulfurique concentré et bouillant, qui dissout les portions d'argent échappées au premier acide : on lave l'or de nouveau, et on le fond dans un creuset pour le mettre en lingot.

L'argent qui a été dissous par les acides nitrique et sulfurique, est précipité à l'état métallique, en plongeant dans ces liqueurs des lames de cuivre; on le lave et on le fond dans un creuset. Mais cet argent contient toujours du cuivre; il faut le purifier par la coupellation, ou tenir compte du cuivre, lorsqu'on a dessein de l'amener à un des titres voulus par la loi.

Propriétés. L'or pur est jaune, mou, très-ductile et si malléable qu'un seul grain, étendu par le batteur d'or, peut couvrir une surface de 3,65 décimètres carrés, ou environ 50 pouces carrés. Il pèse 19.257; se fond au 32e degré du pyromètre de Wegdwood; ne s'oxide pas au feu; est tout-à-fait inaltérable à l'air.

Parmi les corps simples non métalliques, l'or peut s'unir directement ou indirectement, à l'oxigène, au chlore, à l'iode, au soufre et au phosphore. Le chlorure est jaune, soluble dans l'eau, et même déliquescent; c'est lui que l'on nommait, il y a quelques années, *muriate d'or*.

L'or est inattaquable par tous les acides, même par l'acide

nitrique : cependant, on le dissout facilement en employant un mélange d'acide nitrique et d'acide hydrochlorique (*eau régale* des anciens, *acide nitro-muriatique*, *acide chloro-nitreux*); mais c'est qu'alors les deux acides se décomposent en partie, et forment de l'eau, de l'acide nitreux et du chlore, et que ce dernier se combine à l'or, comme lorsqu'il est seul ou dissous dans l'eau.

Dissolution. Les principaux caractères de la dissolution d'or sont : d'être jaune, de tacher la peau en pourpre, d'être entièrement décomposée, et de laisser précipiter l'or à l'état métallique, par une dissolution de proto-sulfate de fer, de former un précipité pourpre par celle du proto-chlorure d'étain, et en général, d'éprouver une décomposition et une précipitation plus ou moins analogues avec toutes les dissolutions métalliques susceptibles de passer à un *maximum* d'oxigène ou de chlore.

Usages. Les usages de l'or sont connus : c'est le principal signe représentatif du commerce de toutes les nations; l'orfévrerie, la joaillerie, la broderie, la dorure sur métaux et sur bois, en emploient des quantités considérables. C'est en précipitant la dissolution d'or par une dissolution de proto-chlorure (ou proto-hydrochlorate) d'étain, que l'on prépare le *pourpre de Cassius*, couleur précieuse pour la peinture sur porcelaine. En médecine, on emploie quelquefois le chlorure d'or et son oxide.

13. *Du Platine.* Platinum, ni.

Histoire, états naturels. Le platine paraît avoir été découvert en 1735, par don Ulloa, savant Espagnol qui accompagnait les académiciens français envoyés au Pérou, et en 1741, par M. Wood, essayeur à la Jamaïque. Jusqu'à ces derniers temps, il n'avait encore été trouvé qu'en Amérique dans la Nouvelle-Grenade, au Brésil, à Saint-Domingue, et dans une mine d'argent de Guadalcanal en Espagne; mais, en 1823, il a été rencontré dans les monts Ourals en Russie (*Ann. ch. ph.* XXIX, 289). Ce sont surtout les deux provinces de Choco et de Barbacoas, dans la Nouvelle-Grenade, qui fournissent la mine de platine du commerce.

Cette mine est sous la forme de grains aplatis d'un très-petit volume; car ceux qui surpassent la grosseur d'une lentille, passent déjà pour très-beaux, et le plus gros grain connu, qui a été rapporté d'Amérique par M. de Humboldt, ne pèse pas tout-à-fait 58 grammes. Tous ces grains même ne contiennent pas de platine, et ceux qui en contiennent, ne l'offrent qu'allié à beaucoup d'autres corps.

C'est ainsi que la mine de platine du commerce est composée : 1° de grains arrondis et aplatis d'un blanc-grisâtre, formés de platine, de soufre, de fer, de plomb, de cuivre, et de deux métaux particuliers à cette mine, qui sont le *rhodium* et le *palladium*; 2° de grains noirs qui sont composés des oxides de fer, de chrôme et de titane réunis; 3° d'autres grains assez semblables à ceux du platine, mais beaucoup plus durs et nullement malléables, composés seulement d'*iridium* et d'*osmium*; 4° de quelques paillettes d'un alliage d'or et d'argent; 5° de quelques globules de mercure; 6° de grains de palladium natif; mais ces derniers ne se rencontrent que dans la mine du Brésil.

Extraction. On peut juger par l'exposé qui précède s'il est difficile d'isoler ces différens métaux, et surtout d'obtenir le platine à l'état de pureté. L'extraction de ce dernier est bien simplifiée, cependant, depuis les travaux de M. Vauquelin sur cet objet, et c'est son procédé, qui est aussi celui de M. Delisle de Versailles, que l'on suit maintenant.

D'après ce procédé on traite la mine telle qu'elle est, ou seulement privée de mercure au moyen de la calcination, par un acide composé de trois parties d'acide hydrochlorique et d'une partie d'acide nitrique, et l'on répète ce traitement trois ou quatre fois de suite, ou jusqu'à ce que l'acide paraisse ne plus agir sur le résidu. Il en résulte une dissolution qui contient beaucoup de fer, beaucoup de platine, du cuivre, du plomb, du palladium, du rhodium, de l'iridium et de l'acide sulfurique.

On fait évaporer cette dissolution en consistance sirupeuse pour en séparer l'excès d'acide, on l'étend de dix fois son poids d'eau, et on y verse un excès de dissolution d'hydrochlorate d'ammoniaque saturée à froid, laquelle forme avec l'hydrochlorate de platine un sel double très-peu soluble et qui se précipite à l'instant. On lave ce sel, non avec de l'eau qui le dissoudrait, mais avec une dissolution saturée de sel ammoniac; on le fait sécher et on le calcine dans un creuset, à une chaleur que l'on augmente peu à peu jusqu'à la plus forte possible. Par l'action du calorique l'hydrochlorate d'ammoniaque se volatilise, celui de platine se décompose, et le platine réduit reste seul en une masse spongieuse qu'on a soin de comprimer avec force à mesure qu'elle se forme, afin de lui donner du liant et de pouvoir ensuite la forger sans addition.

Lorsqu'on ne réussit pas à forger le platine par ce moyen, on est obligé de le fondre avec de l'arsenic, de couler l'alliage en plaques peu épaisses, et de l'exposer à une chaleur graduée jusqu'au rouge blanc pour en volatiliser l'arsenic; alors le platine reste sous la forme d'une masse poreuse susceptible d'être forgée et façonnée; mais il faut, autant que possible, employer de préférence le premier procédé.

Propriétés. Le platine pur est presque aussi blanc que l'argent, très-éclatant, assez mou, très-ductile et très-malléable. Il pèse 20.98 non forgé; c'est le plus pesant de tous les corps connus.

Il résiste au plus violent feu de forge et n'entre en fusion qu'au moyen d'un feu alimenté par le gaz oxigène. Il ne s'oxide à aucune température, est inattaquable par tous les acides; l'acide chloro-nitreux l'attaque même très-difficilement lorsqu'il est pur et forgé. C'est cette grande inaltérabilité qui rend le platine si précieux pour faire des creusets, des capsules, des cornues et d'autres ustensiles de chimie. Il faut éviter cependant de mettre ces vases en contact, à une haute température, avec des métaux fusibles ou des corps propres à en fournir, et avec des alcalis caustiques : dans le premier cas on fondrait le platine, et dans le second on en oxiderait une partie.

Le platine n'est pas autrement employé en pharmacie.

14. *Du Plomb.* Plumbum, bi.

États naturels. Le plomb, nommé *saturne* par les alchimistes, est un des métaux le plus abondamment répandus dans la terre : il y existe sous dix états différens.

1°. A l'état *natif.* On a long-temps balancé à admettre cette mine comme espèce naturelle, parce qu'en effet les divers fragmens qui en avaient été cités par différens minéralogistes paraissaient être des produits de l'art; mais plus récemment, M. Rathké, savant Danois, en a trouvé dans les laves de l'île de Madère, ce qui a levé tous les doutes à cet égard.

2°. A l'état d'*oxide rouge.* On a long-temps regardé cette mine, de même que la précédente, comme un produit d'anciennes fonderies de plomb; mais aujourd'hui on s'accorde à dire qu'il en existe naturellement dans quelques mines de plomb sulfuré. On cite surtout celle de Zméof en Sibérie.

3°. A l'état de *sulfure,* autrefois nommé *galène.* Cette mine de plomb est la plus répandue et la seule exploitée en grand. On en trouve dans tous les pays.

Le sulfure de plomb est ordinairement lamelleux et divisible en cubes (le cube est sa forme primitive). On en distingue trois variétés : à *grandes facettes*, à *petites facettes* et à *grain d'acier.* La première ne contient que très-peu d'argent; la seconde en contient davantage, et la troisième encore plus : celle-ci est toujours exploitée comme mine d'argent.

4°. A l'état de *carbonate*, autrefois *céruse native.* Ce sel est blanc ou d'un jaune enfumé; il est en cristaux aiguillés, en paillettes brillantes ou en petites masses; il fait effervescence avec l'acide nitrique; noircit par l'action des hydrosulfates alcalins; décrépite au chalumeau s'il est en masse, ou s'y fond lorsqu'il est en poudre, bouillonne et laisse un bouton de plomb métallique.

5°. A l'état de *muriate*, ou de *murio-carbonate.* Cette espèce, fort rare et composée de chlorure et de carbonate de plomb, a été trouvée en 1801, dans le Derbyshire, en Angleterre.

6°. A l'état de *sulfate.* Trouvé en Andalousie, en Écosse et dans l'île d'Anglesey; il est en cristaux prismatiques assez prononcés, insolubles dans l'acide nitrique, fusibles et réductibles au chalumeau en dégageant de l'acide sulfureux.

7°. A l'état de *phosphate.* Ce sel encore assez rare se trouve dans les mines de sulfure de plomb; il affecte différentes couleurs dues à la présence de quelque autre substance métallique; il est ordinairement d'un vert pré très-agréable; il se dissout sans effervescence dans l'acide nitrique, se fond au chalumeau sans se réduire à l'état métallique, et cristallise en se refroidissant.

8°. A l'état d'*arseniate.* Cette espèce se trouve quelquefois isolée, mais le plus souvent elle est unie au phosphate de plomb.

9°. A l'état de *molybdate*, *plomb jaune de Carinthie.* Sa gangue est de la chaux carbonatée compacte; il se dissout dans l'acide sulfurique bouillant et produit une liqueur bleue; il se dissout également dans l'acide nitrique, et sa dissolution devient bleue par l'immersion d'une lame de zinc; dans ces deux cas l'acide molybdique se trouve ramené à l'état d'oxide bleu.

10°. A l'état de *chromate*, dit *plomb rouge de Sibérie.* Cette espèce se distingue des précédentes par la belle couleur rouge de ses cristaux et la couleur orangée de sa poudre; elle prend une couleur verte au chalumeau et finit par s'y réduire; elle colore le borax en vert d'émeraude. C'est en analysant le plomb rouge de Sibérie que M. Vauquelin a trouvé pour la première fois l'acide chromique et le chrôme.

11°. A l'état d'*aluminate-hydraté*, ou de combinaison avec l'alumine et l'eau. Ce minéral singulier a l'apparence de la gomme arabique, et porte, à cause de cela, le nom de *plomb-gomme*.

Extraction. L'extraction du plomb de son sulfure se trouve déjà rapportée (p. 48), à l'occasion de l'extraction de l'argent; je la repète ici en peu de mots : le minerai bocardé, lavé et grillé, est mêlé avec de la poudre de charbon, de la mine de fer oxidée, de la fonte granulée ou de la menue ferraille, et projeté par partie dans un fourneau à manche rempli de charbon.

Le fer, en raison d'une affinité supérieure, s'empare du soufre du sulfure, et met le plomb en liberté; ce métal fondu se rassemble au bas du fourneau, et coule de là dans un bassin destiné à le recevoir; mais ce bassin reçoit également le sulfure de fer qui, moins pésant, reste à la surface du plomb, et celui-ci s'écoule seul dans un second bassin, par une ouverture pratiquée au fond du premier.

Le plomb ainsi obtenu se nomme *plomb d'œuvre* : on le soumet à la coupellation lorsqu'il contient assez d'argent pour couvrir les frais de l'opération; mais alors il se trouve converti en un oxide fondu et comme cristallisé par le refroidissement, nommé *litharge* : comme cet oxide est très-employé dans les arts, on en conserve une grande partie à cet état; l'excédant est de nouveau réduit à l'état de plomb, en le fondant dans un fourneau rempli de charbon.

Propriétés. Le plomb est d'un blanc bleuâtre et assez éclatant; il se laisse rayer par l'ongle et couper au couteau; il est sans élasticité et sans sonorité; est très-malléable, mais peu susceptible d'être tiré en fil et très-peu tenace; il communique aux mains une odeur sensible; sa pesanteur spécifique est de 11.352.

Le plomb se fond au 260e degré centigrade; il n'y a par conséquent que le mercure, le potassium, le sodium, l'étain et le bismuth qui soient plus fusibles que lui; néanmoins il ne se volatilise qu'à une très-haute température.

Le plomb se ternit à l'air et se recouvre d'une légère couche d'oxide qui, lui-même, absorbe l'acide carbonique et passe à l'état de sous-carbonate. Son oxidation est beaucoup plus prompte à l'aide de la chaleur; car, en le tenant fondu à l'air libre, il se couvre d'une pellicule irisée qui se reforme à mesure qu'on l'enlève; de sorte qu'en peu de temps, tout le plomb peut se trouver changé en une matière grise pulvérulente qui est un mélange de protoxide de plomb et de plomb métallique. Cette matière calcinée encore pendant quelque temps dans un fourneau à réverbère devient jaune et prend le nom de *massicot;* c'est le protoxide pur. Calcinée plus long-temps, elle passe à un second degré d'oxidation, devient rouge et se nomme alors *minium ;* c'est le plus haut degré d'oxidation du plomb que l'on puisse obtenir directement : ce métal forme bien un troisième oxide plus oxigéné et d'une couleur puce, mais on ne l'obtient qu'à l'aide d'affinités complexes.

Le plomb est insoluble à froid dans la plupart des acides, et notamment dans l'acide sulfurique concentré; mais cet acide l'attaque à chaud et le change en un sulfate de plomb blanc insoluble dans l'eau et dans les acides.

L'acide nitrique dissout le plomb, même à froid, mais la dissolution s'opère mieux à l'aide de la chaleur; la liqueur, de même que toutes les dissolutions de plomb, forme un précipité blanc par les alcalis, un précipité noir par l'acide hydrosulfurique et les hydrosulfates, un précipité blanc insoluble dans l'acide nitrique, par l'acide sulfurique et les sulfates solubles.

Outre le massicot, le minium et la litharge que l'on prépare en grand pour le besoin des arts, on trouve encore dans le commerce le sous-carbonate de plomb, qui porte les noms de *céruse* et de *blanc de plomb*, et l'acétate, qui porte celui de *sel de saturne*. Nous parlerons de chacun en son lieu.

Usages. Le plomb est très-employé sous la forme de lames, pour faire toutes sortes de conduits d'eau, des toits, des réservoirs, des tuyaux, des pompes, des chaudières et des chambres à acide sulfurique; allié avec un quart d'antimoine, il forme la matière des caractères d'imprimerie.

15. *Du Zinc*. Zincum, ci.

Le zinc se trouve sous quatre états dans la nature : *oxidé*, *sulfuré*, *carbonaté* et *sulfaté*.

Le sulfate de zinc est assez rare; le sulfure est plus commun, et portait autrefois le nom de *blende*; le carbonate et l'oxide ont souvent été confondus ensemble sous le nom de *pierre calaminaire* ou de *calamine*; mais l'oxide est bien plus abondant que le carbonate.

Cet oxide n'est jamais pur, et la pierre calaminaire est, à proprement parler, un composé d'oxide de zinc, de silice et d'eau, non compris l'oxide de fer, l'alumine et le carbonate de chaux qui peuvent s'y trouver accidentellement mêlés. Elle est en masses irrégulières, pesantes, blanchâtres, grisâtres ou rougeâtres; elle est en partie soluble dans l'acide sulfurique étendu; la liqueur évaporée donne des cristaux de sulfate de zinc.

C'est surtout de la calamine qu'on extrait le zinc. A cet effet, on la pulvérise, on la mêle avec du charbon, et l'on chauffe fortement le mélange dans des tuyaux de terre placés transversalement dans un fourneau, un peu inclinés, et communiquant, par leur extrémité supérieure, avec d'autres tuyaux inclinés en sens contraire, et situés hors du fourneau. Le zinc se réduit, se volatilise, et vient se condenser en grenaille dans les tuyaux extérieurs ; pour le livrer au commerce, on le fond dans un creuset, et on le coule en tablettes.

Le zinc est d'un blanc bleuâtre; il pèse 7.9, est à peu près aussi ductile que l'étain lorsqu'il est pur; se fond au rouge obscur, et se volatilise sans altération, à une chaleur plus forte, dans des vaisseaux fermés.

Si, lorsque le zinc est fondu dans un creuset et fortement rouge, on le met en contact avec l'air, il brûle avec une flamme blanche verdâtre éblouissante; en même temps, une partie se volatilise dans l'air, et forme un oxide blanc, floconneux, très-léger, que l'on nommait autrefois *nihil album*, *laine philosophique*, et *pompholix*. Le zinc se dissout facilement à froid dans l'acide sulfurique étendu d'eau, dans les acides hydrochlorique et nitrique, et en général dans tous les acides; toutes ses dissolutions sont incolores, et forment, avec les alcalis, un précipité blanc d'oxide de zinc, qui peut être redissous par un très-grand excès de potasse ou de soude caustiques, et plus facilement par l'ammoniaque concentrée : ces mêmes dissolutions forment un précipité blanc par l'acide hydrosulfurique; blanc grisâtre par les hydrosulfates; blanc demi-transparent par les prussiates; et ne précipitent pas par la noix de galle.

Le plus important des sels de zinc est son sulfate. Nous en parlerons séparément.

Le zinc n'est usité en pharmacie que pour préparer l'oxide de zinc; mais employé comme un des élémens de la pile voltaïque, il donne lieu à l'un des plus puissans moyens d'analyse que possède la chimie. On commence à l'utiliser pour faire des conduits d'eau, des gouttières et des couvertures de toits; on a aussi essayé d'en faire des casseroles et d'autres ustensiles de cuisine; mais la facilité avec laquelle les acides les plus faibles déterminent son oxidation et sa dissolution doit détourner de l'employer à cet usage.

IIIe DIVISION. — *Composés métalliques non acides ni salins.*

Je comprends dans cette division les composés usités en pharmacie que les métaux forment avec l'oxigène, le soufre, le chlore et le cyanogène, et je les sépare en cinq sections, sous les titres d'*oxides*, de *sulfures*, d'*oxisulfures*, de *chlorures*, et de *cyanures*.

SECTION I. — *Des Oxides.*

Les oxides sont des corps formés par la combinaison de l'oxigène avec un autre corps simple métallique ou non métallique, et ne jouissant pas comme les acides d'une saveur aigre et de la propriété de rougir les teintures de tournesol et de violettes : au contraire, le plus grand nombre des oxides (au moins parmi ceux que forment les métaux) peuvent, ou ramener au bleu la couleur du tournesol rougie par un acide, ou, lorsqu'ils sont solubles dans l'eau, verdir la teinture de violettes; enfin ces mêmes oxides peuvent, pour la plupart, se combiner aux acides et en neutraliser les propriétés.

Suivant le titre de la division, il ne sera question ici que des oxides métalliques, réservant l'eau ou l'*oxide d'hydrogène* pour une des divisions suivantes.

16. *De l'Oxide d'Arsenic.* Oxydum arsenici.

L'oxide d'arsenic se trouve dans la nature à la surface ou dans le voisinage de certaines mines arsenicales, et notamment de celles de cobalt. Il est quelquefois sous la forme d'aiguilles déliées divergentes, et le plus ordinairement sous celle d'une poussière blanche; mais les quantités qu'on en trouve ainsi sont très-petites, et celui du commerce est formé artificiellement, et comme produit secondaire, dans l'exploitation des mines de cobalt arsenical.

On grille cette mine dans un fourneau à réverbère terminé par une longue cheminée horizontale. L'arsenic se volatilise, se brûle, et se condense à l'état d'oxide dans la cheminée. Mais comme il n'est pas pur, on le sublime une seconde fois dans des cucurbites de fonte surmontées d'un chapiteau de même matière.

Propriétés. L'oxide d'arsenic, tel qu'il vient d'être fabriqué, est sous la forme de masses transparentes comme du cristal, tantôt incolores, tantôt colorées en jaune pâle, et offrant souvent des couches concentriques, dues à ce qu'on fait plusieurs sublimations dans le même vase avant d'en retirer le produit. La transparence de ces masses ne tarde pas à se perdre, d'abord superficiellement, puis en pénétrant peu à peu jusqu'au centre, et alors l'oxide, tout en conservant un éclat vitreux, a pris la blancheur et l'opacité du lait; quelquefois aussi il est devenu tout-à fait mat, friable et pulvérulent.

Cette altération que l'oxide d'arsenic éprouve au contact de l'air, n'a pas encore été convenablement étudiée; mais il acquiert quelques propriétés différentes qu'il est indispensable de connaître.

L'oxide d'arsenic transparent pèse 3.7391. Il est soluble à la température de 15 degrés centigrades dans 103 parties d'eau. Il se dissout dans 9 p., 33 d'eau bouillante. Sa dissolution rougit faiblement la teinture de tournesol.

L'oxide d'arsenic devenu opaque ne pèse que 3.695; il se dissout dans 80 parties d'eau à 15 degrés, et dans 7 p., 72 d'eau bouillante. Sa dissolution rétablit la couleur bleue du tournesol rougi par un acide (*Journ. chim. médic.*, t. 2).

Du reste, ces deux oxides, mis sur des charbons ardens, se volatilisent en répandant une vapeur blanche d'une forte odeur alliacée, et peuvent se condenser sur une lame de cuivre en une couche blanche, pulvérulente. Leur dissolution forme également un précipité jaune par l'acide hydrosulfurique, un précipité vert par le sulfate de fer ammoniacal, un précipité blanc par l'eau de chaux.

L'oxide d'arsenic se nomme dans le commerce *arsenic blanc* ou simplement *arsenic*, tandis que le véritable arsenic y porte les noms de *cobalt* ou de *poudre à mouches* (p. 54). Plusieurs chimistes le regardent comme un acide et le nomment *acide arsenieux*, pour le distinguer d'un autre acide plus oxigéné que forme également l'arsenic, et qui est appelé pour cette raison *acide arsenique*.

L'oxide d'arsenic se fabrique surtout en Saxe, en Bohême et en Silésie. C'est un des poisons les plus violens du règne minéral. On en fait des trochisques escarrotiques et une pâte pour détruire les rats; on en prépare les arseniates de potasse et de soude en le calcinant avec les nitrates de ces deux bases; il est aussi employé dans quelques arts.

Composition. Arsenic 100, oxigène 31.89.

17. *De l'Oxide de Calcium ou Chaux*. Calx, cis.

La chaux est un des corps qui ont porté pendant un certain temps le nom de *terres alcalines* ou d'*alcalis*, lorsqu'on n'était pas encore parvenu à les décomposer; aujourd'hui il n'y a aucun doute qu'elle ne soit un oxide dont le métal rarement obtenu, cependant, à l'état de pureté, a reçu le nom de *calcium*.

États naturels. La chaux est très-répandue dans la nature, mais toujours combinée aux acides et jamais pure; on la trouve sous les différens états d'*arseniate*, de *carbonate*, de *fluate*, de *nitrate*, de *phosphate* et de *sulfate*.

1°. La *chaux arseniatée* ou arseniate de chaux, nommée aussi *pharmacolithe* (pierre empoisonnée), n'a encore été trouvée que dans quelques parties de l'Allemagne. C'est Klaproth qui le premier en a fait l'analyse. Elle est ordinairement sous la forme de petits mamelons soyeux colorés en rose par de l'arseniate de cobalt; sa gangue est un granit ou une brèche argilleuse grise.

2°. La *chaux carbonatée* ou carbonate de chaux est peut-être la substance la plus répandue à la surface du globe; aucun terrain n'en est exempt, et on la trouve souvent pure ou presque pure en masses énormes : ce sont ses différentes variétés qui constituent le *spath calcaire*, le *marbre*, la *craie*, la *pierre à chaux*, la *pierre à bâtir*, etc. : nous en traiterons plus spécialement à l'article *carbonate de chaux*.

3°. La *chaux fluatée* ou fluate de chaux était nommée autrefois *spath-fluor*, parce qu'on l'assimilait au spath calcaire, et qu'elle en différait cependant par la propriété de se fondre au feu et de faciliter la fusion des minerais métalliques avec lesquels on la trouve souvent mêlée.

Le fluate de chaux existe en assez grande quantité en Angleterre, en Allemagne et en France; le sol de Paris en contient. Il est souvent cristallisé en cube et en octaèdre; sa forme primitive est l'octaèdre régulier. Il est ordinairement coloré en rouge, en violet, en bleu, en vert ou en jaune, et imite alors le rubis, l'améthiste, le saphir, l'émeraude et la topaze, d'où il avait reçu les noms de *prime d'émeraude* ou *fausse émeraude*, *prime d'améthiste* ou *fausse améthiste*, et ainsi des autres.

Le fluate de chaux pèse 3.1, raie la chaux carbonatée, ne fait éprouver à la lumière que la réfraction simple, jouit de la propriété de briller lorsqu'on en frotte deux morceaux l'un contre l'autre dans l'obscurité, dégage une lueur bleuâtre ou verdâtre lorsqu'on le jette en poudre sur un charbon ardent.

Il fond au chalumeau, ne fait pas effervescence avec l'acide nitrique, dégage par l'action de l'acide sulfurique des vapeurs acides qui corrodent le verre. C'est à cause de cette dernière propriété, qui appartient à l'acide fluorique, que le fluate de chaux est quelquefois employé avec avantage dans la gravure sur verre : il n'est employé en chimie que pour l'extraction de l'acide fluorique.

4°. La *chaux nitratée* ou nitrate de chaux se forme journellement sur les parois des murs, dans les caves et dans les étables : c'est lui qui domine dans la lessive que les salpêtriers de Paris font des plâtras provenant des démolitions; ils le transforment ensuite en nitrate de potasse, comme nous le verrons à l'histoire de ce dernier sel; c'est là son seul usage.

5°. La *chaux phosphatée* ou phosphate de chaux est assez répandue dans la terre; elle constitue des collines entières dans l'Estramadure, où on l'emploie comme pierre à bâtir; on la trouve aussi cristallisée sous différentes formes, et entre autres sous celles d'un prisme hexaèdre régulier qui est aussi sa forme primitive, et sous celle d'un prisme hexaèdre terminé par deux pyramides à six faces : la première variété avait été nommée *apatite*, et la seconde *chrysolithe*, avant que Klaproth et M. Vauquelin eussent prouvé qu'elles n'étaient que du phosphate de chaux.

Le phosphate de chaux est infusible au feu; il n'y devient pas alcalin comme le carbonate; il se dissout lentement et sans effervescence dans l'acide nitrique, d'où il est précipité par l'ammoniaque.

Le phosphate de chaux sert en chimie pour extraire l'acide phosphorique, le phosphore, et pour fabriquer les autres phosphates; mais ce n'est pas celui qui se trouve dans la terre, que l'on emploie à cet usage; car ce même sel, qui est également répandu dans les règnes végétal et animal, existe surtout dans les os des animaux, uni à une matière animale facile à détruire par le feu : on emploie de préférence celui qui résulte de la calcination complète de ces os.

Nous traiterons séparément de la *chaux sulfatée* ou sulfate de chaux.

Extraction. La chaux s'extrait du carbonate de chaux par le moyen du feu; les variétés de cette substance que l'on emploie à cet usage varient dans chaque pays suivant qu'on les y trouve plus ou moins abondamment, et suivant telle ou telle qualité que l'on recherche dans la chaux : dans les environs de Paris on se sert d'un carbonate de chaux commun, ordinairement impur, et nommé à cause de cet usage *pierre à chaux;* il répond à la variété nommée par M. Haüy *chaux carbonatée compacte;* il contient plus ou moins de silice qui donne à la chaux une qualité supérieure pour la préparation des mortiers.

Plusieurs procédés sont mis en usage pour décomposer le carbonate de chaux : dans l'un, qui est peu économique, on remplit un grand fourneau ellipsoïde de pierre à chaux réduite en morceaux de diverses grosseurs, et disposée de manière qu'elle ne puisse pas s'affaisser, et que les morceaux, cependant, laissent du jour entre eux pour livrer passage à la flamme; on jette le combustible, par une ouverture latérale, dans le foyer qui se trouve immédiatement sous la pierre à chaux, et on augmente le feu peu à peu jusqu'à chauffer toute la chaux jusqu'au blanc. Cette cuisson dure de 12 à 15 heures; on laisse refroidir le fourneau pour en retirer la chaux.

Un procédé plus économique consiste à cuire la pierre à chaux dans un fourneau fait en cône renversé, et muni d'un cendrier séparé du fourneau par une grille de fer mobile ou dont les barreaux se retirent à volonté : on commence par mettre sur la grille un lit de fagots qu'on recouvre de houille; et l'on met par-dessus des lits alternatifs de pierre à chaux et de houille.

Lorsqu'on a fait 10 à 12 lits de cette manière, on allume le feu par la partie inférieure et l'on continue de remplir le fourneau. Le feu se propage peu à peu de bas en haut et la pierre à chaux perd son acide carbonique.

Lorsqu'on juge que les couches inférieures sont suffisamment calcinées, on les retire en ôtant les barreaux de la grille, et les faisant tomber dans le cendrier, jusqu'à ce qu'on s'aperçoive que la chaux qui tombe n'est plus assez calcinée; alors on rétablit la grille, on recharge le fourneau et l'opération continue, sans que le fourneau se soit refroidi, ce qui épargne beaucoup de combustible.

Propriétés. La chaux, telle qu'un pharmacien doit la choisir, est blanche, d'une dureté moyenne, assez grande pour qu'elle résiste à l'air, assez faible pour qu'elle se délite facilement et complètement dans l'eau, en occasionant une chaleur, une vaporisation d'eau et un sifflement considérables: ces phénomènes sont dus, comme on le sait, à la combinaison et à la solidification d'une partie de l'eau, qui alors fournit à une autre partie du même liquide assez de calorique pour le volatiliser, écarter avec bruit les molécules de la chaux, et la réduire en poussière.

Les autres propriétés de la chaux sont d'avoir une saveur âcre et urineuse, d'être très-peu soluble dans l'eau et de lui donner cependant des propriétés marquées, comme celles de verdir le sirop de violettes et de former une pellicule insoluble à l'air dont elle absorbe l'acide carbonique. Enfin la chaux forme avec l'acide sulfurique un sel neutre très-peu soluble dans l'eau, dont néanmoins la dissolution traitée par l'acide oxalique laisse déposer une poudre blanche d'oxalate de chaux.

La chaux est employée en pharmacie pour faire l'eau de chaux, pour décomposer l'hydrochlorate d'ammoniaque et en dégager la base, pour décomposer les sous-carbonates de soude et de potasse et amener ces alcalis à l'état de causticité propre à la préparation des savons et de la pierre à cautère.

Le plus grand usage de la chaux est pour la bâtisse et la confection des mortiers.

Composition. Calcium 100, oxigène 39.

18. *De l'Oxide de Fer hématite.* Oxydum ferri hæmatites, tis.

(*Fer oligiste concrétionné*, Haüy. Vulgairement *Hématite rouge* ou *Pierre Hématite.*)

L'oxide de fer hématite se trouve dans différentes mines de fer, sous la forme de concrétions plus ou moins volumineuses, dures, compactes, pesantes, offrant dans leur cassure une texture fibreuse et un éclat métallique brun; il se divise par la percussion en fragmens semblables à des éclats de bois; sa poudre est d'un rouge vif; il est fixe au feu, ce qui le distingue du mercure sulfuré ou *cinabre* avec lequel il a quelque ressemblance extérieure; il n'est pas sensiblement magnétique, et ne le devient qu'au chalumeau; il produit avec l'acide hydrochlorique une dissolution d'un jaune foncé qui a toutes les propriétés des dissolutions de fer au *maximum* d'oxigène (p. 76).

L'oxide de fer hématite réduit en poudre et porphyrisé à l'eau a quelquefois été employé comme astringent: il peut servir dans la peinture et est usité dans les arts pour brunir les métaux. Son nom d'*hématite* lui vient de la couleur de sa poudre qui approche de celle du sang.

19. *De l'Oxide de Fer rouge artificiel.*
Oxydum ferri rubrum artificiale, Colcotar.

(*Colcotar, rouge d'Angleterre, rouge de Prusse.*)

Indépendamment des oxides de fer rouges naturels qui peuvent être employés dans la peinture de décors lorsqu'ils ont été convenablement broyés et préparés, cet art consomme une quantité prodigieuse d'oxide rouge provenant des fabriques de sulfate de fer, et de celles où l'on retire encore l'acide sulfurique de ce sel par l'intermède du feu.

Dans les premières on obtient le sulfate de fer en lessivant des pyrites effleuries à l'air, mettant les liqueurs en contact avec du fer pour les ramener au *minimum* d'oxidation, les faisant évaporer et cristalliser. Ces différentes opérations fournissent une quantité considérable de dépôts qui sont, tantôt de l'hydrate d'oxide rouge de fer, tantôt un sous-sulfate de ce même oxide. Tous ces produits desséchés et chauffés dans un four à réverbère perdent leur eau et leur acide sulfurique, et se convertissent en oxide rouge pur que l'on nomme ordinairement *rouge d'Angleterre* ou *rouge de Prusse* (1).

Dans les secondes fabriques où l'on extrait l'acide sulfurique du sulfate de fer, en chauffant ce sel dans des cornues au fourneau de réverbère, l'oxide qui est au *minimum* d'oxigène dans le sel, passe au *maximum* par la décomposition d'une partie de l'acide sulfurique, et reste dans la cornue sous la forme d'une masse rouge, friable. C'est cet oxide rouge que l'on nomme plus spécialement *colcotar*; il contient encore ordinairement une certaine quantité de sulfate de fer, à moins qu'il n'ait subi une seconde calcination dans un four à réverbère, ou qu'il n'ait été broyé, lavé à l'eau et séché, état sous lequel alors il ne diffère plus du premier oxide dont j'ai parlé.

Cet oxide de fer est encore employé quelquefois comme astringent. Il est d'un rouge vif, tache les doigts et le papier, est fixe au feu, insoluble dans l'acide nitrique faible, soluble dans l'acide sulfurique concentré et dans l'acide hydrochlorique, auxquels il donne toutes les propriétés d'une dissolution de fer au maximum (p. 76).

Composition. Fer 100, oxigène 44, 224.

---

(1) Suivant ce qu'on lit dans le Traité de chimie de M. Thénard (tome II, page 344), le rouge de Prusse est aussi produit par la calcination des argiles ferrugineuses, et contient alors, outre l'oxide rouge de fer, l'alumine et la silice qui constituent l'argile.

20. *De l'Oxide noir de Manganèse.*
Oxydum nigrum Manganesii.

(Autrefois nommé *Magnésie noire.*)

L'oxide de manganèse se trouve dans la nature, tantôt cristallisé et jouissant d'un brillant métallique gris (*manganèse oxidé métalloïde gris*, Haüy), tantôt en masse, terne, et d'une couleur qui varie du noir au brun et même au brun violet; ce dernier est plus ou moins impur et contient ordinairement en combinaison de la baryte et de l'oxide de fer; d'autres fois aussi au lieu d'être un vrai per-oxide, ce n'est qu'une combinaison d'eau et de tritoxide brun.

La première variété étant beaucoup plus pure doit être préférée; elle est entièrement à l'état de per-oxide, et se présente sous la forme de rognons ou de masses concrétionnées très-pesantes, cristallisées dans leur intérieur en petits prismes à 8 pans assez bien prononcés, ayant un éclat métallique gris, tachant les doigts en noir, et donnant une poudre noire; par la fusion au chalumeau, cet oxide colore le borax et le verre en violet; il dégage du chlore, lorsqu'on le traite par l'acide hydrochlorique, ou par un mélange d'acide sulfurique et de sel marin (chlorure de sodium).

Ces dernières propriétés servent à distinguer l'oxide noir de manganèse, du sulfure d'antimoine; celui-ci dégage de l'acide sulfureux au chalumeau, et donne naissance à du gaz hydrosulfurique lorsqu'on le traite par l'acide hydrochlorique.

La variété d'oxide de manganèse que je viens de décrire se trouve dans beaucoup d'endroits, et notamment en France; à Chambourg près de Tholey, département de la Moselle, en Saxe, en Piémont et en Bohème. Ses usages sont : 1° de servir en chimie à l'extraction du manganèse, en le mettant en pâte avec du noir de fumée et de l'huile, et le chauffant à un feu très-violent dans un creuset rempli de charbon; car le manganèse est un des métaux les plus infusibles et les plus difficiles à réduire. 2° Il est quelquefois employé dans les verreries pour blanchir le verre, et c'est pour cela qu'on le nommait autrefois *savon des verriers*. Il paraît agir en se désoxigénant et brûlant les matières carbonisées qui coloraient la matière; mais il faut l'employer avec précaution, et toujours en petite quantité, car un léger excès colorerait le verre en violet. 3° L'oxide de manganèse est employé dans les arts pour extraire le chlore de l'acide hydrochlorique ou du sel marin. C'est également pour se procurer le même corps, qui a, comme on le sait, l'importante propriété de sanifier l'air empreint de miasmes délétères, qu'on emploie l'oxide de manganèse dans les hôpitaux, dans les prisons, et dans tous les lieux dont l'état sanitaire est suspect.

Composition. Manganèse 100; oxigène 56.215.

21. *De l'Oxide rouge de Mercure.*
Oxydum Hydrargyri rubrum.

(Précipité rouge.)

L'oxide rouge de mercure paraît exister en petite quantité à Idria dans le Frioul, mélangé avec une matière bitumineuse; mais tout celui que l'on emploie est artificiel, et préparé en grand, à Idria, en Hollande, à Paris, et dans d'autres villes manufacturières.

Cet oxide est sous la forme de pains qui représentent encore le fond des matras de verre dans lesquels on a opéré la décomposition du nitrate mercuriel; il est composé de paillettes brillantes, micacées et d'un rouge orangé; il a une forte saveur mercurielle et est un peu soluble dans l'eau, à laquelle il communique la propriété de verdir la teinture de violettes; il noircit de suite par le contact de l'acide hydro sulfurique; il se dissout entièrement dans les acides nitrique et hydrochlorique; ses dissolutions, qui sont incolores, ont toutes les propriétés des dissolutions mercurielles (p. 80); il disparaît complètement lorsqu'on le chauffe à la chaleur rouge dans un creuset ou dans une fiole de verre.

Non seulement ces propriétés font reconnaître l'oxide rouge de mercure, mais elles indiquent encore sa pureté; car les substances avec lesquelles on pourrait l'altérer, ou seraient fixes au feu, ou ne se dissoudraient pas complètement dans les deux acides que j'ai nommés (tel serait, par exemple, l'oxide rouge de plomb).

Il serait possible, cependant, que le précipité rouge n'eût pas été assez chauffé, lors de sa préparation, et qu'il contînt encore une certaine quantité de nitrate de mercure, corps qui ne doit pas s'y trouver et qui ne l'empêcherait, ni de se volatiliser entièrement au feu, ni de se dissoudre complètement dans les acides nitrique et hydrochlorique : il y a deux moyens de reconnaître cette mauvaise qualité du précipité rouge : le premier consiste à le décomposer par le feu dans une petite cornue de verre à col long et étroit; dès la première impression du feu et avant même que l'oxide ne se décompose en mercure et en oxigène, comme il le fait à la chaleur rouge, on voit apparaître dans le col de la cornue une vapeur rouge d'acide nitreux, due à la décomposition de l'acide nitrique du nitrate de mercure.

Le second moyen s'exécute en faisant bouillir, dans une fiole, l'oxide pulvérisé, avec une légère dissolution de potasse caustique, filtrant la liqueur, et la réduisant par l'évaporation à un très-petit volume; par le refroidissement il s'y formera des cristaux de nitrate de potasse, faciles à reconnaître à leur propriété de faire fuser les charbons allumés.

L'oxide rouge de mercure est un poison très-actif à l'intérieur; on l'emploie à l'extérieur comme excitant et escarotique.

Composition. Mercure 100; oxigène 8.

22. *De l'Oxide de Plomb fondu.*
Oxydum plumbi fusum seu Lithargyrium.

(*Litharge.*)

Cet oxide provient toujours de la coupellation du plomb argentifère; cette opération se fait dans un fourneau à réverbère (p. 00), de telle manière que le plomb s'oxide et forme au-dessus du bain d'argent une couche liquide, qui s'écoule par une échancrure pratiquée à la partie supérieure de la coupelle, et qui est reçue dans un bassin particulier, où elle acquiert de l'opacité en se refroidissant et se divise en lames micacées.

La litharge est donc sous la forme de petites lames opaques, cédant à la pression et se divisant en lames plus petites, qui ont la couleur et l'éclat métallique de l'or : cependant la litharge vue en masse a plutôt une couleur de cuivre pâle et moins d'éclat, surtout si elle est ancienne. Le premier de ces effets doit être attribué à la présence d'une certaine quantité d'oxide rouge de plomb (minium), formé pendant l'écoulement et le refroidissement de la litharge par le contact de l'air; le second, dû aussi en partie à la même cause, tient surtout à ce que la litharge absorbe à la longue l'acide carbonique et l'eau de l'air atmosphérique, et se recouvre d'une couche de sous-carbonate et d'hydrate de plomb.

Outre ces propriétés, la litharge est très-pesante, réductible au chalumeau en un bouton de plomb métallique, et soluble dans l'acide nitrique, auquel elle communique toutes les propriétés d'une dissolution de plomb (p. 00).

On distingue dans le commerce deux sortes de litharge, la litharge anglaise et celle d'Allemagne; chacune peut avoir différentes qualités, mais en général la litharge anglaise est plus pure et plus estimée que la seconde. On la reconnaît à ce qu'elle a plus d'éclat et de couleur, et surtout à la pureté de sa dissolution dans l'acide nitrique : si l'on commence par précipiter le plomb de cette dissolution au moyen du sulfate de soude, en y versant ensuite de l'ammoniaque, cet alcali n'y occasionnera qu'un très-léger précipité coloré par un atome d'oxide de fer, et la liqueur surnageante n'aura aucune teinte bleue, ce qui indique l'absence totale du cuivre. Lorsqu'on traite de même la litharge d'Allemagne, on obtient le même précipité coloré par de l'oxide de fer, et de plus la liqueur conserve une couleur très-marquée.

C'est probablement à la présence du cuivre que cette dernière litharge doit l'inconvénient qu'elle offre de former avec l'huile d'olives un emplâtre coloré, tandis que la première le donne très-blanc. Aussi les pharmaciens ont-ils le soin de n'employer que de la litharge anglaise, ou du moins de la litharge pure.

La litharge est employée dans les arts pour préparer l'acétate de plomb cristallisé ou *Sel de Saturne*; en pharmacie, elle entre dans la composition des emplâtres et du sous-acétate de plomb liquide ou *Extrait de Saturne*.

Composition. Plomb 100; oxigène 7.725.

23. *De l'Oxide rouge de Plomb ou Minium.*

Oxydum plumbi rubrum.

Le minium est toujours un produit de l'art. On le fabrique en calcinant le plomb dans des fours à réverbère dont l'aire est concave, afin de pouvoir contenir le métal; on agite le plomb avec des ringards et on le chauffe jusqu'à ce qu'il soit converti en oxide jaune ou *massicot*. Mais comme cet oxide contient toujours du plomb métallique, on le pulvérise et on le délaie dans des tonneaux pleins d'eau. Le plomb étant plus pesant se précipite au fond, et l'eau décantée trouble laisse ensuite précipiter l'oxide.

Cet oxide desséché est soumis à une nouvelle calcination dans des fourneaux à réverbère chauffés avec du bois blanc très-sec et très-divisé, afin d'éviter la fumée qui réduirait l'oxide. On chauffe graduellement et l'on agite continuellement l'oxide pendant cinq ou six heures; alors, la chaleur étant au rouge brun, on l'entretient en cet état pendant trois ou quatre heures, ou jusqu'à ce qu'en retirant un peu de minium sur une pelle il paraisse d'un rouge vif. A cette époque on diminue graduellement le feu en fermant peu à peu, et dans l'espace de six à huit heures, toutes les ouvertures du fourneau : il ne faut retirer le minium que lorsqu'il est entièrement refroidi; et comme il y a ordinairement plusieurs fourneaux adossés les uns aux autres, le refroidissement dure environ deux jours.

Le minium, tel qu'il sort des fours, est en masses poreuses peu cohérentes; il est pulvérisé et tamisé avant d'être livré au commerce. Quoiqu'on perde une certaine quantité de plomb dans les diverses opérations que je viens d'indiquer, néanmoins, en raison de l'oxigène absorbé, 100 livres de plomb produisent encore de 106 à 107 livres de minium.

Le minium est sous la forme d'une poudre d'un rouge orangé très-éclatant; il est très-pesant, et insoluble dans l'eau; chauffé dans un creuset, il perd de l'oxigène, se fond et se change en litharge; chauffé au chalumeau, il se réduit entièrement, et laisse un bouton métallique; il est insoluble dans les acides, ou, au moins, ne peut s'y dissoudre qu'en perdant de l'oxigène et revenant à l'état de protoxide : c'est ainsi qu'il dégage de l'oxigène lorsqu'on le traite par l'acide sulfurique, et forme un sulfate de plomb blanc insoluble; qu'il dégage du chlore par l'acide hydro-chlorique, et forme un chlorure ou un hydrochlorate de plomb peu soluble : par l'acide nitrique, il ne se dégage pas d'oxigène, mais l'oxide se partage en deux parties, dont l'une, ramenée à l'état de protoxide, se dissout dans l'acide, et dont l'autre, passée à l'état de tritoxide, reste au fond du vase sous la forme d'une poudre de couleur puce (1).

En pharmacie, le minium entre dans la composition de quelques emplâtres et dans celle des trochisques escarotiques rouges; mais son plus grand usage est pour la peinture, et dans la fabrication du cristal, auquel il donne une plus grande fusibilité, plus de pesanteur, une transparence plus parfaite, une puissance réfractive plus considérable, enfin la propriété de pouvoir se tailler plus facilement que le verre.

Pour ces différens usages, et surtout pour le dernier, il est essentiel que le minium soit exempt d'oxide de cuivre, qui communiquerait au cristal une teinte verdâtre : c'est à cause de sa grande pureté que le minium d'Angleterre a obtenu, sur celui des autres pays, une préférence qu'il conserve encore.

Composition. Plomb 100, oxigène 11,587.

24. *De l'Oxide de Zinc naturel ou Pierre calaminaire.* Oxydum Zinci calaminare.

Voyez l'article *zinc* (15).

25. *De la Tuthie*, Tuthia.

Tous les auteurs s'accordent à dire que la tuthie est une matière sublimée après des barres de fer ou des rouleaux de terre, placés dans la partie supérieure des fourneaux, où l'on fond le cuivre avec la calamine pour le changer en laiton. D'après cela, il ne faut pas douter que la véritable tuthie ne soit composée d'oxide de zinc, pour la plus grande partie.

(1) A l'aide du calorique l'acide acétique se conduit avec le minium comme l'acide nitrique ; d'où il suit que, lorsqu'on veut purifier le minium par le moyen de cet acide, comme l'indique M. Thénard dans son Traité de chimie (tome II, page 374), il est nécessaire d'opérer à froid, ainsi que je l'ai remarqué.

Les mêmes auteurs la décrivent comme une substance formée en écailles voûtées, ou en morceaux d'écorces d'arbre, dure, sonore, d'un gris cendré, ou jaunâtre, ou bleuâtre, très-raboteuse à l'extérieur, etc.

La substance que l'on trouve dans le commerce sous le nom de tuthie, a tous les caractères physiques indiqués; mais il suffit d'un léger examen chimique pour s'assurer qu'elle diffère totalement de la vraie tuthie, et qu'elle est un produit de la fraude.

Cette substance a une saveur manifestement salée; lorsqu'on la réduit en poudre, il reste au fond du mortier, sur la fin de la pulvérisation, des parties élastiques demi-transparentes, qui brûlent sur le feu à la manière de l'amidon; il est probable que ce sont des parties non mêlées de la colle qui avait servi à lier la pâte de la tuthie artificielle.

La fausse tuthie, bouillie dans l'eau, donne une liqueur salée qui contient du sel marin et du sulfate de chaux. Le résidu fait une vive effervescence avec l'acide acétique, et donne une liqueur dans laquelle on trouve beaucoup de chaux, du sulfate de chaux, de la silice, du manganèse, du fer, de la magnésie ou de l'oxide de zinc.

Le résidu insoluble dans l'acide acétique, traité à chaud par l'acide nitrique, se sépare en deux portions : l'une grisâtre, grossière, qui reste au fond du vase, et qui n'est évidemment que de la terre cuite pulvérisée; l'autre brune, plus divisée, qui est entraînée par l'acide lorsqu'on le décante, et qui se trouve formée d'oxide de manganèse, de silice et d'oxide de fer.

L'acide, séparé de cette matière brune, tient lui-même en dissolution du manganèse, du fer, du sulfate de chaux; des traces d'alumine, de la magnésie ou de l'oxide de zinc.

Au total, on voit que cette fausse tuthie est un mélange de terre cuite pulvérisée, j'ose presque dire de cassons de creusets, de carbonate et de sulfate de chaux, d'oxides de manganèse et de fer, le tout lié avec de la colle d'amidon. Il faut avouer que s'il n'en existe pas d'autre dans le commerce, les médecins peuvent se dispenser de l'employer dans les maladies de l'œil, où elle ne peut être que nuisible par la dureté des parties terreuses qu'elle contient; peut-être alors pourront-ils la remplacer par l'oxide blanc de zinc.

SECTION II. — *Des sulfures.*

Les sulfures sont des corps résultant de la combinaison du soufre avec un autre corps métallique ou non métallique; ils sont très-nombreux, puisque le soufre peut s'unir à presque tous ces corps; mais je ne traiterai ici que du sulfure d'antimoine, des sulfures d'arsenic jaune et rouge, et du sulfure rouge de mercure.

26. *Du Sulfure d'Antimoine.* Sulphuretum antimonii.

(Autrefois *Antimoine cru.*)

Le sulfure d'antimoine existe abondamment dans la nature; on le trouve en France dans les environs d'Uzès, département du Gard; près de Massiac et de Lubillac, département du Puy-de Dôme; près de Saint-Yrieïx, département de la Haute-Vienne; en Hongrie, en Bohême, en Saxe, en Angleterre, en Suède, en Daourie. Ses gangues les plus ordinaires sont le quartz et la baryte sulfatée.

On prive le sulfure d'antimoine de sa gangue avant de le verser dans le commerce, ou de l'employer à l'extraction de l'antimoine. On y parvient à l'aide de plusieurs procédés, dont le plus ancien, qui est encore assez généralement suivi, est celui-ci :

On enfonce en terre un grand creuset jusqu'à son bord, et on y fait entrer à moitié un second creuset plus grand, percé de trous à son fond. On remplit ce dernier de la mine, et on le chauffe en l'entourant de feu : le sulfure étant bien plus fusible que sa gangue, se fond seul et coule dans le creuset inférieur, où il se cristallise en se refroidissant : il est alors tel qu'on le voit dans le commerce.

Le sulfure d'antimoine est en masses considérables, ayant encore la forme des vases où il s'est solidifié ; il est formé dans son intérieur d'aiguilles parallèles très-longues, très-brillantes, et d'un gris bleuâtre : il pèse environ 4.5 ; donne une poudre noire qui salit fortement les doigts, se fond au-dessus de la flamme d'une bougie, se fond également et dégage beaucoup de gaz sulfureux lorsqu'on le projette sur un charbon allumé. Il se dissout dans l'acide hydrochlorique, en donnant lieu à un très-fort dégagement de gaz hydrosulfurique.

Le sulfure d'antimoine entre dans la composition des tablettes antimoniales de Kunckel ; il peut servir comme l'antimoine à faire l'antimoine diaphorétique, et les autres préparations analogues. Son principal usage est pour faire le *kermès minéral*, et le *soufre doré d'antimoine*.

Composition. Antimoine 100, soufre 37.

Des Sulfures d'Arsenic.

Ainsi que je l'ai exposé dans un mémoire récemment publié (*Journal de chimie médicale*, t. II), il règne encore sur le nombre et les propriétés des sulfures d'arsenic une incertitude qui tient à ce que l'on a confondu dans ces derniers temps, sous les deux seuls noms d'*orpiment* et de *réalgar*, au moins quatre composés différens, dont deux seulement, qui étaient connus des anciens, doivent porter ces mêmes noms ; tandis que les deux autres, formés plus récemment par la chimie, doivent être nommés *arsenic jaune* et *arsenic rouge*. Il est d'autant plus essentiel de bien distinguer ces quatre composés, que les deux premiers sont peu vénéneux, et que les derniers, au contraire, sont des poisons très-actifs.

27. *Du Sulfure d'Arsenic rouge natif.*
Sulphuretum arsenici rubrum et nativum.

(*Réalgar naturel* ou seulement *Réalgar*.)

Le réalgar se trouve surtout en Saxe, en Bohême, à Kapnick dans la Transylvanie qui en fournit les plus beaux cristaux; au Vésuve, à l'Etna, et dans les environs d'autres volcans. Le réalgar en stalactites volumineuses d'un rouge vif, dont les Chinois font des pagodes et des vases de différentes formes, se trouve également près d'un volcan dans l'île de Ximo au Japon. Il prend l'électricité résineuse par le frottement; il est fragile, facile à rayer au couteau, et donne une poudre d'une belle couleur orangée; il se volatilise au chalumeau en répandant une odeur d'ail très-prononcée. La pesanteur spécifique ne parait pas en avoir été déterminée.

Le réalgar contient, d'après l'analyse de M. Laugier, 30.43 de soufre et 69,57 d'arsenic, et suivant M. Berzélius,

Arsenic	70.04	100	1 atome.
Soufre	29.96	42.9	2 atomes.

Le réalgar est employé en peinture. Les Grecs, qui le connaissaient sous le nom de *sandaraque*, s'en servaient pour le même usage et le prenaient à l'intérieur comme médicament (Pline, livre 34). On dit que les Chinois se purgent en avalant un liquide acide qu'ils laissent séjourner dans des vases faits de réalgar natif. Frédéric Hoffmann rapporte, dans ses *Observations physiques et chimiques*, en avoir fait prendre des doses considérables à des chiens sans leur causer la mort ni même aucune sorte d'accident fâcheux. Le docteur Renault en a obtenu le même résultat. Il est donc certain que le véritable réalgar n'est pas vénéneux; mais loin de conseiller d'en introduire de nouveau l'usage dans la thérapeutique, la facilité avec laquelle on peut le confondre avec le *faux réalgar* ou *arsenic rouge*, lequel est un poison assez actif, doit faire désirer qu'on ne le tire pas de l'oubli dans lequel il est tombé.

28. *Du Sulfure d'Arsenic jaune natif.*
Sulphuretum arsenici luteum et nativum.

(*Orpiment natif* ou *orpiment.*)

L'orpiment naturel se trouve en Souabe, en Hongrie, en Transylvanie et dans une grande partie de l'Orient. Il est d'un jaune citron, souvent très-vif et très-éclatant; ordinairement lamelleux, tendre, flexible et légèrement translucide. Il pèse 3.45; acquiert l'électricité résineuse par le frottement, se volatilise entièrement au chalumeau en répandant une odeur mixte d'ail et d'acide sulfureux. Suivant M. Laugier, ce sulfure contient 0.3814 de soufre et le reste en arsenic; mais, d'après M. Berzélius, qui le regarde comme proportionnel à l'acide arsénieux, et identique avec le sulfure provenant de la décomposition de cet acide par l'hydrogène sulfuré, sa composition doit être de

Arsenic	60.92	100	1 atome;
Soufre	39.108	64.33	3 atomes.

L'orpiment fournit une superbe couleur jaune à la peinture. Les fabricans le tirent surtout de Perse et de Chine. Celui de Perse appartient, pour la plus grande partie, à la variété laminaire; il offre à l'intérieur l'éclat métallique de l'or, et les marchands le désignent sous le nom d'*orpin doré.* Il est souvent mêlé de réalgar qui en rehausse encore la couleur. Lorsque les morceaux contiennent plus de réalgar que d'orpiment, les marchands le broient à part et le vendent comme véritable réalgar, qu'ils estiment bien au-dessus du faux réalgar dont nous parlerons ci-après.

L'orpiment de Chine est en morceaux compactes, amorphes, mats, d'un jaune intimement mêlé d'orangé, d'une structure écailleuse; il est moins estimé que le précédent.

L'orpiment est peu vénéneux, de même que le sulfure d'arsenic jaune bien lavé, qui provient de la décomposition de l'oxide blanc d'arsenic par l'hydrogène sulfuré, et qui a été proposé dernièrement par M. Braconnot pour teindre les étoffes (Ann. chim. phys. XII, 398). Il est permis de croire aujourd'hui que les sulfures d'arsenic ne sont véritablement vénéneux que lorsqu'ils contiennent de l'oxide.

29. *De l'Oxide d'Arsenic sulfuré jaune.*
Oxydum arsenici sulphuratum.

(*Arsenic jaune, faux orpiment.*)

L'arsenic jaune se prépare en Allemagne, en sublimant dans des vases de fonte de l'oxide blanc d'arsenic avec une certaine quantité de soufre. Il est en masses jaunes, compactes, presqu'opaques, ayant l'éclat vitreux de l'oxide d'arsenic, et offrant souvent comme lui des couches superposées qui sont le résultat du procédé sublimatoire employé pour sa préparation.

Cet arsenic pèse de 3.608 à 3.648; sa poudre est d'un jaune serin. Il se volatilise au feu comme l'oxide et les sulfures d'arsenic en répandant une forte odeur d'ail; il se dissoût presqu'entièrement dans l'eau bouillante, à laquelle il communique tous les caractères d'une forte dissolution d'oxide d'arsenic. Je l'ai trouvé composé, sur 100 parties, de

Oxide d'arsenic	94
Sulfure d'arsenic	6.

L'arsenic jaune est employé comme corps desoxigénant dans la composition des cuves d'indigo. Quelques marchands de couleurs le mêlent en fraude à l'orpiment; mais les autres s'en défendent en vous répondant, *c'est un arsenic*, c'est-à-dire, c'est un violent poison. Il forme avec la chaux vive la base des poudres et pâtes dépilatoires ; mais l'usage en est sujet à de graves inconvéniens.

30. *Du Sulfure d'Arsenic rouge artificiel.*
Sulphuretum arsenici rubrum et artifiiciale.

(*Arsenic rouge, faux réalgar.*)

Ce sulfure se prépare en Allemagne, et probablement par fusion dans un creuset fermé, avec de l'arsenic métallique ou son oxide et un excès de soufre. Il est en morceaux volumineux, d'un rouge tirant sur l'orangé, d'une cassure conchoïde uniforme, et qui n'offre pas les couches concentriques des corps sublimés à plusieurs reprises. Il est un peu translucide dans ses lames minces; pèse spécifiquement 3.2435; acquiert l'électricité résineuse par le frottement, et se volatilise au chalumeau en répandant une odeur mixte d'ail et d'acide sulfureux. Sa poudre acquiert par le lavage une très-belle couleur orangée.

Il est très-probable que ce sulfure est identique avec un des sulfures artificiels que M. Laugier a soumis à l'analyse et qui lui ont donné de 41.8 à 43.82 de soufre sur 100.

Le sulfure d'arsenic rouge artificiel est loin d'avoir la propriété vénéneuse de l'arsenic jaune ; mais il n'a pas non plus l'innocuité des sulfures naturels. Cette circonstance me faisant présumer que ce sulfure devait contenir une petite quantité d'oxide d'arsenic, je l'ai fait bouillir dans de l'eau, et j'en ai retiré environ un centième et demi d'oxide d'arsenic. Ce fait confirme bien ce que j'ai avancé plus haut que les sulfures d'arsenic ne sont vénéneux qu'autant qu'ils contiennent de l'oxide.

31. *Du Sulfure de Mercure rouge.*
Sulphuretum hydrargyri rubrum.

(Cinabre.)

Ce sulfure est assez abondant dans la terre et surtout dans l'ancien duché de Deux-Ponts, à Almaden en Espagne, à Idria dans le Frioul, à Guenca-Velica dans le Pérou. Il est quelquefois cristallisé en prismes hexaèdres réguliers; d'autres fois, fibreux et pulvérulent; plus fréquemment amorphe, et en masses d'un rouge sombre plus ou moins impures. A Idria, il est généralement mêlé avec une argile bitumineuse qui lui donne une couleur noirâtre, une apparence schisteuse, et la propriété de dégager une odeur de bitume par l'action du calorique.

Le sulfure de mercure naturel étant très-rarement pur, il n'est employé que pour l'extraction de son métal, et on le reforme ensuite artificiellement, pour le besoin des arts, avec le mercure qui provient de sa décomposition. Ce travail s'exécute à Idria et en Hollande, d'où nous vient le plus beau cinabre : voici le procédé qu'on y suit.

D'abord on fait fondre du soufre, par exemple 25 kilogrammes, dans une bassine de fonte, et on y ajoute 180 kilogrammes de mercure (1) que l'on force à passer à travers une peau de chamois, afin de le présenter tout divisé au soufre et que la combinaison s'en fasse mieux. On agite le mélange avec soin en prenant garde qu'il ne s'enflamme. Lorsqu'il est refroidi, on le broie et on le divise dans de petits flacons de terre de la contenance de 24 onces d'eau environ.

---

(1) Ces proportions sont celles qui ont été données par M. Tuckert d'Amsterdam, dans le 4e volume des *Annales de chimie*, d'où le procédé que je décris est en partie tiré; mais elles doivent offrir une perte de mercure, ce métal s'y trouvant en excès : il est probable qu'on en emploie moins, et qu'on met au contraire un léger excès de soufre.

On prépare plusieurs doses de mélange égales à celle que j'indique, et l'on procède à la seconde opération qui est la sublimation.

Cette opération se fait dans de grands pots de terre enduits de lut à l'extérieur, et disposés chacun sur un fourneau, de manière que la flamme circule librement autour, et les embrasse jusqu'aux deux tiers de leur hauteur. On chauffe ces pots jusqu'au rouge; on y verse un premier flacon de sulfure, et on les recouvre d'une plaque de fer qui s'y applique très-exactement : après quelque temps on ajoute au deuxième flacon, puis un troisième, et l'on continue ainsi jusqu'à ce qu'on ait introduit dans chaque pot, et en trente ou trente-quatre heures, la dose de sulfure indiquée plus haut (205 kil.).

Voici ce qui résulte de ces deux opérations : la première donne un sulfure de mercure encore imparfait et d'un noir violet, nommé autrefois *éthiops minéral*; par la seconde, l'excès de l'un ou de l'autre des deux élémens se dégage, la combinaison du reste s'opère intimement, et le sulfure formé, étant volatil, se porte vers la partie supérieure des pots, où il se condense en une masse qui pèse quelquefois 200 kilogr.

Ce sulfure ainsi préparé, et tel qu'on le trouve dans le commerce, est en masses plus ou moins considérables, composées d'aiguilles rayonnantes d'un éclat métallique gris-violet, lequel passe au rouge vif par le frottement et la pulvérisation. Il pèse 10.218; se volatilise entièrement sur les charbons ardens, en dégageant de l'acide sulfureux et de la vapeur mercurielle qui, reçue sur un corps froid, s'y condense en globules brillans. Il est composé de 100 parties de mercure, et de 16 parties de soufre.

Le cinabre est employé en médecine sous forme de fumigations; il entre dans la poudre tempérante de Stahl; il est connu et employé en peinture sous le nom de *vermillon* : c'est une couleur très-belle et très-solide.

SECTION III. — *Des Oxisulfures.*

Je donne ce nom à des composés doubles d'un oxide métallique avec le sulfure du même métal; il n'y en a que deux usités en pharmacie et puisés dans le commerce; ce sont les oxisulfures d'antimoine opaque et vitreux.

32. *De l'Oxisulfure d'Antimoine opaque.*

Oxisulphuretum antimonii opacum.

(*Oxide d'Antimoine sulfuré demi-vitreux.*)

Ce composé, qui porte dans le commerce le nom de *crocus*, n'est pas le *crocus metallorum* ou *safran des métaux* des anciennes pharmacies. On préparait celui-ci en fondant dans un creuset parties égales de nitrate de potasse et de sulfure d'antimoine, et lessivant le produit jaune sale ou *foie d'antimoine* qui en résultait : l'eau dissolvait le sulfate et le sulfure de potasse formés pendant l'opération, plus un peu d'oxisulfure d'antimoine, et la plus grande partie de ce dernier restait en poudre insoluble d'un jaune rougeâtre.

Aujourd'hui on obtient cet oxisulfure en fondant dans un creuset le mélange gris d'oxide et de sulfure d'antimoine qui résulte du grillage du sulfure d'antimoine (voyez article *antimoine* (p. 41)) : par la fusion, ces deux composés se combinent et forment un corps qui, en se refroidissant, devient cassant et opaque.

L'oxisulfure d'antimoine opaque est d'un gris foncé, et jouit d'un grand éclat métallique; sa cassure est conchoïde; sa poudre, qui est brune, se fond sur les charbons en répandant l'odeur du soufre qui brûle; traitée par l'acide hydrochlorique concentré, elle donne lieu à un dégagement d'hydrogène sulfuré, et à une dissolution d'antimoine qui forme un précipité blanc lorsqu'on l'étend d'eau.

L'oxisulfure d'antimoine opaque est très-usité dans la médecine vétérinaire comme purgatif; on l'emploie quelquefois en pharmacie pour préparer le *vin émétique trouble*, médicament peu sûr et inconstant dans ses effets, qui devrait être banni de la pratique médicale.

33. *De l'Oxisulfure d'Antimoine vitreux.*
Oxisulphuretum antimonii vitrosum.

(*Oxide d'Antimoine sulfuré vitreux, verre d'Antimoine.*)

L'oxisulfure d'antimoine vitreux s'obtient comme le précédent, en faisant fondre dans un creuset le mélange gris d'oxide et de sulfure d'antimoine, provenant du grillage du sulfure d'antimoine; seulement on le tient fondu beaucoup plus long-temps et à une plus haute température : par ce moyen, une nouvelle quantité de sulfure est décomposée et changée en acide sulfureux qui se dégage, et en oxide d'anti moine qui reste dans le creuset; mais, de plus, la température étant très-élevée, cet oxide attaque le creuset; en dissout de l'alumine, de l'oxide de fer, et surtout de la silice qui paraît lui donner la propriété de rester transparent lorsqu'il se refroidit (1). Lorsqu'on s'aperçoit qu'il a acquis cette propriété, on le coule sur une plaque de pierre ou de fonte. En définitive, le verre d'antimoine est un composé de beaucoup d'oxide d'antimoine, d'un peu de sulfure du même métal, d'une certaine quantité de silice, d'alumine et d'oxide de fer.

Le verre d'antimoine est en plaques larges, d'une ligne d'épaisseur environ, transparentes, d'une couleur rouge

(1) L'oxide d'antimoine pur, fondu et refroidi, est opaque. Tout l'oxide de fer du verre d'antimoine ne provient pas du creuset; car le sulfure d'antimoine contenait primitivement une certaine quantité de sulfure de fer. Je suppose que c'est à ce dernier sulfure que celui d'antimoine doit la propriété de présenter souvent à sa surface les couleurs de l'iris, et je conseille de le choisir exempt de ces couleurs et ne les prenant pas à l'air.

hyacinthe plus ou moins foncée; sa poudre est d'un jaune fauve; elle s'agglutine légèrement sur les charbons ardens en dégageant une fumée blanche et une odeur sulfureuse peu marquée; elle se dissout dans l'acide hydrochlorique avec un faible dégagement de gaz hydrosulfurique : la dissolution étendue d'eau forme un précipité blanc très-considérable. Le verre d'antimoine est employé pour faire l'émétique.

SECTION IV. — *Des Chlorures.*

En chimie, on donne le nom de chlorures à des corps qui résultent de la combinaison du chlore avec un corps combustible, et qui ne sont pas reconnus comme acides; car ceux de ces corps qui sont acides portent des noms différens, et dont la formation ne paraît pas assujettie, jusqu'à présent, à des lois bien convenables. Les seuls chlorures que j'aie à examiner, sont le chlorure de sodium et le deuto-chlorure de mercure.

34. *Du Deuto-Chlorure de Mercure.*
Deuto-chloruretum hydrargyri.

(*Muriate de Mercure très-oxidé, Muriate de Mercure corrosif, Sublimé corrosif.*)

Le deuto-chlorure de mercure n'existe qu'en très-petite quantité dans quelques mines de mercure (p. 78). Celui du commerce est donc artificiel; on le fabrique à Idria, en Hollande, à Paris et dans les principales villes manufacturières; mais, comme le procédé que l'on suit est le même que celui des pharmacopées, il n'entre pas dans mon plan de m'y arrêter, et je passe aux propriétés caractéristiques du sublimé corrosif.

Le sublimé corrosif est en pains ronds, figurant, lorsqu'ils sont entiers, la partie supérieure d'un matras ou d'une fiole; blancs, et donnant une poudre blanche; plus ou moins transparens, assez pesans, d'une saveur âpre métallique des plus insupportables. Il se fond et se volatilise de suite en une fumée blanche, lorsqu'on le jette sur un charbon ardent. Il est soluble dans 19 parties d'eau froide, est beaucoup plus soluble dans l'eau bouillante, et cristallise par le refroidissement en belles aiguilles prismatiques. Il prend la même forme par une sublimation ménagée dans une fiole. Il est beaucoup plus soluble dans l'alcool et dans l'éther sulfurique que dans l'eau. Sa dissolution aqueuse rougit le tournesol; forme avec le nitrate d'argent un précipité blanc, caséeux, insoluble dans l'acide nitrique; forme un précipité blanc par l'ammoniaque, un précipité orangé par la potasse caustique mise en excès, un précipité brun noir par l'hydrosulfate de potasse. Cette même dissolution étendue forme, sur le cuivre, une tache noire qui devient blanche et brillante par le frottement, et qui disparaît par l'action ménagée du calorique.

Le deuto-chlorure de mercure est composé de mercure 100 parties, chlore 35.192 parties. Quelquefois celui du commerce contient du chlorure de fer, qui lui donne la propriété de s'humecter à l'air et d'y prendre une couleur de rouille. Il faut le choisir bien pur et bien blanc.

Le sublimé corrosif est très-employé comme antisyphilitique; mais c'est un poison violent, et il demande à être administré avec beaucoup de prudence.

35. *Proto-chlorure de mercure.* On fait également un très-grand usage en médecine du proto-chlorure de mercure, dit aussi *mercure doux*, *calomélas*, *précipité blanc*; mais ce composé se prépare ordinairement dans les pharmacies. Il est facile à distinguer du sublimé corrosif sous les différentes formes qu'il affecte. Lorsqu'il est sublimé et en masse, il est d'un blanc grisâtre qui brunit par l'exposition à la lumière, et qui devient d'un jaune serin par le frottement ou la pulvérisation. Il est beaucoup plus pesant que le sublimé corrosif. Lorsqu'il est cristallisé, ses aiguilles, qui sont ordinairement entre-croisées et comme hérissées d'autres aiguilles plus petites, ont d'ailleurs un reflet métallique qui les fait reconnaître à la première vue.

Quand il est en poudre blanche, et tel qu'on l'obtient par précipitation, il tache les doigts et le papier bien autrement que le sublimé corrosif; enfin, sous quelque forme qu'il se présente, il est tout-à-fait insoluble dans l'eau, noircit par le contact de tous les alcalis, y compris l'ammoniaque, noircit également par l'acide hydrosulfurique et par les hydrosulfates; il se dissout quelquefois à froid, toujours à chaud dans l'acide nitrique concentré, et sa dissolution présente alors toutes les propriétés de celle du deuto-chlorure. Le proto-chlorure de mercure est formé de mercure 100 parties, chlore 17.596.

36. *Chlorure de Sodium.* Chloruretum sodii.

(*Soude muriatée, Muriate de soude.*)

Historique et états naturels. Le muriate de soude est le plus anciennement connu de tous les sels, et a été considéré jusqu'à ces derniers temps comme formé d'acide muriatique et de soude. C'est par cette double considération que, lors de la révolution opérée en chimie à la fin du dernier siècle, on a restreint le nom de *sels* aux corps résultant comme lui de la combinaison d'un acide avec une base alcaline, terreuse ou métallique; tandis qu'auparavant ce nom s'étendait aussi aux acides et aux alcalis non combinés. Aujourd'hui, cependant, le muriate de soude devra sortir de la classe des sels, à moins qu'on ne change la définition du mot; car on ne le regarde plus comme un composé d'acide et d'alcali, mais bien comme formé par la combinaison de deux corps simples, le *chlore* et le *sodium* : de là son nouveau nom *chlorure de sodium* (1).

---

(1) Il faut observer, néanmoins, que le sel marin peut encore, lorsqu'il est dissous dans l'eau, être considéré comme un véritable sel, parce qu'on peut supposer que l'eau est décomposée à l'instant de sa

Le muriate de soude a encore reçu d'autres noms : son abondance dans la nature, son extraction de l'eau de la mer, et son emploi général pour l'assaisonnement des alimens, lui ont fait donner ceux de *sel commun, sel marin, sel de cuisine;* de plus, son gisement dans le sein de la terre, en masses transparentes comme le cristal, lui a fait appliquer celui de *sel gemme.*

Le chlorure de sodium est donc très-abondant dans la nature, soit à l'état de sel gemme, soit sous celui de dissolution dans l'eau de la mer. Les mines les plus considérables parmi nous, sont celles de Pologne; mais l'Amérique et l'Afrique en possèdent qui ne leur cèdent en rien. L'Autriche, la Bavière, la Sicile, l'Espagne et l'Angleterre en ont également : la France passait pour en être dépourvue, mais en 1819 on en a découvert une qui paraît considérable, à Vic, département de la Meurthe. Jusque-là, tout le sel que nous consommions nous était fourni par des salines établies sur une partie de nos côtes maritimes, et par les sources salées des départemens de la Meurthe, du Doubs et du Jura.

Extraction. L'extraction du sel gemme se fait de deux manières. Lorsqu'il est incolore, on l'arrache seulement du sein de la terre, et on le verse dans le commerce. C'est ce qui a lieu dans la mine de Vieliczka, en Pologne, que l'on exploite depuis un temps considérable, et qui fournit annuellement 120.000 quintaux de sel. La masse du sel commence à 65 mètres ou 200 pieds au-dessous du sol; en 1780, on était parvenu à 293 mètres ou 900 pieds de profondeur, ce qui faisait déjà 700 pieds pour l'épaisseur du banc de sel, et ce banc, suivant ce qu'on rapporte, a trois lieues d'étendue en tous sens. Lorsque le sel est impur et coloré par de

---

dissolution, que son hydrogène s'est uni au chlore et son oxigène au sodium ; d'où il est résulté de l'acide hydrochlorique et de la soude, et par suite de l'*hydrochlorate de soude.*

l'oxide de fer ou de manganèse, comme cela a lieu dans le Tyrol et dans le Saltzbourg, on pratique dans sa masse même des galeries dans lesquelles on fait parvenir de l'eau. Lorsque cette eau, par son séjour sur le sel, en est saturée, on la conduit, à l'aide de canaux, jusque dans les usines, où on l'évapore sur le feu.

Pour retirer le sel de l'eau de mer, le procédé qui est usité en France sur les côtes de la Méditerranée et de l'Océan, consiste à creuser sur le rivage des bassins, dits *marais salans*, peu profonds, mais d'une vaste étendue. Ces bassins sont tapissés d'argile, et communiquent les uns avec les autres, mais de telle manière, que l'eau est obligée de faire de très-grands circuits pour les parcourir tous. Dans la haute marée, on reçoit l'eau de la mer dans le premier bassin qui sert de réservoir, et de là on la distribue par une pente douce dans les autres, où elle se vaporise promptement en raison de la grande surface qu'elle présente à l'air. On en ajoute de nouvelle à mesure que la première s'évapore; bientôt tout le sel qu'elle contient ne pouvant plus y être tenu en dissolution, il cristallise et se précipite; on le retire de temps en temps, et on le met égoutter par tas sur le bord des bassins; on continue ainsi tant que la pureté de l'air et la chaleur de la saison le permettent, c'est-à-dire, depuis le mois d'avril jusqu'au mois de septembre; alors on fait écouler l'eau mère qui reste dans les bassins.

Le sel, ainsi obtenu, est ordinairement gris ou rougeâtre en raison d'une portion d'argile qui le salit; et il est déliquescent par la présence d'une certaine quantité d'hydrochlorate de magnésie; il est cependant d'autant moins impur, qu'il est resté plus long-temps exposé aux intempéries de l'air sur le bord des bassins, ce qui est facile à concevoir, l'eau emportant de préférence l'hydrochlorate de magnésie et l'argile qui recouvre les cristaux.

Il me reste à parler de l'extraction du sel des sources salées de l'est de la France; mais je dois auparavant donner une idée de la composition des eaux qu'elles fournissent, et de l'altération que ces eaux éprouvent lorsqu'on les concentre en les évaporant. Ces eaux contiennent, outre le chlorure de sodium ou hydrochlorate de soude, du sulfate de soude et des hydrochlorates de chaux et de magnésie. Dans l'état naturel, ces différens sels peuvent y exister simultanément, en raison de ce que la quantité d'eau est plus que suffisante pour tenir en dissolution le plus insoluble des sels qu'ils pourraient former par leur décomposition réciproque; mais lorsqu'on vient à concentrer le liquide, il arrive un point auquel le sulfate de soude et l'hydrochlorate de chaux se décomposent mutuellement, et forment de l'hydrochlorate de soude qui reste en dissolution, et du sulfate de chaux qui, étant très-peu soluble, se précipite : alors, aussi, il arrive une chose bien remarquable, c'est que ce sel, en se précipitant, entraîne avec lui le sulfate de soude, malgré la grande solubilité de ce dernier, et cela en raison de l'affinité qui existe entre eux. Ce composé, ou ce sel à double base, existe dans la nature, comme nous le verrons à l'article *sulfate de soude*: dans les salines, on le nomme *schelot*.

Maintenant, voici en peu de mots comment on procède à l'extraction du sel. A Moyenvic, Château-Salins et Dieuze, département de la Meurthe, les eaux ont de 13 à 16 degrés de salure. On les fait évaporer immédiatement sur le feu dans des chaudières de tôle qui ont de 20 à 22 pieds en largeur et en longueur, et seulement 20 pouces de profondeur. D'abord la liqueur se recouvre d'une écume noirâtre que l'on rejette ; ensuite elle se trouble et laisse précipiter le schelot que l'on rassemble dans des *augelots* placés sur les côtés des chaudières : enfin, lorsque la cristallisation paraît, on enlève les augelots, et l'on continue l'évaporation jusqu'à siccité; on retire le sel des chaudières, on le fait égoutter, et on le met sécher dans une étuve.

On suit le même procédé à Salins, département du Jura,

où la salure moyenne des eaux n'est que de 12 dégrés; mais à Montmorot, du même département, et à Arc, du département du Doubs, où l'on exploite les plus faibles eaux de Salins qui y sont amenées de quatre lieues de distance sur des conduits en bois, on se sert, pour commencer la concentration des eaux, de ce qu'on nomme les *bâtimens de graduation.*

Ces bâtimens sont de grands hangars ouverts à tous vents, sous lesquels on construit avec des fagots d'épines, plusieurs parallélipipèdes rectangles qui les remplissent presque entièrement. On élève l'eau salée par des pompes jusqu'au dessus de ces fagots, et on l'y laisse tomber par un grand nombre d'ouvertures qui la divisent également partout; de cette manière, elle présente une très-grande surface à l'air et s'y vaporise en partie. On la reprend au bas du hangar, et on l'élève de nouveau pour la faire retomber encore sur les épines: on continue ainsi jusqu'à ce qu'elle ait acquis 14 ou 15 degrés. Alors on en achève l'évaporation comme dans les autres salines.

Le sel obtenu par les différens moyens que je viens de décrire, n'est jamais entièrement pur. Lorsqu'on veut l'obtenir à cet état, on le met dans une bassine étamée avec trois parties d'eau, et l'on chauffe pour en accélérer la dissolution. On y ajoute une petite quantité de sous-carbonate de soude qui en précipite la magnésie; on clarifie la liqueur avec le blanc d'œuf ou tout autre intermède, et on la fait évaporer presqu'à siccité, en enlevant à mesure, avec une écumoire, le sel qui se forme à la surface. On fait égoutter ce sel sur des toiles, et on en achève la dessication dans une étuve. Alors voici ses propriétés.

Propriétés. Il est blanc, d'une saveur franche et agréable, soluble dans un peu moins de trois parties d'eau froide, et à peine plus soluble dans l'eau bouillante; on ne peut l'obtenir cristallisé régulièrement que par une évaporation lente ; la forme ordinaire de ses cristaux est le cube, qui est également sa forme primitive.

Il décrépite au feu, se fond à la chaleur rouge, et se volatilise entièrement à cette température s'il a le contact de l'air; mais sa composition n'en est nullement altérée. Il est également indécomposable au feu par tous les corps combustibles et par les acides privés d'eau. Enfin, il n'est presque jamais décomposé sans l'intermède de l'eau, dont l'hydrogène change son chlore en acide hydrochlorique, et l'oxigène fait passer le sodium à l'état de soude; encore faut-il dans ce cas présenter, soit à l'acide hydrochlorique, soit à la soude, un corps qui puisse s'y combiner.

Le sel marin dissous dans l'eau, se reconnaît par sa saveur; par le précipité blanc, caséeux et insoluble dans l'acide nitrique, qu'il forme avec le nitrate d'argent; par l'absence de tout précipité avec les sous-carbonates de potasse et de soude; parce qu'il n'est précipité, ni par l'acide tartarique, ni par le muriate de platine. L'essai par le nitrate d'argent indique la présence de l'acide hydrochlorique; celui par les sous-carbonates alcalins montre l'absence de toutes les bases autres que la potasse, la soude et l'ammoniaque; les deux derniers prouvent que le sel n'est pas à base de potasse : d'un autre côté, les sous-carbonates alcalins n'ayant pas dégagé d'ammoniaque, mettent en évidence que la base du sel examiné ne peut être que de la soude.

Composition.	Chlore	100	151,30.
	Sodium	66,09	100.

Usages. Les usages du chlorure de sodium sont très-nombreux; il sert d'assaisonnement à nos mets, et en préserve un grand nombre de la putréfaction, à l'aide du procédé nommé *salaison*; il est employé dans les arts pour fabriquer le chlore ou *acide muriatique oxigéné*, l'acide hydrochlorique ou *muriatique*, le sulfate de soude et la soude; les fabriques de sel ammoniac, de sublimé corrosif et de jaune de Naples, en consomment aussi une grande quantité : il entre dans la composition de la couverte de quelques poteries; il est quelquefois employé comme engrais.

SECTION V. — *Cyanures.*

37. *Du Cyanure ferro-ferrique hydraté.* Cyanuretum ferroso-ferricum cum aquâ.

(*Bleu de Prusse.*)

La découverte du bleu de Prusse est due au hasard. En 1704, un préparateur de couleurs à Berlin, nommé Diesbach, ayant eu besoin d'alcali pour précipiter une laque de cochenille d'une dissolution de cochenille, d'alun et de fer, en demanda à Dippel, qui lui donna de la potasse sur laquelle il avait rectifié de l'huile animale. Le premier fut très-étonné d'obtenir un précipité bleu au lieu d'en avoir un rouge; il en fit part à Dippel, qui ne tarda pas à découvrir le moyen de reproduire cette couleur bleue à volonté. Elle fut annoncée dans les mélanges de Berlin pour 1710; mais le procédé pour l'obtenir resta caché jusqu'en 1724, que le docteur Woodward le publia dans les transactions philosophiques. Aujourd'hui, on en prépare de très-grandes quantités en France, comme ailleurs, pour le besoin des arts.

Pour obtenir le bleu de Prusse, on fait un mélange, à parties égales, de potasse du commerce et d'une matière animale, comme du sang desséché ou des rognures de corne. Après avoir calciné ce mélange dans un creuset jusqu'au rouge, et l'avoir laissé refroidir, on le projette dans l'eau, et l'on se sert de la liqueur filtrée pour précipiter une dissolution mixte d'alun et de sulfate de fer du commerce. Le précipité est d'abord d'un brun noirâtre, mais au moyen d'un grand nombre de lavages opérés avec de l'eau légèrement acidulée, et avec le contact de l'air, il passe peu à peu à un beau bleu foncé. Lorsqu'il est dans cet état, on le met à égoutter sur une toile, et on le fait sécher.

Voici la théorie de cette opération réduite à sa plus grande simplicité.

Par la calcination de la matière animale avec la potasse, il se produit un composé d'azote et de carbone (*cyanogène*) lequel forme, avec le potassium, un *cyanure* qui résiste à une haute température. Ce cyanure, dissous à froid dans l'eau, passe à l'état d'*hydrocyanate de potasse*, lequel, mis en contact avec du proto-sulfate de fer, forme du sulfate de potasse et du *proto-hydrocyanate de fer* qui se précipite combiné avec une portion non décomposée d'*hydrocyanate de potasse*. Ce précipité est blanc, et il est à remarquer que l'hydrocyanate de potasse qui s'y trouve contenu, adhère fortement à celui de fer et résiste même aux lavages acides, tant que le fer reste au *minimum* d'oxidation (Robiquet, *Ann. chim. phys.*, XII, 202). Mais à mesure que, par le contact de l'air, le fer passe au *maximum* et prend une couleur bleue, l'hydrocyanate de potasse, ou plutôt la potasse seule s'en sépare, enlevée par l'excès d'acide des lavages, et l'acide hydrocyanique, resté dans le précipité, y maintient la neutralité ; car, sans cette addition d'acide, le précipité deviendrait un *sous-hydrocyanate de fer* au maximum (ou un *oxi-cyanure de fer hydraté* (1), par l'augmentation de capacité pour les acides que l'oxide de fer acquiert, en passant du *minimum* au *maximum* d'oxidation.

Mais ce passage du fer au *maximum* d'oxidation n'est pas complet, comme on pourrait le croire. Il s'arrête lorsque le précipité se trouve être une combinaison de 3 *atomes de proto-hydrocyanate* et de 4 *atomes de trito-hydrocyanate* (Berzélius), dans laquelle il est facile de voir que le peroxide de fer contient deux fois l'oxigène du protoxide ; de sorte que le bleu de Prusse (A) est un *hydrocyanate double* analogue aux hydrocyanates doubles de protoxide de fer et de potasse, de protoxide de fer et de plomb, etc., dans lesquels la potasse, l'oxide de plomb, etc., contiennent deux fois l'oxigène du protoxide de fer (Berzélius). Enfin, comme on peut supposer à volonté que ces composés sont des hydrocyanates ou des cyanures hydratés, de là vient le nom de *cyanure ferro-*

(1) C'est ce composé, qui constitue une espèce particulière de bleu, que j'avais décrit dans ma première édition comme le véritable *bleu de Prusse*.

ferrique hydraté que, suivant la nomenclature de M. Berzélius, j'ai donné au commencement de cet article, au bleu de Prusse.

Quelle que soit la longueur de cette explication, les choses sont encore bien loin de se passer aussi simplement. D'abord, la lessive qui tient en dissolution le cyanure de potassium, contient toujours aussi un excès de potasse, et, d'un autre côté on ajoute, en même temps que le sulfate de fer, depuis 2 jusqu'à 4 fois autant d'alun; de là résulte une abondante précipitation d'alumine qui se mêle avec l'hydrocyanate de fer et de potasse, et en augmente beaucoup la quantité au détriment de la qualité.

Secondement, le proto-hydrocyanate de fer et de potasse est blanc dans son état de pureté, et cependant le précipité obtenu dans la préparation en grand du bleu de Prusse est noirâtre : effet dû à ce que la potasse employée est toujours mélangée de sulfate de potasse qui a été transformé en sulfure par la calcination, puis en hydrosulfate par la dissolution dans l'eau, lequel hydrosulfate a précipité une portion de fer à l'état d'hydrosulfate noirâtre; mais, par l'action de l'air, cet hydrosulfate est détruit, et sa couleur fait place à la couleur bleue du double cyanure de fer.

Troisièmement, très-souvent les fabricans n'emploient pas d'acide dans le lavage du bleu de Prusse; alors le bleu qu'ils obtiennent, outre la grande quantité d'alumine qu'il contient, renferme, suivant ce qui a été dit plus haut, une autre espèce de bleu (B) avec excès d'oxide qui a été décrite par M. Berzélius, et que cet illustre chimiste croit composée de 2 *atomes de sous-hydrocyanate de peroxide de fer* (oxi-cyanure de fer hydraté) et de 1 *atome d'hydrocyanate de protoxide.* Ce bleu (B) diffère du précédent (A) par sa solubilité dans l'eau pure, et parce que le bleu (A), traité par la potasse caustique qui en élimine seulement le peroxide de fer, ne produit absolument que l'hydrocyanate double de protoxide de fer et de potasse, facilement et entièrement cristallisable; tandis que le dernier bleu (B), traité par la potasse caustique, fournit en outre un composé de *percyanure de fer et de potasse* (cyano-ferrate de potasse), lequel est vert, très-soluble, difficilement cristallisable et nuisible à la cristallisation du double cyanure de fer et de potassium. Il est donc essentiel, dans la fabrication de ce dernier sel, de n'employer que du bleu de Prusse préparé par l'action simultanée de l'air et d'une eau acidulée.

Le bleu de Prusse varie beaucoup dans sa qualité, suivant la quantité d'alun qu'on a employée dans sa préparation. Car l'alumine qui en résulte, lors de la précipitation, se mêle au bleu de Prusse et en étend la couleur. C'est surtout pour les opérations de pharmacie qu'il convient de prendre le plus pur, et par suite le plus foncé.

Le beau bleu de Prusse est en petits pains carrés d'un bleu aussi vif et aussi agréable que l'indigo. Il a une cassure cuivrée comme lui, mais il s'en distingue de suite en ce que cette apparence métallique disparaît par le frottement de l'ongle, tandis que le même moyen l'avive au contraire dans l'indigo. Il est d'ailleurs plus pesant que l'indigo, donne lieu par sa décomposition dans une cornue à différens produits sur lesquels domine l'acide hydrocyanique, et laisse 0.59 de son poids d'un résidu noir, pyrophorique, qui, par sa combustion complète avec le contact de l'air, se réduit à l'état d'oxide rouge de fer contenant de l'alumine.

L'eau et l'alcohol sont sans action sur le bleu de Prusse.

L'acide sulfurique concentré se combine avec lui sans l'altérer, et lui fait perdre sa couleur bleue, qui reparaît dès qu'on étend l'acide d'eau. L'acide hydrochlorique concentré le décompose, lui enlève l'oxide de fer, et laisse un composé de 4 atomes d'acide hydrocyanique et de 1 atome de proto-hydrocyanate ou de proto-cyanure de fer, que plusieurs chimistes regardent comme un acide particulier, parce que, en effet, il peut se combiner sans reste avec un grand nombre de bases salifiables, (potasse, soude, chaux, baryte, oxide de plomb, etc.), et réformer des sels qui ont porté long-temps le nom de *prussiates triples*. L'acide hydrosulfurique lui fait perdre sa couleur bleue en ramenant tout le fer au *minimum* d'oxidation. Les alcalis en séparent l'oxide rouge de fer, et se combinent à ce composé d'acide hydrocyanique et de proto-hydrocyanate de fer qui les constituent *prussiates* ou *hydrocyanates ferrugineux*. L'oxide rouge de mercure oxide entièrement le fer au *maximum*, enlève tout l'acide hydrocyanique, et ne forme qu'un simple cyanure.

IVe DIVISION. — *Des Acides.*

On entend par *acide*, en général, un corps qui a pour caractères de rougir certaines couleurs bleues végétales, et de se combiner à un grand nombre d'oxides métalliques, dont il fait plus ou moins disparaître les propriétés en perdant les siennes propres; ce qu'on exprime en disant qu'ils se *neutralisent* réciproquement. On admet ensuite comme propriétés moins essentielles et non générales à tous les acides, une certaine solubilité dans l'eau, et une saveur qui, quand elle est sensible, est toujours plus ou moins aigre (1). Il ne sera question ici que des acides *borique, hydrochlorique, nitrique* et *sulfurique.*

38. *De l'acide Borique.* Acidum Boricum.

Cet acide a été découvert en 1702, par Homberg, en distillant un mélange de borax et de sulfate de fer. Il reçut alors le nom de *sel sédatif,* d'après l'idée qu'on se faisait de ses propriétés médicales. Ensuite Lémery le jeune trouva le procédé, qui est encore employé, de l'obtenir en décomposant

(1) Lavoisier, que l'on peut à juste titre regarder comme le fondateur de la nouvelle chimie en France, a cru que tous les acides contenaient de l'oxigène, parce qu'en effet tous ceux connus jusqu'à lui en offraient par l'analyse, ou n'étaient pas encore décomposés : de là il a pensé que l'oxigène était la cause ou le principe de toute acidité. M. Berthollet a le premier élevé des doutes à cet égard, en faisant voir que l'hydrogène sulfuré jouissait de toutes les propriétés d'un acide, quoiqu'il ne fût composé que d'hydrogène et de soufre. Enfin, dans ces dernières années, l'établissement de la théorie du gaz muriatique oxigéné, considéré comme corps simple, la nature mieux connue de l'acide muriatique, et les recherches de M. Gay-Lussac sur l'iode et l'acide prussique, nous ont amenés à reconnaître comme acides un assez grand nombre de corps qui, cependant, ne contiennent pas d'oxigène.

Mais je l'avouerai, après avoir lu avidement le mémoire de M. Gay-Lussac sur l'iode; après m'être convaincu avec lui des nombreux rapports qui existent entre l'oxigène, le chlore, l'iode, le soufre, etc., et avoir compris que si l'on continue de regarder l'oxigène comme le principe acidifiant des acides sulfurique, phosphorique et carbonique, c'est le chlore qui doit être le principe acidifiant de l'acide hydrochlorique, le soufre de l'acide hydrosulfurique, etc., j'ai vu avec quelque

une dissolution de borax chaude et concentrée par l'acide sulfurique. Les chimistes modernes lui ont donné le nom *d'acide boracique,* et n'ont fait que soupçonner sa composition jusqu'en 1808, époque à laquelle MM. Thénard et Gay-Lussac ont prouvé qu'il était formé d'oxigène et d'un corps combustible qu'ils ont nommé *bore;* d'où ensuite ils ont changé le nom d'acide boracique en celui *d'acide borique.*

L'acide borique est solide, d'une saveur peu sensible, d'une action faible sur le tournesol; il est peu soluble dans l'eau froide, beaucoup plus soluble dans l'eau bouillante, et cristallise par le refroidissement en paillettes argentées; il est fusible au feu en un verre transparent et fixe. Cependant Homberg l'obtenait par sublimation, mais alors il n'était qu'entraîné par les dernières portions d'eau contenues dans le mélange salin d'où on le retirait, et il cessait de se sublimer lorsque l'eau était volatilisée.

---

peine le célèbre auteur du mémoire proposer, pour ces derniers, le nom générique d'*hydracides*. J'ai prévu que ce nom, qui semble si heureusement trouvé, ne tarderait pas à être généralement adopté, et qu'il ferait prendre le change à tous ceux qui suivent de loin les progrès de la chimie; car il m'était évident que ces noms d'acides *hydrochlorique, hydrosulfurique, hydriodique,* rappelant comme principe commun l'hydrogène, et comme principes particuliers le chlore, le soufre et l'iode, seraient assimilés aux noms *acide sulfurique, acide phosphorique, etc.*, dans lesquels le premier mot *acide* indique tacitement l'oxigène comme principe commun, et dont le second détermine le corps combustible ou la *base* de l'acide : d'autant plus que quelques chimistes avaient déjà désigné ces acides sous les noms d'*oxisulfurique,* etc.

Aussi n'ai-je pas été étonné de voir, dans les premiers temps de ce changement, tous les élèves, des professeurs même, regarder l'hydrogène comme un corps qui partageait avec l'oxigène la propriété d'en acidifier d'autres. Je les ai vus confirmés dans cette opinion, par la manière trop superficielle dont cette question se trouve discutée dans les ouvrages de chimie postérieurs à cette époque. J'ai exposé dans le *Journal de pharmacie* (t. X, p. 325) les seuls principes d'après lesquels, suivant moi, devrait être fondée la nomenclature des acides.

L'acide borique existe dans les eaux de quelques lacs de Toscane, où il a été reconnu pour la première fois, en 1776, par M. Hoefer. M. Mascagni l'a observé depuis à l'état concret, et sous la forme de petites lames dans les fissures qui existent sur les bords des mêmes lacs. Enfin, en 1819, M. Lucas fils l'a trouvé cristallisé et mêlé au soufre dans l'ancien cratère du Vulcano, qui forme maintenant une des îles Lipari, au nord de la Sicile.

Il paraît, d'après ce qu'a publié M. Robiquet à ce sujet, que l'acide borique des lacs de Toscane pourrait être exploité avec avantage pour l'usage des manufactures, des arts chimiques et de la pharmacie (*Journal de Pharmacie*, VI, 261).

39. *De l'Acide hydrochlorique.*
Acidum hydrochloricum.

Cet acide, qui est naturellement gazeux, n'a été connu des anciens qu'à l'état de dissolution dans l'eau, et a reçu d'eux le nom d'*esprit de sel*. Priestley l'obtint le premier sous forme de gaz : Lavoisier et ses collaborateurs le nommèrent *acide muriatique*, et, par analogie avec les acides connus jusqu'alors, le crurent composé d'oxigène et d'une base combustible; mais sa vraie nature resta inconnue jusqu'à ces dernières années, que MM. Gay-Lussac, Thénard et Davy démontrèrent qu'il était formé d'hydrogène et de gaz muriatique oxigéné. En même temps, ces savans chimistes émirent l'opinion que le gaz muriatique oxigéné pouvait être un corps simple. Mais M. Davy, surtout, s'attacha à cette idée, la fortifia, et la défendit de manière à se la rendre propre : enfin elle a prévalu, et maintenant on regarde l'acide muriatique comme formé d'hydrogène et de chlore (nouveau nom du gaz muriatique oxigéné) : par suite de cette composition, M. Gay-Lussac l'a nommé *acide hydrochlorique*. D'après les principes de nomenclature que j'ai exposés, son nom devrait être *chloride hydrique*.

L'acide hydrochlorique paraît exister à l'état de liberté dans les mines de sel gemme de Pologne, et dans quelques terrains volcaniques; mais celui du commerce est toujours préparé artificiellement en décomposant le sel marin par l'acide sulfurique. On opère cette décomposition dans des chaudières de fonte fermées par un chapiteau de même matière, et communiquant avec des fontaines de grès qui contiennent de l'eau : l'acide sulfurique décompose le sel marin ou *chlorure de sodium* par l'intermède de l'eau dont il contient toujours 0.185, même dans son plus grand état de concentration (1); l'hydrogène de celle-ci change le chlore en acide hydrochlorique, et l'oxigène oxide le sodium et le change en soude. Alors la soude se combine à l'acide sulfurique et forme du sulfate de soude qui reste dans la cucurbite, tandis que l'acide hydrochlorique se dégage à l'état gazeux, et va se dissoudre dans l'eau des fontaines.

L'acide hydrochlorique du commerce est jaune, propriété qu'il doit à un peu de muriate de fer et à une huile provenant des matières organiques qui sont toujours accidentellement mêlées au sel commun. Aussi, lorsqu'on veut obtenir l'acide hydrochlorique incolore dans les laboratoires, a-t-on soin de se servir de vases de verre et d'employer du sel marin décrépité et privé par une forte chaleur de ces matières organiques. C'est là véritablement, à ce que je crois, l'avantage qui résulte de la décrépitation du sel marin plutôt que la décomposition des nitrates que ce sel pourrait contenir. L'acide hydrochlorique du commerce contient aussi constamment de l'acide sulfurique.

Il faut donc préparer soi-même l'acide hydrochlorique

---

(1) Il est même avantageux de ne pas prendre l'acide sulfurique dans cet état de concentration et de l'étendre d'une certaine quantité d'eau, parce que cette eau dissout, à chaud, le sulfate de soude formé, et remet ainsi le sel marin en contact immédiat avec l'acide sulfurique, jusqu'à la fin de l'opération.

que l'on destine soit à l'usage médical, soit aux opérations chimiques. Si cependant on devait employer quelquefois celui du commerce, il faudrait le choisir le moins coloré et le plus fort possible, c'est-à-dire marquant au moins 22 degrés au pèse-acide, et formant à l'air une fumée très-épaisse, d'une acidité fatigante pour les poumons. A ces caractères, qui font facilement reconnaître l'acide hydrochlorique, il faut joindre celui de former, dans la dissolution de nitrate d'argent, un précipité blanc, caséiforme, insoluble dans l'acide nitrique et soluble dans l'ammoniaque.

Composition en poids : chlore 100, hydrogène 2.87, ou volumes égaux.

40. *De l'Acide Nitrique.*

Acidum nitricum.

L'acide nitrique, autrefois nommé *eau forte* et *esprit de nitre*, a été découvert par Raimond Lulle, en distillant un mélange de nitrate de potasse et d'argile. En 1784, Cavendish, célèbre physicien anglais, prouva qu'il était composé d'azote et d'oxigène, et en forma directement en combinant ces deux gaz, à l'aide de l'étincelle électrique.

L'acide nitrique se forme dans la nature, et surtout dans les lieux bas, humides et habités, ou imprégnés de matières animales. Alors l'azote de ces matières se rencontrant à l'état naissant (1), avec de l'oxigène, une base salifiable terreuse ou autre et de l'eau, se combine à l'oxigène et forme de l'acide nitrique, puis un nitrate qui s'unit à cette eau. Mais alors l'acide nitrique est toujours combiné, et c'est dans les fabriques qu'on le retire de sa combinaison avec la potasse, pour le besoin des arts et de la pharmacie.

Extraction. Il n'y a pas beaucoup d'années que l'on retirait encore l'acide nitrique du nitrate de potasse, par l'inter-

(1) C'est-à-dire, prêt à prendre l'état gazeux.

mède de l'argile. On introduisait un mélange de ces deux corps dans un certain nombre de cornues de grès, que l'on plaçait sur deux rangées dans un fourneau très-long nommé *galère*. On chauffait ces cornues, d'abord modérément, pour en retirer de l'eau peu acide que l'on rejetait : alors on adaptait à chacune un récipient de grès, et l'on augmentait le feu graduellement pendant 12 ou 14 heures, ou jusqu'à ce qu'il ne distillât plus rien. L'acide était mis dans de grandes bouteilles de verre, dites *dames Jeannes*, et livré au commerce. Quant au résidu contenu dans les cornues, consistant en une combinaison imparfaite de potasse et d'argile, il servait à fabriquer de l'alun en le traitant par l'acide sulfurique.

Aujourd'hui on décompose le nitrate de potasse par l'acide sulfurique, et on opère cette décomposition dans des cylindres de fonte qui traversent horizontalement un fourneau. On les recouvre intérieurement de nitre dans toute leur longueur, et on les ferme, aux deux extrémités, avec deux plaques de fonte percées chacune d'un trou ; par l'un on verse l'acide sulfurique, et par l'autre, au moyen d'un conduit de grès, on recueille l'acide nitrique dans des récipiens. On chauffe bien graduellement jusqu'à ce qu'il ne distille plus rien. On distille ordinairement de nouveau cet acide dans une cornue de verre, et alors il est aussi pur qu'on puisse le demander pour le commerce. Sa pesanteur spécifique varie de 1.286 à 1.384, ou du 32e au 40e degré du pèse-acide d'après Baumé; elle est ordinairement de 1.321 (35 degrés).

Cet acide, cependant, est toujours mélangé d'un peu d'acide sulfurique et d'acide hydrochlorique provenant du sel marin contenu dans le nitre employé. Lorsqu'on veut l'obtenir tout-à-fait pur, on y ajoute une certaine quantité de nitrate de baryte, qui en précipite l'acide sulfurique, et on le distille doucement dans une cornue de verre munie d'un récipient. Il passe d'abord, et tout à la fois, de l'acide nitrique étendu d'eau, de l'acide hydrochlorique, de l'acide nitreux et du chlore, qui sont plus volatils que l'acide nitrique : on en retire ainsi environ le tiers, que l'on met à part; on change de récipient, et l'on continue la distillation presque à siccité. Ce sont ces deux derniers tiers qui sont de l'acide nitrique pur. On reconnaît qu'il est dans cet état, lorsque, en l'étendant d'eau, il ne précipite plus, ni par le nitrate de baryte, ni par le nitrate d'argent.

Propriétés. L'acide nitrique pur est incolore, d'une saveur très-acide et corrosive, rougissant très-fortement le tournesol; il est odorant, et forme dans l'air une vapeur blanche irritante; il colore en jaune les matières organiques, et les dissout presque toutes.

Il s'échauffe lorsqu'on le mêle avec l'eau, mais bien moins que ne le fait l'acide sulfurique; il dégage, lorsqu'on le verse sur du fer, de l'étain, du zinc, ou sur tout autre métal facilement oxidable, une vapeur rouge très intense, qui est de l'acide nitreux; soit que cet acide provienne directement d'une légère désoxigénation de l'acide nitrique; soit que, ce qui a lieu le plus souvent, il soit dû à la combinaison du deutoxide d'azote avec l'oxigène de l'air.

Enfin, on reconnaît l'acide nitrique en le combinant avec de la potasse liquide, desséchant le nitrate qui en résulte, et le projetant, par petites portions, sur un charbon allumé : le charbon brûle avec force et scintillement, aux endroits touchés par le sel; ce qu'on exprime encore en disant, comme autrefois, que le sel *fuse* sur les charbons.

Usages. L'acide nitrique est employé pour préparer les nitrates d'argent, de bismuth et de mercure, l'acide chloronitreux (*eau régale*), l'acide nitrique alcoholisé (*esprit de nitre dulcifié*), l'éther nitrique et l'éther nitrique alcoholisé (*liqueur anodine nitreuse*), etc.

Il est également employé en nature à l'extérieur, comme caustique, et à l'intérieur, mais à petites doses, comme excitant et diurétique. C'est un des réactifs les plus utiles que possède la chimie.

Composition. Azote 35.41, oxigène 100; en volume, azote 1, oxigène 2.5.

41. *De l'Acide Sulfurique.*
Acidum sulphuricum.

L'acide sulfurique était autrefois connu sous les noms d'*huile de vitriol* et d'*acide vitriolique*, parce qu'il a une consistance huileuse et qu'on le retirait du vitriol vert (*sulfate de fer*). On le nommait également *esprit-de-soufre*, lorsqu'on l'obtenait par la combustion du soufre, soit sous une cloche, soit dans un vase quelconque contenant de l'eau. Dans cet état il était ordinairement mêlé d'acide sulfureux.

États naturels. L'acide sulfurique existe dans la nature combiné à la chaux, la baryte, l'alumine, la strontiane, la magnésie, la soude, et quelques autres oxides métalliques. Quelquefois aussi on le trouve à l'état de liberté, mais toujours mêlé à quelqu'autre substance. Ainsi M. Pictet a trouvé de l'acide sulfurique distillant de la voûte d'une grotte, proche d'Aix en Savoie, et mêlé de sulfate de chaux. M. Leschenaud a rapporté de son voyage de l'Inde de l'acide sulfurique puisé dans le cratère, lac du mont Idienne, à Java, dans lequel M. Vauquelin a trouvé une petite quantité d'acide hydrochlorique, du sulfate de soude et du sulfate d'alumine. Enfin il existe, proche de la ville de Popayan, dans la Colombie, une rivière nommée *Rio-Vinagre* à cause de sa forte acidité, prenant sa source sur le revers du volcan de Puracé, et dont l'eau, analysée par M. Mariano de Rivero, contient par litre 1 gr. 080 d'acide sulfurique, 0 gr. 184 d'acide hydrochlorique, 0 gr. 24 d'alumine, 0 gr. 16 de chaux et des indices de fer (voir le Mémoire de M. de Humboldt, *Ann. chim. phys.*, XXVII, 113). Mais puisqu'on cite ces faits, et quelques autres semblables, comme des cas remarquables, ce n'est pas dans la nature qu'il faut chercher la source de l'acide que nous employons.

Fabrication. Autrefois on obtenait généralement cet acide, en chauffant du sulfate de fer desséché dans une cornue munie d'un récipient. Il distillait encore de l'eau que l'on séparait; ensuite une partie de l'acide se décomposait, pour faire passer le fer au *maximum* d'oxidation, et l'autre partie distillait, dans un grand état de concentration, mêlée d'acide sulfureux, et colorée par une matière charbonneuse due aux substances organiques accidentellement mêlées au vitriol.

On prépare encore de l'acide sulfurique par ce procédé à *Nordhausen*, petite ville de Saxe; et comme cet acide, très-concentré et imprégné d'acide sulfureux, cristallise avec une grande facilité et répand d'épaisses vapeurs à l'air, on lui a donné le nom d'*acide sulfurique glacial ou fumant de Nordhausen* (1).

Maintenant, presque tout l'acide sulfurique consommé en France, s'y prépare à Rouen, à Paris et dans les autres villes manufacturières, par la combustion du soufre. A cet effet, on fait construire une grande caisse ou *chambre* en lames de plomb, soutenues par une charpente en bois. Le sol de cette chambre est légèrement incliné et se recouvre d'une couche d'eau : vers l'un des côtés, il est traversé par un fourneau recouvert d'une plaque de fonte, et dont le foyer ne communique pas avec la chambre. Au moyen d'une trappe pratiquée à la paroi latérale de la chambre, on

(1) On a long-temps attribué la propriété de cristalliser et de fumer de l'acide de Nordhausen, à la présence de l'acide sulfureux; mais d'après des expériences presque concluantes de M. Vogel de Bayreuth (*Ann. chim.* LXXXIV, 266), il était permis de croire que cet acide ne devait ces propriétés qu'à une certaine quantité d'acide sulfurique anhydre, qu'il est possible d'en retirer par la distillation, à l'état concret et fumant. Cette proposition est devenue une vérité démontrée, depuis un mémoire de M. Bussy, couronné par la société de pharmacie de Paris (*Journ. pharm.*, X, 368). Ainsi il est prouvé maintenant que l'acide sulfurique peut exister anhydre, c'est-à-dire entièrement privé d'eau.

porte sur la plaque un mélange de huit parties de soufre et d'une partie de nitrate de potasse, et l'on chauffe le fourneau. Bientôt le soufre s'enflamme et donne lieu, d'une part, à de l'acide sulfurique, qui reste combiné à la potasse sur la plaque de fonte; de l'autre, à de l'acide sulfureux, qui se mêle à l'air de la chambre et au gaz nitreux provenant de la décomposition de l'acide nitrique. Comme on l'enseigne en chimie, ce gaz nitreux devient acide nitreux en absorbant l'oxigène de l'air, se combine à de la vapeur d'eau et à l'acide sulfureux, et se précipite avec eux vers la partie inférieure de la chambre. Mais alors le composé se détruit par le contact de l'eau liquide; l'acide sulfureux s'empare de l'oxigène de l'acide nitreux et se dissout dans l'eau; l'acide nitreux, redevenu gaz nitreux, se dégage avec effervescence, et regagne la partie supérieure, où il donne lieu aux mêmes phénomènes qu'auparavant (1); cela explique pourquoi une petite quantité de nitrate de potasse, ajoutée au soufre, peut déterminer le changement de tout l'acide sulfureux qui en provient, en acide sulfurique.

Lorsque le soufre est entièrement brûlé, ce dont il est facile de s'apercevoir par un petit carreau adapté à la trappe, on retire le sulfate de potasse de dessus la plaque; on renouvelle l'air de la chambre au moyen d'une porte ouverte à une extrémité, et d'une soupape placée à l'autre; on recharge la

(1) Suivant M. Gay-Lussac, le composé acide cristallisé qui se précipite sur l'eau du sol de la chambre, et se trouve décomposé par elle, était formé *d'acide sulfurique et d'acide nitreux*, et non d'acide sulfureux et d'acide nitreux, ou d'acide sulfurique et de deutoxide d'azote. Alors il faut admettre, 1°, que l'acide nitreux détermine la combinaison de l'acide sulfureux avec l'oxigène de l'air ou lui sert d'intermédiaire, jusqu'à ce que les cristaux soient entièrement composés d'acide nitreux et d'acide sulfurique; 2°, que c'est de l'acide nitreux déjà rutilant par lui-même, et non du deutoxide d'azote, qui se dégage du composé acide, par l'action de l'eau; du reste les résultats sont les mêmes.

plaque d'un nouveau mélange de soufre et de nitre, et, après avoir refermé toutes les ouvertures, on chauffe le fourneau. On brûle ainsi de nouveaux mélanges dans la chambre, jusqu'à ce que l'acide ait acquis de 50 à 55 degrés. Alors on le retire par le moyen d'un siphon plongeant dans une petite cavité extérieure, qui communique avec la partie la plus basse de la chambre; on introduit cet acide dans de grandes cornues de verre placées sur des bains de sable, ou mieux dans des vases distillatoires en platine, et on le concentre jusqu'à ce qu'il marque 66 degrés au pèse-acide, ce qui répond à 1.842 de pesanteur spécifique : on le laisse refroidir, et on le renferme dans de grandes bouteilles de verre ou de grès pour le verser dans le commerce.

Il y a plusieurs autres procédés pour brûler le mélange de soufre et de nitre, mais celui que je viens de rapporter paraît être un des meilleurs.

Propriétés (1). L'acide sulfurique obtenu par ce procédé est un liquide épais, oléagineux, transparent, incolore, d'une saveur caustique, pesant 1.842 lorsqu'il est concentré; mais même à cet état, il contient encore 0.182 d'eau dont il est presque impossible de l'isoler. Cet acide se congèle à la température de 4 degrés au-dessous de zéro, et cristallise en prismes hexaèdres terminés par des pyramides du même nombre de faces : il bout et se volatilise au 285e degré du thermomètre centigrade.

L'acide sulfurique, mêlé avec de l'eau, lui fait éprouver une si grande condensation, que le mélange s'élève à près de 150 degrés de chaleur; exposé à l'air, il en attire l'humidité, devient plus fluide et augmente de poids absolu : en

(1) Les propriétés qui suivent appartiennent toutes à l'acide sulfurique *hydraté*, c'est-à-dire contenant un atome d'acide réel et un atome d'eau. On peut consulter pour les propriétés de l'acide sulfurique anhydre les mémoires de M. Vogel et de M. Bussy, dont il a été parlé dans l'avant-dernière note.

même temps aussi, il y prend une couleur brune due aux particules organiques qui y voltigent, et qui se carbonisent en se déposant à sa surface. Cette coloration et cette carbonisation ont lieu sur-le-champ, en plongeant dans l'acide sulfurique concentré du papier ou un éclat de bois.

L'acide sulfurique, chauffé sur du charbon ou du mercure, se décompose en partie, et exhale l'odeur vive, irritante et suffocante de l'acide sulfureux : un dernier caractère est de former, dans les dissolutions de plomb et de baryte, des précipités insolubles dans l'acide nitrique.

Il faut choisir l'acide sulfurique du commerce incolore, inodore, d'une fluidité oléagineuse, et marquant, au pèse-acide, 66 degrés découverts. Lorsqu'il possède ces propriétés, il ne contient guère qu'une petite quantité de sulfate de plomb, formé par l'action de l'acide nitreux sur le plomb des chambres, et la combinaison subséquente de l'oxide de plomb avec l'acide sulfurique. Cet acide est bon pour la plupart des usages auxquels on peut l'employer dans les arts et même en pharmacie. Lorsqu'on veut l'obtenir entièrement pur pour l'usage de la chimie, il faut le distiller dans une cornue de verre au fourneau de réverbère : cette opération n'est pas sans difficulté.

Usages. Les usages de l'acide sulfurique sont très-nombreux : on s'en sert pour obtenir presque tous les autres acides; pour décomposer le sel marin, et former du sulfate de soude dont ensuite on peut extraire la soude; pour faire de l'alun, du sulfate de fer, du sublimé corrosif, etc.; pour préparer l'acide sulfurique alcoholisé, et l'éther sulfurique; pour décomposer les os calcinés, et en extraire le phosphore. On s'en sert également pour dissoudre l'indigo; mais il faut observer que, pour cet usage, l'acide sulfurique de Nordhausen, qui contient une certaine quantité d'acide anhydre, l'emporte beaucoup sur l'acide fabriqué dans les chambres de plomb.

L'acide sulfurique est quelquefois employé à l'intérieur à

très-petites doses, comme astringent, tonique, rafraîchissant et diurétique.

Composition de l'acide sulfurique sec : soufre 100, oxigène 149,16.

Ve DIVISION. — *Des Sels.*

Les sels sont des corps résultant de la combinaison d'un acide avec un oxide métallique.

Ces deux genres de corps perdent, en se combinant, plus ou moins de leurs propriétés respectives. Lorsqu'ils les perdent entièrement, on dit qu'ils se neutralisent, et le sel formé prend le nom de *sel neutre;* dans le cas contraire, le sel prend le nom de *sur-sel,* ou de *sous-sel,* selon que les propriétés de l'acide ou de l'oxide y dominent.

On connaît un sel neutre à ce qu'il n'altère ni la teinture de tournesol ni celle de violette. On reconnaît un sur-sel à ce qu'il rougit la teinture de tournesol, et un sous-sel à ce qu'il verdit la teinture de violette, ou ramène au bleu celle de tournesol préalablement rougie par un acide. Quoique ces caractères ne soient pas regardés comme rigoureusement exacts en chimie, cependant ils suffisent pour la pratique ordinaire, et l'on s'y arrête assez volontiers.

On a encore distingué les sels en sels *simples* et sels *doubles.* La définition des premiers rentre dans celle que j'ai donnée des sels en général; les seconds peuvent toujours être considérés comme formés par la combinaison de deux sels simples de même acide et de base différente.

Enfin on divise les sels en genres et en espèces. Tous les sels formés par un même acide composent un genre, et la base constitue l'espèce. Quant à leur nomenclature, on a adopté pour chaque genre un nom dérivé du nom de l'acide, et terminé différemment suivant que l'acide est au *maximum* ou au *minimum* du principe acidifiant: le nom spécifique se forme en ajoutant au nom générique le nom de la base, sans aucune altération; mais il y a quelques exceptions consacrées par l'habitude, que je ne puis expliquer ici, et qu'il convient d'étudier dans les *Traités de chimie*.

Le nombre des sels employés en pharmacie est très-considérable; ceux que nous tirons du commerce se réduisent à une vingtaine.

SECTION I. — *Acétates*.

42. *De l'Acétate de cuivre brut*.

Acetas cupri crudus.

L'acétate de cuivre brut se nomme aussi *vert-de-gris*, ou *verdet gris*. On le fabrique dans le midi de la France, en disposant par tas, et couche par couche, des lames de cuivre et des rafles de raisin récemment exprimées. Comme il reste encore du vin dans ces rafles, elles fermentent, s'échauffent, et forment de l'acide acétique qui se combine au cuivre oxidé en même temps par le contact de l'air. Lorsque la fermentation a cessé, ce qu'on reconnaît au refroidissement de la masse, on en retire les lames, et on les met en tas avec de nouvelles rafles : alors la couche d'acétate de cuivre devenant assez épaisse, on met ces lames dans des vases de grès, et on les arrose d'un peu de vinaigre, afin de gonfler la croûte de sel et de pouvoir la séparer plus facilement du cuivre métallique. On pétrit le sel avec un peu de vin, et on l'enferme dans des peaux de mouton pour le livrer au commerce. Ce sel est en masses d'un vert bleuâtre, composées de très-petits cristaux soyeux, de quelques parcelles de cuivre et de débris atténués de marc de raisin. Il a une légère odeur de vinaigre et une forte saveur cuivreuse. Suivant M. Proust, l'eau le décompose en 50 et quelques parties d'acétate soluble à 0,39 d'oxide, et en 44 parties d'un acétate insoluble, contenant 0,63 d'oxide (*Ann. chim.* XXXII, 38). D'après M. R. Phillips, les cristaux bleus de vert-de-gris sont composés de

Oxide de cuivre... 43,25.
Acide acétique.... 28,30.
Eau................ 28,45. (*Ann. chim. phys.*, XXI. 213.)

Le vert-de-gris est employé comme escarotique dans quelques onguens : il est usité en peinture.

43. *De l'Acétate de cuivre cristallisé.*
Acetas cupri crystallinus.

Cet acétate, nommé autrefois *verdet cristallisé*, ou *cristaux de Vénus*, en raison de ce que les alchimistes nommaient le cuivre *Vénus*, se fabrique également dans le midi de la France, en faisant bouillir le vert-de-gris, récemment détaché de dessus les lames de cuivre, dans du vinaigre distillé; par ce moyen on amène le sous-acétate de cuivre à l'état d'acétate neutre soluble, et on le dissout avec celui qui existait déjà dans le vert-de-gris. On laisse reposer la liqueur, on la décante, on la fait évaporer convenablement, et, enfin, on la met à cristalliser.

Cette cristallisation s'opère d'une manière particulière : on met la liqueur dans des baquets, et on y suspend des bâtons fendus en quatre par un bout, et dont on tient les quatre branches écartées au moyen de petites fiches de bois. Le sel cristallise sur ces bâtons, et présente en masse la forme de pyramides quadrangulaires tronquées. Lorsqu'on s'aperçoit que les groupes ne grossissent plus, on les retire, on fait concentrer la liqueur, et on les y plonge de nouveau : par ce procédé on obtient, à la surface des groupes, des cristaux assez prononcés d'acétate de cuivre.

Ces cristaux sont rhomboïdaux, et d'un vert très-foncé; ils s'effleurissent légèrement à l'air, et deviennent d'un vert bleuâtre pâle; ils doivent être entièrement solubles dans l'eau : leur solution jouit des propriétés communes à toutes les dissolutions de cuivre (p. 62).

L'acétate de cuivre cristallisé sert, en pharmacie, à l'ex

traction de l'acide acétique concentré, dit *vinaigre radical.* On l'emploie aussi en peinture.

Composition d'après M. Berzélius :

Acide acétique.....	51,29
Oxide de cuivre.....	39,65
Eau.................	9,06.

44. *De l'Acétate de Plomb cristallisé.*

Acetas plumbi crystallinus.

(*Sel de Saturne.*)

Ce sel se prépare avec le plomb ou la litharge, et du vinaigre distillé ou de l'acide acétique retiré du bois.

Pour le faire avec du plomb, on réduit ce métal en lames que l'on expose, au contact de l'air, dans des baquets évasés où on les baigne de vinaigre. Le plomb s'oxide et se combine à l'acide : au bout de quelque temps on le replace dans d'autre vinaigre, et l'on continue ainsi jusqu'à ce que les lames soient presque complètement dissoutes. On rassemble toutes les liqueurs, on les fait évaporer et cristalliser.

Pour faire ce sel avec la litharge, on suspend de la litharge dans un panier, au milieu d'une chaudière remplie de vinaigre et l'on chauffe : la litharge se dissout et neutralise l'acide; mais il faut avoir l'attention de la retirer avant que la liqueur cesse de rougir le tournesol; car si on laissait celle-ci se saturer entièrement d'oxide, elle ne pourrait plus cristalliser. Lors donc qu'elle est au point convenable, on retire la litharge, on décante la liqueur dans une autre chaudière, on la fait concentrer et cristalliser.

Il faut choisir l'acétate de plomb tout-à-fait blanc, et bien cristallisé en aiguilles brillantes, qui sont des prismes quadrilatères de formes variées; sa saveur est d'abord sucrée et ensuite astringente; il rougit faiblement le tournesol; est très-soluble dans l'eau distillée, et beaucoup plus à chaud qu'à froid; sa dissolution, comme toutes celles de plomb, forme un précipité blanc par les alcalis et leurs carbonates; un précipité noir par l'acide hydrosulfurique et les hydrosulfates; un précipité blanc insoluble dans l'acide nitrique, par l'acide sulfurique et les sulfates. C'est à cause de la présence habituelle d'un sulfate dans l'eau de rivière, et surtout dans l'eau de puits, que ces eaux se troublent fortement et blanchissent, lorsqu'on y fait dissoudre de l'acétate de plomb. Un dernier caractère de l'acétate de plomb, qui lui est commun avec tous les acétates, est de dégager de l'acide acétique lorsqu'on le traite par l'acide sulfurique.

L'acétate de plomb cristallisé est vénéneux à l'intérieur. On l'emploie quelquefois à l'extérieur, comme astringent et siccatif: son plus grand usage, en pharmacie, est pour préparer le sous-acétate de plomb liquide, ou *extrait de saturne;* il est très-employé dans les manufactures de toiles peintes pour fabriquer, par double décomposition, l'acétate d'alumine qu'on y consomme comme *mordant.* Il sert également, en France, à préparer le sous-carbonate de plomb ou *céruse.*

Composition : Acide acétique 26,99; oxide de plomb 58,71; eau 14,30.

SECTION II. — *Borates.*

45. *Du Borate de soude.*

Boras sodæ.

Ce sel, formé par la combinaison de l'acide boracique ou borique avec la soude, se nommait autrefois *borax,* nom tiré de l'Arabe; *tinckal,* qui paraît être son nom indien; *chrysocolle,* de deux mots grecs qui indiquent l'usage qu'on en fait pour souder l'or. Le borax se trouve dans un assez grand nombre de lieux, mais surtout dans l'Inde, au Thibet, en Chine, et dans deux mines du Potosi au

Pérou; c'est du Thibet que vient la plus grande partie de celui du commerce.

Le borax existe dissous, ou se forme dans les eaux de plusieurs lacs de cette dernière contrée; il paraît qu'il se cristallise dans la vase de ces lacs, et surtout vers leurs bords, par le desséchement partiel qui s'y opère pendant le temps des plus fortes chaleurs; on l'en retire et on le livre au commerce tel qu'il est, c'est-à-dire, sali par de l'argile, et par une matière grasse particulière saponifiée à l'aide de l'excès d'alcali du borax (1). On le raffine, en Europe, en le fondant au feu pour détruire la matière grasse qui le colore; le concassant, le dissolvant dans l'eau, et faisant cristalliser la liqueur, après l'avoir dépurée par le repos et concentrée sur le feu. M. Robiquet a indiqué un autre procédé pour purifier le borax. Ce procédé consiste à laver le sel à froid dans de l'eau, à laquelle on ajoute une petite quantité de chaux. Cet alcali décompose le savon de soude que l'eau avait dissous, et le change en un savon calcaire insoluble; on brasse le tout, et on le jette sur un tamis pour faire égoutter le borax, que l'on fait ensuite dissoudre entièrement. On y ajoute un centième de muriate de chaux, qui décompose les dernières portions de savon de soude; on filtre, on fait évaporer et cristalliser (*Journ. pharm.*, 1818, p. 97). Il paraît aussi que l'on commence à fabriquer du borax en combinant avec la soude l'acide borique qui provient des lacs de Toscane.

Le borax purifié est sous la forme de cristaux irréguliers, blancs, d'une transparence imparfaite et d'une saveur uri-

(1) On distingue dans le commerce trois sortes de borax brut : le borax de l'Inde qui est en petits cristaux plus ou moins impurs ; le borax du Bengale ou de Chandernagor, en gros cristaux arrondis ; et le borax de la Chine qui est demi-raffiné et en masses ou croûtes de 4 à 5 centimètres d'épaisseur, assez semblables, quant à l'extérieur, au sucre de lait.

neuse. Il s'effleurit superficiellement à l'air, est soluble dans 2 parties d'eau bouillante, et dans 8 à 10 d'eau froide. Il verdit fortement le sirop de violettes, et laisse précipiter de l'acide borique sous la forme de lames brillantes, lorsqu'on décompose sa dissolution par un des acides sulfurique, nitrique ou hydrochlorique.

Le borax, exposé au feu, se fond dans son eau de cristallisation, se boursoufle considérablement, se dessèche et enfin se fond, à la chaleur rouge, en un verre transparent et incolore. Ce verre jouit de la propriété de dissoudre la plupart des oxides métalliques et de prendre une couleur particulière pour chacun d'eux, de manière qu'on l'emploie dans les essais docimastiques pour reconnaître ces oxides.

Le borate de soude est à peine employé en médecine; cependant les pharmaciens en consomment une certaine quantité pour préparer l'acide borique et, par suite, la crème de tartre rendue plus soluble par cet acide.

Composition du borate de soude, d'après M. Soubeiran: acide borique 34,98; soude 16,77; eau 48,25 (*Journal pharm.*, IX, 34).

SECTION III. — *Carbonates.*

46. *Du Sous-Carbonate de Chaux* (1).
Sub-carbonas calcis.

États naturels. Le sous-carbonate de chaux est le plus abondant de tous les corps qui existent à la surface du globe; il appartient à tous les sols; la nature l'a travaillé dans tous les temps et l'a modifié d'une infinité de manières.

Le carbonate de chaux a reçu différens noms, suivant les

(1) M. Berzélius, qui a presque toujours raison, regarde la craie et les carbonates analogues, comme des carbonates neutres (*Ann. chim.*, LXXXII, 229); l'usage a prévalu jusqu'ici en France, de nommer ces sels des *sous-carbonates*.

principales formes sous lesquelles on le rencontre : ainsi on le nomme *spath*, lorsqu'il est cristallisé en cristaux isolés; *marbre*, cristallisé confusément en masses susceptibles de poli; *pierre à bâtir* et *pierre à chaux*, quand il est en masses dures, à cassure terne, terreuse, non polissable; *craie*, en masses plus pures, tout-à-fait blanches, plus tendres et plus friables; *albâtre*, quand il est sous la forme de *stalactites* ou de concrétions translucides, qui se sont accrues dans des cavités souterraines, par l'infiltration des eaux qui en sont chargées.

Le carbonate de chaux cristallisé se trouve sous un grand nombre de formes, qui peuvent toutes être ramenées au rhomboïde obtus par la division mécanique; on le trouve aussi naturellement sous cette forme, qui est celle primitive; alors on le nomme *spath rhomboïdal*, ou *spath d'Islande;* mais la plupart des cristaux de cette variété que l'on trouve chez les curieux, ne sont que des cristaux artificiels extraits d'un cristal différent, ou même d'une masse terminée d'une manière irrégulière : les plus beaux sont remarquables par leur transparence parfaite, et par la facilité avec laquelle on peut observer la double réfraction qu'ils font éprouver à la lumière.

Quant au nom de *marbre*, quoiqu'il ait été appliqué à beaucoup de substances différentes du carbonate de chaux proprement dit, et qu'il semble qu'on l'ait étendu à tout corps d'une dureté moyenne, susceptible de poli, existant en masses assez considérables pour qu'on pût en former des meubles ou des objets d'ornement, il est vrai de dire cependant que le carbonate de chaux en forme toujours la base principale. Les marbres les plus estimés ou les plus employés sont : le *M. statuaire de Carrare* (chaux carbonatée saccharoïde H.) ; le *M. bleu Turquin*, recherché pour les meubles, d'un bleu-grisâtre veiné de blanchâtre et de noirâtre (ch. carbon. sub-lamellaire H.); le *M. Languedoc*, d'un rouge de feu rubané de blanc, employé dans les églises; le *M. por-*

tor, de Porto-Venere en Italie, d'un fond noir veiné de jaune vif; le *M. jaune de Sienne*, d'un jaune vif veiné de pourpre et de rouge; le *M. Sainte-Anne*, d'un gris foncé veiné de blanc; le *M. granite*, d'un gris foncé presqu'entièrement composé de débris d'entroques; le *M. noir* (ch. carb. bituminifère H.), qui sert au carrelage des églises, etc., et qui répand une odeur de bitume par le frottement; le *M. vert antique*, composé de serpentine et de chaux carbonatée; le *M. lumachelle*, presqu'entièrement composé de coquilles brisées, engagées dans de la ch. carbon. sub-lamellaire; le *M. brèche*, qui est formé de morceaux brisés et anguleux, enchâssés dans une pâte de couleur différente; le *M. ruiniforme* ou *de Florence*, espèce de marne assez dure pour se prêter au poli, qui, sur un fond jaunâtre, semble représenter des ruines d'édifices, etc.

Propriétés. Sous quelque forme que se présente le sous-carbonate de chaux, il est facile à reconnaître. Il est insoluble dans l'eau, soluble avec effervescence dans l'acide nitrique; et, lorsqu'au moyen d'un appareil convenable on fait passer le gaz qui s'en dégage à travers l'eau de chaux, il la trouble. D'un autre côté, le carbonate de chaux se décompose au feu et donne, pour produit fixe, de la chaux caustique, reconnaissable à son action sur l'eau et à son peu de solubilité dans ce liquide, qui, cependant, en acquiert des propriétés alcalines très-marquées. Enfin, le carbonate de chaux décomposé par l'acide sulfurique non en excès, forme un sel très-peu soluble dans l'eau et dont la dissolution, néanmoins, est précipitée par l'acide oxalique.

Usages. Le sous-carbonate de chaux a des usages fort nombreux, dont le plus important est sans contredit celui de servir à construire nos édifices. On le calcine en grand, dans des fours spécialement destinés à cet usage, et on le transforme en *chaux*, dont les usages sont aussi très-importans et très-connus.

La craie et le *blanc de Meudon*, qui n'est que de la craie

privée de ses parties sablonneuses par la lotion, sont employés dans la peinture en bâtimens et dans un grand nombre d'arts chimiques : par exemple, on s'en sert dans les fabriques de soude pour décomposer le sulfate de soude, et nous l'employons pour décomposer la crème de tartre, ou sur-tartrate de potasse, et en former du tartrate de chaux, dont ensuite nous retirons l'acide tartarique par l'intermède de l'acide sulfurique.

Le marbre est également très-connu par l'emploi qu'on en fait en architecture et en sculpture. L'albâtre, moins abondant, est réservé pour des objets d'ornement remarquables par leur demi-transparence et par l'ondulation agréable de leurs couleurs; car le véritable albâtre oriental, qui est l'albâtre calcaire, est rarement blanc. L'albâtre blanc n'est le plus souvent qu'une variété de sulfate de chaux.

47. *De l'Aragonite.*

On trouve cette substance en Aragon (d'où lui vient son nom), en Auvergne et dans le Saltzbourg. Elle est ordinairement cristallisée en prismes à 6 pans, et d'une couleur violacée. Pendant long-temps elle a paru, à l'analyse, n'être que du carbonate de chaux, composé des mêmes proportions d'acide et de chaux que le spath calcaire : et cependant M. Haüy en a fait une espèce à part, se fondant sur ce que sa forme primitive, qui est un octaèdre, n'a aucun rapport avec le rhomboïde du spath calcaire. En 1813, M. Strômeyer, chimiste allemand, crut avoir trouvé la cause de cette anomalie, en découvrant du carbonate de strontiane dans l'aragonite; car alors l'aragonite n'étant plus identique dans sa composition avec le spath calcaire, il n'était pas étonnant qu'elle eût une autre forme primitive. Mais, depuis cette époque, d'autres chimistes, et entre autres M. Vauquelin, ont reconnu que le carbonate de strontiane se trouvait en quantités assez différentes et cependant assez petites dans diverses aragonites, pour qu'on pût l'y croire accidentel. En dernier lieu, M. Laugier a analysé des aragonites entièrement exemptes de strontiane; de sorte que l'on est encore à découvrir la cause de la différence que l'on observe entre l'aragonite et le spath calcaire, entre les résultats de la cristallographie et ceux de l'analyse chimique.

48. *Du Sous-Carbonate de magnésie.*
Sub-carbonas magnesiæ.

Le sous-carbonate de magnésie est très-rare dans la nature, surtout à l'état de pureté : il paraît même qu'on l'a trouvé en cet état que dans la Styrie supérieure; celui que l'on rencontre en Moravie et dans le Piémont est mêlé de silice.

On forme donc ce sel artificiellement, en décomposant une solution de sulfate de magnésie par une de sous-carbonate de potasse. On emploie à cet effet, ou la solution naturelle de sulfate de magnésie qui coule des fontaines d'Epsom, en Angleterre, d'Égra ou de Sedlitz en Bohême, ou bien on en prépare une artificielle. Il résulte, de la double décomposition des deux sels, du sulfate de potasse qui reste dissous, et du sous-carbonate de magnésie qui se précipite (1). On laisse reposer, on lave le précipité, on le fait égoutter, et, lorsqu'il est assez solide, on en forme des sortes de briques carrées qu'on laisse sécher à l'air.

---

(1) Ce n'est pas, exactement parlant, du sous-carbonate de magnésie qui se précipite, parce qu'il se dégage toujours une portion d'acide carbonique; c'est un mélange variable de sous-carbonate de magnésie et d'un autre sel composé de sous-carbonate et d'hydrate de magnésie (hydro-carbonate de magnésie, *Berz.*). On en acquiert la preuve par la calcination : le véritable sous-carbonate de magnésie ne devrait donner que 29,58 pour 100 de magnésie calcinée (*Ann. chim. phys.*, XIV, 378), l'hydro-carbonate en devrait fournir 44,58 (*ibid.*, p. 387), la magnésie du commerce en produit ordinairement 41.

Le sous-carbonate de magnésie est donc sous la forme de masses cubiques ou parallélipipèdes; il est d'un blanc parfait, très-léger, insipide et insoluble dans l'eau; néanmoins il verdit le sirop de violettes. Il fait une très-vive effervescence avec l'acide sulfurique faible et s'y dissout en totalité, ce qui le distingue du carbonate de chaux qui ne s'y dissout que très-peu.

Le sous-carbonate de magnésie nous vient d'Angleterre, d'Allemagne, et aussi d'Italie, où l'on fabrique une assez grande quantité de sulfate de la même base. Celui d'Angleterre est le plus estimé, à cause d'une plus grande légèreté et de sa grande pureté.

Le sous-carbonate de magnésie est souvent désigné dans la pratique, mais à tort, sous le seul nom de *magnésie*, ou de *magnésie blanche*. On l'emploie à l'intérieur, pour absorber les aigreurs de l'estomac, et dans les cas d'empoisonnement par les acides; mais la magnésie pure est préférable, parce qu'elle ne produit pas d'acide carbonique, qui distend l'estomac et le fatigue : aussi le sous-carbonate de magnésie est-il employé, surtout, pour préparer la magnésie pure ou *calcinée*.

49. *Du Sous-Carbonate de Plomb.*
Sub-carbonas plumbi.

Ce sel existe en petite quantité dans quelques mines de plomb (p. 88); mais celui que l'on emploie dans les arts est toujours artificiel.

Il y a deux procédés pour le préparer : le plus anciennement connu, celui qui est encore usité en Hollande, et à Krems en Autriche, consiste à suspendre le plomb réduit en lames dans la partie supérieure de grands pots de terre, au fond desquels on a mis 5 ou 6 litres de vinaigre. Ces pots ne sont pas entièrement fermés par un couvercle de plomb, auquel sont attachées les lames, et ils sont enfoncés jusqu'au couvercle dans du fumier neuf, ou mieux dans de la *tannée* (1). Ces substances fermentent et produisent une température uniforme de 40 à 50 degrés, à l'aide de laquelle le vinaigre se volatilise lentement, et détermine l'oxidation du plomb aux dépens de l'oxigène de l'air. Il se forme, en conséquence, du sous-acétate de plomb, qui se décompose à mesure par l'acide carbonique ambiant; et il en résulte, enfin, du sous-carbonate de plomb qui forme une couche blanche, dure et assez épaisse, à la surface des lames de plomb. On fait sécher cette couche à l'air, et on la détache du plomb non attaqué par la percussion. C'est cette espèce de sous-carbonate de plomb qui porte plus spécialement le nom de *blanc de plomb*. Souvent on le pulvérise dans la fabrique même, on le broie à l'eau, et on le met en pains coniques que l'on fait sécher à l'air : alors il prend le nom de *céruse*; mais il est sujet à être falsifié avec de la craie.

Le second procédé, pour obtenir le sous-carbonate de plomb, est celui qui est employé à la fabrique de Clichy, auprès de Paris. Il est toujours fondé sur la propriété que possède le sous-acétate de plomb, d'être décomposé par l'acide carbonique. On sature une solution d'acétate neutre de plomb, ou sel de saturne du commerce, avec de la litharge, et on y fait passer un courant de gaz acide carbonique jusqu'à ce qu'il ne s'y forme plus de précipité. Ce précipité est le sous-carbonate de plomb; on le lave et on le fait sécher. La liqueur, qui a été ramenée par l'acide carbonique à l'état d'acétate neutre, est de nouveau saturée de litharge et précipitée par l'acide carbonique. Le sous-carbonate obtenu par ce procédé porte dans le commerce le nom de

(1) On nomme ainsi l'écorce de chêne ou le tan, qui a servi aux opérations du tannage, et qui est épuisée de son principe astringent. La tannée est préférable au fumier dans l'opération qui nous occupe, parce que ce dernier, à une certaine époque de sa putréfaction, dégage du gaz hydrosulfurique qui noircit le sous-carbonate de plomb.

céruse de Clichy; il est comparable aux plus beaux blancs de Krems.

Le sous-carbonate de plomb en écailles est dur, très-pesant, d'un blanc légèrement grisâtre; celui de Clichy est en pains très-blancs, également très-pesans, pulvérulens, et salissant fortement les doigts et le papier. Le papier qui en est sali, allumé à une bougie, brûle en laissant tomber des globules de plomb réduit, que l'on peut recueillir sur une autre feuille de papier blanc; et cette expérience, qui est presque un jeu d'écolier, offre un des bons caractères du sous-carbonate de plomb : de plus ce sel est soluble dans l'acide nitrique avec effervescence, et sa dissolution jouit de toutes les propriétés communes aux dissolutions de plomb (p. 90). Lorsqu'on veut reconnaître si la céruse contenait du sous-carbonate de chaux, il faut précipiter cette dissolution par l'ammoniaque qui laisse la chaux dans la liqueur; on la filtre et on y verse du sous-carbonate de potasse, qui y produira un nouveau précipité blanc, dans le cas de la présence de la chaux.

Les pharmaciens doivent rejeter avec soin la céruse ainsi altérée.

Le sous-carbonate de plomb entre dans la composition de plusieurs emplâtres et onguens siccatifs, et dans celle des trochisques blancs de *Rhasis.* Son plus grand usage est pour la peinture à l'huile, où il n'est pas sans de grands inconvéniens, tant pour l'ouvrier qui le broie que pour celui qui l'emploie. Il est même malsain d'habiter un appartement dont les boiseries sont nouvellement peintes avec cette couleur. Son action se porte principalement sur l'appareil digestif et occasione la maladie connue sous le nom de *colique des peintres*, laquelle, souvent renouvelée, finit par altérer profondément la santé de ceux qui y sont exposés.

Du Sous-Carbonate de Potasse.

(Voyez aux produits végétaux.)

50. *Du Sous-Carbonate de Soude.*
Sub-carbonas sodæ.

Ce sel existe en assez grande quantité dans la nature, et se prépare artificiellement. Celui qui est naturel, a été connu et employé chez les anciens sous le nom de *nitrum* ou de *natrum*. On ne l'extrayait alors que de quelques lacs de l'Égypte, qui, en se desséchant totalement pendant l'été, le laissaient sous la forme d'une couche saline que l'on brisait avec des barres de fer. Ces lacs en fournissent toujours: mais le sel qu'ils produisent ne vient plus guère en Europe, et il est d'ailleurs mêlé de beaucoup de muriate de soude qui lui donne une qualité inférieure. La Hongrie possède aussi quelques lacs pareils, dont on retire une certaine qua tité du même sel.

Mais le sous-carbonate de soude, que l'on pourrait tirer de ces deux pays, serait bien loin de suffire à la grande consommation qui s'en fait actuellement dans les arts. Une partie de celui qu'on emploie provient, comme je l'exposerai en traitant des produits végétaux, de l'incinération de quelques plantes marines cultivées en Espagne et sur plusieurs points maritimes de la France; le reste est produit par la transformation du sel marin en sulfate de soude, et la décomposition du sulfate de soude, soit au feu, par l'intermède du charbon et de la craie, soit en dissolution dans l'eau, par l'acétate de chaux: dans ce dernier cas on forme du sulfate de chaux presque insoluble, et de l'acétate de soude, qui desséché, calciné et redissous dans l'eau, fournit du sous-carbonate de soude presque pur.

Le sous-carbonate de soude est blanc et d'une saveur fortement alcaline; il est très-soluble dans l'eau, beaucoup plus à chaud qu'à froid, et cristallise très-facilement par le refroidissement; les cristaux en sont le plus souvent irréguliers, transparens, et contiennent 63 pour 100 d'eau de cristallisation; ils s'effleurissent et tombent en poussière à l'air; au feu, ils éprouvent d'abord la fusion aqueuse, ensuite le sel se dessèche et ne se fond plus qu'au-dessus de la chaleur rouge.

Le sous-carbonate de soude fait une vive effervescence avec les acides; il forme, avec les dissolutions de plomb et de baryte, des précipités qui sont entièrement solubles dans l'acide nitrique. Ordinairement, cependant, ces précipités ne se redissolvent pas en entier, à cause d'une quantité plus ou moins grande de sulfate de plomb ou de baryte insoluble, dû à ce que le sous-carbonate de soude du commerce est rarement exempt de sulfate de soude : il faut choisir celui qui en contient le moins; ou, ce qui est la même chose, celui qui, après avoir été précipité par le plomb ou la baryte, laisse le moins de sulfate insoluble dans l'acide nitrique.

Le sous-carbonate de soude est employé, en pharmacie, pour former un grand nombre de sels à base de soude, et surtout pour obtenir la soude caustique liquide, dite *lessive des savonniers*; lui-même est quelquefois usité en médecine, comme excitant, fondant et dissolvant de certains calculs urinaires : mais son plus grand usage est pour les verreries, les blanchisseries, les savonneries et les ateliers de teinture.

SECTION IV. — *Hydrochlorates.*

51. *De l'Hydrochlorate d'Ammoniaque.*
Hydrochloras ammoniæ.

L'hydrochlorate d'ammoniaque se nommait, il n'y a pas encore long-temps, *muriate d'ammoniaque*, et, plus anciennement, *sel ammoniac* ou *ammoniac*, parce que, suivant Pline, on le trouvait en grande quantité aux environs du temple de Jupiter Ammon en Afrique. Quoi qu'il en puisse être de cette assertion, elle indique toujours que la découverte et l'emploi de ce sel remontent à une très-haute antiquité.

L'hydrochlorate d'ammoniaque se forme journellement dans les éruptions volcaniques. L'Etna en produit des quantités considérables qui ont été quelquefois livrées au commerce; les Kalmouks trafiquent, depuis un temps immémorial, de celui qu'ils recueillent auprès de deux volcans encore brûlans dans la haute Asie (*Ann. chim. phys.* XIV, 309); dernièrement enfin on en a trouvé en France qui s'exhale d'une houillère embrasée; mais ces différentes sources de sel ammoniac seraient-elles encore plus abondantes, elles seraient loin de suffire à la consommation de nos arts industriels, et presque tout celui que nous employons est fabriqué artificiellement.

Il n'y a pas très-long-temps encore que tout le sel ammoniac, consommé en Europe, était tiré d'Égypte, où on l'extrait de la fiente des chameaux, de la manière suivante : cette fiente desséchée, est brûlée comme combustible par les pauvres du pays; le sel qu'elle contient se volatilise et se condense avec la suie dans les cheminées. Les fabricans de sel ammoniac achètent cette suie, en remplissent aux deux tiers de grands ballons de verre, et la chauffent au bain de sable pendant trois jours. Le sel se sublime dans la partie supérieure des ballons, et forme des pains solides, demi-transparens, souvent salis par une matière fuligineuse.

Baumé est le premier qui ait tenté d'enlever cette branche d'industrie à l'Égypte. Il a fabriqué du sel ammoniac de toutes espèces; mais son procédé était trop dispendieux pour soutenir la concurrence avec celui d'Égypte et il a fallu l'abandonner. Aujourd'hui on en suit un plus économique que voici :

On transporte, dans des fabriques situées hors des grandes villes, mais à leur portée, toutes les matières animales qui proviennent de leurs immondices, comme des os, de la corne, etc. : on introduit ces matières dans des cylindres de fonte diposés horizontalement, au nombre de trois ou de quatre, dans un fourneau à réverbère, et on les y chauffe fortement. L'une des extrémités des cylindres est entièrement fermée par un couvercle de fonte : on adapte à l'autre de larges tubes qui conduisent les vapeurs dans des tonneaux contenant de l'eau, et disposés entre eux comme les flacons d'un appareil de Woulf. Ces vapeurs sont composées d'eau, d'huile empyreumatique, d'acétate, de prussiate et, surtout, d'une grande quantité de sous-carbonate d'ammoniaque qui se dissout dans l'eau avec les précédens et une portion d'huile. On met la liqueur, qui est très-brune, en contact avec une dissolution trouble de sulfate de chaux, et même on la filtre à travers une couche de ce sel. Le sous-carbonate d'ammoniaque et le sulfate de chaux se décomposent réciproquement : il en résulte du sous-carbonate de chaux insoluble, et du sulfate d'ammoniaque qui reste dans la liqueur. Alors on ajoute dans cette liqueur un excès de sel marin, ou *chlorure de sodium*, qui, en s'y dissolvant, devient hydrochlorate de soude; on la fait évaporer et cristalliser. Il y a encore double décomposition et formation de sulfate de soude et d'hydrochlorate d'ammoniaque, qui cristallisent à deux époques différentes : on les sépare donc, et l'on purifie l'hydrochlorate, par la sublimation, dans de grands matras de verre.

Le sel ammoniac du commerce est en pains ronds aplatis, d'une apparence de glace, et comme légèrement flexibles sous le marteau lorsqu'on veut les casser. Il est blanc, ou coloré par une matière fuligineuse, qui paraît ne pas être inutile lorsqu'on le fait servir dans l'étamage de cuivre; mais, pour la pharmacie, c'est le sel ammoniac blanc qu'il faut préférer, et il convient encore de le purifier par solution et cristallisation.

L'hydrochlorate d'ammoniaque a une saveur très-piquante; il est soluble dans environ 3 parties d'eau froide, et dans une bien moindre quantité d'eau bouillante; il cristallise en aiguilles qui se groupent comme des barbes de plume, et qui forment, en se séchant, des masses fort légères. Ce sel, ainsi cristallisé, ne contient pas d'eau, contre l'opinion générale des chimistes, et est formé seulement de, acide hydrochlorique 61.4, ammoniaque 38,6. Il est entièrement volatil et indécomposable au feu; il exhale une forte odeur d'ammoniaque lorsqu'on le mêle, même à l'état solide, avec un alcali fixe, ou avec les sous-carbonates de potasse et de soude; sa dissolution précipite celle de nitrate d'argent, de même que toutes les autres dissolutions d'hydrochlorates ou de chlorures.

Le sel ammoniac est employé à l'intérieur et à l'extérieur.

Il sert à faire l'ammoniaque et le sous-carbonate d'ammoniaque; on l'emploie pour décaper le cuivre que l'on veut étamer; il sert quelquefois dans la teinture.

SECTION V. — *Nitrates.*

52. *Du Nitrate de Potasse.*

Nitras potassæ.

Ce sel, qui porte aussi les noms de *nitre* et de *salpêtre*, se trouve en assez grande quantité dans la nature, mais non en masses considérables. Il est disséminé dans le sol, et vient se montrer à sa surface sous la forme d'une efflorescence blanche, qu'on enlève lorsqu'elle a acquis une certaine épaisseur, et qui ne tarde pas à se reproduire. C'est ainsi qu'on se procure le nitre dans les Indes, dans l'Amérique méridionale et dans quelques contrées de l'Espagne : mais, la plus remarquable de ces nitrières est sans contredit celle du Pulo de la Molfetta, découverte en 1783 dans le royaume de Naples, par M. Fortis. Ce Pulo est un enfoncement circulaire d'environ 400 mètres de circonférence et de 33 mètres de profondeur; il paraît avoir été creusé par affaissement dans une pierre calcaire coquillère, et est percé, sur les côtés, de trous servant d'ouvertures à des grottes qui se prolongent sous le terrain. C'est contre toute la paroi de ces grottes que l'on trouve une grande quantité de nitre presque pur, et qui s'y régénère dans l'espace d'un mois à six semaines, sans qu'on puisse attribuer sa régénération à la fréquentation des animaux; car on a remarqué que les grottes les plus riches sont celles que la petitesse de leur ouverture met à l'abri de leur atteinte.

Mais, comme les mines de salpêtre naturel sont loin de pouvoir suffire à la grande consommation que l'on fait de ce sel, on a établi des nitrières artificielles en France, et surtout en Allemagne, en exposant, sous des hangars humides, des terres calcaires mêlées de substances végétales et animales : l'azote de ces matières se combine, à l'état naissant, à l'oxigène de l'air, et forme de l'acide nitrique qui se fixe sur la chaux et sur la potasse provenant des matières végétales. Lorsqu'on juge l'efflorescence des sels suffisamment avancée, on lessive les terres, et l'on traite les liqueurs à peu près de la même manière que je vais dire pour la fabrication du salpêtre de Paris.

A Paris, la formation du salpêtre est due aux mêmes causes; car cette grande ville présentant un grand nombre d'endroits bas, peu aérés, saturés d'exhalaisons animales, et entourés de murs calcaires, peut être considérée comme une immense nitrière artificielle. On a donc soin d'inspecter tous les platras qui proviennent de la démolition des vieux murs; et, lorsqu'on reconnaît qu'ils contiennent une quantité de nitre exploitable, on les transporte dans les ateliers des salpêtriers, où ils sont pulvérisés et lessivés. L'eau en dissout sept sels dont les proportions, sur 100 parties, sont d'environ 70 de nitrates de chaux et de magnésie, 10 de sel marin, 10 de nitrate de potasse, et 5 de sulfate de chaux et d'hydrochlorate de chaux et de magnésie. On fait évaporer cette eau depuis 5 jusqu'à 25 degrés, dans une chaudière de cuivre, où elle se trouble et précipite une matière boueuse, que l'on reçoit dans un chaudron placé au fond de la liqueur et suspendu à une poulie, afin qu'on puisse le retirer de temps en temps. On ajoute, dans la liqueur à 25 degrés, une dissolution de potasse du commerce, laquelle y forme un précipité dû à la décomposition des nitrates et hydrochlorates de chaux et de magnésie, et produit, d'un autre côté, du nitrate et de l'hydrochlorate de potasse, qui restent dans la liqueur.

Lorsque la précipitation est opérée, on porte la liqueur dans un réservoir placé à proximité de la chaudière; et, quand elle est reposée et éclaircie, on la remet dans la chaudière pour la faire évaporer de nouveau.

Cette liqueur contient alors une grande quantité de nitrate de potasse, tout le sel marin de l'eau de lessivage, de l'hydrochlorate de potasse, et une certaine quantité de sels calcaires et magnésiens échappés à la précipitation par la potasse. Lorsqu'elle approche de 42 degrés, le sel marin s'en sépare : on l'enlève avec des écumoires, et on le met égoutter dans un panier placé au-dessus de la chaudière. Quand la liqueur est parvenue à 45 degrés, on la laisse reposer, et on la porte dans des vases de cuivre où elle cristallise : on décante l'eau-mère, on fait égoutter le sel, on le lave une fois dans de l'eau de lessivage à 5 degrés; et, après l'avoir fait sécher, on le livre à l'administration centrale sous le nom de *salpêtre brut* : il contient alors de 0.85 à 0.88 de nitrate de potasse, et le reste se compose de beaucoup de sel marin, d'un peu de chlorure de potassium et de sels déliquescens.

On procède au raffinage de ce salpêtre en le mettant dans une chaudière avec le cinquième de son poids d'eau, chauffant jusqu'à l'ébullition, et entretenant toujours la même quantité d'eau dans la chaudière; par ce moyen on ne dissout presque que les sels déliquescens et le nitrate de potasse, dont la solubilité augmente avec la température de l'eau, dans un rapport beaucoup plus grand que celle des chlorures de sodium et de potassium : ces sels se précipitent donc au fond de la liqueur, et sont enlevés avec soin; lorsqu'il ne s'en sépare plus, on clarifie la liqueur avec de la colle, on l'étend d'eau, de manière à en compléter le tiers du poids du salpêtre employé, et on la fait cristalliser. On trouble la cristallisation pour avoir le sel dans un certain état de division; on le lave avec de l'eau saturée de nitre, pour le priver des sels déliquescens qui s'y trouvent encore; enfin on le fait égoutter et sécher.

Ce sel, ainsi obtenu, sert à la fabrication de la poudre à canon; mais celui que l'administration livre au commerce, ou n'a pas été troublé pendant sa cristallisation, ou a été redissous et mis à cristalliser de nouveau; car il est en masses considérables, formées de cristaux prismatiques longs et cannelés.

Le nitrate de potasse est blanc, d'une saveur fraîche et piquante, soluble dans quatre à cinq parties d'eau froide et dans le quart de son poids d'eau bouillante. Il se fond à une douce chaleur, et se prend, par le refroidissement, en une masse blanche, opaque, nommée *cristal minéral*; à la chaleur rouge il dégage du gaz oxigène, et passe à l'état d'hypo-nitrite; une chaleur plus forte décompose même l'acide hypo-nitreux, et la potasse reste à nu, mais jamais pure, cependant.

Le nitrate de potasse enflamme tous les corps combustibles à la chaleur rouge; il *fuse* sur les charbons ardens; mêlé dans la proportion de 0.750, avec 0.125 de charbon, et autant de soufre, il constitue la *poudre à canon*.

Il sert à l'extraction de l'acide nitrique et à la fabrication de l'acide sulfurique. Son utilité, en médecine, est d'être diurétique, étant pris à petites doses; car il ne faudrait pas le prescrire en trop grande quantité à la fois, il pourrait alors agir comme poison.

Composition. Acide nitrique 53,45; potasse 46,55.

SECTION VI. — *Sulfates.*

53. *Du Sulfate d'Alumine et de Potasse.*

Alumen, inis.

(*Alun.*)

L'alun est un sel très-anciennement connu, quoiqu'il soit difficile de dire à quelle époque il a commencé de l'être. On l'a tiré pendant long-temps de l'Orient d'où il avait pris le nom d'*alun du Levant*: dans le 15e siècle on en établit des fabriques en Italie, qui firent bientôt oublier le premier; ensuite on en fabriqua en Angleterre, en Allemagne et en France.

Les seules sortes d'alun que l'on trouve aujourd'hui dans le commerce de Paris, sont l'alun de Rome, celui de Liège et celui de Paris; ces trois aluns se font chacun d'une manière différente.

L'alun de Rome est fabriqué avec une sorte de roche, ou de mine pierreuse et compacte, qui paraît être une combinaison d'alun (sulfate d'alumine et de potasse) et d'hydrate d'alumine, et qui contient, en outre, ordinairement 0,25 de silice et un peu d'oxide de fer. Cette mine se trouve dans plusieurs endroits de l'Italie et surtout à la Tolfa. Elle est insoluble dans l'eau, et ne peut céder l'alun qu'elle contient qu'après avoir été calcinée au feu, exposée à l'air, et arrosée de temps en temps pendant un mois et demi environ. L'hydrate d'alumine se décompose; cette base, privée d'eau et unie probablement en partie à la silice, s'isole du sulfate double soluble et permet à celui-ci de se dissoudre peu à peu dans l'eau. Lorsque la matière est bien divisée, on la lessive, et on fait évaporer les liqueurs jusqu'à cristallisation.

Dans le pays de Liège, qui formait, il y a quelques années, le département de l'Ourthe, on fabrique l'alun avec des schistes argileux mêlés de sulfure de fer. On laisse ces schistes exposés à l'air pendant un an et même davantage. Le fer s'oxide, et le soufre devenu acide sulfurique se partage entre l'alumine et l'oxide de fer; mais comme le sulfate d'alumine ne constitue pas de l'alun à lui seul, et qu'il faut d'ailleurs en séparer l'oxide de fer, on grille le minerai effleuri, en le disposant par couches alternatives avec des fagots, et en formant des tas considérables auxquels on met le feu. Par ce moyen le fer passe au *maximum* d'oxidation et devient peu susceptible de rester combiné à l'acide sulfurique; d'un autre côté, la cendre des fagots ajoute au sulfate d'alumine la potasse nécessaire pour le convertir en alun. On lessive le tout, on fait évaporer la liqueur, et on la fait cristalliser. L'eau-mère contient encore de l'alun; mais comme elle contient aussi du sulfate acide d'alumine non cristallisable par défaut de potasse, la cendre du bois n'en ayant pas fourni assez, on y ajoute toujours une certaine quantité de cet alcali avant de procéder à une seconde cristallisation. On purifie tout cet alun en le faisant dissoudre et cristalliser de nouveau.

A Paris on fait de l'alun de toutes pièces : pour cela on prend de l'argile qui soit peu chargée de carbonate de chaux et d'oxide de fer, on la calcine pour oxider le fer au *maximum*, on la pulvérise, et on la traite par l'acide sulfurique un peu étendu dans des auges de plomb. Lorsque le sulfate d'alumine est formé, on le dissout dans l'eau, on y ajoute, soit du sulfate de potasse, soit du sulfate d'ammoniaque qui possède comme le premier la propriété de changer le sulfate d'alumine en alun, et l'on fait cristalliser.

Quelquefois encore, comme je l'ai dit au sujet de l'acide nitrique, on fait de l'alun en traitant par l'acide sulfurique le résidu de la décomposition du nitrate de potasse par l'argile; comme ce résidu contient de l'alumine et de la potasse, il forme de l'alun avec l'acide sulfurique, sans qu'il soit nécessaire d'y rien ajouter d'autre.

Propriétés. L'alun a une saveur astringente et sa dissolution rougit le tournesol; il est soluble dans 14 à 15 parties d'eau froide et dans moins que son poids d'eau bouillante; il cristallise ordinairement en octaèdres, contient 0.45 d'eau de cristallisation, est légèrement efflorescent à l'air, éprouve la fusion aqueuse sur le feu, se boursoufle, augmente considérablement de volume, se dessèche, et forme alors ce qu'on nomme l'*alun calciné*. A la chaleur rouge, il se décompose et laisse pour résidu de l'alumine et du sulfate de potasse.

La dissolution d'alun précipite par le nitrate de baryte, comme tous les sulfates, et de plus forme avec l'ammoniaque un précipité qui est entièrement soluble dans la potasse caustique.

L'alun est employé en médecine comme astringent, et l'alun calciné l'est comme escarotique. Mais la plus grande consommation de ce sel se fait dans la teinture où il sert de *mordant*, c'est-à-dire, d'intermède pour fixer les couleurs sur les tissus. L'alun de Rome est le plus recherché pour cet objet, en raison de la quantité extrêmement petite de sulfate de fer qu'il contient, ce sel nuisant beaucoup à l'éclat de certaines couleurs. On peut cependant, en faisant redissoudre et cristalliser l'alun de Paris, l'obtenir encore plus pur que celui de Rome, et c'est aussi ce que l'on fait. L'alun de Rome est reconnaissable à une poussière rose insoluble qui le recouvre, et qui est formée d'oxide de fer et de sous-sulfate d'alumine et de potasse.

Composition. On a long-temps regardé l'alun comme un simple sulfate d'alumine. Descroizilles et M. Vauquelin paraissent être les premiers qui aient annoncé d'une manière positive que le sulfate de potasse en faisait partie essentielle et que l'alun était un sel à double base. L'alun de Rome ne contient absolument que du sulfate d'alumine et du sulfate de potasse; mais les autres renferment ordinairement une petite quantité de sulfate d'ammoniaque. D'après M. Berzélius, l'alun cristallisé à base de potasse contient 1 atome de sulfate de potasse, 2 atomes de sulfate d'alumine et 48 atomes d'eau, ou

Acide sulfurique,	33,77
Alumine,	10,82
Potasse,	9,94
Eau,	45,47
	100,00.

54. *Du Sulfate de Baryte.*
Sulphas barytæ.

Quoique ce sel, autrefois nommé *spath pesant*, existe en assez grande quantité dans la nature, jamais cependant il ne constitue de montagne, et on le rencontre rarement en couches. On le trouve tantôt sous la forme de table ou d'un prisme très-comprimé, tantôt sous celle de rognons, de boules à surface tuberculeuse, ou en masses compactes. Il accompagne ordinairement les mines d'antimoine, de mercure, de zinc, de sulfure de cuivre : on le trouve en Angleterre, en Auvergne, au Hartz, en Hongrie, au mont Paterno près de Bologne.

Le sulfate de baryte pèse de 4.2 à 4.8. Il est blanc lorsqu'il est pur, insoluble dans l'eau et dans les acides un peu étendus; il n'y a même que l'acide sulfurique concentré qui le dissolve sensiblement. Il raie le marbre et se laisse rayer par le fluate de chaux; il fait éprouver une double réfraction à la lumière; il est fusible au chalumeau en un émail blanc solide qui tombe en poudre à l'air; lorsqu'après l'avoir calciné fortement au milieu des charbons et ensuite exposé à la lumière, on le porte dans un endroit obscur, il y répand une lueur rougeâtre. Cette propriété a été observée d'abord sur la variété radiée de Bologne dite *pierre de Bologne*, et l'on a nommé *phosphore de Bologne* le même sulfate calciné et mis en gâteaux à l'aide d'un mucilage de gomme et de farine.

Le sulfate de baryte sert en chimie à l'extraction de la baryte et à former tous les sels barytiques; il est composé de : Acide sulfurique 34,37; baryte 65,63.

55. *Sulfate de strontiane.* Il y a un corps presque semblable au sulfate de baryte et qu'il faut cependant en distinguer soigneusement, puisqu'il contient une base différente, et qu'il ne produit pas les mêmes sels lorsqu'on le décompose par les moyens usités en chimie. Ce corps est le sulfate de strontiane que l'on trouve surtout en Sicile, sous la forme de beaux prismes transparens; dans le département de la Meurthe, en Espagne et en Pensilvanie. On le trouve également près de Paris, dans les carrières de Montmartre et de Ménilmontant : il y est mêlé de 0,08 de sous-carbonate de chaux, d'un peu d'oxide de fer, et est en masses informes, très-pesantes, d'un aspect terreux.

Le sulfate de strontiane pèse de 3.58 à 3.96, ce qui est un peu moins que le sulfate de baryte; il colore légèrement en rouge la flamme du chalumeau; ses autres propriétés sont presque semblables. Il est composé de : acide sulfurique 43,64; strontiane 56,36.

56. *Du Sulfate de Chaux.*
Sulphas calcis.

Le sulfate de chaux existe en assez grande quantité dans la nature : on l'y trouve en cristaux volumineux, ou en masses, tantôt cristallisées confusément, tantôt impures et semblables à la pierre à bâtir.

Le sulfate de chaux en cristaux distincts, était autrefois nommé *sélénite.* Il est souvent, sous la forme de prismes transparens, à 6 ou 8 pans, terminés par 2 ou 4 facettes; d'autres fois ce sont des lames rhomboïdales également transparentes, plus ou moins altérées sur leurs bords. Tous ces cristaux ont une grande tendance à s'arrondir et à se grouper, et de là résultent plusieurs formes imitatives encore plus irrégulières que les précédentes.

Le sulfate de chaux en masse, pur et cristallisé confusément, se nomme *gypse*, nom qui désignait chez les anciens le même corps calciné et blanchi au feu. Lorsqu'il est en masses translucides, blanches et d'un grain serré, on le nomme *albâtre gypseux*, et on l'emploie à sculpter des vases d'ornement, que l'on trouverait sans doute admirables par leur blancheur éclatante et leur demi-transparence, si la matière en était moins commune parmi nous; car cette sorte d'albâtre abonde à Lagny, près de Paris.

Le sulfate de chaux en masses impures est celui que l'on nomme vulgairement *pierre à plâtre*, parce que c'est en le calcinant au feu qu'on forme le plâtre. Il est ordinairement mêlé d'argile, de carbonate de chaux et de débris organiques.

Toutes ces variétés de sulfate de chaux abondent aux environs de Paris. Les montagnes de Montmartre et de Ménilmontant contiennent surtout des bans considérables de pierre à plâtre, que l'on exploite depuis un temps immémorial. Toutes les eaux qui filtrent à travers le sol de Paris sont saturées de sulfate de chaux et lui doivent leur crudité, ainsi que les propriétés de décomposer le savon et de durcir les légumes par la cuisson.

Le sulfate de chaux pur est blanc, très-peu soluble dans l'eau, plus soluble dans l'eau aiguisée d'un acide minéral. Sa dissolution forme, avec le nitrate de baryte, un précipité insoluble dans l'acide nitrique, et, avec l'oxalate d'ammoniaque, un précipité insoluble dans l'acide acétique. Lorsqu'il est cristallisé et qu'on l'expose au feu, il perd sa transparence, se gonfle, s'exfolie et tombe en poussière.

Le sulfate de chaux n'est guère employé en pharmacie que comme principe constituant de quelques eaux minérales : ses usages dans l'économie civile et dans les arts, sont trop connus pour qu'il soit nécessaire de les rappeler.

Outre les variétés de sulfate de chaux que j'ai indiquées plus haut, on en trouve une autre plus rare, que les minéralogistes regardent comme une espèce distincte, sous le nom de *chaux sulfatée anhydre*, et qui, comme l'indique ce nom, ne contient pas du tout d'eau, malgré qu'elle soit souvent cristallisée. Cette espèce a des propriétés bien distinctes, comme une forme primitive différente, une plus grande pesanteur et plus de dureté : elle ne décrépite, ni ne s'exfolie, ni ne blanchit au feu.

Composition : acide sulfurique 58,47; chaux 41,53.

57. *Du Sulfate de Cuivre.*
Sulphas cupri.

Le sulfate de cuivre, nommé aussi *vitriol bleu, vitriol de Chypre, couperose bleue*, existe, à l'état de dissolution, dans les eaux de quelques sources qui traversent les mines de cuivre, et peut en être retiré par l'évaporation : mais la plus grande partie de celui du commerce est fait artificiellement par l'un ou l'autre des procédés suivans.

Dans les pays abondans en sulfures de cuivre, on grille ces sulfures lentement, afin d'en brûler le soufre et le cuivre et de les transformer en sulfate de cuivre. Après le grillage, on laisse la mine exposée à l'air pendant un certain temps et on l'arrose quelquefois. Enfin on la lessive, on fait évaporer les liqueurs et on les laisse cristalliser.

En France, où le sulfure de cuivre naturel n'est pas très-abondant, et où le sulfate conserve un prix assez élevé, il y a de l'avantage à faire du sulfure du cuivre artificiel, en combinant le soufre et le cuivre à l'aide de la chaleur. Ensuite on calcine ce sulfure pour le *sulfatiser*, et on le plonge tout rouge dans l'eau. Le sulfate de cuivre se dissout dans le liquide et en est retiré par la cristallisation.

Le sulfate de cuivre cristallisé est transparent, d'une belle couleur bleue, d'une saveur très-styptique : il s'effleurit légèrement à l'air et devient opaque à sa surface; il est soluble dans deux parties d'eau bouillante et seulement dans cinq parties d'eau froide; sa dissolution forme, avec le nitrate de baryte, un précipité insoluble dans l'acide nitrique, et jouit des propriétés communes aux autres dissolutions de cuivre (p. 62).

Le sulfate de cuivre est employé, à l'extérieur, comme escarotique. Dans les arts il sert à faire des couleurs très-usitées en peinture : l'une, que l'on nomme *cendres bleues*, s'obtient en précipitant le sulfate de cuivre dissous, par un lait de chaux; elle est d'un bleu tendre très-agréable, et résulte de la combinaison de la chaux avec l'oxide de cuivre hydraté, indépendamment du sulfate de chaux qu'elle contient aussi; l'autre, nommée *vert de Schèele*, ou arsenite de cuivre, s'obtient en précipitant le sulfate de cuivre par une dissolution mixte d'acide arsenieux et de potasse.

Composition du sulfate de cuivre cristallisé : acide sulfurique 32,14; oxide de cuivre 31,80; eau 36,06.

58. *Du Sulfate de Fer.*
Sulphas ferri.

Le sulfate de fer se nommait autrefois *vitriol vert*, ou *couperose verte*. Il existe en petite quantité dans la nature, où il se forme par l'action de l'air sur le sulfure de fer. On le prépare en grand dans les fabriques, en imitant le procédé de la nature, c'est-à-dire, en exposant à l'air, sous des hangars, le sulfure de fer ou les schistes argileux qui en contiennent, et en ayant le soin de l'humecter, et de le remuer quelquefois pour renouveler les surfaces. Par ce moyen le soufre et le fer se combinent à l'oxigène de l'air, l'acide sulfurique et l'oxide de fer s'unissent, et il en résulte du sulfate de fer dont on reconnaît facilement la présence, par la forte saveur styptique que la matière effleurie présente au goût. Lorsqu'on la juge assez effleurie, on la lessive et l'on fait évaporer les liqueurs.

Mais il y a alors une chose à observer : le fer est susceptible de trois degrés d'oxidation; et son protoxide est tellement avide d'oxigène, qu'il ne peut se conserver à l'air et qu'il y passe promptement à l'état de deutoxide ou *oxide noir*, et de tritoxide ou *oxide rouge*. Il s'ensuit donc que le sulfate formé à l'air contient peu de protoxide, et beaucoup d'oxide noir et d'oxide rouge. Or, le sulfate d'oxide rouge ne peut cristalliser et nuit à la cristallisation des deux premiers; il faut donc le détruire. On y parvient très-facilement en plongeant de la ferraille dans la liqueur en évaporation : le fer s'y dissout en décomposant l'eau dont il dégage l'hydrogène, et en formant du protoxide qui se combine à l'acide sulfurique de préférence à l'oxide rouge; celui-ci se précipite. On laisse reposer la liqueur, on la décante, on continue de la faire évaporer jusqu'à pellicule, et on la met à cristalliser. Un autre effet du fer, est de précipiter le cuivre de la liqueur: car le sulfure de fer, ou la pyrite martiale, étant presque toujours mêlé de sulfure de cuivre, il s'est également formé du sulfate de cuivre par son exposition à l'air, et ce sel nuit beaucoup dans les différens usages auxquels on destine le sulfate de fer.

On distingue dans le commerce trois sortes de sulfate de fer ou de couperose verte : la couperose d'*Angleterre*, celle de *Beauvais* et celle d'*Allemagne*.

59. La couperose d'Angleterre a été de tout temps la plus

estimée, et avec raison, parce qu'elle ne contient pas de cuivre. Mais il n'en entre plus en France (1).

60. La couperose de Beauvais est extraite d'une terre tourbeuse et pyriteuse très-abondante dans toute la Picardie, et facile à effleurir. Elle contient une assez grande quantité de cuivre, dont une portion cependant a été précipitée par l'immersion des lames de fer dans les eaux de lessivage. Elle contient aussi des cristaux d'alun blancs et isolés, dus à un vice dans le mode de préparation (2). C'est probablement pour déguiser ce défaut, que la couperose de Beauvais est colorée artificiellement avec de la noix de Galle, qui lui

---

(1) Je ferai observer, à cet égard, qu'il y a en France, entre Boulogne et Calais, une fabrique de sulfate de fer où l'on exploite des pyrites que l'on trouve sur le bord de la mer, et qui paraissent appartenir au même banc que celles que l'on exploite sur la côte d'Angleterre en regard, car elles sont comme elles exemptes de cuivre. Cette fabrique bien conduite serait donc d'une très-grande importance pour les manufactures françaises ; mais jusqu'à présent elle a été mal dirigée et ses produits sont restés ignorés du commerce.

(2) Voici probablement en quoi consiste ce vice de préparation. La terre tourbeuse, les schistes et les autres matériaux pyriteux que l'on fait effleurir, forment du sulfate d'alumine en même temps que du sulfate de fer, et ce sulfate d'alumine étant incristallisable par lui-même reste dans les dernières eaux mères de sulfate de fer. On peut alors en tirer parti, en ajoutant à ces eaux mères un peu de potasse qui décompose en partie le sulfate de fer restant, et forme de l'alun facile à obtenir par cristallisation.

Si au lieu d'opérer ainsi, on ajoute la potasse dans la liqueur du lessivage, on y formera de suite de l'alun qui est plus facilement cristallisable que le sulfate de fer, et cette liqueur concentrée à 22 ou 23 deg., ne laissera cristalliser que de l'alun. Mais on conçoit sans peine qu'elle en doit retenir une partie qui cristallisera avec le sulfate de fer lorsqu'elle sera de nouveau concentrée jusqu'à 36 degrés, terme auquel ce dernier sel est à pellicule. C'est là, je crois, en quoi consiste le vice de préparation de la couperose de Beauvais ; il est évident que le premier procédé vaut mieux.

donne une teinte noirâtre : ses cristaux, privés de cette couleur par le lavage, n'ont plus qu'une couleur vert-pâle très-agréable, et on y distingue parfaitement les petits cristaux d'alun qui y sont comme implantés.

61. La couperose d'Allemagne est cristallisée en prismes rhomboïdaux assez volumineux et bien formés; elle est d'un bleu assez foncé, ce qui seul indique qu'elle contient une grande quantité de sulfate de cuivre : aussi est-elle très-peu estimée et tout-à-fait rejetée par les pharmaciens.

62. Enfin, on fabrique à Rouen, à Paris et dans d'autres villes manufacturières, une certaine quantité de couperose, en faisant dissoudre directement du fer dans de l'acide sulfurique affaibli, faisant évaporer la liqueur et la laissant cristalliser. Cette couperose, qui est très-pure et d'un vert bleuâtre pâle, s'emploie sur les lieux mêmes et n'est pas très-commune dans le commerce; de sorte qu'on est presque réduit à celle de Beauvais : il faut au moins la purifier avant de l'employer, c'est-à-dire, la dissoudre dans l'eau, mettre la liqueur en contact avec du fer pour en précipiter le cuivre, la faire évaporer et cristalliser.

Le sulfate de fer, dissous dans l'eau, jouit, comme sulfate, de la propriété de précipiter les dissolutions de baryte, et, comme dissolution de fer au *minimum* ou au *medium* d'oxidation, des propriétés indiquées précédemment (p. 76).

On reconnaît qu'il ne contient pas de cuivre lorsqu'il ne rougit pas la surface d'une lame de fer décapée qu'on y plonge.

Le sulfate de fer entre dans la composition de l'encre à écrire et de toutes les teintures en noir; on l'emploie dans les fabriques de bleu de Prusse : en pharmacie on s'en sert quelquefois pour préparer l'oxide noir et le sous-carbonate de fer. On le prescrit aussi en nature comme astringent.

Composition du proto-sulfate de fer cristallisé : acide sulfurique 29,01; protoxide de fer 25,43; eau 45,56.

63. *Du Sulfate de Magnésie.*
Sulphas magnesiæ.

Ce sel porte aussi les noms de *sel d'Epsom*, de *Sedlitz*, de *Seidchutz* et de *sel cathartique amer*.

Les principes qui concourent à le former, paraissent exister en grande quantité dans le sol désert de la haute Asie et de la Sibérie; de sorte que tous les ans, dans le temps des chaleurs, le sulfate de magnésie vient s'effleurir à la surface de la terre, d'où il est ensuite dissous par les pluies et entraîné dans les rivières et dans les lacs. On le trouve également en efflorescence blanche sur les rocs schisteux ou gypseux de l'arrondissement de Moustier, département des Basses-Alpes : on en a aussi découvert à l'état pulvérulent dans une carrière à plâtre de Montmartre.

Mais ce n'est pas de ces différentes sources que nous tirons le sulfate de magnésie. Ce sel existe en grande quantité dans les eaux de la fontaine d'Epsom, en Angleterre, et dans celles de Sedlitz et d'Égra, en Bohème : on fait évaporer ces eaux jusqu'à pellicule, on les laisse refroidir, et on en trouble la cristallisation pour avoir le sel sous la forme qu'on lui connaît dans le commerce.

En Italie, où il existe des schistes magnésiens mêlés de sulfure de fer, on en fabrique du sulfate de magnésie par le procédé suivant :

On expose ces schistes à l'air pendant un temps plus ou moins long et on les arrose quelquefois : peu à peu le soufre et le fer se brûlent et forment de l'acide sulfurique et de l'oxide de fer; mais l'acide se combine de préférence à la magnésie, et il ne se forme que très-peu de sulfate de fer. Lorsqu'on juge que la matière contient assez de sulfate de magnésie, on la lessive, on ajoute à la liqueur un peu d'eau de chaux qui en précipite l'oxide de fer, on décante, on fait évaporer et cristalliser. Le sel redissous et soumis à une nouvelle cristallisation, est aussi blanc et aussi pur que celui d'Angleterre.

Le sulfate de magnésie se trouve dans le commerce sous la forme de petits cristaux blancs et transparens, qui sont des prismes à 4 pans, terminés irrégulièrement : il a une saveur très-amère; il est très-soluble dans l'eau froide, encore plus dans l'eau bouillante, et cristallise en très-gros prismes par le refroidissement. Sa dissolution précipite par le nitrate de baryte, comme celle de tous les sulfates, et de plus, en raison de sa base insoluble, forme un précipité blanc par la potasse, la soude, l'ammoniaque, et leurs sous-carbonates. On doit préférer le sulfate de magnésie qui donne, par ces derniers réactifs, le précipité le plus blanc, ce qui indique l'absence du fer, et en même temps le plus abondant, ce qui donne à présumer que le sel n'est pas mélangé de sulfate de soude, lequel est moins coûteux, et ne précipite pas par les mêmes réactifs. Mais pour être certain que le sulfate de magnésie ne contient pas de sulfate de soude, il faut en faire dissoudre une certaine quantité, par exemple, 10 grammes dans 20 grammes d'eau; y verser 20 grammes de sous-carbonate d'ammoniaque non-effleuri dissous dans 80 grammes d'eau : de cette manière on en précipite toute la magnésie et on forme du sulfate d'ammoniaque soluble; on filtre la liqueur, on la fait évaporer dans un creuset d'argent ou de platine, et on chauffe au rouge : si la liqueur ne contenait que du sulfate d'ammoniaque, le sel se volatilisera en entier à cette température; si elle contenait du sulfate de soude qui n'a pu être décomposé par le sous-carbonate d'ammoniaque, ce sel restera au fond du creuset, et il sera facile d'en constater les propriétés. (*Journ. chim. méd.* I, 430.)

Le sulfate de magnésie est très-usité en médecine comme purgatif. Il est employé dans les lieux mêmes où on l'obtient par l'évaporation des eaux des fontaines, ou par l'efflorescence des schistes magnésiens, à la préparation du sous-carbonate de magnésie.

Composition du sulfate de magnésie cristallisé :

Acide sulfurique,	32,405	2 atomes.
Magnésie,	16,705	1 at.
Eau,	50,890	14 at.
	100,000	

64. *Du Sulfate de Soude.*
Sulphas sodæ.

Ce sel était autrefois connu sous le nom de *sel admirable de Glauber*, à cause de sa belle cristallisation, et parce que Glauber le découvrit le premier, en examinant le résidu de la décomposition du sel marin par l'acide sulfurique.

Il n'est pas très-abondant dans la nature, et surtout à l'état solide, ce qui est dû sans doute à sa grande solubilité dans l'eau. On le trouve cependant en beaux cristaux dans les excavations abandonnées des salines de la haute Autriche; il s'y effleurit, tombe en poussière, et ne tarde pas à se renouveler lorsqu'on l'enlève. On le trouve aussi dans la nouvelle Castille en Espagne, disséminé dans les masses de sel gemme et combiné à du sulfate de chaux : c'est ce sel à double base que les minéralogistes nomment *Glaubérite.*

Le sulfate de soude est moins rare à l'état liquide, car les eaux de la mer et toutes les sources d'eaux salées en contiennent; on sait même que les sources de la Lorraine et de la Franche-Comté en fournissent une assez grande quantité au commerce.

J'ai exposé précédemment (p. 125) la composition de ces eaux dans leur état naturel, et la cause pour laquelle elles déposent, à une certaine époque de leur concentration, une matière blanche, insoluble, nommée *schelot*, que l'on rassemble avec soin dans des *augelots* placés le long des vases évaporatoirès, et qui est composée, comme la glaubérite dont je viens de parler, de sulfate de soude et de sulfate de chaux combinés.

On laisse égoutter ce schelot, on le lave avec un peu d'eau froide pour enlever le sel marin qui le mouille, et on le traite par l'eau bouillante qui le décompose, dissout le sulfate de soude et précipite le sulfate de chaux. La liqueur évaporée convenablement est mise dans un vase où elle cristallise tranquillement : on sépare l'eau mère, on fait redissoudre les cristaux dans une petite quantité d'eau bouillante, et l'on agite le mélange jusqu'à ce qu'il soit refroidi. Par ce moyen on trouble la cristallisation du sel et on l'obtient sous une forme qui approche beaucoup de celle du *sel d'Epsom anglais* : aussi le nomme-t-on assez bizarrement dans le commerce *sel d'Epsom de Lorraine*. Il est facile à distinguer du véritable sel d'Epsom par sa saveur qui est moins amère, et parce que sa dissolution dans l'eau ne précipite pas par la potasse, la soude, ni l'ammoniaque.

Outre le sulfate de soude provenant de nos salines de l'est, on verse encore dans le commerce une très-grande quantité de ce sel résultant de la décomposition du sel marin par l'acide sulfurique. On lui donne la même forme qu'au sel de Lorraine, et cependant des yeux exercés les distinguent encore facilement.

Le sulfate de soude est sans couleur et d'une saveur fraîche et amère; il est soluble dans trois parties d'eau froide et dans moins que son poids d'eau bouillante; il cristallise facilement et forme de très-beaux prismes transparens, qui contiennent 0.58 d'eau de cristallisation, et qui tombent en poussière en perdant cette eau par leur exposition à l'air. Lorsqu'on l'expose au feu, il se fond d'abord dans cette eau de cristallisation, ensuite se dessèche, et ne se refond plus qu'au-dessus de la chaleur rouge.

Il est très-employé en médecine comme purgatif; il sert dans les arts à l'extraction de la soude artificielle.

Composition du sel anhydre : acide sulfurique 56.18, soude 43.82.

65. *Du Sulfate de Zinc.*

Sulphas zinci.

Le sulfate de zinc, nommé autrefois *vitriol blanc*, n'existe qu'en petite quantité dans la nature. On le prépare artificiellement en calcinant le sulfure de zinc naturel ou la *blende* avec le contact de l'air, et la plongeant dans l'eau qui dissout le sulfate de zinc formé. On répète cette opération jusqu'à ce que la blende soit presque toute changée en sulfate; mais comme elle contient ordinairement du sulfure de fer, il se forme aussi du sulfate de fer qu'on en sépare en partie par la cristallisation, le sulfate de zinc cristallisant le premier. On fait redissoudre celui-ci; on laisse la dissolution exposée à l'air afin d'oxider le fer au *maximum* et de le précipiter; enfin on concentre le sel sur le feu jusqu'à ce qu'il puisse se prendre en masse par le refroidissement, et on le coule dans des moules disposés à cet effet.

Le sulfate de zinc du commerce est en masses prismatiques blanches, cristallisées confusément à la manière du sucre. Il contient encore du sulfate de fer qui lui fait prendre une couleur de rouille par le contact de l'air, et dont il est très-difficile de le priver entièrement. Il est très-soluble dans l'eau, a une saveur âpre et styptique, et jouit, à l'état de dissolution, des propriétés indiquées à l'article *zinc* (p. 92), sauf les modifications apportées par le fer : ainsi le sulfate de zinc du commerce forme un précipité jaunâtre par les alcalis, noirâtre par les hydrosulfates, bleuâtre par les prussiates, et il noircit par la noix de galle.

Le sulfate de zinc est employé à l'extérieur comme siccatif, astringent et escarotique; introduit dans l'estomac, il est vomitif à petite dose, et poison lorsqu'on le prend en trop grande quantité.

Composition. Acide sulfurique 31.99, oxide de zinc 32.12, eau 35.89.

VIe DIVISION. — *Mélanges ou composés terreux.*

66. *De l'argile.*

Argilla, æ.

L'argile est une des substances les plus répandues dans la terre : elle s'y trouve à des profondeurs variables, et en couches épaisses qui, n'ayant pas la propriété de se laisser traverser par l'eau, retiennent celle dont les pluies ont abreuvé la terre, et la forcent à remonter vers la surface, où elle se montre sous la forme de sources et de fontaines.

L'argile est principalement composée de silice et d'alumine, mais dans des proportions très-variables. L'argile pure ne contient guère que ces deux corps : elles est blanche, douce au toucher, prend du *liant* lorsqu'on la met en pâte avec de l'eau, se dessèche au feu, y est infusible, ne s'y colore pas, y prend du retrait et acquiert une dureté considérable; telle est l'argile de Montereau-sur-Yonne, dont on fait les poteries dites de terre à pipe ou de terre anglaise.

Mais le plus souvent l'argile s'éloigne de cet état de pureté par son mélange avec de l'oxide de fer, du carbonate de chaux et quelquefois de la magnésie. L'oxide de fer s'y trouve en toutes proportions depuis l'état d'argile presque pure jusqu'à celui d'oxide rouge, de sorte qu'il est assez difficile de dire à quel point s'arrête la mine de fer oxidée et commence l'argile. Lorsque celle-ci ne s'y trouve qu'en petite quantité, on nomme le mélange *mine de fer limoneuse* ou *argilifère;* ensuite viennent le *crayon rouge* des dessinateurs, les *ocres,* les *bols* et enfin l'*argile.* Tous ces mélanges sont plus ou moins rouges, ou prennent cette couleur au feu lorsqu'ils ne l'ont pas naturellement : telle est entre autres l'*ocre jaune,* qui n'est jaune que parce que l'oxide de fer y est à l'état d'hydrate, et qui devient rouge en perdant son eau de combinaison par l'action du feu.

Pareillement le carbonate de chaux se mêle en toutes proportions à l'argile, et les différens mélanges qui en résultent passent insensiblement de l'une à l'autre espèce : lorsque leurs quantités respectives sont telles qu'on ne puisse plus les ranger ni avec l'une ni avec l'autre, on en fait une sous-espèce intermédiaire sous le nom de *marne.* La marne est surtout employée dans la culture des terres, comme engrais. Les différentes argiles sont employées à la fabrication des briques, des tuiles, des poteries, des faïences et des porcelaines : l'argile-glaise, l'une des plus communes, est usitée dans les laboratoires pour préparer le lut gras, étant desséchée, pulvérisée et incorporée avec de l'huile de lin litharгyrisée.

67. *De l'Argile ochreuse rouge ou Bol d'Arménie.*

Argilla ferruginea rubra.

Cette argile était autrefois apportée de l'Orient, comme l'indique son nom de bol d'Arménie, ou de bol *oriental;* mais il y a déjà très-long-temps qu'on ne la tire plus que de divers lieux de la France, comme de Blois et de Saumur. Elle est en masses compactes, pesantes, douces au toucher, d'un rouge vif, difficiles à délayer dans l'eau par la seule immersion, et contenant ordinairement du gravier, qui se précipite lorsqu'elle est délayée. Il faut choisir celle qui en contient le moins. Quelquefois on lave le bol à la carrière même, et on le met en petits pains ronds, qu'on empreint d'un cachet, comme la terre sigillée : on peut employer indifféremment l'un ou l'autre, mais il est toujours nécessaire de le purifier soi-même une fois. Le bol d'Arménie n'est plus guère usité que pour faire le diascordium.

68. *De l'Argile ochreuse pâle ou Terre sigillée.*
Argilla ferruginea pallidior.

Cette argile venait autrefois du Levant et de l'île de Lemnos, d'où elle a aussi porté le nom de *terre de Lemnos* (1); mais depuis long-temps on en fabrique en tous pays. Telle qu'on la trouve dans le commerce, elle a toujours subi une préparation qui a consisté à la délayer dans l'eau, à la mettre en petits pains orbiculaires, ou cylindriques et plats, et à la marquer d'un cachet; ce qui lui a valu le nom de *terre sigillée.* Elle est d'un blanc rosé, et contient par conséquent bien moins d'oxide de fer que le bol d'Arménie. On la fait encore entrer dans un assez grand nombre de préparations, notamment dans l'électuaire de safran composé, dit *confection d'hyacinthes.*

69. *De l'Asbeste.*
Asbestès.

L'asbeste est une pierre fibreuse, composée de filamens légers, soyeux, argentés, souvent flexibles. On le trouve surtout dans les montagnes de la Tarentaise en Savoie, et dans l'île de Corse.

L'asbeste qui est en filamens longs et flexibles, porte plus spécialement le nom d'*amiante.* Moyennant quelques précautions on peut le filer et le tisser, et les anciens, à ce qu'on assure, en faisaient des toiles incombustibles qui leur servaient à envelopper les cadavres destinés au bûcher, et dont ils voulaient recueillir les cendres.

---

(1) Suivant Pline, cependant, la terre de Lemnos était de la couleur du vermillon. (livre 35, chap. 6), et préférée au *sinope* et à la *terre rubrique,* qui n'étaient autre chose que le *crayon rouge* et le *bol d'Arménie.* La véritable terre sigillée était donc une espèce de bol d'Arménie.

L'asbeste est composé d'environ 60 parties de silice, 25 de magnésie, 10 de chaux, 3 d'alumine. D'après cette composition, les minéralogistes pensent qu'il pourrait bien n'être qu'une variété fibreuse d'amphibole.

70. *Du Corindon.*

Cette espèce est essentiellement composée d'alumine anhydre, et est caractérisée par une dureté qui ne le cède qu'à celle du diamant. Elle comprend comme simples variétés les pierres gemmes les plus estimées et les plus précieuses. Ainsi,

Le rubis oriental est un corindon hyalin (1) rouge.

Le saphir oriental est un corindon hyalin bleu.

La topaze orientale est un corindon jaune.

L'émeraude orientale est un corindon hyalin vert (n'est pas l'émeraude vraie).

L'améthyste orientale est un corindon hyalin violet.

L'émeril est encore une variété de corindon, mais très-chargée de fer. M. Haüy le nomme *corindon granulaire ferrifère.* Cette substance, réduite en poudre, sert à dégrossir et à polir les métaux et les pierres. M. Vauquelin en a retiré par l'analyse 54 d'alumine, 12.5 de silice, 1.5 de chaux, 24.5 d'oxide de fer.

71. *De l'Émeraude.*
Smaragdus, di.

L'émeraude est une pierre précieuse qui, dans son plus grand état de pureté, est transparente, d'un vert pur et très-estimée. Les plus belles émeraudes viennent du Pérou. Mais on en trouve dans beaucoup d'autres pays, et notamment en France, dans les environs de Limoges; celles-ci sont d'un

(1) *Hyalin,* vitreux ou transparent comme le verre.

volume considérable, mais presque opaques et ne sont employées que dans les laboratoires de chimie pour en retirer la glucine, terre que M. Vauquelin y a trouvée le premier. L'émeraude est essentiellement composée de silice 68, alumine 18, glucine 14; elle contient de plus de l'oxide de chrôme qui lui donne sa belle couleur verte.

Le béril et l'aigue marine sont des variétés d'émeraude que l'on trouve également en beaucoup d'endroits, mais surtout en Sibérie, et qui diffèrent de l'émeraude proprement dite par leur teinte verte bleuâtre ou verte jaunâtre. On y trouve par l'analyse les mêmes quantités de silice, d'alumine et de glucine, mais le principe colorant est de l'oxide de fer au lieu d'être de l'oxide de chrôme.

72. *Du Feldspath.*

Substance vitreuse ou pierreuse, fusible en un émail blanc, composée essentiellement de silice 66, alumine 18, potasse 16. Quelquefois la potasse s'y trouve remplacée en tout ou en partie par de la soude ou de la chaux. La variété laminaire blanche, connue sous le nom de *pétunzé*, est employée à faire la couverte de la porcelaine et sert également de fondant dans la composition de la pâte, étant mêlée en proportions convenables avec le *kaolin*.

Le kaolin ou *terre à porcelaine* n'est autre chose que du feldspath qui, peu à peu, et par une cause inconnue, s'est trouvé privé de la potasse ou de la soude qui entrait dans sa composition. Il en résulte alors une sorte d'argile très-friable, incohérente, se délayant dans l'eau sans y faire pâte, et infusible au feu. On trouve le kaolin à Saint-Yriex près de Limoges, en Angleterre, en Saxe, en Chine et au Japon.

73. *Du Granite.*

Le granite est une roche hétérogène, composée de feldspath laminaire, de quartz et de mica, sous forme de grains entrelacés. Il paraît appartenir à la première formation du globe, et ne se rencontre que dans les terrains primitifs et intermédiaires (1). Il est d'une grande dureté et susceptible

---

(1) En observant la distribution des minéraux à la surface du globe, on s'aperçoit facilement qu'ils sont disposés par couches ou lits superposés, qui ne peuvent avoir été formés que successivement et à des époques plus ou moins reculées. De là est venue la division des terrains, en *primitifs, intermédiaires, secondaires, tertiaires*, etc.

Les terrains *primitifs* sont ceux qui se montrent à la plus grande profondeur à laquelle les hommes soient parvenus, et au-dessous desquels, par conséquent, on ne connaît rien qui soit différent d'eux-mêmes. Quelles que soient les parties du globe où on les ait observés, ils sont composés des mêmes espèces de roches, qui sont le *granite*, le *gneiss*, le *micaschiste*, le *schiste argileux*, etc. Ce qui distingue, surtout, ces terrains des autres, c'est que jamais on n'y a observé la moindre trace de débris organiques, ni aucune couche formée de fragments ou de cailloux roulés; d'où on a conclu qu'ils datent d'une époque antérieure à celle des êtres organisés, et ont été formés avant qu'aucune catastrophe n'eût ravagé la terre et n'eût produit ces fragments roulés que l'on trouve accumulés dans les séries suivantes.

Terrains intermédiaires. Au-dessus des couches qui forment les terrains primitifs, on en trouve d'autres qui contiennent çà et là des amas souvent prodigieux de fragments et de cailloux roulés, parmi lesquels on distingue toutes les roches précédentes et en outre des débris organiques. On en a tiré la conséquence que ces sortes de dépôts sont postérieurs à certaines catastrophes qui ont dégradé les premiers, et à l'apparition des êtres organisés sur la terre. C'est à ce mélange des restes de la formation primitive et des premières productions organiques, qu'est due l'expression d'*intermédiaire* que l'on donne à cette sorte de terrain, et à la période qui en a vu la formation.

Terrains secondaires. Les roches analogues au granite, au gneiss, etc., que l'on rencontre encore à divers étages dans les terrains intermédiaires, finissent par disparaître entièrement. Il ne reste plus alors que des matières de transport et des roches remplies de débris organiques, ce qui annonce la fin de l'ancien ordre des choses, et l'établissement complet du nouveau. Les terrains, formés durant cette période, se composent principalement de divers dépôts calcaires, séparés par des dépôts arénacés qu'on désigne sous les noms de *grès bigarré*, *grès à*

de recevoir un beau poli, surtout lorsqu'il est à grains fins uniformément répandus dans la masse. On en fait des colonnes, des obélisques, des urnes, des tables à porphyriser, des dalles pour les endroits les plus passagers des villes, etc. Il a souvent l'inconvénient de se dégrader à la longue, effet dû aux altérations éprouvées par le feldspath et le mica qui entrent dans sa composition.

---

pierre de taille, grès vert, et qui reposent sur un autre dépôt de transport, nommé *grès houiller* et *grès rouge*. Cet ordre de formation présente un grand nombre de débris de plantes, de poissons, de mollusques, etc., encore très-différents de ceux que nous connaissons, et aucun débris de mammifères, si ce n'est, peut-être, dans les couches les plus modernes.

Terrains tertiaires. A mesure que l'on avance dans la série des dépôts, les débris organiques acquièrent beaucoup plus d'analogie avec les corps organisés vivants, et on y rencontre fréquemment des squelettes de mammifères et d'oiseaux. Les terrains formés par ces dépôts occupent les parties basses de nos continents, et sont limités par les dépôts des périodes précédentes; leurs couches sensiblement horizontales, sont plus ou moins terreuses; les couches calcaires, qui y sont encore très-abondantes, sont mélangées de parties sableuses qui les ont empêchées de prendre autant de consistance que dans les terrains d'une formation antérieure. Les terrains qui appartiennent à cette période commencent par des pouddings et des grès calcarifères, ou par des argiles reposant sur de la craie. Au-dessus se présentent divers dépôts calcaires très-coquillers, séparés par des sables siliceux ou des lits de marne, et recouverts enfin par les alluvions les plus modernes.

Terrains ignés. Enfin il existe un cinquième ordre de terrains, qui sont indépendants des précédents, et ne font jamais groupe avec eux. Ces terrains qui sont formés par le feu, paraissent être de différents âges. On y distingue le terrain *trachytique*, le plus ancien de tous, le terrain *basaltique* et le terrain *de laves*. Celui-ci comprend toutes les matières qui sont sorties d'une bouche ignivome placée au sommet d'un monticule conique; il en est qui proviennent de volcans brûlants, tels que le Vésuve et l'Etna, et un grand nombre d'autres qui se rattachent à des volcans éteints, dont l'Auvergne et le Vivarais présentent des traces non équivoques. (Traité de Minéralogie de M. Beudant, Paris, 1824.)

74. *Du Grenat.*
Granatus, i.

Le grenat est une pierre qui, dans son état le plus parfait, est transparente, d'un rouge de feu, cristallisée en dodécaèdre. C'est l'escarboucle des anciens et des orientaux. Il agit sur l'aiguille aimantée; est fusible en un émail noir.

On distingue plusieurs espèces de grenats qui varient dans leur composition, mais qui peuvent cependant être supposées formées de 2 atomes de silicate d'alumine ou de péroxide de fer et de 1 atome d'un autre silicate, soit de fer, de manganèse, de chaux ou de magnésie. Le grenat *syrien* ou *almandin* a donné, par l'analyse, à M. Vauquelin, silice 36, alumine 22, oxide de fer 41, ce qui répond à 2 atomes de silicate d'alumine et 1 atome de silicate de fer. Le grenat noir, dit *mélanite,* paraît formé, au contraire, de 2 atomes de silicate de fer et de 1 atome de silicate de chaux.

Le grenat était un des *cinq fragmens précieux* des anciennes pharmacopées; les quatre autres étaient la *cornaline*, l'*hyacinthe*, le *saphir* et l'*émeraude.*

75. *Du Lazulite.*
Lapis lazuli.

Le lazulite est une pierre infiniment précieuse par la belle couleur bleue qu'on en retire et que l'on nomme *bleu d'outremer.* Il est d'un bleu plus ou moins foncé, susceptible d'un beau poli, ordinairement mêlé de points jaunes et brillans de fer sulfuré. Klaproth en a retiré par l'analyse : silice 46; alumine 14,5; carbonate de chaux 28; sulfate de chaux 6,5; oxide de fer 3; eau 2.

Pour obtenir le bleu d'outremer on incorpore le lazulite pulvérisé dans un mastic composé de poix résine, de cire et d'huile de lin, et on malaxe ce mélange dans de l'eau tiède. On jette la première eau qui n'acquiert qu'une couleur sale, mais la suivante se charge d'une belle couleur bleue qu'on laisse déposer et sécher. MM. Clément et Désormes, qui ont analysé cette matière bleue, l'ont trouvée composée de : silice, 35,8; alumine, 34,8; soude, 23,2; soufre, 3,1; carbonate de chaux, 3,1. Il est probable que le carbonate de chaux appartient à la gangue de la matière bleue et ne lui est pas essentiel; mais il n'en est pas moins difficile d'expliquer comment les principes qui restent peuvent produire une couleur aussi belle, et capable de résister pendant des siècles à l'action de l'air et de la lumière. (*Ann. Ch.* LVII, 317.)

76. *Des Micas.*

On donne le nom de *micas* à un groupe de minéraux non encore bien définis, mais qui offrent pour caractères généraux d'être composés de lames ou de feuillets minces, brillants, flexibles et élastiques; d'avoir une surface douce, mais non onctueuse comme le talc; d'acquérir l'électricité vitrée à l'aide du frottement; et d'être fusibles au chalumeau.

Les micas appartiennent à la plus ancienne formation du globe, car ils entrent comme partie intégrante dans 4 roches primitives, qui sont, le *granit*, le *gneiss*, le *micaschiste* et le *graïsen*. On les trouve aussi mêlés accidentellement à diverses roches d'une formation postérieure; enfin on les rencontre mêlés aux sables qui occupent les terrains de transport.

Les principales espèces de micas sont : le *mica en grandes feuilles*, nommé vulgairement *verre* ou *talc de Moscovie*, lequel étant presque transparent sert à garnir les fenêtres, en place de vitres; le *mica lamellaire* ou *mica* proprement dit; le *mica écailleux*, en masses composées d'une infinité de parcelles qui se détachent par l'effort du doigt; le *mica pulvérulent*, jaune d'or ou blanc d'argent. Ce dernier se rencontre disséminé dans les sables où son éclat métallique l'a fait prendre souvent pour de l'or et de l'argent; mais sa pesanteur spécifique qui ne dépasse pas 2.9, et la couleur terne de sa poudre, le font facilement reconnaître. On s'en sert pour sécher l'écriture. Ces différents micas paraissent principalement composés de silice, d'alumine, de potasse, d'oxide de fer; et dernièrement on y a découvert une petite quantité d'oxide de titane. Quant au *mica noir* de Sibérie, qui se trouve en grandes lames d'un noir verdâtre, il appartient à un autre genre de micas qui contiennent une forte proportion de magnésie.

77. *De la Pierre-Ponce.*
Pumex, micis.

La pierre-ponce est une substance légère, surnageant souvent sur l'eau, criblée de pores, et comme formée de fibres vitreuses entrelacées. Elle est rude au toucher, facile à briser et assez dure pour rayer l'acier. Elle est ordinairement d'un blanc grisâtre ou d'un gris perlé; mais elle peut avoir une autre couleur. Elle se fond assez facilement au chalumeau en un émail blanc. Elle est composée, d'après Klaproth, de 77. 5 de silice, 17. 5 d'alumine, 2 d'oxide de fer, et 3 de potasse et de soude.

La pierre-ponce paraît avoir été formée, par l'action du feu des volcans, sur plusieurs espèces de pierres qui se trouvent à portée de leur foyer. Elle est rejetée, pendant les éruptions, en fragmens plus ou moins considérables, qui tombent comme une pluie sur le terrain environnant; mais tous les terrains volcaniques n'en offrent pas. C'est ainsi qu'on n'en trouve ni dans l'Etna, ni dans le Vivarais, ni dans le Velay, et qu'on en rencontre très-peu aux environs du Vésuve : mais on en trouve en Islande, à Andernach sur les bords du Rhin, en Auvergne, aux îles Lipari et Vulcano, et à Capo-Bianco sur la côte septentrionale de Sicile. C'est même de ce dernier endroit que vient presque toute la pierre-ponce répandue dans le commerce,

La pierre-ponce sert, dans les arts, à polir un grand nombre de corps. Elle est aussi très-utile étant pulvérisée et mêlée à de la chaux, pour former un excellent mortier qui durcit considérablement sous l'eau. En médecine on ne l'emploie guère que comme dentifrice, étant réduite en poudre impalpable; mais son usage est toujours plus nuisible qu'utile, en raison de sa grande dureté à laquelle l'émail des dents ne résiste pas.

78. *Du Porphyre.*
Porphyrites, tæ.

Le porphyre est une roche hétérogène, essentiellement composée d'une pâte de feldspath compacte renfermant des cristaux de feldspath laminaire. Ceux-ci étant ordinairement blanchâtres, tranchent plus ou moins avec la pâte qui offre diverses teintes de rouge, de brun, de noir ou de vert. On y observe ausssi quelquefois des cristaux d'amphibole, de quartz ou de mica.

Le porphyre est plus dur que le granite, susceptible de prendre un poli beaucoup plus vif, et plus inaltérable par le temps.

Les principales espèces sont: 1° le P. *rouge antique*, à pâte rouge ou brune, à cristaux blancs ou rosés, venant d'Égypte, rare et d'un prix très-élevé; 2° le P. *brun antique* à pâte brune, à cristaux verdâtres; 3° le P. *brun de Suède*, à pâte brune, à cristaux rougeâtres, dont on fait maintenant un grand nombre de vases, urnes, tables à porphyriser, etc.; le P. *noir antique* et *de Sibérie*; etc.

On connaît encore d'autres roches qui ont porté le nom de *porphyre*, mais qui ont une composition différente; tels sont le *porphyre globuleux de Corse* ou *pyroméride* (Haüy), composé de Feldspath et de quartz, et le *porphyre vert an-*

tique (*ophite* ou *serpentin*) composé d'amphibole compacte et de feldspath fondus imperceptiblement l'un dans l'autre.

Il ne faut pas confondre cet *ophite* ou *serpentin* avec la *serpentine*, roche tendre, composée de talc stéatite opaque intimement mêlé de fer, d'une couleur verte grisâtre ou jaunâtre, tachetée de noir et susceptible d'un poli un peu gras. Cette roche se laisse facilement travailler au tour, et on en fait des mortiers, des cafetières, et d'autres vases qui supportent bien le feu.

79. *Du Quarz.*

Pierre essentiellement composée de silice. On en distingue quatre sous-espèces, qui sont les quarz *hyalin*, *agate*, *résinite* et *jaspe*.

Le quarz hyalin (ou vitreux) cristallisé et incolore se nomme *cristal de roche*. C'est de la silice pure. Souvent il est diversement coloré par des oxides métalliques, et alors il prend différens noms suivant l'espèce de pierre fine dont il usurpe la couleur.

Le quarz hyalin violet se nomme *améthyste*.
— — bleu — *saphir d'eau*.
— — jaune — *topaze de Bohême*.
— — hématoïde — *hyacinthe de Compostelle*.

C'est cette dernière pierre, ordinairement cristallisée en prismes hexaèdres terminés par des pyramides à 6 faces, et d'un rouge de sang, que l'on employait autrefois en place des vraies hyacinthes, comme ingrédient de la confection d'hyacinthes.

Le quarz hyalin arénacé est le *sable* commun.

Le quarz agate comprend la *calcédoine*, la *cornaline*, la *sardoine*, la *prase*, la *pierre à fusil*, la *pierre meulière*, l'*agate-onyx* et l'*agate herborisée*.

Le quarz résinite comprend l'*hydrophane* et l'*opale*.

Il n'est personne qui ne connaisse les usages du sable commun, de la pierre à fusil et de la pierre meulière; les autres espèces ou variétés sont employées à faire des bijoux ou des objets d'ornement.

80. *Du Talc.*

Le talc est une pierre onctueuse au toucher, assez tendre pour se laisser gratter au couteau; se laissant fréquemment diviser en feuillets minces, flexibles, *non élastiques*; acquérant l'électricité résineuse par le frottement : ces deux derniers caractères distinguent le talc du mica.

Les principales espèces de talc sont :

1°. Le talc *laminaire* dit *talc de Venise*, en feuillets transparens d'un blanc verdâtre et nacré. Il contient : silice 62; magnésie 27; oxide de fer 3,5; alumine 1,5; eau 6. La douceur et l'onctuosité de sa poudre le rendent très-propre à fabriquer différentes espèces de fard.

2°. Le talc *écailleux* dit *craie de Briançon ;* en masses assez considérables, translucides, nacrées, d'un bleu légèrement verdâtre, divisibles en écailles partielles, non continues. Composé comme le précédent, mais contenant 0,38 de magnésie; sert aux mêmes usages; est employé par les bottiers pour adoucir le frottement des chaussures.

3°. Le talc *stéatite*; substance compacte, ordinairement verdâtre, à surface onctueuse, susceptible de poli; il a une cassure grenue comme celle de la cire, quelquefois écailleuse; il est composé de : silice 59,5; magnésie 30,5; oxide de fer 2,5; eau 5,5.

Le talc stéatite, en se laissant pénétrer de fer qui lui donne une action sensible sur le barreau aimanté, et en recevant dans sa masse des substances étrangères, comme le *grenat*, la *diallage* et l'*asbeste*, passe à l'état de *serpentine*, roche dont j'ai parlé dans l'article *porphyre* (p. 193).

4°. Le talc *ollaire*; tendre, à cassure terreuse, non susceptible de poli, mais se laissant facilement travailler au tour. Depuis un temps immémorial on en fait des marmites et d'autres vases qui soutiennent très-bien le feu, sans communiquer aucun mauvais goût aux alimens. Il est formé de silice 38; magnésie 39; alumine 6,6; oxide de fer 15.

5°, Le talc *zographique* ou *terre de Vérone*; d'un vert foncé, à cassure fine et terreuse; composé de silice 53, magnésie 2, oxide de fer 28, potasse 10, eau 6; est employé dans la peinture.

Cette substance diffère trop par sa composition des autres espèces de talc pour qu'elle puisse y rester réunie.

81. *Du Tripoli.*

Substance sèche, friable, rude au toucher, jaunâtre ou rougeâtre, se laissant facilement diviser en feuillets très-minces et très-larges, composée de silice 90, alumine 7, oxide de fer 3.

Le tripoli paraît provenir de la pierre-ponce broyée par les eaux ou d'argile schisteuse calcinée par le feu des houillères. On en fabrique aussi d'artificiel. Il est employé, réduit en poudre, pour polir les métaux, les marbres, les glaces, etc.

82. *Du Zircon.*

Cette espèce comprend le *zircon* ou *jargon* de Ceylan, qui est d'un jaune pâle et dont la forme se rapproche du prisme, et l'*hyacinthe*, dont la couleur est orangée-brune et qui se rapproche du dodécaèdre. Le premier prend un assez beau poli et a quelquefois passé pour un diamant d'une qualité inférieure. Ces pierres ne sont remarquables qu'en ce qu'elles sont les seules, jusqu'à présent, où on ait trouvé la zircone : elles en contiennent de 65 à 70 pour 100.

VIIe DIVISION. — *De l'Eau.*

Aqua, æ.

83. L'eau, ou l'oxide d'hydrogène, a long-temps été regardée comme un élément. Newton, le premier, a pensé qu'elle pouvait contenir un corps combustible, parce qu'elle réfracte la lumière dans une raison plus forte que ne l'indique sa densité; mais c'est à Lavoisier, surtout, qu'on doit la découverte de ses principes constituans et de leurs proportions. L'eau est formée d'environ 88 parties d'oxigène et de 12 parties d'hydrogène en poids, ou de 1 partie du premier et de 2 parties du second en volume.

L'eau se trouve, dans la nature, sous trois états physiques : à l'état solide ou de glace, à l'état liquide ou d'eau, à l'état gazeux ou de nuages, de brouillards et de vapeurs. Dans nos climats, nous voyons le plus habituellement l'eau à l'état liquide, mais elle n'est presque jamais pure. On la purifie facilement en la distillant dans un alambic ou dans une cornue; car, des substances qui altèrent sa pureté, les unes sont fixes comme les sels, et les autres gazeuses comme l'air et l'acide carbonique : les premières restent dans la cornue, les secondes passent dans l'air, et l'eau distille pure dans le récipient.

L'eau pure est un corps liquide à la température moyenne de nos climats, diaphane, insipide, inodore, élastique puisqu'elle transmet le son, et cependant difficilement compressible.

L'eau se solidifie par le froid, en prenant un accroissement de volume dû à la cristallisation de la glace. Cet accroissement commence même un instant avant la congélation; de sorte que la plus grande densité de l'eau est à 4 degrés environ au-dessus de zéro thermométrique, qui est le degré de la glace fondante.

L'eau soumise à l'action du calorique, se dilate, s'échauffe, et finit par bouillir et se volatiliser. Alors sa température se fixe et répond au 100e degré du thermomètre centigrade, sous la pression habituelle de l'air; mais cette température baisse avec la pression, ou augmente avec elle. Les sels dissous dans l'eau retardent aussi son point d'ébullition.

On reconnaît que l'eau est entièrement pure, lorsqu'elle ne précipite, ni par les dissolutions barytiques qui indiquent la présence de l'acide sulfurique ou des sulfates; ni par le nitrate d'argent qui y découvre l'acide hydrochlorique, les hydrochlorates ou les chlorures, en y formant un précipité blanc, ou y montre la présence de l'acide hydrosulfurique et des hydrosulfates, en y formant un précipité noir; ni par l'acide hydrosulfurique et les hydrosulfates qui y indiquent la présence des substances métalliques.

L'eau, considérée sous les rapports d'économie domestique, de propriétés chimiques ou de propriétés médicamenteuses, a été distinguée en plusieurs sortes, dont les principales sont :

1°. L'*eau de pluie* (Aqua pluvialis). Elle est presque pure, surtout après quelque temps de pluie. Elle est saturée d'air. On doit la recevoir immédiatement de l'atmosphère, dans des vases de grès, de faïence ou de verre; car celle qui a coulé sur les toits, et qu'on reçoit dans des citernes, est déjà plus impure.

2°. L'*eau de fontaine* ou *de source* (Aqua fontana). Elle peut contenir diverses substances, selon la nature des terrains qu'elle a déjà parcourus. Celles qui s'y trouvent le plus communément, sont le carbonate et le sulfate de chaux. Elle paraît ordinairement fraîche et vive au goût, en raison de ce qu'ayant un cours assez rapide et un petit volume, elle se refroidit beaucoup par l'évaporation qu'elle éprouve et se sature d'air. En général, plus une eau est saturée d'air, plus, toutes choses égales d'ailleurs, elle paraît agréable et se trouve propre à la digestion des alimens.

3°. L'*eau de puits* (Aqua putealis). Comme l'eau de source, elle contient différentes substances, suivant le terrain à travers lequel elle filtre. Celle des puits de Paris traversant un sol presque tout formé de sulfate de chaux, est saturée de ce sel qui la rend impropre à la plupart des usages domestiques : ainsi elle a une saveur crue; elle précipite l'eau de savon et ne peut servir au blanchissage; elle durcit les légumes en les cuisant, à cause du sel insoluble qu'elle précipite, et qui pénètre dans la substance même de ces sortes d'alimens.

4°. L'*eau de rivière* (Aqua fluviatilis). Elle varie dans sa composition comme les autres. Celle de la Seine, prise au-dessus de Paris, est une des plus pures que l'on connaisse : cependant elle contient toujours du sulfate de chaux, un hydrochlorate, et des traces de matière organique.

5°. L'*eau de mer* (Aqua marina). Elle est salée, âcre et désagréable. Elle tient en dissolution des hydrochlorates de soude, de magnésie et de chaux, et du sulfate de soude. On en retire le premier de ces sels, par l'évaporation spontanée, comme je l'ai dit en parlant du sel marin (p. 124).

6°. L'*eau minérale* (Aqua mineralis). On nomme ainsi l'eau qui contient assez de substances médicamenteuses en dissolution pour produire un effet marqué dans l'économie animale. A ce compte, l'eau de mer est une eau minérale, mais on l'en sépare ordinairement.

On divise les eaux minérales en quatre sections principales qui renferment, les eaux *acidules gazeuses*, les eaux *salines*, les eaux *ferrugineuses* et les eaux *sulfureuses*. On distingue de plus, dans chaque section, les eaux dont la température ne diffère pas sensiblement de celle de l'atmosphère, que l'on nomme eaux *froides*; et celles dont la température est évidemment plus élevée, on les nomme eaux *thermales*.

Comme on doit bien le penser, cette division des eaux minérales en quatre sections n'est pas absolue, et n'est que relative à la prédominance de tel ou tel principe sur les autres.

Ainsi on nomme eau *acidule gazeuse*, celle qui contient une grande quantité d'acide carbonique libre, indépendamment des sels qui peuvent s'y trouver, et en supposant que ces sels ne soient pas ferrugineux. Ces eaux ont surtout la propriété de former, avec l'eau de chaux, un précipité blanc soluble avec effervescence dans les acides. Telles sont les eaux de Seltz et d'Alfter.

On nomme eau *saline*, une eau qui contient beaucoup de sels non ferrugineux et non sulfureux, et abstraction faite de l'acide carbonique. Telles sont les eaux de Sedlitz, d'Epsom et de Plombières; mais la distinction de ces deux premiers genres d'eaux minérales est presque arbitraire.

On nomme eau *ferrugineuse*, une eau qui contient une quantité de fer sensible au goût et appréciable à l'analyse. Le fer s'y trouve, ou à l'état de sulfate, comme dans l'eau de Passy sous Paris, ou à l'état de carbonate et dissous dans un excès d'acide carbonique, comme dans l'eau minérale de Provins. Ces eaux ont pour propriétés particulières, de former un précipité bleu par le prussiate de potasse, de noircir par la teinture de noix de galle et d'offrir une saveur plus ou moins ferrugineuse.

Enfin on nomme eaux *sulfureuses*, celles qui contiennent de l'acide hydrosulfurique libre ou combiné; telles sont les eaux d'Enghien, d'Aix-la-Chapelle et de Barèges. Ces eaux ont pour caractères de noircir les dissolutions de plomb, et de présenter une odeur et une saveur d'œufs gâtés.

Voici l'indication de la nature des eaux minérales les plus connues, et des contrées où on les trouve.

Eaux gazeuses froides.

84. *Eaux d'Alfter*. Se trouvent dans la commune de Rœsdorf, dans l'ancien département de la Roër, à quatre

lieues de Cologne. Elles ont un goût agréable, salin et acidule; elles contiennent, d'après l'analyse de M. Vauquelin, un volume d'acide carbonique égal au leur, du carbonate, de l'hydrochlorate et du sulfate de soude; des carbonates de chaux et de magnésie; une très-petite quantité de carbonate de fer.

85. *Eaux de Chateldon*, petite ville du département du Puy-de-Dôme, à trois lieues de Vichy et à huit de Clermont. Ces eaux ont une saveur piquante qui devient ensuite légèrement alcaline et astringente; elles contiennent beaucoup d'acide carbonique.

86. *Eaux de Pougues*, bourg à deux lieues de Nevers, département de la Nièvre. Elles contiennent des carbonates de chaux, de soude et de magnésie, de l'hydrochlorate de soude et de la silice.

87. *Eaux de Seltz* (Aquæ Saletiæ). Seltz est un village situé sur les frontières du pays de Trèves et de la principauté de Hesse-Cassel, à cinq lieues de Francfort. Ses eaux, qui sont très-usitées, contiennent une quantité considérable d'acide carbonique, des carbonates de soude, de chaux et de magnésie, de l'hydrochlorate de soude : elles ont une saveur d'abord acidule, puis salée et alcaline.

Eaux gazeuses thermales.

88. *Eaux de Dax* (Aquæ Tarbellicæ). Dax est le chef-lieu du département des Landes : ses eaux sont aigrelettes et d'une température qui varie de 25 à 60 degrés centigrades.

89. *Eaux du mont Dore*, situées à huit lieues de Clermont, département du Puy-de-Dôme. Il y a quatre sources d'eau, dont une est tout-à-fait froide et dont les autres ont une température de 42 à 45 degrés. L'eau froide paraît contenir peu de principes actifs; mais les eaux thermales contiennent des sels de soude, de chaux, de magnésie, de la si-

lice, et, de plus, un peu de carbonate de fer (*Ann. chim. phys.*, XIX, 25).

90. *Eaux de Néris.* Néris est un bourg sur les bords du Cher, département de l'Allier. Ses eaux ont une température de 40 à 52 degrés, une saveur acidule, un toucher onctueux. Elles contiennent une proportion assez forte d'acide carbonique, de l'oxigène, de l'azote, une quantité incalculable d'acide hydrosulfurique, de la silice, du carbonate, du sulfate et de l'hydrochlorate de soude, du carbonate de chaux, et une matière animale dans la proportion de 30 grains par litre.

Eaux salines froides.

93. *Eaux d'Epsom,* village dans le comté de Surrey en Angleterre, à sept lieues de Londres. Elles contiennent 0.03 de sulfate de magnésie qui leur donne une saveur amère et une propriété laxative. C'est de ces eaux que l'on retire le véritable sel d'Epsom anglais.

94. *Eaux de Sedlitz et de Seidschutz*, deux bourgs de Bohême, peu distans l'un de l'autre. Ces eaux sont très-amères et très-chargées de sulfate de magnésie; elles contiennent en outre de l'acide carbonique, de l'hydrochlorate et du carbonate de magnésie, du sulfate et du carbonate de chaux. L'eau de Sedlitz contient plus d'acide carbonique et moins de sulfate que celle de Seidschutz.

Eaux salines thermales.

95. *Eaux d'Aix en Provence* (Aquæ Sextiæ). Ces eaux, connues et recherchées de toute antiquité, ne présentent rien de remarquable à l'analyse, si ce n'est une matière organique qui leur donne de l'onctuosité. Elles ont peu de saveur; leur température varie de 32 à 34 degrés.

96. *Eaux de Balaruc*, bourg du département de l'Hérault, à quatre lieues de Montpellier. Leur saveur est manifestement salée, piquante, mêlée d'un peu d'amertume;

leur température est de 50 degrés. Elles contiennent, suivant l'analyse de Figuier (*Ann. chim.*, LXX, 5), de l'acide carbonique, des hydrochlorates de soude, de magnésie et de chaux, des carbonates de chaux et de magnésie, du sulfate de chaux, et une quantité inappréciable de carbonate de fer. Ces eaux doivent être très-actives.

97. *Eaux de Bourbonne-les-Bains* (Aquæ Borboniæ), département de la Haute-Marne. Ces eaux sont très-anciennement connues; leur température varie de 46 à 69 degrés: elles contiennent des hydrochlorates de soude et de chaux, des sulfate et carbonate de chaux, et une matière organique (*Bull. pharm.*, I, 116).

98. *Eaux de Lamotte*, dans le département de l'Isère, à six lieues de Grenoble. On dit que leur température est de 84 degrés.

99. *Eaux de Plombières* (Aquæ Plumbariæ), dans le département des Vosges. Ces eaux ont une saveur très-faible, qui finit cependant par devenir un peu lixivielle; elles ont une odeur légèrement fétide, une pesanteur spécifique qui ne diffère pas sensiblement de celle de l'eau distillée. M. Vauquelin les a analysées et les a trouvées composées de sous-carbonate, de sulfate et d'hydrochlorate de soude, de silice, de carbonate de chaux, et d'une matière animale analogue à la gélatine, unie dans une sorte d'état savonneux avec la soude, et communiquant à ces eaux des qualités particulières (*Ann. chim.*, XXXIX, 160).

Eaux ferrugineuses froides.

100. *Eaux de Bussang*. Bussang est un village situé dans les Vosges, à dix lieues de Plombières, et près des sources de la Moselle. Ses eaux contiennent de l'acide carbonique, du carbonate de fer et du carbonate de soude.

101. *Eaux de Contrexeville*, du département des Vosges, à six lieues de Bourbonne. Ces eaux contiennent des hydro-

chlorates de soude, de chaux et de magnésie, du sulfate de soude, et des carbonates de chaux et de fer dissous dans un petit excès d'acide carbonique.

102. *Eaux de Forges* (Aquæ Forgiarum), bourg à quatre lieues de Rouen, dans le département de la Seine-Inférieure. On y trouve trois sources qui portent différens noms, et dont les eaux diffèrent beaucoup par la quantité de fer que l'analyse y démontre. Ce métal y est tenu en dissolution par l'acide carbonique. (*Ann. Chim.* XCII, 172.)

103. *Eaux de Passy* (Aquæ Paciacæ), sous Paris. Les eaux de Passy sont claires, limpides, fortement ferrugineuses et douées d'une action très-marquée sur l'économie animale. Le fer y est à l'état de sulfate. On les distingue en anciennes et nouvelles eaux, et en eaux *non épurées* et *épurées*. Celles-ci diffèrent des premières en ce qu'elles ont été exposées à l'air assez long-temps pour que la majeure partie du fer s'en soit précipitée à l'état de sous-sulfate insoluble. Elles sont alors beaucoup moins actives.

104. *Eaux de Provins* (Aquæ Provinæ), petite ville du département de Seine-et-Marne, à dix-neuf lieues de Paris. Ces eaux sont limpides, légères en raison de l'acide carbonique qui s'y trouve dissous, et contiennent le fer à l'état de carbonate. MM. Vauquelin et Thénard, qui les ont analysées, y ont trouvé, de plus, du carbonate de chaux, un peu de magnésie, de silice, d'oxide de manganèse, du sel marin et une matière grasse. (*Ann. Chim.* LXXXVI, 1.)

105. *Eaux de Pyrmont* (Aquæ Petrimontis), près du Veser dans le Hanovre. Elles sont très-chargées d'acide carbonique, et contiennent des sulfates de chaux et de magnésie, des carbonates de magnésie de chaux et de fer, et de l'hydrochlorate de soude.

106. *Eaux de Spa* (Aquæ Spadanæ), dans le pays de Liége, ancien département de l'Ourthe. Ces eaux, qui sont au nombre des plus renommées en Europe, contiennent une très-grande quantité d'acide carbonique, des carbonates de

chaux, de magnésie, de soude, de fer, et de l'hydrochlorate de soude.

107. *Eaux de Vals* (Aquæ Valli), dans le département de l'Ardèche. Ces eaux sont saturées d'acide carbonique, et contiennent une proportion considérable de carbonate de soude, de l'hydrochlorate et du sulfate de soude, des carbonates de chaux, de magnésie et de fer, et de la silice. (*Ann. chim. phys.* XXIV, 236.)

Eaux ferrugineuses thermales.

Eaux de Vichy (Aquæ Vici calidi seu Vicienses), dans le département de l'Allier. Ces eaux sont produites par sept sources dont la température varie de 22 à 46 degrés du thermomètre centigrade. Elles contiennent beaucoup d'acide carbonique, beaucoup de carbonate de soude, de l'hydrochlorate et du sulfate de soude, un peu de chaux, de magnésie et une très-petite proportion de fer. On y trouve en outre une matière verte organique, que M. Vauquelin a examinée dernièrement, et qu'il a trouvée analogue à l'albumine. (Voir *Journ. pharm.* VII, 565; *Ann. chim. phys.* XVI, 439 et XXVIII, 98.)

Eaux sulfureuses froides.

109. *Eaux d'Enghien.* (Aquæ Engyensis.) Enghien ou Montmorency est une petite ville du département de Seine-et-Oise, à quatre lieues de Paris. Ses eaux ont acquis plus d'importance dans ces dernières années, par les établissemens qu'y ont formés MM. Peligot et Trobriant. Elles sont fournies par plusieurs sources qui portent les noms de *source du roi* et *sources de la pêcherie.* Elles contiennent de l'acide hydrosulfurique libre et combiné, de l'acide carbonique, des sulfates de chaux et de magnésie, du carbonate de chaux, des hydrochlorates de magnésie et de soude, du carbonate de magnésie, des traces de fer et de silice, et une

matière organique azotée. En 1788, Fourcroy a fait un modèle d'analyse en recherchant les principes constituans de l'eau d'Enghien (*Ann. chim.* VI, 160). Beaucoup plus récemment, MM. Henry fils et Fremy ont publié de nouvelles recherches sur ces eaux (*Journ. pharm.* IX, 482, et XI, 61, 83).

Eaux sulfureuses thermales.

110. *Eaux d'Aix-la-Chapelle.* (Aquæ Grani). Aix-la-Chapelle est une ville considérable de l'ancien département de la Roër, célèbre comme ayant été la principale résidence de Charlemagne, qui fit restaurer et embellir ses bains.

La température des eaux d'Aix-la-Chapelle est de 36 à 75 degrés; elles se troublent en se refroidissant. Elles tiennent en dissolution de l'hydrogène sulfuré, de l'azote, de l'acide carbonique, de l'hydrochlorate, du carbonate et du sulfate de soude; des carbonates de chaux et de magnésie, et de la silice. Plusieurs chimistes ont avancé que ces eaux ne contenaient pas d'hydrogène sulfuré, et que le soufre y était combiné à l'azote; mais ce résultat n'est pas admissible, et d'ailleurs n'est prouvé par aucune de leurs expériences.

111. *Eaux de Saint-Amand* (Aquæ Sancti-Amandi). Dans le département du Nord, à 3 lieues de Valenciennes. Leur température varie de 18 à 27 degrés.

112. *Eaux d'Ax;* elles se trouvent dans le département de l'Ariège, à 4 lieues de Tarascon.

113. *Eaux de Bade* en Suisse (Aquæ Helveticæ); et de *Bade* dans le duché de ce nom. Elles ne présentent rien de particulier.

114. *Eaux de Bagnères de Luchon* (Aquæ Convenarum). A deux lieues des frontières d'Espagne dans le département de la Haute-Garonne. Elles sont transparentes et verdissent le sirop de violettes. Leur température varie de 30 à 62 degrés.

115. *Eaux de Bagnolles;* dans le département de l'Orne à 50 lieues de Paris.

116. *Eaux de Bagnols* (Aquæ Balneoli). Dans le département de la Lozère à 2 lieues de Mende. Ces eaux sont limpides et ont une température constante de 43 degrés : elles contiennent beaucoup d'acide hydrosulfurique, différens sels, et une matière organique qui s'y trouve combinée avec le sous-carbonate de soude.

117. *Eaux de Barèges* (Aquæ Baredginæ). Dans le département des Hautes-Pyrénées à 4 lieues de Bagnères. Elles sont claires, limpides, d'une saveur nauséabonde, d'une odeur très-marquée; leur température varie de 30 à 45 degrés; il se forme à leur surface une pellicule qui leur donne un aspect onctueux; elles contiennent beaucoup d'acide hydrosulfurique, des hydrosulfate, carbonate, hydrochlorate de soude, une substance grasse qui s'y trouve dans un état savonneux. Elles sont très-actives.

118. *Eaux de Bonnes*, dans la vallée d'Ossan, à 7 lieues de Pau, département des Basses-Pyrénées.

119. *Eaux de Cauterets*, dans la vallée de Lavedan, au pied des Pyrénées et dans le département des Basses-Pyrénées. On y trouve un grand nombre de sources d'une température très-variable.

120. *Eaux de Saint-Sauveur*, bourg situé dans la vallée de Luz près de Barèges, dans le département des Hautes-Pyrénées.

Toutes ces eaux doivent leur formation à un même système de phénomènes naturels; leurs principes constituans sont sensiblement les mêmes et ne varient guère que par leurs proportions; elles jouissent donc des mêmes propriétés, mais dans des degrés qu'il n'appartient qu'aux médecins d'apprécier.

VIIIe. DIVISION. — *Des Bitumes.*

Les bitumes sont des substances minérales, combustibles et inflammables, qui offrent dans leur composition une analogie frappante avec les substances végétales. Aussi s'est-on généralement accordé à les regarder comme des produits de la décomposition lente et séculaire que ces substances éprouvent lorsqu'elles sont enfouies dans le sein de la terre.

Du Bitume liquide.
(Naphte et pétrole.)

Corps liquide à la température ordinaire, jaunâtre lorsqu'il est pur ou à l'état de naphte, brun et visqueux lorsqu'il tient de l'asphalte en dissolution (Pétrole).

121. Le naphte pur (*naphta, æ*) est parfaitement fluide et transparent; il répand une odeur forte, mais non désagréable; il ne pèse que 0,80 et, par conséquent, est aussi léger que l'alcool le plus rectifié. Il est très-volatil et s'enflamme à distance par l'approche d'un corps en ignition; il répand en brûlant une fumée très-épaisse, et ne laisse aucun résidu : il se colore, s'épaissit avec le temps et se rapproche de l'état de Pétrole.

On trouve le naphte en plusieurs endroits de la Sicile et de l'Italie. On cite surtout la source d'Amiano, dans le duché de Parme, qui a été découverte en 1802, et dont le produit est assez abondant pour qu'on l'ait appliqué à l'éclairage de la ville de Gènes. Le naphte rectifié sert en chimie à conserver le potassium et le sodium; on l'a quelquefois employé en médecine comme vermifuge et antihystérique.

122. Le pétrole (*petrolæum, læi*) est également liquide et onctueux; son odeur est très-forte et très-tenace; sa pesanteur spécifique va jusqu'à 0,85. Lorsqu'on le distille dans une cornue il laisse de l'asphalte pour résidu; exposé à l'air, il passe à l'état de *poix minérale* ou de *malthe.*

Le pétrole est plus commun que le naphte et assez abondant en France, notamment à Gabian, département de l'Hérault, et au Puy-de-la-Pège près de Clermont-Ferrand. On l'emploie à graisser les charrettes et les machines à engrenage; depuis quelques années aussi on le fait entrer dans la composition des cimens, qu'il rend légers, imperméables à l'eau et presqu'indestructibles par le temps. Ces précieuses qualités étaient connues des anciens, et l'on assure que c'est à elles que les murs de Babylone ont dû leur force et leur stabilité.

Du Bitume glutineux et du Bitume de Judée.

123. *Bitume glutineux*, *Malthe*, *Poix minérale*, *Pissasphalte.* (Maltha, thæ, Pissasphaltus, ti.) Le malthe est noir, glutineux, presque solide dans les temps froids; il a d'ailleurs la même odeur bitumineuse que les précédens et brûle comme eux : quoique plus lourd que le pétrole, il surnage encore l'eau. On l'emploie dans la fabrication des cimens, et pour goudronner les bois et les cordages, à l'instar de la poix végétale.

124. *Bitume de Judée* ou *Asphalte.* (Asphaltus, ti.) L'asphalte est noir, tout-à-fait solide, sec et friable; il n'a pas d'odeur sensible à froid, mais il en prend une assez forte par le frottement et acquiert en même temps l'électricité résineuse; il a une cassure conchoïde et luisante; il est un peu plus pesant que l'eau, brûle avec flamme, et laisse une petite quantité de résidu terreux.

On trouve l'asphalte particulièrement à la surface du lac Asphaltique, en Judée. Ce lac a aussi porté le nom de *Mer-Morte*, soit à cause de la stérilité de ses bords, soit parce qu'on supposait autrefois que l'odeur répandue par le bitume était capable de tuer les oiseaux qui passent au-dessus. Les eaux de ce lac sont salées comme toutes celles des sources qui accompagnent presque constamment les bitumes : c'est à leur salure, qui leur communique une plus grande pesanteur spécifique, qu'elles doivent la propriété de laisser surnager l'asphalte; car ce corps, étant plus pesant que l'eau pure, s'y enfonce nécessairement.

L'asphalte entre dans la composition de la thériaque; il pourrait servir avec avantage dans les embaumemens : les fameuses momies d'Égypte doivent en partie leur indestructibilité à une dissolution d'asphalte qui les a recouvertes, et qui, à l'aide du temps, a pénétré jusque dans la substance des os (1).

---

(1) Le naphte, le pétrole, le malthe et l'asphalte ont évidemment la même origine, et on les voit passer de l'un à l'autre par des nuances insensibles. M. Haüy, se fondant sur ces rapports, les a réunis en une seule espèce, sous le nom de bitume. On peut objecter à cette détermination qu'en supposant, comme il est très-probable, que le pétrole et le malthe ne soient que des mélanges, au moins faut-il considérer comme espèces distinctes, le *naphte* et l'*asphalte*. Secondement, M. Haüy, en restreignant le nom de *bitume* à une seule espèce, a été obligé de désigner la classe entière des bitumes sous les noms de *corps combustibles non métalliques composés*, ou de *substances phytogènes*, qui peuvent convenir à des corps fort différents des bitumes. Il m'a donc paru qu'il valait mieux rétablir la signification générique du mot *bitume*, et considérer comme des espèces distinctes, le *naphte*, l'*asphalte*, la *houille*, le *succin* et même le *jayet*.

Il y a en outre quelques autres espèces de bitumes, très-rares, tout-à-fait inusitées, et dont, pour cette raison, je n'ai pas cru devoir parler. Telles sont les substances nommées *hatcheline*, *résinite* ou *rétin-asphalte*, et *bitume élastique* ou *caout-chouc fossile*. Ce dernier, que l'on n'avait trouvé jusqu'alors que dans le Derbyshire, en Angleterre, a été rencontré, en 1816, par M. e docteur Ollivier, dans une mine de houille auprès d'Angers; M. Henry fils en a donné l'analyse dans le Journal de Chimie médicale, t. I, p. 18.

124. *De la Houille ou charbon-de-terre.*
Lithanthrax, acis.

La houille est solide, opaque, noire, plus ou moins brillante, insipide, inodore par le frottement, et non électrique, à moins qu'elle ne soit isolée; sa pesanteur spécifique moyenne est de 1.3 : elle est plus dure que l'asphalte et moins dure que le jayet; elle brûle avec une flamme blanche, une fumée noire et une odeur désagréable, mais qui n'a rien de piquant; elle laisse, après sa combustion, un résidu terreux plus ou moins considérable : distillée dans une cornue, elle produit beaucoup d'huile, beaucoup d'hydrogène carboné, de l'ammoniaque et un charbon volumineux nommé *coak*. On la trouve dans le sein de la terre, en masses considérables, disposée par couches, sans forme bien déterminée, mais susceptible de se diviser en parallélipipèdes avec une sorte de régularité.

On distingue plusieurs variétés de houille : 1°. La *houille grasse*, remarquable par sa légèreté, sa friabilité, sa grande combustibilité, et surtout parce qu'elle produit une flamme longue et blanche, qu'elle se gonfle et s'agglutine facilement; propriétés qu'elle doit à la grande quantité de matière huileuse qu'elle renferme. Telle est la houille de Valenciennes, de Mons, du Creuzot et du Forez.

2°. La *Houille compacte*. Cette houille, quoique compacte, est fort légère; elle est d'un noir un peu grisâtre et terne; sa cassure est tantôt concheïde et tantôt droite; on la taille et on la polit facilement; elle brûle très-bien et donne une flamme brillante sans cependant produire une forte chaleur; le résidu qu'elle laisse est peu considérable. On trouve principalement cette variété dans le Lancashire.

3°. La *Houille sèche*. Celle-ci est d'un noir qui tire sur le gris de fer; elle est beaucoup plus solide et plus lourde que la précédente; elle brûle sans se gonfler ni s'agglutiner, avec une flamme bleue et en répandant une forte odeur de gaz sulfureux; le résidu qu'elle laisse est considérable, ce qui est dû à la grande quantité de pyrite qu'elle contient. Telles sont les houilles de Saint-Étienne, d'Aix et de Toulon.

Usages. La houille est employée comme combustible dans la plupart des usines; elle donne une chaleur considérable, et d'ailleurs coûte beaucoup moins que le bois, mais elle a l'inconvénient, surtout celle de la dernière sorte, de détruire assez promptement les chaudières de fonte ou de cuivre qu'on place au-dessus, en raison du soufre qu'elle contient. Depuis long-temps on ne brûle presque pas d'autre combustible en Angleterre, même dans les appartemens; mais on n'emploie à ce dernier usage que le *coak*, qui, ayant été privé de la plus grande partie de son huile par la distillation, brûle avec beaucoup moins d'odeur et de fumée. Depuis plusieurs années aussi, les Anglais ont utilisé le gaz hydrogène carboné qui se produit pendant la distillation de la houille, en le faisant servir à l'éclairage des grands établissemens et même des villes entières. Cet usage commence à s'introduire en France.

La houille n'est d'aucun usage en pharmacie, si ce n'est comme combustible.

125. *Du Jayet.*

Gagates, atis.

(*Lignite-Jayet*, Brongniart.)

Le Jayet est un corps noir, solide, dur, compact, cassant, mais non friable comme l'asphalte, susceptible de recevoir un très beau poli; il pèse 1.26, s'électrise difficilement par le frottement, est inodore, brûle avec flamme sans couler ni se boursoufler, et répand une odeur forte, âcre et aromatique : il donne un acide à la distillation et se distingue par ce résultat de la houille et de l'asphalte.

Le Jayet présente souvent des traces très-marquées de l'organisation du bois dont il paraît avoir été formé ; il offre comme un passage des substances végétales enfouies dans la terre aux matières bitumineuses.

Le Jayet sert dans la bijouterie et d'autres arts analogues pour faire des bijoux de deuil. Son usage, en pharmacie, se borne à fournir à la distillation une huile empyreumatique qui entre dans la composition du baume hystérique.

126. *Du Succin.*

Succinum, ni.

Le succin est un corps combustible minéral qui abonde dans la Prusse, sur les bords de la mer Baltique; il y accompagne des cailloux roulés, du bois fossile et différentes substances. On l'extrait pour le compte du gouvernement; mais il s'en détache des portions qui sont entraînées par les vagues, et les habitans du pays profitent de la marée montante pour les pêcher avec de petits filets. On trouve aussi du succin en Allemagne, en France et ailleurs, disposé par petites masses sous du sable, dans de l'argile, ou entre des lits de matières pyriteuses; quelquefois aussi parmi les mines de houille.

Le succin est solide, dur, cassant, mais non friable, susceptible d'être tourné et poli : le plus pur est transparent et d'un jaune doré; mais il est souvent opaque, et sa couleur varie du blanc jaunâtre à l'orangé. Il est insipide, inodore, acquiert par le frottement une électricité résineuse très-marquée; il se fond sur les charbons, brûle avec flamme en se boursouflant et en exhalant une odeur forte non désagréable; chauffé dans une cornue, il donne, entre autres produits, un acide volatil nommé *acide succinique*, composé d'hydrogène, d'oxigène et de carbone comme les acides végétaux; on obtient de plus un peu d'eau, de l'acide acétique, une huile d'une odeur forte, dont la couleur et la consistance varient beaucoup suivant l'époque de l'opération; une matière jaune particulière, dont la nature n'est point encore bien déterminée; des gaz, un charbon volumineux.

Le succin le plus pur est réservé pour faire des bijoux. Le commun est employé à faire un vernis qui est le plus beau et le plus durable de tous; il est usité en médecine, sous la forme de fumigations, et en teinture alcoholique; l'acide et l'huile qu'on en extrait par le feu sont également employés; l'acide et ses composés salins sont des réactifs précieux pour la chimie analytique, mais malheureusement trop coûteux.

Le succin a reçu les différens noms d'*Ambre jaune*, à cause de sa couleur et par comparaison avec l'ambre gris, qui a long-temps été pris pour un bitume; de *Karabé*, nom persan, qui veut dire *Tire-paille*, parce que le succin, étant électrisé par le frottement, attire la paille et les autres corps légers avec une force considérable; enfin on l'a nommé *Electrum*, à cause de sa couleur analogue à celle d'un alliage d'or que les Grecs nommaient de même, et c'est de ce mot *Electrum* qu'on a fait depuis *Electrique* et ses dérivés.

LIVRE SECOND.

DES VÉGÉTAUX.

Les végétaux sont des êtres organisés, vivans, dépourvus de sensibilité, et incapables d'aucun mouvement volontaire. Ce peu de mots les définit; car le défaut de sensibilité et de locomobilité les distingue des animaux; et l'épithète de *vivans* indique qu'ils jouissent des autres facultés de la vie, qui sont, la nourriture par intus-susception, la croissance, le développement, et la reproduction de l'espèce au moyen d'organes sexuels.

(*Parties qui les composent*). Les végétaux sont formés de deux sortes de parties : les unes *élémentaires*, très-petites, souvent invisibles à l'œil nu, semblables à elles-mêmes dans toutes les parties des divers végétaux; les autres *composées*, nommées communément *organes*, formées par la combinaison de plusieurs parties élémentaires.

Parties élémentaires. Au nombre des parties élémentaires on distingue :

1°. Le *tissu cellulaire*, qui est formé de membranes toutes continues, lesquelles, en se dédoublant, laissent entre elles des vides ou *cellules* ordinairement hexagonales, quelquefois alongées et fermées de toutes parts, ce qui les distingue des vaisseaux.

Le tissu cellulaire, considéré dans les parties extrêmes du végétal, où il se présente gorgé de suc et sous l'état mou, prend souvent le nom de *parenchyme*. C'est encore lui qui, en s'épaississant, se soudant et se desséchant par le contact de l'air, forme cette membrane mince, ordinairement transparente, nommée *épiderme*, qui recouvre toute la superficie des végétaux.

2°. Le *tissu vasculaire*, qui est formé de vides, ou de

vaisseaux ouverts à leurs extrémités, servant à charrier les sucs et l'air dont le végétal se nourrit.

Ces vaisseaux, de même que les cellules du tissu précédent, ont leurs parois simples, ou glanduleuses, ou rayées. Quelquefois aussi ces parois sont formées d'une lame tournée en spirale, et on a distingué les tubes qu'elles circonscrivent sous le nom particulier de *trachées*, parce qu'on a supposé qu'ils étaient plus spécialement destinés à conduire ou élaborer l'air.

C'est le tissu vasculaire qui, en se soudant dans quelques-unes de ses parties, et en composant ainsi d'autres parties alongées, plus grosses, plus consistantes et faciles à isoler du tissu environnant, forme ce qu'on appelle la *fibre* du végétal.

3°. Indépendamment de ces deux sortes de vides ou de cavités, les végétaux en présentent ordinairement deux autres, qui sont les *lacunes* et les *réservoirs de suc propre*. Les premières sont des cavités pleines d'air qui se forment dans l'intérieur des plantes par la rupture du tissu cellulaire : elles occupent souvent une grande partie de la tige des herbacées, de manière que tous les vaisseaux en sont rejetés à la circonférence; *par exemple*, les tiges creuses des graminées et des ombellifères. Les secondes sont des cavités ménagées çà et là dans le tissu cellulaire, fermées de toutes parts, et remplies de sucs élaborés, diversement colorés et propres à chaque végétal; tels sont les réservoirs des feuilles de myrte, d'oranger, de l'écorce jaune de l'orange, des parties résineuses des pins et des sapins.

Parties composées. Les parties composées ou les *organes* sont de trois sortes : *nutritifs*, *reproductifs* ou *accessoires*.

Les organes nutritifs sont ceux qui servent essentiellement à la nutrition ou à la végétation ; en d'autres termes à la vie de l'individu : comme la *racine*, la *tige*, les *feuilles*.

Les organes reproductifs, nommés aussi organes de la fructification, sont ceux qui sont destinés à l'accomplissement de cette importante fonction, et par suite à la conservation de l'espèce; tels sont la *fleur* et le *fruit*.

Les organes accessoires sont ceux qui ne se trouvent que dans certains végétaux, qui ne sont que des organes nutritifs ou reproductifs avortés, et que l'on peut retrancher sans troubler les fonctions végétales : ce sont les poils, les piquans, les vrilles, etc.; il ne sera question ici que des deux premières sortes d'organes.

De la racine.

La racine est cette partie du végétal qui s'enfonce dans la terre, et l'y tient attaché. Quelquefois elle s'étend dans l'eau : d'autrefois aussi elle s'implante sur d'autres végétaux; et, dans ce cas, on nomme *parasite* la plante qui la produit.

Parties principales. On distingue deux parties dans la plupart des racines : le *corps*, qui en est la partie la plus apparente, et qui peut être simple ou divisé; les *radicules*, qui sont les divisions extrêmes du premier, et qui servent de suçoirs pour transmettre les sucs de la terre au reste de la plante. Quelques auteurs admettent une troisième partie dans la racine, c'est le *collet*; mais la plupart du temps ce collet n'est qu'une tige, ou extrêmement raccourcie, comme dans beaucoup de plantes herbacées; ou modifiée dans son aspect et quelques-unes de ses fonctions par son séjour dans la terre, comme dans les fougères. Dans les végétaux ligneux qui ont une racine et une tige bien distinctes, le collet n'est qu'un plan imaginaire entre l'un et l'autre organe.

Durée. Les racines, eu égard à leur durée, sont dites : *annuelles*, lorsqu'elles naissent et meurent dans la même année; *bisannuelles*, lorsqu'elles meurent à la fin de la seconde année; *vivaces*, quand elles vivent plus de deux ans (1).

Direction. Les racines sont perpendiculaires (pivotantes), obliques ou horizontales : ces mots ne demandent pas d'explication.

Division. Les racines sont *simples*, *rameuses*, *fascicu-*

---

(1) Les plantes, de même que les racines, sont distinguées en *annuelles*, *bisannuelles* et *vivaces*. Les plantes annuelles naissent, fructifient et meurent dans le cours d'une année ; *exemple*, le coquelicot (*papaver rhœas*). Les plantes bisannuelles accomplissent leur végétation dans le cours de deux années, c'est-à-dire que la commençant à l'époque de la dispersion des semences de leur espèce, vers l'arrière-saison, elles poussent au printemps suivant des feuilles et une faible tige dont elles se dépouillent à l'automne; la racine reste l'hiver dans une sorte d'engourdissement dont elle sort au printemps, pour repousser avec plus de force, fleurir et fructifier; la plante entière meurt à la fin de la saison : telle est l'angélique (*angelica archangelica*). Les plantes vivaces sont celles qui vivent plus de deux ans, et qui peuvent fructifier un certain nombre de fois avant que de périr. On les distingue en vivaces *herbacées* et en vivaces *ligneuses*. Dans les premières les racines seules sont vivaces et les tiges meurent chaque année; ces plantes peuvent vivre une dixaine d'années; exemple, la rhubarbe (*rheum palmatum*).

Les plantes vivaces ligneuses, qui sont les sous-arbrisseaux, les arbrisseaux et les arbres, conservent leur tige et peuvent vivre un grand nombre d'années. Il en est même beaucoup dont il est impossible de fixer le terme, tant il surpasse de fois la plus longue durée de la vie humaine; *exemples*, le châtaignier, le chêne, le baobab (*adansonia digitata*). On indique qu'une plante est annuelle par le signe ☉, symbole de l'année ou d'une révolution de la terre autour du SOLEIL. Les plantes bisannuelles se marquent ainsi ♂, signe caractéristique de MARS, qui achève sa révolution en près de deux années terrestres. Les plantes vivaces herbacées prennent le signe ♃ du Ζευς grec, ou de JUPITER, qui fait sa révolution en onze ans et quelques jours. Les plantes vivaces ligneuses se marquent ainsi ♄, figure de la faux de SATURNE et le symbole du temps.

lées ou *chevelues.* Dans le premier cas le corps de la racine est unique ou non divisé; *exemple*, la carotte. Dans le second, il se divise en rameaux distincts peu nombreux, et d'un diamètre encore considérable; *exemple*, la rhubarbe. Dans les suivans, la petitesse et le nombre des divisions augmentent de manière à représenter, ou des fibres encore distinctes et nombreuses comme dans l'angélique, ou une sorte de chevelure, comme dans le fraisier.

Forme. Les formes des racines sont tellement variées, qu'il est difficile de donner une grande exactitude aux termes qu'on emploie pour les décrire. On distingue cependant les racines :

Fusiformes, qui vont en s'amincissant du collet à la partie inférieure; *exemple*, la betterave.

Tortueuses, contournées; diversement contournées sur elles-mêmes; *exemples*, le polygala, la bistorte.

Articulées, ayant de distance en distance des articulations; *exemple*, la racine de la gratiole.

Tuberculeuses et grenues, formées de tubercules ou de grains arrondis, séparés par les parties fibreuses; *exemples*, le souchet rond, la filipendule.

Tubérifères, Rich.; présentant sur différens points de leur étendue des tubérosités volumineuses et d'une forme arrondie. Ces tubérosités sont des espèces de bourgeons souterrains et non de véritables racines (1). Elles sont presque entièrement composées de fécule amylacée, et fournissent aux

---

(1) Quelle que soit la justesse de cette observation et de plusieurs autres analogues, que l'on pourrait faire sur la partie souterraine d'un grand nombre de végétaux, je n'en continuerai pas moins de désigner, pharmaceutiquement parlant, ces parties sous le nom commun de *racines*, parce qu'une des premières conditions, dans l'application médicale des substances, est la stabilité du langage : mais j'aurai soin d'indiquer la nature particulière de celles que l'on doit regarder plutôt comme des tiges souterraines, que comme de véritables racines.

premiers développemens de la jeune tige qui s'y trouve renfermée; *exemple*, la pomme de terre, les orchis, etc.

Bulbifères; terminées supérieurement par un plateau qui porte un bulbe. Ce bulbe ne constitue pas la racine; c'est un véritable bourgeon.

Organisation. L'organisation des racines ressemble beaucoup à celle des tiges, dont je parlerai bientôt : il y a cependant cette différence remarquable que les vraies racines n'ont jamais de canal médullaire; par compensation leurs couches corticales sont ordinairement très-épaisses. Une autre différence non moins grande entre ces deux genres d'organes, et qui paraît être une suite de la première, c'est que les racines tendent toujours vers le centre de la terre, tandis que les tiges cherchent à s'en éloigner. Les racines des plantes parasites qui s'étendent en tous sens sous l'écorce du végétal qui les supporte, ne forment qu'une exception apparente à cette règle; le centre vers lequel elles tendent est le centre de l'arbre, et c'est la résistance que leur oppose le bois qui les force à s'étendre sous l'écorce.

De la Tige.

La tige est la partie du végétal qui naît de la racine, s'élève dans l'air, et supporte les rameaux, les feuilles et les organes de la fructification.

Espèces. On a distingué plusieurs espèces de tiges par les noms particuliers de :

Collet ou *plateau*; tige extrêmement courte de beaucoup de plantes herbacées et des plantes bulbifères.

Souche ou *Rhizome*; tige souterraine ou superficielle qui émet des radicules de différens points de sa surface; comme dans la fougère et l'iris.

Stipe; tige cylindrique des palmiers qui se trouve composée des débris de leurs pétioles.

Chaume; tige creuse, et entrecoupée de nœuds, des plantes graminées.

Tronc; tige ligneuse des arbres en général.

En outre beaucoup d'auteurs ont mis au nombre des tiges *la hampe*, ou le support florifère et privé de feuilles de quelques plantes herbacées; mais cette hampe n'est qu'un pédoncule, et la vraie tige de ces plantes est le collet qui se trouve à la partie supérieure de la racine.

Nature et durée. Les tiges sont herbacées, ligneuses, arborescentes, frutescentes, ou suffrutescentes (1).

Consistance. Succulentes, charnues, spongieuses, creuses ou fistuleuses, raides, faibles, fragiles, flexibles.

Forme. Cylindriques, comprimées, trigones, tétragones, anguleuses, cannelées, noueuses, articulées, effilées.

Composition. Simples, dichotomes, trichotomes, rameuses, branchues.

Direction. Rampantes, couchées, obliques, redressées, verticales, penchées, arquées, flexueuses, volubiles, sarmenteuses.

Organisation. Les végétaux présentent pour leurs tiges deux modes d'organisation bien distincts, qui peuvent servir à les diviser en deux grandes classes très-naturelles. Les uns offrent des tiges droites, élancées, rarement ramifiées, formées de fibres ligneuses, droites et parallèles; ces fibres sont disséminées au milieu d'une substance médullaire, et on remarque qu'elles sont plus rapprochées et plus consistantes à la circonférence qu'au centre, effet dû à ce

---

(1) Les ouvrages élémentaires qui traitent de la signification des termes organographiques des plantes, se trouvant entre les mains de tous les élèves, je me dispenserai d'expliquer tous les mots que je vais citer. Je renvoie également d'avance aux mêmes ouvrages, pour l'explication des termes presque infinis employés dans la description des feuilles, et pour tous les autres détails que je ne puis comprendre dans celui-ci.

que les végétaux qui les offrent, s'accroissant par le centre, les fibres nouvelles qui s'y forment refoulent les anciennes vers la circonférence. On nomme ces végétaux *endogènes*, c'est-à-dire *formés par le dedans*. Dans ceux de la seconde classe, qui offrent souvent des tiges ramifiées, les fibres ligneuses sont disposées autour d'un canal médullaire unique et central, et forment des couches superposées, dont les plus jeunes sont à la circonférence et les plus âgées vers le centre. On nomme ces végétaux *exogènes*, c'est-à-dire *formés par le dehors*. Ce sont les plus nombreux et les plus importans pour nous. Leurs tiges, lorsqu'elles sont ligneuses, sont composées de trois parties principales qui sont l'*écorce*, le *bois* et la *moëlle*.

L'écorce est elle-même formée de l'*épiderme*, du *tissu cellulaire* et *du liber*. L'épiderme est la partie la plus extérieure; c'est, comme je l'ai déjà dit, une membrane mince, comparable à du vélin, qui recouvre toutes les parties de la plante. Le tissu cellulaire est la matière tendre, verte et succulente, qui se trouve immédiatement sous l'épiderme et remplit les mailles du liber. Le liber est la partie fibreuse de l'écorce; ses fibres sont parallèles à l'axe du tronc; mais, en se jetant à droite et à gauche et en se réunissant aux sinuosités, elles composent des mailles dont la forme varie suivant les végétaux.

Le bois est la partie la plus solide du végétal. On y distingue encore l'*aubier* et le *cœur* : celui-ci, qui occupe le centre, est parvenu à son dernier degré de dureté et de développement; le premier, plus extérieur, est encore imparfait et ne doit devenir vrai bois que par les progrès de la végétation.

La moëlle est une substance spongieuse, renfermée dans un canal intérieur nommé *canal médullaire* qui s'étend depuis la racine exclusivement, jusqu'aux extrémités du végétal. Elle paraît être de même nature que le tissu cellulaire de l'écorce, avec lequel elle communique au moyen d'irradiations ou de conduits qui traversent le bois.

Des Bourgeons.

En général on désigne sous ce nom toutes les parties des plantes qui servent à envelopper les jeunes pousses, pour les mettre à l'abri de l'hiver, et qui sont ordinairement formées de feuilles ou de stipules avortés. On distingue parmi les bourgeons :

1° Le *bulbe*, qui est le bourgeon permanent des plantes liliacées. On l'a mis pendant long-temps au rang des racines; mais la vraie racine de ces plantes se compose du faisceau de fibres qui se trouve à l'extrémité inférieure : au-dessus se trouve le collet, et enfin le bulbe.

On distingue quatre espèces de bulbes : dans l'une que l'on nomme bulbe *à écailles*, les écailles, ou feuilles avortées dont elle se compose, sont peu serrées, peu étendues et ne forment qu'une petite partie de la circonférence : *ex.*, le lis.

Dans la seconde que l'on nomme bulbe *à tuniques*, les enveloppes plus serrées et beaucoup plus étendues se recouvrent presqu'entièrement, quelquefois même font plus que la circonférence du bulbe, mais ne sont pas soudées : *ex.*, la scille et la jacinthe.

Dans la troisième que l'on pourrait nommer bulbe *robé*, les tuniques forment toute la circonférence de l'ognon, sont entièrement soudées, et ressemblent alors à des sphéroïdes qui se recouvrent entièrement les uns les autres : *ex.*, l'ognon ordinaire que l'on désigne communément comme bulbe à tuniques, et la tulipe que l'on qualifie de bulbe solide; il n'y a aucune différence entre eux.

Dans la quatrième, que l'on nomme bulbe *solide* ou *tubéreux*, les tuniques qui la formaient primitivement se sont entièrement soudées, et n'offrent qu'une substance homogène qui offre alors beaucoup d'analogie avec les racines tubéreuses. *Ex.*, le safran et le colchique.

2°. Le *turion* : c'est le bourgeon des plantes vivaces, situé à leur collet et se confondant quelquefois avec lui.

3°. Le *bouton*, ou *bourgeon* proprement dit; c'est celui qui naît sur la tige et sur ses ramifications.

Des Feuilles.

Il est impossible de donner une définition exacte et en même temps générale des feuilles. Je me restreindrai donc à dire qu'elles sont ordinairement des parties larges, peu épaisses, vertes, mobiles, qui ornent la tige des plantes herbacées comme celle des arbres, et qui leur servent d'organes inspiratoires et expiratoires.

Les feuilles sont portées sur une queue, ou *pétiole*, plus ou moins longue, quelquefois très-courte ou même sensiblement nulle; alors la feuille adhère immédiatement à la tige et prend l'épithète de *sessile* : dans le premier cas on la nomme feuille *pétiolée*.

On distingue encore les feuilles en *simples* et en *composées*. Elles sont simples lorsque le *limbe*, ou la partie large de la feuille, est continu dans toutes ses parties, comme dans le tilleul; composées, quand il se divise en plusieurs parties distinctes et séparées jusqu'au pétiole, quelquefois même portées chacune sur un pétiole partiel, comme dans le rosier : chaque petite feuille se nomme alors *foliole*.

Le contour des feuilles est anguleux, ou en cône arrondi, ou ovale; entier, ou découpé. Leur surface est lisse ou velue; leur épaisseur est souvent celle d'une feuille de papier, mais elle peut être plus considérable. Elle est quelquefois telle, comme dans certains *cactus*, que la feuille ressemble à un large gâteau charnu.

La couleur des feuilles est ordinairement verte; lorsqu'elle est toute autre, même blanche, les feuilles sont dites *colorées*. Quand les feuilles ne sont colorées qu'accidentellement, on dit qu'elles sont *panachées*.

Structure. Le limbe de la feuille est l'épanouissement du pétiole, et celui-ci est composé des mêmes parties que la tige. On retrouve donc dans la feuille, de l'épiderme, du tissu cellulaire ou du parenchyme, et du tissu vasculaire ou des fibres. Ces dernières se divisent de plus en plus à partir du pétiole : elles sont d'abord en faisceaux distincts et proéminens, que l'on nomme *nervures*; ensuite elles forment de simples *veines*; enfin elles disparaissent et se mêlent au parenchyme.

Usage. Les feuilles sont les organes inspiratoires et expiratoires des végétaux : elles leur servent à absorber dans l'air les fluides nécessaires à leur accroissement, et à rejeter ceux qui leur sont inutiles; elles font aussi fonction d'organes excrétoires, car elles laissent passer le superflu des humeurs qui nuirait à la vie du végétal. Les feuilles transpirent principalement par leur surface supérieure qui est lisse, serrée et comme vernissée : elles absorbent surtout par leur surface inférieure qui est ordinairement recouverte d'un tendre duvet.

De la Fleur.

La fleur est la partie du végétal qui renferme les organes de la fructification. Elle est ordinairement formée de quatre parties, qui sont : le *calice*, la *corolle*, l'*étamine* et le *pistil*. Elle est *complète*, lorsqu'elle comprend ces quatre parties, et *incomplète* lorsqu'une ou plusieurs lui manquent.

Le calice est l'enveloppe la plus extérieure de la fleur. Il sert comme de rempart aux autres parties; aussi est-il d'une texture plus solide et plus durable. Il est ordinairement vert, et manque quelquefois.

La corolle est une enveloppe moins extérieure que le calice, et qui entoure immédiatement les organes reproducteurs. C'est la partie de la fleur qui est susceptible de prendre le plus d'éclat en raison des brillantes couleurs dont il plaît souvent à la nature de l'orner. C'est aussi celle qui a communément le plus d'odeur. Elle manque plus souvent que le calice.

La corolle peut être d'une ou plusieurs pièces, dont chacune porte le nom de *pétale*. Une corolle d'une seule pièce est dite *monopétale*, et celle de plusieurs, *polypétale*. Lorsqu'une fleur manque de corolle, on la nomme *apétale*.

L'étamine est l'organe mâle de la fleur. Elle est le plus souvent formée d'un *filet* plus ou moins long, qui porte à son extrémité une petite boîte ou *anthère*, contenant la poussière fécondante ou le *pollen*. Quelquefois le filet manque, et alors l'anthère, qui n'en constitue pas moins une étamine, prend l'épithète de *sessile*. Le pollen fournit au stigmate, par contact ou sans contact, la substance qui doit féconder l'ovaire.

Le pistil est l'organe femelle de la fleur. Il est tout-à-fait au centre et comme défendu par les autres parties. On y distingue l'*ovaire*, le *style* et le *stigmate*. L'ovaire est la partie la plus inférieure; il est presque toujours renflé, et contient le germe du fruit. Le style est un prolongement de l'ovaire, ou un filet placé entre l'ovaire et le stigmate. Le stigmate est l'extrémité entière ou divisée du style. Quelquefois le style manque, et alors le stigmate est sessile.

Du Fruit.

Le fruit est l'ovaire développé par suite de la fécondation des fleurs. On y distingue deux parties, le *péricarpe* et la *graine*.

Le péricarpe est l'enveloppe extérieure du fruit. Il varie presque à l'infini dans ses formes. Les botanistes en ont distingué les principales, auxquelles ils ont affecté des noms particuliers; mais comme le nombre en est encore très-considérable, je n'expliquerai ici que ceux de ces noms les plus usités. Ainsi je distinguerai d'abord les péricarpes en péricarpes *secs* et en péricarpes *mous;* parmi les premiers je nommerai la *capsule*, la *follicule*, la *gousse*, la *silique* et le *cône;* parmi les mous, je citerai seulement le *drupe*, la *pomme* et la *baie*.

La capsule est une enveloppe charnue et succulente avant sa maturité, qui se dessèche en mûrissant, et qui s'ouvre d'une manière déterminée : *ex.*, le pavot, le lis, la jusquiame.

La follicule est un péricarpe univalve (1), qui s'ouvre longitudinalement sur un seul côté : *ex.*, la pivoine.

La gousse, ou *légume*, est un péricarpe bivalve, à sutures longitudinales, et dont une seule suture porte les graines : *ex.*, le pois, le haricot, et en général tous les fruits des plantes de la même famille, qui en a reçu le nom de famille des *légumineuses*.

La silique est un péricarpe bivalve, partagé en deux loges par une cloison membraneuse, et portant les graines alternativement sur l'une et sur l'autre suture. Lorsque la silique est courte et arrondie, on la nomme *silicule; ex.*, le cochléaria. Quand elle est beaucoup plus longue que large, elle conserve le nom de silique; *ex.*, le chou.

Le cône est une sorte de péricarpe composé d'écailles imbriquées, disposées en cône arrondi le long d'un axe. Chaque écaille porte une ou deux graines à sa base; *ex.*, le pin, le sapin, et en général toute la famille des conifères qui tire son nom de la forme du fruit.

---

(1) On nomme *valve* chaque pièce distincte d'un péricarpe sec parvenu à sa maturité. Un péricarpe univalve est donc celui dont les parties en s'ouvrant, restent unies en une seule pièce dans une étendue assez considérable, et qui ne peuvent être séparées artificiellement sans déchirure.

Le drupe est un péricarpe charnu qui enveloppe un noyau unique, osseux et renfermant une amande; *ex.*, la pêche, l'amande officinale et la noix du grand noyer.

La pomme est un péricarpe charnu, renfermant plusieurs loges membraneuses où sont contenus des pepins; *ex.*, la pomme ordinaire, la poire et le coing.

La baie est un péricarpe renfermant une pulpe succulente, dans laquelle les semences sont nichées sans ordre apparent; *ex.*, le raisin, le sureau.

De la Graine.

La graine est véritablement ce qui constitue le fruit, de même que les étamines et le pistil constituent la fleur. Le péricarpe, le calice et la corolle sont des parties accessoires dont, à la vérité, nous tirons souvent un grand parti, mais qui ne servent que d'enveloppes aux parties essentielles.

La graine renferme les rudimens d'une nouvelle plante; c'est un œuf fécondé qui doit, après avoir passé quelque temps dans le sein de la terre, reproduire un être semblable à celui dont il est sorti.

La graine est recouverte d'une pellicule plus ou moins épaisse, que l'on nomme *robe* ou *spermoderme* (1). Sur un point quelconque de sa surface, se trouve une cicatrice à laquelle aboutissent un grand nombre de vaisseaux qui peuvent être comparés au cordon ombilical des animaux, comme la cicatrice à l'ombilic.

La graine est composée, intérieurement, de deux sortes de parties : le *périsperme* et l'*embryon*.

---

(1) Indépendamment de leur tégument propre ou *robe*, un certain nombre de graines présentent à l'extérieur une expansion membraneuse du cordon ombilical qui enveloppe plus ou moins la graine ; on donne à cet organe particulier le nom d'*arille*. Par exemple, dans la muscade dont l'arille est connue sous le nom de *macis*.

Le périsperme (*endosperme*, Rich.) est une substance analogue à l'albumen de l'œuf, qui sert à nourrir l'embryon, jusqu'à ce que les parties dont il se compose lui-même aient acquis assez de force pour tirer leur nourriture de la terre et de l'air. Il est sec et farineux dans les graminées, huileux dans le ricin, corné dans le café et le dattier, etc. Il semble manquer quelquefois. L'embryon est l'abrégé de la plante : il est composé de la *radicule* ou jeune racine, de la *plumule* ou *gemmule* qui est le premier bourgeon d'où doit sortir la tige, et des *cotylédons*.

Les cotylédons peuvent être définis *une ou plusieurs feuilles présentes dans la graine*. En effet, ce sont de véritables feuilles; et, s'il arrive souvent qu'ils en diffèrent en apparence, cela tient à ce que leur développement a été arrêté par l'accroissement des autres parties de la graine, ou altéré par l'absorption du périsperme, comme cela a lieu dans le haricot, dans l'amandier, etc., dont les graines ne paraissent entièrement composées que des deux cotylédons.

Il y a des graines qui ont deux cotylédons, et il y en a d'autres qui n'en ont qu'un (1); et cette différence, qui semble si peu de chose à la première vue, sert à diviser les plantes en deux grandes classes très-naturelles, ou en *dicotylédones* et *monocotylédones*. Ce qu'il y a de plus remarquable, c'est que cette division répond exactement à celle dont j'ai parlé précédemment (p. 221), fondée sur la manière différente dont les végétaux s'accroissent. En effet, une observation qui ne s'est pas encore démentie montre que tous les végétaux dicotylédonés sont *exogènes*, et les monocotylédonés *endogènes*. Si un certain nombre de plantes paraît encore se refuser à cette division par l'absence des cotylédons dans la graine, on doit l'attribuer à la petitesse des or-

(1) Ou mieux il y a des graines dont les cotylédons sont opposés, et d'autres qui les ont alternes.

ganes, qui en rend l'observation extrêmement difficile; puisque depuis l'époque où les célèbres Jussieu ont fondé leur méthode sur la division dont je viens de parler, la plupart des plantes qu'ils avaient rangées dans la classe de celles qui n'ont pas de cotylédons visibles dans la graine, ont été reconnues pour en avoir un.

L'usage des cotylédons, dans la graine, est d'élaborer la substance nutritive du périsperme, lorsqu'elle a été gonflée par l'humidité de la terre, et de la transmettre à l'embyron. Lorsque les parties dont se compose celui-ci, ont acquis assez de force pour se passer de leur secours, les cotylédons deviennent inutiles, et périssent.

Des Méthodes.

Les botanistes des différens siècles ont imaginé un grand nombre de méthodes pour faciliter l'étude des plantes. Les premières, comme on peut le penser, étaient très-imparfaites. Elles reposaient, ou sur l'usage auquel on destinait les végétaux connus, en raison de leurs propriétés médicinales ou alimentaires, ou sur l'habitude de ces mêmes végétaux, dont les uns vivent sur les eaux, et les autres dans les bois, au milieu des plaines ou sur les montagnes. D'autres botanistes encore classaient les plantes d'après la saison de l'épanouissement de leurs fleurs.

On comprend facilement combien des descriptions fondées sur des bases aussi sujettes à varier, devaient être, sinon peu fidèles, au moins peu intelligibles pour tout autre que celui qui les faisait. Aussi a-t-on peine à reconnaître maintenant les plantes dont les anciens auteurs ont voulu parler.

Parmi les méthodes modernes, on en distingue surtout trois, qui sont, la méthode de Tournefort, le système sexuel de Linné et la méthode de Jussieu.

Dans la méthode de Tournefort, qui parut en 1694, les végétaux sont d'abord divisés en herbes et sous-arbrisseaux, et en arbrisseaux et arbres; ensuite les vingt-deux classes dont elle se compose, sont fondées sur l'absence, la présence et la forme de la corolle. Cette méthode, recommandable par sa simplicité, ne serait plus suffisante aujourd'hui (1).

Le système de Linné, plus ingénieux et bien plus étendu que la méthode de Tournefort, parut en 1736. Il est fondé sur le nombre, la position, la proportion et la connexion des étamines. On peut lui reprocher de disperser, dans différentes classes, des végétaux qui ont entre eux un très-grand nombre de rapports naturels; mais, ce qui lui assure une prééminence soutenue sur les autres méthodes, c'est que, par cela même que le cadre en est tout artificiel, son immortel auteur a pu le rendre propre à comprendre tous les végétaux connus et à connaître : c'est une colonne élevée au milieu d'édifices scientifiques renversés, et que le temps ne pourra détruire. Une méthode naturelle, au contraire, varie avec l'état de la science dont elle suit les progrès, et ne commande pas cette vénération que nous avons pour tout ce qui est ancien. Néanmoins, pour un esprit juste et non prévenu, une bonne méthode naturelle est préférable à la meilleure artificielle; c'est le propre sentiment de Linné : à ce titre, la méthode de M. Antoine-Laurent de Jussieu, publiée en 1789, et revue depuis par lui-même, peut occuper le premier rang.

(1) Les professeurs de l'École de pharmacie de Paris, pour rendre hommage à l'un des plus célèbres botanistes français, ont toujours rangé leur jardin d'après la méthode de Tournefort. Ils ont donc essayé, au moyen de plusieurs changements ingénieux, de ramener cette classification au niveau des connaissances actuelles. Je regrette que l'obligation où je suis de me restreindre à l'exposition des méthodes les plus généralement répandues, m'empêche de faire connaître *la nouvelle méthode calquée sur celle de Tournefort, par* M. Guiart; Paris, 1823.

Système de Linné.

Ce système est fondé sur le nombre, la position, la proportion et la connexion des étamines. Joignons-y les différens cas où les étamines et les pistils se trouvent sur des fleurs séparées, et celui où ces organes se dérobent à l'observation, et nous complèterons les bases dont Linné s'est servi pour diviser tous les végétaux connus en 24 classes.

Les onze premières classes sont uniquement fondées sur le nombre des étamines, depuis 1 jusqu'à 12, mais considérées seulement sur des fleurs qui réunissent les deux sexes, et que, pour cette raison, on a nommées *hermaphrodites*. Ainsi, tous les végétaux à fleurs hermaphrodites qui n'ont qu'une seule étamine, sont rangés dans la 1re classe. Linné a nommé cette classe *monandrie*, du grec *monos*, un, et *aner, andros*, mari; l'étamine étant l'organe mâle de la fleur. *Exemple*, le gingembre.

La 2e. cl. se nomme ***Diandrie***, c'est-à-dire 2 maris ou deux étamines; ex. la véronique.

La 3e.	*Triandrie*. . . .	3 étamines;	*ex.* le blé.
La 4e.	*Tétrandrie*. . . .	4 ét.........;	.... le plantain
La 5e.	*Pentandrie*. . . .	5 ét.........;	.... la bourrache.
La 6e.	*Hexandrie*. . . .	6 ét.........;	.... le lis.
La 7e.	*Heptandrie*. . . .	7 ét.........;	.... le marronnier d'Inde.
La 8e	*Octandrie*. . . .	8 ét.........;	.... le garou.
La 9e.	*Ennéandrie*. . . .	9 ét.........;	.... le laurier.
La 10e	*Décandrie*. . . .	10 ét.........;	.... l'œillet.
La 11e.	*Dodécandrie*.	de 12 à 20 ét.........;	.... la joubarbe.

La 12e et la 13e classe sont fondées sur le nombre et la position des étamines. La 12e renferme les plantes hermaphrodites qui ont environ 20 étamines insérées sur le calice; *exemple*, le rosier. Cette classe se nomme *icosandrie*.

La 13e classe comprend les plantes hermaphrodites qui ont 20 étamines, ou plus, adhérentes au réceptacle de la fleur; *exemple*, la renoncule. On nomme cette classe *polyandrie.*

La 14e et la 15e classe sont fondées sur la grandeur respective des étamines. Ainsi dans la 14e, nommée *didynamie*, se trouvent encore des plantes à quatre étamines, mais dont deux plus courtes et deux plus grandes. Didynamie veut dire 2 *puissances*, c'est-à-dire, que deux étamines paraissent avoir une sorte de supériorité sur les autres; *exemple*, la menthe.

La 15e classe renferme des plantes à 6 étamines, qui en ont 2 petites et 4 grandes; *exemple*, le chou. On nomme cette classe *tétradynamie*, ce qui veut dire 4 *puissances.*

Les 16e, 17e, 18e, 19e et 20e classes sont fondées sur l'adhérence des étamines, soit entre elles, soit avec le pistil.

La 16e classe se nomme *monadelphie*, c'est-à-dire, *un frère.* Elle a lieu lorsque toutes les étamines sont réunies en un seul faisceau par leurs filets, les anthères restant libres; *exemple*, la mauve.

La 17e classe, ou la *diadelphie*, renferme les plantes dont les étamines, réunies par les filets, forment deux faisceaux; *exemple*, le haricot.

La 18e classe, qui est la *polyadelphie*, a lieu lorsque les étamines, réunies par leurs filets, forment plus de deux faisceaux; *exemple*, l'oranger.

Dans la 19e classe, les étamines, au lieu d'être réunies par leurs filets, le sont par les anthères, et forment ainsi comme une petite voûte traversée par le style; *exemple*, la chicorée. On nomme cette classe *syngénésie*, ce qui signifie *engendrant ensemble.*

Dans la 20e classe les étamines sont adhérentes au pistil, ou sont immédiatement posées dessus; *exemple*, l'aristoloche. On nomme cette classe *gynandrie*, de *gunè*, femme, et *aner*, mari; voulant ainsi exprimer, par un seul mot, la réunion des sexes de la fleur.

Les 21e, 22e et 23e classes renferment des plantes dont

les sexes sont séparés sur des fleurs différentes; ce que Linné a exprimé, en les nommant *diclines*, c'est-à-dire, *deux lits*. Dans la 21e classe, les fleurs mâles et les fleurs femelles sont portées sur un même individu; *exemple*, le ricin. Cette classe se nomme *monœcie*, de *monos oïka*, *une seule maison*.

Dans la 22e classe les fleurs mâles et les fleurs femelles sont portées sur des pieds différens; *exemple*, le genévrier. Cette classe se nomme *diœcie*, *deux maisons*.

La 23e classe, nommée *polygamie*, comprend des végétaux, dont la même espèce présente sur le même pied, ou sur des pieds différens, des fleurs hermaphrodites, et des fleurs mâles ou femelles; *exemple*, le figuier.

La 24e et dernière classe renferme tous les végétaux dont la fructification n'est pas visible à l'œil nu. Linné l'a nommée *cryptogamie*, ce qui veut dire *mariage caché*.

223. Linné a sous-divisé ses classes en ordres, ses ordres en genres, et ceux-ci en espèces. Voici sur quelles considérations il a fondé les ordres.

Dans les 13 premières classes dont le caractère classique est tiré du nombre des étamines, le caractère ordinal est pris du nombre des pistils ou des styles. Ainsi nous avons pour noms d'ordre :

La *Monogynie*.	1 style ou 1 femme.
Digynie.	2
Trigynie.	3
Tétragynie.	4
Pentagynie.	5
Hexagynie.	6
Heptagynie.	7
Octogynie.	8
Ennéagynie.	9
Décagynie.	10
Dodécagynie.	de 11 à 19
Polygynie.	20 ou plus.

Mais chaque classe ne renferme pas un si grand nombre

d'ordres. Par exemple la monandrie n'en a que deux, qui sont, la monogynie et la digynie. La diandrie et la triandrie n'en ont que trois, et ainsi des autres.

Dans la 14e classe, qui est la didynamie, Linné a formé deux ordres fondés sur la forme du fruit : tantôt ce fruit semble être composé de quatre graines nues au fond du calice; *exemple*, la bétoine; tantôt il est enveloppé dans un seul péricarpe : *exemple*, la digitale. Le premier cas se nomme *gymnospermie*, c'est-à-dire, *semence nue*, et le second *angiospermie*, c'est-à-dire, *semence recouverte*.

La 15e. classe, qui est la tétradynamie, se divise pareillement en deux ordres. Dans le premier le fruit est court, ou n'est pas quatre fois aussi long que large; on le nomme *silicule*, et l'ordre, tétradynamie *siliculeuse; exemple*, la moutarde. Dans le second ordre, le fruit, qui est au moins quatre fois aussi long que large, se nomme *silique*, et l'ordre est appelé tétradynamie *siliqueuse*; *exemple*, le chou.

Dans la monadelphie, la diadelphie, la polyadelphie, la gynandrie, la monoécie et la diœcie, qui sont fondées sur l'adhérence des étamines par leurs filets, soit entre elles, soit avec l'ovaire, ou sur leur position dans des fleurs différentes, les ordres sont déduits du nombre des étamines, et portent les noms des premières classes. Ainsi l'on dit : *monadelphie triandrie*, *monadelphie pentandrie*, etc. Il est évident que la *monadelphie monandrie* est un cas absurde.

Dans le syngénésie les ordres sont très-compliqués, et fondés sur les rapports qui existent dans la disposition des deux sexes, et sur celle des fleurs elles-mêmes. La classe est d'abosd divisée en deux ordres, savoir, la syngénésie *polygamie*, où les fleurs sont réunies plusieurs ensemble dans un calice commun (alors on les nomme *fleurons*, c'est-à-dire, petites fleurs), et la syngénésie *monogamie*, où les fleurs sont séparées. Ce dernier ordre ne se

SYSTÈME SEXUEL DE LINNÉ.	CLASSES.	ORDRES.
PLANTES A ORGANES SEXUELS. — VISIBLES. — TOUJOURS RÉUNIS DANS LA MÊME FLEUR. — NON ADHÉRENS ENTRE EUX. — Étamines égales entre elles, ou sans proportion déterminée. — Moins de vingt étamines.		
Une étamine.	I. Monandrie	Monogynie, digynie.
Deux étamines	II. Diandrie.	1—2—3 gynie.
Trois.	III. Triandrie.	1—2—3 gynie.
Quatre	IV. Tétrandrie.	1—2—4 gynie.
Cinq.	V. Pentandrie.	1—2—3—4—5— Polygynie.
Six	VI. Hexandrie.	1—2—3—4— Polygynie.
Sept	VII. Heptandrie.	1—2—4—7 gynie.
Huit	VIII. Octandrie.	1—2—3—4 gynie.
Neuf	IX. Ennéandrie	1—3—6 gynie.
Dix.	X. Décandrie	1—2—3—5—10 gynie.
De onze à dix-neuf.	XI. Dodécandrie.	1—2—3—5—12 gynie.
Vingt étamines ou plus. — Adhérentes au calice.	XII. Icosandrie.	1—2—3—5— Polygynie.
Vingt étamines ou plus. — Adhérentes au réceptacle,	XIII. Polyandrie.	1—2—3—4—5—6— Polygynie.
Deux étamines plus courtes que les autres. — Quatre étamines dont deux plus longues.	XIV. Didynamie.	Gymnospermie, angiospermie.
Deux étamines plus courtes que les autres. — Six étamines dont quatre plus longues.	XV. Tétradynamie.	Siliculeuse, siliqueuse.
ADHÉRENS ENTRE EUX. — Étamines non adhérentes au pistil, mais adhérentes entre elles. — Par les filets — Toutes en un faisceau.	XVI. Monadelphie.	3—5—8—9—10—12— Polyandrie.
En deux faisceaux.	XVII. Diadelphie.	5—6—8—10 andrie.
En plusieurs faisceaux.	XVIII. Polyadelphie.	5—20— Polyandrie.
Par les anthères.	XIX. Syngénésie.	Polygamie égale, superflue, frustranée, nécessaire, séparée; monogamie.
Étamines adhérentes au pistil, ou posées sur lui.	XX. Gynandrie	2—3—4—5—6—8—10—12— Polyandrie.
NON RÉUNIS DANS LA MÊME FLEUR. — Fleurs mâles et femelles sur le même individu.	XXI. Monoécie	1—2—3—4—5—6—7 Polyandrie, Monadelphie, syngénésie, gynandrie.
Fleurs mâles et femelles sur deux individus différens.	XXII. Diœcie.	1—2—3—4—5—6—8—9—10—12— Polyandrie, Monadelphie, syngénésie, gynandrie.
Fleurs tantôt mâles, femelles, ou hermaphrodites, sur un, deux, ou trois individus.	XXIII. Polygamie.	Monoécie, diœcie, triœcie.
INVISIBLES A L'ŒIL NU.	XXIV. Cryptogamie.	Fougères, mousses; algues, champignons.

sous-divise pas, mais le premier se partage en cinq autres, savoir :

1°. La syngénésie polygamie *égale*, dont tous les fleurons sont hermaphrodites ;

2°. La syngénésie polygamie *superflue*, dont les fleurs centrales sont hermaphrodites fertiles, et celles de la circonférence femelles également fertiles, de sorte qu'elles semblent superflues ;

3°. La syngénésie polygamie *frustranée*, où les fleurs centrales sont hermaphrodites fertiles, et les fleurs marginales femelles stériles ; de sorte que, dans le style figuré de Linné, on ne voit pas trop pourquoi on les a fait venir là ;

4°. La syngénésie polygamie *nécessaire*, où les fleurs du centre sont hermaphrodites stériles, et celles de la circonférence femelles fécondes, de manière qu'elles sont nécessaires à la propagation de l'espèce ;

5°. La syngénésie polygamie *séparée*, où les fleurs, quoique renfermées dans un calice commun, ont encore chacune un calice propre.

La 23e. classe, ou la polygamie, se divise en trois ordres : Dans le premier, nommé polygamie *monoécie*, un même individu porte des fleurs hermaphrodites et des fleurs mâles ou femelles. Dans le second, nommé polygamie *diœcie*, on trouve dans la même espèce des individus qui ont toutes leurs fleurs hermaphrodites, et d'autres qui ont des fleurs seulement mâles ou femelles. Dans le troisième ordre, nommé polygamie *triœcie*, la même espèce offre des individus hermaphrodites, d'autres mâles, et des troisièmes femelles.

Enfin la cryptogamie se divise en quatre ordres, déduits simplement du port des plantes. Ce sont les *fougères*, les *mousses*, les *algues* et les *champignons*.

Pour mieux faciliter l'intelligence de ce système, il n'est pas inutile d'en joindre ici le tableau.

Méthode de Jussieu.

Cette méthode est établie sur la forme de l'embryon, sur la position des étamines par rapport au pistil, et sur l'absence, la présence et la forme de la corolle.

L'embryon n'a pas de cotylédons, ou en a un, ou en a deux. De là trois grandes divisions : les *acotylédones*, les *monocotylédones* et les *dicotylédones*.

Les étamines sont portées sur le pistil, ou sont placées dessous, ou enfin prennent naissance sur le calice qui l'environne; de là trois divisions secondaires : l'*épigynie*, l'*hypogynie* et la *périgynie*.

Cette insertion des étamines peut avoir lieu, soit immédiatement, soit par l'intermède de la corolle; et elle est *médiate*, ou *simplement immédiate*, ou *immédiate nécessaire*.

Elle est médiate toutes les fois que la fleur ayant une corolle, cette corolle est monopétale, c'est-à-dire que, dans ce cas, les étamines sont toujours portées sur la corolle, qui est elle-même insérée sur l'ovaire, ou sous l'ovaire ou sur le calice.

Elle est simplement immédiate, lorsque la fleur ayant une corolle, mais cette corolle étant polypétale, les étamines n'y sont pas attachées, et s'implantent immédiatement, soit sur l'ovaire, soit dessous, soit sur le calice. On peut remarquer cependant que, même dans ce cas, l'insertion des pétales suit celle des étamines, et réciproquement.

Enfin l'insertion des étamines est nécessairement immédiate, toutes les fois que la fleur n'a pas de corolle, parce qu'alors il faut nécessairement qu'elles soient insérées sur l'ovaire, ou à sa base, ou sur le calice.

Les plantes de la première grande division, qui comprend les acotylédones, n'ayant pas d'organes sexuels apparens, la loi des insertions est nulle pour elles. Aussi ne forment-elles qu'une seule classe, l'*Acotylédonie*, que l'auteur a partagée en un certain nombre d'ordres ou de familles. Cette classe répond à la cryptogamie de Linné.

Les monocotylédones, ou les plantes de la seconde division, n'ont qu'une seule enveloppe florale, que M. de Jussieu regarde comme un calice. Il s'ensuit qu'il ne leur reconnaît qu'un seul mode d'insertion, qui est l'immédiate nécessaire; mais, comme cette insertion peut être hypogyne, périgyne ou épigyne, il en résulte trois nouvelles classes qui ont reçu, par contraction des mots qui précèdent, les noms de *monohypogynie*, *monopérigynie*, *monoépigynie*.

Les dicotylédones beaucoup plus nombreuses que les acotylédones et les monocotylédones ensemble, ont exigé un plus grand nombre de classes qui ont été fournies par l'absence ou la présence et la forme de la corolle; caractère très-secondaire en lui-même, mais qui devient essentiel par sa combinaison avec un caractère principal.

Les dicotylédones sont *apétales*, *monopétales*, ou *polypétales*. Quand la fleur est apétale, c'est-à-dire, lorsqu'elle n'a qu'une enveloppe florale, que M. de Jussieu a considérée comme un calice, l'insertion des étamines est nécessairement immédiate, de même que dans les monocotylédones, et elle est épigyne, périgyne ou hypogyne; il en résulte encore trois nouvelles classes qui ont été nommées *épistaminie*, *péristaminie*, *hypostaminie* : ce sont les 5e, 6e et 7e de la méthode.

Viennent ensuite les dicotylédones monopétales, chez lesquelles, suivant ce qui a été dit plus haut, les étamines sont toujours portées sur la corolle, qui est elle-même hypogyne, périgyne ou épigyne; de là ont été formés les noms de *hypocorollie*, *péricorollie*, *épicorollie*, qui appartiennent aux classes suivantes.

Comme on peut s'en apercevoir, on place toujours en tête de chaque division la classe dans laquelle l'insertion est la même que celle de la classe qui a fini la division précédente, afin de conserver le plus de rapports possibles entre les classes voisines.

La huitième classe de la méthode, ou l'Hypocorollie, comprend donc les dicotylédones monopétales à corolle hypogyne; la neuvième, ou la Péricorollie, comprend les dicotylédones monopétales à corolle périgyne; quant à l'Épicorollie, elle a été divisée en deux classes qui se distinguent en ce que dans la 1re les étamines sont réunies par leurs anthères, et que dans l'autre elles sont libres. De là les noms de *épicorollie-synanthérie* et de *épicorollie-corisanthérie*, affectés à la 10e et à la 11e classe de la méthode. La première répond à la syngénésie de Linné, et aux flosculeuses, demi-flosculeuses et radiées de Tournefort.

Nous arrivons aux dicotylédones polypétales. Dans ces plantes l'insertion des étamines suit celle des pétales, et elles forment trois classes qui sont les 12e, 13e et 14e de la méthode. On nomme ces classes *épipétalie, hypopétalie, péripétalie.*

Voici dix classes de dicotylédones dont un des caractères essentiels a été pris de la diverse situation des étamines ou de la corolle, par rapport au pistil; mais il y a des plantes de la même division, qui ont les organes sexuels séparés sur différentes fleurs, et qui n'ont pu être comprises dans ces classes, puisque les règles de l'insertion sont nulles pour elles. On les a réunies dans un seul groupe, nommé *diclinie*, qui forme la 15e et dernière classe de la méthode, et qui répond à la monoécie, diœcie et polygamie de Linné.

TABLEAU DE LA CLASSIFICATION DES PLANTES SUIVANT LA MÉTHODE DE JUSSIEU.

TOUTES LES PLANTES SONT					CLASSES.
ACOTYLÉDONES.	Pas de cotylédon visible; fructification peu connue				I. Acotylédonie.
MONOCOTYLÉDONES.	Un seul cotylédon; nervures longitudinales. Une seule enveloppe florale, *calice* J. Insertion des étamines nécessairement immédiate, et.		Hypogyne		II. Monohypogynie.
			Périgyne		III. Monopérigynie.
			Épigyne		IV. Monoépigynie.
DICOTYLÉDONES. Deux cotylédons : ont les fleurs	Hermaphrodites; ou unisexuelles, non par l'absence, mais par l'avortement des étamines ou du pistil. Leurs fleurs sont.	Apétales. Une seule enveloppe florale dite *calice*. Insertion des étamines nécessairement immédiate, et.	Épigyne		V. Épistaminie.
			Périgyne		VI. Péristaminie.
			Hypogyne		VII. Hypostaminie.
		Monopétales. Deux enveloppes florales; corolle d'une seule pièce; insertion des étamines médiate; corolle.	Hypogyne		VIII. Hypocorollie.
			Périgyne		IX. Péricorollie.
			Épigyne	Ét. distinctes.	X. Épicorollie-synanthérie.
				Ét. réunies.	XI. Épicorollie-corisanthérie.
		Polypétales. Deux enveloppes florales; rarement une seule qui est alors presque toujours une *corolle*. Corolle de plusieurs pièces. Insertion des étamines simplement immédiate, et.	Épigyne		XII. Épipétalie.
			Hypogyne		XIII. Hypopétalie.
			Périgyne		XIV. Péripétalie.
	Unisexuelles vraies, dites diclines irrégulières				XV. Diclinie.

NOMENCLATURE

Des Familles naturelles des plantes rangées suivant la méthode de M. DE JUSSIEU.

Ire DIVISION. — PLANTES ACOTYLÉDONES.

Ire CLASSE. — Acotylédonie.

Ordres ou Familles.

1. *Algues.*
2. *Champignons.*
3. *Hypoxilées.*
4. *Lichens.*
5. *Hépatiques.*
6. *Mousses.*
7. *Lycopodiacées.*
8. *Fougères.*
9. *Characées.*
10. *Équisétacées.*
11. *Salviniées.*

IIe DIVISION. — PLANTES MONOCOTYLÉDONES.

IIe CLASSE. — Monohypogynie.

12. *Fluviales.*
13. *Saururées.*
14. *Pipéritées.*
15. *Aroïdées.*
16. *Typhinées.*
17. *Cypéracées.*
18. *Graminées.*

IIIe CLASSE. — Monopérigynie.

19. *Palmiers.*
20. *Asparaginées.*
21. *Restiacées.*
22. *Joncées.*
23. *Commélinées.*
24. *Alismacées.*
25. *Butomées.*
26. *Juncaginées.*
27. *Colchicées.*
28. *Liliacées.*
29. *Broméliacées.*
30. *Asphodélées.*
31. *Hémérocallidées.*

IVe CLASSE. — Monoépigynie.

32. *Dioscorées.*
33. *Narcissées.*
34. *Iridées.*
35. *Hæmodoracées.*

36. *Musacées.*
37. *Amomées.*
38. *Orchidées.*
39. *Nymphéacées.*
40. *Hydrocharidées.*
41. *Balanophorées.*

IIIe DIVISION. — Plantes dicotylédones.

* apétales.

Ve classe. — Épistaminie.

42. *Aristolochiées.*

VIe classe. — Péristaminie.

43. *Osyridées.*
44. *Myrobalanées.*
45. *Éléagnées.*
46. *Thymélées.*
47. *Protéacées.*
48. *Laurinées.*
49. *Polygonées.*
50. *Bégoniacées.*
51. *Atriplicées.*

VIIe classe. — Hypostaminie.

52. *Amaranthacées.*
53. *Plantaginées.*
54. *Nyctaginées.*
55. *Plumbaginées.*

** monopétales.

VIIIe classe. — Hypocorollie.

56. *Primulacées.*
57. *Lentibulariées.*
58. *Rhinanthacées.*
59. *Orobranchées.*
60. *Acanthacées.*
61. *Jasminées.*
62. *Pédalinées.*
63. *Verbénacées.*
64. *Myoporinées.*
65. *Labiées.*
66. *Personnées.*
67. *Solanées.*
68. *Borraginées.*
69. *Convolvulacées.*
70. *Polémoniacées.*
71. *Bignoniacées.*
72. *Gentianées.*
73. *Apocynées.*
74. *Sapotées.*
75. *Ardisiacées.*

IXe CLASSE. — Péricorollie.

76. *Ébénacées.*
77. *Kiénacées.*
78. *Rhodoracées.*
79. *Épacridées.*
80. *Éricinées.*
81. *Campanulacées.*
82. *Lobéliacées.*
83. *Gessnériacées.*
84. *Stylidiées.*
85. *Goodenoviées.*

Xe. CLASSE. — Épicorollie-synanthérie.

86. *Chicoracées.*
87. *Cinarocéphales.*
88. *Corymbifères.*
89. *Calycérées.*

XIe CLASSE. — Épicorollie-corisanthérie.

90. *Dipsacées.*
91. *Valérianées.*
92. *Rubiacées.*
93. *Caprifoliacées.*
94. *Loranthées.*

*** POLYPÉTALES.

XIIe CLASSE. — Épipétalie.

95. *Araliacées.*
96. *Ombellifères.*

XIIIe CLASSE. — Hypopétalie.

97. *Renonculacées.*
98. *Papavéracées.*
99. *Fumariacées.*
100. *Crucifères.*
101. *Capparidées.*
102. *Sapindacées.*
103. *Acérinées.*
104. *Hypocratées.*
105. *Malpighiacées.*
106. *Hypéricées.*
107. *Guttifères.*
108. *Olacinées.*
109. *Aurantiacées.*
110. *Ternstromiées.*
111. *Théacées.*
112. *Méliacées.*
113. *Vinifères.*
114. *Géraniacées.*
115. *Malvacées.*
116. *Buttnériacées.*
117. *Magnoliacées.*
118. *Dilléniacées.*
119. *Ochnacées.*
120. *Simaroubées.*
121. *Anonacées.*
122. *Menispermées.*
123. *Berbéridées.*
124. *Hermaniées.*
125. *Tiliacées.*
126. *Cistées.*

127. *Violariées.*
128. *Polygalées.*
129. *Diosmées.*
130. *Rutacées.*
131. *Caryophyllées.*
132. *Trémandrées.*
133. *Linacées.*
134. *Tamariscinées.*

XIVe CLASSE. — Péripétalie.

135. *Paronychiées.*
136. *Portulacées.*
137. *Saxifragées.*
138. *Cunoniacées.*
139. *Crassulées.*
140. *Opuntiacées.*
141. *Ribésiées.*
142. *Loasées.*
143. *Ficoïdées.*
144. *Cercodienes.*
145. *Onagraires.*
146. *Myrtées.*
147. *Mélastomées.*
148. *Lythraires.*
149. *Rosacées.*
150. *Calycanthées.*
151. *Blackwéliacées.*
152. *Légumineuses.*
153. *Térébinthacées.*
154. *Pittosporées.*
155. *Rhamnées.*

XVe CLASSE. — Diclinie.

156. *Euphorbiacées.*
157. *Cucurbitacées.*
158. *Passiflorées.*
159. *Miristicées.*
160. *Urticées.*
161. *Monimiées.*
162. *Amentacées.*
163. *Conifères.*
164. *Cycadées.*

Ire DIVISION. — *Des Racines.*

127. *De la racine d'Ache.*
Radix Apii. — Off.

Apium graveolens L. Pentandrie digynie; dicotylédones polypétales épigynes, famille des ombellifères. *Ache des marais.* Vulg.

Car. gen. Calice entier; pétales arrondis, égaux, recourbés au sommet; fruit ové, strié; fleurs jaunes. — *Car. spéc.* Feuilles de la tige cunéiformes. ♂.

On distingue deux variétés d'ache principales : l'une, qui a été nommée par Bauhin et Tournefort *apium palustre et apium officinarum*, croît dans les marais, est seule usitée en médecine; l'autre, appelée *apium dulce, celeri Italorum*, est cultivée dans les jardins, et se mange en salade sous le nom de *céleri*.

La racine de la première est blanche, longue, grosse et ramifiée; sa tige est haute de deux pieds, grosse, cannelée, verte, creuse; ses feuilles sont semblables à celles du persil, mais beaucoup plus grandes, vertes, lisses et luisantes; son fruit est composé de deux petites semences accolées, convexes d'un côté, striées, grises, âcres et aromatiques.

Toute la plante jouit d'une odeur forte : la racine sèche en conserve une très-suave. C'est une des cinq racines apéritives, et elle entre dans la composition du sirop de ce nom; mais elle est très-souvent remplacée par la racine de livèche, qui est plus commune.

Suivant M. de Candolle, la véritable racine d'ache est vénéneuse ou du moins très-suspecte.

128. *De la racine d'Acore vrai.*
Radix Acori veri. — Off.

Acorus Calamus L. Hexandrie monogynie; monocotylédones à étamines épigynes et famille des aroïdées de Jussieu.

Car. génér. Spadice cylindrique, couvert de fleurons; calice à six divisions; style o; capsule triloculaire.

L'acore vrai est une plante vivace qui croît dans les lieux humides de la Tartarie, de la Lithuanie, de la Flandre, de l'Angleterre, et que l'on cultive aussi dans les jardins. Ses feuilles ressemblent à celles de l'iris, mais sont plus étroites, plus droites et à deux tranchans. Sa racine est grosse comme le doigt, articulée et couchée obliquement à la superficie de la terre. Telle que le commerce nous la donne, elle est spongieuse, et d'une sécheresse variable suivant l'état hygrométrique de l'air; d'un fauve clair à l'extérieur, d'un blanc rosé à l'intérieur, d'une odeur très-suave. Elle offre deux surfaces bien distinctes : l'une garnie de points noirs d'où partaient les radicules; l'autre marquée de vestiges transversaux d'où s'élevaient les feuilles. Il faut la choisir nouvelle et non piquée des vers.

M. Trommsdorf a soumis cette racine fraîche à l'analyse et en a retiré, sur 64 onces, 15 grains d'une huile volatile plus légère que l'eau, 1 once d'inuline (?), 9 gros de matière extractive, 3 onces ½ de gomme, 1 once ½ de résine visqueuse, 13 onces 6 gros de matière ligneuse, 42 onces d'eau (*Ann. chim.*, LXXXI, 332).

La racine d'acore vrai est ordinairement demandée et livrée dans les officines sous le nom de *calamus aromaticus*. C'est une erreur : le véritable *calamus aromaticus* des anciens est la tige odorante et amère d'une plante des Indes de la famille des gentianées (voyez, dans la division des tiges, l'article *Calamus aromaticus*). Enfin il convient de toujours désigner la racine qui fait le sujet de cet article sous le nom d'*acore vrai*, pour la distinguer de la racine d'une espèce d'iris, que la ressemblance de ses feuilles avec l'acore a fait nommer *Iris pseudo-Acorus*, c'est-à-dire iris faux-acore.

129. *De la racine d'Angélique cultivée.*
Radix Angelicæ sativæ. — Off.

Angelica Archangelica. L. Pentandrie digynie; dicotylédones polypétales épigynes, famille des ombellifères.

Car. génér. Ombelle grande, hémisphérique; involucre et involucelles; fruit presque rond (composé de deux semences accolées), anguleux, solide; styles réfléchis; corolles égales; pétales recourbés en dedans. — *Car. spéc.* Feuilles lobées impairement.

L'angélique croît surtout en Laponie, en Norwège, en Bohème, en Suisse, dans les Pyrénées, dans les montagnes de l'Auvergne. On la cultive aussi dans les jardins; et alors de bisannuelle qu'elle est naturellement, elle peut devenir vivace. Sa racine est grosse, charnue, et se divise en un grand nombre de rameaux qui s'enfoncent perpendiculairement dans la terre (1). Sa tige s'élève à la hauteur de 3 ou 4 pieds; elle est grosse, creuse, cannelée, très-odorante; ses feuilles, également odorantes, sont grandes, alternes et engaînantes à la base.

La racine d'angélique nous est apportée sèche de la Bohème, des Alpes et des Pyrénées. Elle se compose du corps de la racine et de grosses fibres rassemblées en faisceau. Elle est grise à l'extérieur et très-ridée, blanchâtre à l'intérieur, d'une odeur forte très-agréable, d'une saveur amère, musquée, âcre et persistante. Il faut la choisir bien sèche, nouvelle, non vermoulue, et la conserver dans un endroit sec, avec l'attention de la cribler souvent; car elle attire l'humidité et se laisse très-facilement attaquer par les vers. Peut-être les pharmaciens devraient-ils, en raison de la vétusté ordinaire de la racine d'angélique du commerce, faire sécher eux-mêmes, au printemps, celle de la plante cultivée dans nos jardins : je m'en suis procuré de cette manière qui est fort supérieure pour la force et la suavité de son odeur à celle du commerce.

L'eau dans laquelle on fait infuser la racine d'angélique prend une couleur jaune, le goût et l'odeur de la racine, mais dans un degré plus faible. L'alcohol se charge de principes plus actifs, et l'éther en dissout aussi quelques-uns. Une livre de cette racine donne ordinairement 1 gros d'huile volatile, 3 à 4 onces d'extrait alcoholique, résineux et balsamique, ou bien 5 à 6 onces d'extrait aqueux d'une odeur faible.

La racine d'angélique entre dans la composition des alcoholats thériacal et de mélisse composé, et dans celle du

(1) Lorsqu'au printemps, on y fait une incision vers la partie supérieure, il en découle un suc gommo-résineux d'une forte odeur de musc.

baume du commandeur. Les feuilles récentes entrent dans l'eau vulnéraire, simple et spiritueuse. Les confiseurs forment un condiment très-agréable et stomachique avec les tiges. Les semences, qui étaient aussi employées autrefois, ne le sont plus aujourd'hui.

130. Outre l'espèce d'angélique dont il vient d'être question, il y en a une autre sauvage, *A. sylvestris* L., dont la racine a très peu d'odeur et n'est pas employée. Cette racine se distingue encore de la première, en ce que le corps principal est plus gros et comme arrondi, et les radicules plus fines et moins nombreuses.

131. *De la Racine d'Anthore.*
Radix Anthoræ. — Off.

Aconitum Anthora L. Polyandrie trigynie; dicotylédones polypétales hypogynes, famille des renonculacées.

Car. génér. (Voyez aux feuilles, art. *Aconit.*) — *Car. spéc.* 5 capsules; lanières des feuilles linéaires.

Cette plante pousse une tige de la hauteur d'un pied à un pied et demi, anguleuse, ferme, un peu velue, garnie de beaucoup de feuilles alternes, rondes, découpées en lanières. La racine est composée de corps charnus de la grosseur d'une olive, bruns au dehors, blancs en dedans, d'une saveur âcre et amère. On nous envoyait autrefois cette racine sèche des Alpes et des Pyrénées, et on l'employait comme contrepoison des autres espèces d'aconit et de renoncules, dont l'une se nommait *Thora*, d'où sont venus les noms d'*Anthora* et d'*Aconit salutifère* que porte la plante. Mais ses seules bonnes qualités sont peut-être d'être moins pernicieuse que les autres renonculacées, et elle est tout-à-fait oubliée actuellement.

Des racines d'Aristoloches.

Aristolochiæ L. Gynandrie hexandrie; dicotylédones apétales épigynes, famille des Aristolochiées de Jussieu.

Car. génér. Calice coloré, monophylle, en tube et renflé à sa base, dilaté au limbe, terminé en languette; 6 anthères sessiles sur le pistil; capsule à 6 loges.

On distingue dans les pharmacies quatre espèces indigènes d'aristoloche et une exotique. Celle-ci est connue sous le nom de *Serpentaire de Virginie.*

132. *L'Aristoloche ronde.*
Radix Aristolochiæ rotundæ.

A. rotunda L. — *Car. spéc.* Feuilles en cœur, presque sessiles, obtuses; tige faible; fleurs solitaires. ♃.

Cette plante, dont la tige s'élève à environ dix-huit pouces de hauteur, croît dans les champs, surtout dans les pays chauds; et, en France, dans le Languedoc et la Provence, d'où on nous apporte sa racine sèche. Cette racine est assez grosse, pesante, comme mamelonnée à sa surface, grise, unie ou quelquefois légèrement ridée, jaunâtre à l'intérieur, d'une saveur amère, d'une odeur désagréable.

133. *L'Aristoloche longue.*
Radix Aristolochiæ longæ.

A. longa L. — *Car. spéc.* Feuilles en cœur pétiolées, très-entières, un peu obtuses; tige faible; fleurs solitaires. ♃.

Cette aristoloche croît dans les mêmes lieux que la première et lui ressemble beaucoup; mais sa racine, au lieu d'être arrondie, est cylindrique, quelquefois longue d'un pied et grosse à proportion; du reste elle a les mêmes couleur, odeur et saveur.

134. *L'Aristoloche clématite.*
Radix Aristolochiæ clematitis.

A. Clematitis L. — *Car. spéc.* Feuilles en cœur; tiges droites, fleurs axillaires ramassées. ♃.

Cette plante se trouve dans les bois à peu près par toute la France, et encore plus dans le midi. Sa racine, fort différente des précédentes, est composée de quelques fibres brunes, très-longues, de la grosseur d'une plume d'oie, serpentant de tous côtés, et d'un petit nombre de radicules. Elle a une odeur plus forte que les précédentes, et une saveur âcre, amère et fort désagréable.

135. *L'Aristoloche petite.*
Radix Aristolochiæ tenuis. — Off.

A. Pistolochia L. — *Car. spéc.* : Feuilles en cœur crénelées sur leurs bords, réticulées en dessous, pétiolées; fleurs solitaires. ♃.

Cette espèce est plus petite dans toutes ses parties que les précédentes, et s'élève rarement à plus de neuf pouces de terre. Sa racine est composée d'un petit tronc de la grosseur d'une plume, et d'un grand nombre de radicules très-déliées, d'un demi-pied de longueur. Elle a une couleur grise jaunâtre, une odeur aromatique qui n'est pas désagréable, et un goût âcre et amer (1). Elle vient de nos pays méridionaux.

Les différentes espèces de racine d'aristoloche sont détersives, emménagogues et propres à favoriser l'expulsion des lochies, d'où leur est venu leur nom. Les trois premières ont été connues de Dioscorides et des anciens Grecs. La dernière ne l'a été que de Pline, qui l'a décrite sous les

(1) L'échantillon que je possède a une saveur manifestement sucrée : il est possible que cela tienne à sa vétusté.

noms de *pistolochia* et de *polyrrhizos* : ce dernier nom signifie *nombreuses racines*.

136. *L'Aristoloche serpentaire.*
Radix Serpentariæ virginianæ. — Off.

(Serpentaire de Virginie ou Vipérine de Virginie.)

Aristolochia Serpentaria L. — *Car. spécif.* Feuilles cordées-oblongues, planes; tiges faibles, flexueuses, cylindriques; fleurs solitaires; (nœuds de la tige très-apparens; fleurs vers la racine). ♃.

Cette plante paraît avoir été décrite, pour la première fois, par Thomas Johnson, en 1633. C'est, lorsqu'elle est récente, un spécifique presque certain contre la morsure de plusieurs serpens venimeux. Il parait même qu'elle est nuisible aux serpens eux-mêmes, mais dans un moindre degré qu'une autre espèce du même genre, qui est l'*A. anguicida* L. Sa racine, telle qu'on l'apporte de l'Amérique septentrionale, est formée d'un petit corps long et menu, garni d'un chevelu touffu et très-fin. Elle a une couleur grise, quelquefois jaunâtre, une odeur forte et camphrée, une saveur amère également camphrée. Elle est presque toujours accompagnée de portions de sa tige flexueuse, et de quelques feuilles qui, humectées et développées sur une feuille de papier, ont la forme annoncée plus haut; ce qui sert à la reconnaître et à la distinguer de quelques autres racines que l'on pourrait donner en sa place. Il est bon, cependant, que les pharmaciens, avant de l'employer, en retranchent ces parties, qui n'ont pas les mêmes propriétés.

La serpentaire de Virginie est estimée sudorifique, fébrifuge et antihystérique; elle entre dans un grand nombre de préparations magistrales et dans l'alcoholat thériacal. M. Chevallier, pharmacien de Paris, en a publié une analyse dans le *Journal de Pharmacie*, VI, 565.

Il ne faut pas confondre la serpentaire de Virginie avec la

racine d'une autre plante nommée également serpentaire, et qui est l'*Arum Dracunculus* L. (nº 140).

137. *Racine d'Arnica.*

(Voyez aux fleurs, article *fleur d'arnica.*)

138. *De la racine d'Arrête-Bœuf ou de Bugrane.*
Radix Ononis. — Off.

Ononis spinosa L., et son *O. Arvensis.* Diadelphie décandrie; dicotylédones polypétales périgynes, famille des légumineuses J.

Caract. gén. Corolle papillonacée; dix étamines monadelphés, ou sans aucune fissure; calice à cinq divisions profondes, linéaires; étendard redressé, strié; légume renflé sessile. — *Car. spéc.* de l'*O. spinosa* : Fleurs disposées en grappes et solitaires; feuilles ternées et solitaires; rameaux épineux. ♃.

Cette plante, qui croît dans les champs et le long des chemins, pousse des tiges hautes d'un pied et demi à deux pieds, touffues, pliantes, rougeâtres, velues et armées de longues épines. Ses feuilles sont d'un vert foncé, velues, gluantes et d'une odeur désagréable. Ses fleurs sont purpurines ou incarnates, rarement blanches. Ses racines sont longues d'environ deux pieds, grosses comme le doigt au moins, ligneuses, flexibles et difficiles à rompre. Elles arrêtent souvent la charrue du laboureur, ce qui a valu à la plante son nom. Cette racine sèche est d'un gris foncé à l'extérieur, blanche en dedans, et offrant une cassure rayonnée du centre à la circonférence : elle a une saveur douce qui a quelque analogie avec celle de la réglisse, mais qui est bien moins marquée; son odeur est faible et désagréable. On prétend qu'on a tenté quelquefois de la mêler à la salsepareille; il faut avoir bien compté sur le peu d'attention de l'acheteur, car rien n'est si facile à distinguer que ces deux racines.

La racine d'arrête-bœuf est regardée comme apéritive.

139. *De la racine d'Arum.*

Radix Ari vulgaris. — Off.

(Nom vulgaire : *Gouet* ou *Pied de Veau.*)

Arum vulgare, Lamark; *A. Maculatum* L. Gynandrie polyandrie; monocotylédones à étamines épigynes, famille des aroïdes J.

Car. gén. Spathe monophylle, en forme de capuchon; spadice nu à la partie supérieure, femelle à la partie inférieure, et staminifère au milieu. — *Car. spéc.* Pas de tige; feuilles hastées très-entières; spadice en massue. ♃.

Cette plante croît en France dans les lieux ombragés; elle est facile à reconnaître à son port et aux caractères ci-dessus. On en connaît deux variétés : l'une ayant les feuilles entièrement vertes, et l'autre les ayant marquetées de taches blanches. On les emploie indifféremment. Leur racine est ovoïde, garnie par le bas de quelques fibres, brunâtre au dehors, blanche en dedans, contenant deux sucs différens : l'un laiteux et l'autre qui ne l'est pas (Murray, *Apparatus Med.*, vol. V, pag. 44); celui-ci est beaucoup plus âcre que le premier, et c'est à lui que la racine récente paraît devoir sa causticité. Cette propriété ne se perd qu'en partie par la dessiccation; et la racine, telle que le commerce la présente, lorsqu'elle n'est pas trop ancienne, jouit encore d'une âcreté brûlante. Elle est en outre assez généralement ovoïde comme dans l'état récent, ayant depuis la grosseur d'une aveline jusqu'à celle d'une petite noix, mondée de son écorce, blanche à l'intérieur, jaunâtre par places au-dehors, d'une odeur presque nulle. Cependant le principe caustique de la racine d'arum, de même que ceux du manihot et d'autres végétaux à la fois amylacés et vénéneux, peut se détruire par la torréfaction et la fermentation : il ne faut donc pas s'étonner si Lemery annonce qu'on a essayé d'en faire du pain dans les temps de disette.

Suivant ce qu'on lit dans Murray, le suc obtenu par l'expression de la racine récente verdit le sirop de violettes, et est coagulé par les acides. Ces résultats, joints à d'autres non moins singuliers, publiés par Geoffroy dans sa matière médicale, font désirer que quelque chimiste s'occupe de nouveau de l'analyse de l'arum.

La racine d'arum entre dans la poudre d'arum composée et dans l'opiat mésentérique. On en retire aussi la fécule, qui conserve quelques propriétés médicinales.

140. *De la racine d'Arum-Serpentaire ou de serpentaire commune.*
Radix Dracunculi. — Off.

Arum Dracunculus L. — *Car. spéc.* Feuilles pédalées; folioles lancéolées, très-entières, égalant la spathe plus longue que le spadice. ♃.

Cette espèce croît surtout dans le midi de la France, d'où on nous envoie sa racine mondée et séchée. Dans le commerce on la confond avec la racine d'arum ordinaire, dont elle a les propriétés. Elle en diffère cependant, parce qu'elle est beaucoup plus grosse, et que les morceaux les moins divisés ont la forme d'un pain orbiculaire, sur la face supérieure duquel on aperçoit des vestiges d'écailles foliacées concentriques. Elle est d'un blanc d'amidon à l'intérieur d'une saveur âcre, moins forte que celle de l'espèce précédente.

Cette racine, assez employée autrefois, ne l'est plus guère que comme racine d'arum; encore est-ce à tort, car elle est moins active.

141. *De la racine d'Asarum.*
Radix Asari. — Off.

(Noms vulgaires : *Cabaret, Oreille-d'Homme, Nard sauvage.*)

Asarum europæum. L. Dodécandrie monogynie; dicotylédones apétales épigynes, famille des aristolochiées J.

Car. gén. Calice coloré, persistant, campaniforme, à trois divisions ouvertes; douze étamines posées circulairement : anthères attachées à la face externe des filets; style hexagone, stigmate à six lobes, capsule tronquée, polysperme, à six lobes. — *Car. spéc.* Feuilles réniformes, obtuses, réunies deux à deux. ♃.

L'asarum, devenu assez rare dans les environs de Paris, croît surtout dans les lieux ombragés des Alpes et du midi de la France. C'est une petite plante basse, toujours verte, dont les feuilles fermes, vertes et lisses, sont portées sur de longs pétioles réunis deux à deux près de la racine. C'est de l'endroit de leur réunion que sort un pédoncule assez court, supportant une fleur brune. La racine est grise, fibreuse, rampante, garnie d'un chevelu blanchâtre. On nous l'apporte sèche de nos provinces méridionales, mais récoltée sans soin et mêlée d'un grand nombre de racines étrangères : telles sont entre autres celles de fraisier, de tormentille ou d'autres analogues; d'arnica, d'asclépiade, de polygala, et surtout de valériane sauvage, en assez grande quantité pour communiquer à toute la masse une forte odeur de valériane; c'est ce qui a causé l'erreur de quelques auteurs de matière médicale, qui donnent cette odeur comme un caractère propre à la racine d'asarum. Voici les caractères de cette racine lorsqu'elle est mondée de toutes celles qui lui sont étrangères : elle est grise, de la grosseur d'une plume de corbeau, quadrangulaire, ordinairement contournée et marquée de distance en distance de nodosités, d'où partent des radicules blanchâtres très-déliées. Elle est garnie ou dépourvue de ces radicules. Elle a une saveur de poivre, et une odeur forte, analogue également à celle du poivre, qui se développe surtout lorsqu'on écrase le chevelu entre les doigts. Elle fournit à la distillation une huile volatile camphrée. L'analyse en a été faite par MM. Lassaigne et Feneulle. (*Journ. pharm.* VI, 561.)

La racine d'asarum est fortement purgative et émétique, et était employée comme telle avant l'importation de l'ipécacuanha. Les feuilles, qui sont aussi très-actives, servent à faire une poudre sternutatoire qui a souvent réussi pour dissiper les maux de tête invétérés.

Le nom d'asarum est grec et veut dire *je n'orne pas*, parce que, suivant Pline, cette plante n'était jamais employée dans les couronnes ou dans les guirlandes dont on se parait dans les fêtes. Le nom de cabaret vient, dit-on, de l'usage que les ivrognes ont fait de cette racine pour se débarrasser de l'excès de leur boisson : celui d'oreille-d'homme, de la forme des feuilles : celui de nard sauvage, des propriétés énergiques de la plante, ou de sa ressemblance accidentelle, quant à l'odeur, avec les valérianes dont trois espèces portaient le même nom chez les anciens. (Voyez ces dernières racines.)

142. *Racine d'asarine.* J'ai quelquefois vu vendre dans le commerce, au lieu de racine d'asarum, celle d'une autre plante nommée *asarine*, à cause de la ressemblance de ses feuilles avec celles de l'asarum. Mais cette autre racine, bien différente, est formée d'un corps ligneux quelquefois gros et long comme le doigt, garni d'un grand nombre de radicules fort longues et menues commes celles de l'asclépiade, ce qui lui donnerait de la ressemblance avec cette dernière, si elle n'était d'une couleur grise foncée et d'un goût amer très-prononcé. La même racine d'asarine pourrait plutôt encore se confondre avec celle de valériane phu ; mais celle-ci a l'odeur propre aux valérianes, et la première a une faible odeur de racine d'arnica. L'asarine est

l'*Antirrhinum Asarina* L., de la didynamie angiospermie, des dicotylédones monopétales hypogynes et de la famille des antirrhinées de Jussieu.

143. *De la racine d'Asclépiade ou de Dompte-Venin.* Radix Vincetoxici. — Off.

Asclepias Vincetoxicum L. Pentandrie digynie; dicotylédones monopétales hypogynes, famille des apocinées J.

Car. gén. Corolle monopétale régulière à 5 divisions; 5 nectaires charnus creusés en cornet; un cylindre tronqué au centre de la fleur renfermant deux ovaires, et portant à son sommet un stigmate pentagone marqué aux angles de 5 fossettes; chacune de ces fossettes contient un très-petit corps d'où pendent deux appendices que l'on croit être les anthères; ce qui fait dix anthères. De plus, le cylindre central est aussi marqué de cinq angles entre lesquels se trouvent cinq autres petits corps caverneux et biloculaires dont chaque loge reçoit une anthère de l'étamine voisine. De sorte que ce genre offre une des plus singulières conformations sexuelles que l'on puisse concevoir. Le fruit est composé de deux follicules allongées, renfermant des semences plates, aigrettées. — *Car. spéc.* Feuilles ovées, barbues à la base; tige droite, ombelles prolifères. ♃.

L'asclépiade croît abondamment dans les bois; elle pousse plusieurs tiges à la hauteur de deux pieds, rondes, pliantes et flexibles. Ses feuilles sont opposées, accompagnées de stipules, vertes et lisses. Ses fleurs sont blanches et d'une odeur forte assez agréable. Le fruit est comme il est dit ci-dessus. La racine est composée d'un grand nombre de fibres longues, blanches et menues, qui sortent tantôt d'un seul corps ligneux irrégulier, tantôt de plusieurs points de la tige devenue souterraine. Elle jouit, lorsqu'elle est récente, d'une odeur forte et d'un goût âcre et désagréable; mais telle que le commerce la fournit, elle n'a plus qu'une odeur faible, toujours désagréable, et une saveur douce, à peine suivie d'un sentiment d'âcreté. Elle a conservé sa blancheur naturelle.

On attribuait autrefois à cette racine de grandes propriétés, et entre autres celle, que les anciens prodiguaient tant, de *résister au venin*. Elle paraît être légèrement sudorifique et diurétique; c'est à ce titre qu'elle entre dans le vin diurétique amer de la Charité.

On doit à M. Feneulle une analyse de la racine de dompte-venin (*Jour. pharm. XI*, 305.)

144. *De la racine d'Asperge.*
Radix Asparagi. — Off.

Asparagus officinalis L. Hexandrie monogynie; monocotylédones à étamines périgynes, famille des asparaginées.

Car. gén. Calice coloré, relevé, à 6 divisions profondes, dont 3 internes réfléchies au sommet; baie triloculaire bisperme. — *Car. spéc.* Tige herbacée, droite, cylindrique, feuilles sétacées, stipules égaux. ♃.

L'asperge est cultivée dans toute l'Europe, à cause de ses jeunes pousses ou bourgeons verts, alongés, cylindriques, qui fournissent un mets estimé, quoique rendant l'urine fétide. Lorsqu'on laisse croître ces jeunes pousses, elles s'élèvent jusqu'à la hauteur de trois pieds, en se partageant en un grand nombre de rameaux qui portent des feuilles aussi divisées que des cheveux. Ses fleurs ont la forme des liliacées. Son fruit est une baie sphérique, rougeâtre, de la grosseur d'un pois, renfermant des semences noires, dures et cornées. Sa racine est composée d'un paquet de radicules de la grosseur d'une plume, fort longues, adhérentes à une souche commune, garnie de quelques écailles. Ces radicules sont grises au dehors, blanches en dedans, glutineuses, d'une saveur douce. Elles sèchent difficilement. On n'a pas encore analysé la racine d'asperge, mais M. Robiquet a déterminé les principes constituans des jeunes pousses. Le suc exprimé de ces pousses contient une matière verte résineuse, de la cire, de l'albumine, du phosphate de potasse, du phosphate de chaux tenu en dissolution par de l'acide acétique libre, de l'acétate de potasse; enfin, deux principes cristallisables, que M. Vauquelin a reconnus depuis pour être, l'un de la mannite, l'autre un principe immédiat particulier, qu'il a nommé *asparagine*.

Ce principe est insoluble dans l'alcohol, peu soluble dans l'eau froide, plus soluble dans l'eau bouillante et cristallisable à peu près en prismes droits rhomboïdaux. Sa dissolution n'affecte en aucune manière le tournesol, la noix de galle, l'acétate de plomb, l'oxalate d'ammoniaque, le muriate de baryte et l'hydrosulfate de potasse.

La racine d'asperge est apéritive et est au nombre de celles que l'on emploie collectivement sous le nom des *cinq racines apéritives*.

145. *De la racine d'Aunée.*

Radix helenii. — Off.

Inula Helenium L. Syngénésie polygamie superflue; dicotylédones monopétales épigynes à anthères réunies, famille des corymbifères de Jussieu.

Caract. génér. Réceptacle nu, aigrette simple, anthères terminées inférieurement par deux soies. — *Car. spéc.* Feuilles amplexicaules, ovales, rugueuses, cotonneuses en dessous; écailles du calice ovées. ♃.

L'aunée croît dans les lieux ombragés et se cultive dans les jardins. Elle s'élève à quatre ou cinq pieds; ses feuilles sont très-grandes et d'un vert pâle : ses fleurs ressemblent à quelques espèces de soleil, mais s'en distinguent facilement par leur réceptacle dépourvu de paillettes; ses semences sont oblongues, grêles, aigrettées.

Sa racine, qui est usitée, est longue, grosse, charnue,

roussâtre au dehors, blanche en dedans, d'une odeur forte, d'une saveur aromatique, âcre et amère. Elle conserve ces dernières propriétés dans sa dessiccation. Elle contient une huile volatile concrète analogue au camphre, de l'albumine, et une fécule particulière qui diffère de l'amidon, en ce que sa dissolution aqueuse bouillante la laisse déposer sous forme pulvérulente par le refroidissement, au lieu de se prendre en gelée. On y trouve encore quelques autres principes qui ne sont pas bien déterminés. La fécule a été observée d'abord par Rose, et nommée par M. Thomson, *inuline.*

On retire de la racine d'aunée, ou on en prépare, une huile volatile, une eau distillée, un extrait, une conserve et un vin médicinal. Elle entre en outre dans un grand nombre de médicamens plus composés. Ses propriétés générales sont d'être tonique et diaphorétique.

La racine d'aunée jouit d'une autre propriété peu connue, qu'elle partage sans doute avec celle de bardane. Sa décoction, employée en lotions, apaise presqu'instantanément les démangeaisons dartreuses, et est un des meilleurs topiques dont on puisse se servir pour en atteindre la guérison.

146. *De la racine de Bardane.*

Radix Bardanæ. — Off.

(Vulgairement *Glouteron, herbe aux teigneux.*)

Arctium lappa L. Syngénésie polygamie égale; dicotylédones monopétales épigynes à anthères réunies, famille des carduacées J.

Caract. génér. : Calice globuleux, écailles recourbées au sommet en hameçon. — *Car. spéc.* feuilles en cœur, pétiolées, sans aiguillons. ♂.

On connaît trois variétés de Bardane qui répondent à l'*Arctium Lappa* de Linné, mais dont la plupart des botanistes font trois espèces sous les noms de *Lappa major, L. minor, L. tomentosa.*

La 1re espèce, *Lappa major*, croît à la hauteur de trois ou quatre pieds; ses tiges sont droites, lanugineuses, rougeâtres; ses feuilles sont très-grandes, larges, vertes-brunes en dessus, blanchâtres et cotonneuses en dessous. Ses fleurs sont terminales, solitaires, rougeâtres, analogues à celles des chardons; elles sont reconnaissables à leur calice ou involucre globuleux, de la grosseur d'une petite noix, qui, en raison des crochets dont il est armé, s'attache aux habits de ceux qui s'en approchent. Sa racine est longue, grosse, charnue, noire au dehors, blanche en dedans, d'une saveur douceâtre, austère, nauséeuse, et d'une odeur désagréable qui devient encore plus caractérisée par la dessication. Cette plante croît sur les chemins, dans les haies et dans les bois un peu humides.

La seconde espèce, *Lappa minor*, croît dans les lieux pierreux et au bord des routes. Elle est plus petite que la précédente, et ses fleurs, qui sont grosses, au plus, comme des noisettes, naissent cinq ou six ensemble sur un pédoncule.

La troisième espèce, *Lappa tomentosa*, diffère des deux premières par un duvet cotonneux, semblable à une toile d'araignée, qui recouvre les écailles de ses calices globuleux. Du reste elle jouit des mêmes propriétés.

La racine de Bardane est employée avec succès à l'intérieur, dans les maladies chroniques de la peau et dans les affections syphilitiques et rhumatismales. Elle contient une grande quantité *d'inuline*, comme je l'ai reconnu en 1811, étant à la pharmacie centrale. Les feuilles de bardane jouissent de propriétés encore plus actives et ne sont usitées qu'à l'extérieur.

147. *Des Racines de Behen.*

Radix behen. — Off.

Les Arabes et les Grecs du moyen âge ont employé, sous ce nom, deux racines différentes. L'une, qu'ils appelaient

Behen blanc, pouvait être longue et grosse comme le petit doigt, d'un gris cendré à l'extérieur, blanchâtre en dedans, d'un goût un peu amer. On l'a attribuée au *Centaurea Behen* L. (*Rhaponticum Behen* J.), de la syngénésie polygamie frustranée, et de l'ordre des carduacées; mais, comme cette racine était très-rare, on lui substituait celle du *Behen nostras*, produite par le *Cucubalus Behen* L., plante de la famille des caryophyllées et à calice renflé, qui croît dans les champs. L'autre espèce de Behen est le *Behen rouge*, qu'on a décrit comme une racine sèche, compacte, d'un rouge noirâtre, coupée en morceaux comme le jalap, un peu styptique et aromatique. On a pensé que cette racine était celle du *Statice Limonium* L., de la pentandrie pentagynie, et de l'ordre des plumbaginées. L'un et l'autre Behen sont entièrement inusités.

148. *De la racine de Benoite ou racine giroflée.*
Radix gei vel caryophyllata. — Off.

Geum urbanum L. Icosandrie polygynie; dicotylédones polypétales périgynes, famille des rosacées J.

Car. gén. Calice à 10 divisions; corolle à 5 pétales; semences terminées par une arête coudée.—*Car. spéc.* Fleurs dressées; fruits globuleux velus; arêtes nues, terminées en crochet; feuilles lyrées. ♃.

La benoite s'élève à un pied et demi de hauteur; ses tiges sont menues, rameuses, rudes au toucher; ses feuilles radicales sont ailées, et celles de la tige ternées; elles sont également rudes et dentelées; ses fleurs sont jaunes, presque semblables à celles des potentilles (argentine, quintefeuille, etc.); son fruit est composé d'un grand nombre de graines (*Akènes*, *Rich.*) rassemblées en tête, et pourvues chacune d'une arête crochue; sa racine est longue et de la grosseur d'une forte plume, ou tronquée près du collet et arrondie : elle est entourée d'un grand nombre de radicules d'une couleur obscure rougeâtre, d'une saveur astringente et d'une odeur de girofle : il faut la récolter au printemps. Elle contient un principe résinoïde analogue à celui du quinquina, et une huile volatile plus pesante que l'eau. Elle est tonique et astringente.

149. *De la racine de Betterave.*
Radix Betæ. Rapaceæ. — Off.

Beta vulgaris L. Pentandrie digynie; dicotylédones apétales périgynes, famille des atriplicées ou chénopodées.

Car. gén. Calice à 5 divisions; corolle 0; 5 étamines; 1 ovaire à 2 styles; fruit reniforme logé dans la substance du calice persistant. — *Car. spéc.* Fleurs ramassées, folioles du calice dentées à la base. ♂.

Le type originaire de ce végétal paraît être la *Bette maritime*, qui aurait produit par la culture les différentes espèces ou variétés que l'on a nommées depuis *Bette, Poirée, Cardepoirée, Betterave*, etc.

Ces plantes ont le port commun des arroches et des anserines (*Chenopodium*); leurs tiges sillonnées et rameuses à la partie supérieure, s'élèvent à la hauteur de 3 ou 4 pieds; leurs feuilles sont simples et alternes, très-amples vers la racine, diminuant de grandeur à mesure qu'elles montent sur la tige. Les fleurs sont sans corolle, peu apparentes, et forment vers les sommités de longs épis feuillés. On divise d'abord ces plantes en deux sous-espèces principales : l'une, dont les racines sont grêles, dures et ligneuses, se nomme *Poirée* (Voyez cet article aux *feuilles*); L'autre, à racine grosse et charnue, est appelée *Betterave*. L'une et l'autre offrent ensuite plusieurs variétés et sous-variétés.

La betterave n'a été considérée, pendant long-temps, que comme plante potagère, ou comme propre à être employée avantageusement à la nourriture des bestiaux. En effet, sa racine charnue et sucrée était usitée sur les tables, et ses feuilles succulentes et d'une végétation vigoureuse, offraient aux bestiaux une nourriture abondante, saine et agréable. Mais cette plante, déjà si précieuse à l'agriculture, a acquis une importance encore plus grande, depuis qu'on a reconnu qu'on pouvait en retirer un sucre cristallisable entièrement semblable à celui de la canne. La première annonce de ce fait est due à Margraff; M. Achard, de Berlin, est le premier qui ait tenté de l'utiliser, en extrayant le sucre de la betterave pour le commerce; depuis, les procédés de son extraction ont été perfectionnés en France; et il a été démontré, par M. Chaptal, que ce sucre pouvait, même en temps de paix, soutenir la concurrence, pour le prix, avec le sucre des colonies (Voyez son mémoire, *Annales de Chimie*, xcv., 233). Voici l'indication des principales variétés de betteraves, rangées suivant les plus grandes proportions de sucre qu'elles fournissent (Payen, *Journ. Chim. médic.* I, 389) :

1°. La betterave *blanche;* sa racine et les côtes des feuilles sont blanches ou verdâtres.

2°. La betterave *jaune;* sa racine et les côtes des feuilles sont d'un jaune pâle.

3°. La betterave *rouge;* sa racine est d'un rouge de sang, et les feuilles d'un rouge foncé. On la distingue en grande et en petite.

4°. La betterave *veinée;* sa racine a la surface rouge et l'intérieur blanc, avec des veines roses. En Allemagne, on nomme cette variété *racine de disette*, et on la cultive en grand pour la nourriture des bestiaux.

150. *De la racine de Bistorte.*

Radix Bistortæ. — Off.

Polygonum Bistorta L. Octandrie trigynie; dicotylédones apétales épigynes et polygonées de Jussieu.

Car. gén. : Calice coloré à 5 divisions; de 5 à 9 étamines; 2 ou 3 styles; stigmates en tête; une graine nue triangulaire. — *Car. spéc.* Tige très-simple à un seul épi; feuilles ovées lancéolées, décurrentes sur le pétiole. ♃.

La bistorte croît en France, dans les lieux humides; ses feuilles ressemblent un peu à celles de la patience, mais sont d'un vert plus foncé et régulièrement veinées; ses tiges s'élèvent à la hauteur d'un pied et demi, et supportent chacune un seul épi d'une couleur incarnate ou purpurine; sa racine est grosse comme le pouce, comprimée, deux fois repliée sur elle-même, rugueuse et brune à sa surface, rougeâtre à l'intérieur, presque inodore, d'une saveur austère et fortement astringente. On nous l'apporte sèche de nos départemens méridionaux.

La décoction de bistorte est très-rouge, et précipite fortement le fer et la gélatine, ce qui indique qu'elle contient du tannin. Elle renferme beaucoup d'amidon; aussi, en Sibérie, les pauvres s'en nourrissent-ils quelquefois, après en avoir fait une première décoction.

La bistorte entre dans le diascordium.

151. *De la racine de Bryone.*

Radix Bryoniæ. — Off.

Bryonia alba L., et le *bryonia dioica*, Jacq. Monoécie syngénésie; dicotylédones diclines, famille des cucurbitacées de Jussieu.

Car. gén. Fl. mal. : calice à 5 dents, corolle à 5 divisions, 3 filets d'étamines soudés inférieurement, et portant 5 anthères. Fl. fem. : calice et corolle semblables, style quadrifide, baie lisse, globuleuse, polysperme. — *Car. spéc.* : Feuilles palmées, calleuses et rudes des deux côtés. ♃.

On connaît deux espèces ou variétés de Bryone : l'une, originaire du nord de l'Europe, est monoïque, a les baies noires et la racine d'un jaune de buis; on l'a nommée *bryone noire* ou *vigne noire* (1), et c'est elle que Linné a décrite sous le nom de *Bryonia alba.* L'autre espèce, qui croît plus communément en France et en Allemagne, est dioïque, a les fruits rouges et la racine blanche; c'est elle que Jacquin a nommée *Bryonia dioïca,* et qui a porté chez nous les noms vulgaires de *couleuvrée, bryone blanche* et *vigne blanche.*

La bryone blanche croît près des haies; elle est rude au toucher, grimpante et munie de vrilles comme les autres cucurbitacées; mais elle s'en distingue par son fruit qui est une petite baie pisiforme, et par sa racine. Celle-ci est charnue, fusiforme, souvent bifurquée, et de la grosseur de la cuisse d'un enfant : elle est d'un blanc jaunâtre au dehors et d'un blanc grisâtre à l'intérieur; elle a une odeur vireuse et nauséeuse, surtout lorsqu'elle est fraîche; une saveur âcre et caustique. Son suc produit des érosions sur la peau, et purge violemment à l'intérieur. Ces propriétés ne disparaissent qu'en partie par la dessiccation. La bryone sèche est blanche, coupée en rouelles d'un grand diamètre, offrant des stries concentriques très-marquées, d'une saveur amère, âcre, même encore un peu caustique; d'une odeur désagréable. On peut cependant détruire le principe caustique de la bryone, en la râpant récente, et laissant fermenter la pulpe pendant quelque temps; alors on en retire une fécule abondante, qui peut suppléer à celle des céréales et de la pomme de terre, dans quelques-uns de leurs usages.

La racine de bryone sèche a été employée avec succès dans l'hydropisie, l'hystérie, la paralysie, et dans quelques maladies chroniques. Sa pulpe récente est quelquefois usitée comme rubéfiante à l'extérieur.

---

(1) Une autre plante a porté les noms de *vigne noire* et de *bryone noire* : c'est le *tamier* ou *sceau-de-Notre-Dame,* dont il sera parlé plus loin; de même que le nom de *vigne blanche* a été donné à la clématite, *Clematis vitalba.* L.

152. *De la racine de Calaguala.*
Radix Calagualæ. — Off.

Le nom de *Calaguala* a été donné à plusieurs fougères exotiqnes, et entre autres au *Polypodium adiantiforme* de Forster (*aspidium coriaceum* de Swartz), plante qui croît à Saint-Domingue, dans l'Amérique méridionale, et dans la Nouvelle-Hollande; mais il paraît, d'après M. Ruiz, l'un des auteurs de la Flore du Pérou, que la véritable calaguala est la racine, ou, mieux, la tige souterraine d'une nouvelle fougère du Pérou, qu'il a décrite et figurée sous le nom de *Polypodium Calaguala.* Cette racine a été connue, en Espagne, dès avant l'année 1745, et a été introduite en France pendant la révolution. D'abord vantée à l'excès comme tous les médicamens nouveaux, on ne lui a bientôt reconnu d'autres propriétés que celles du polypode ordinaire. Aussi n'est-elle plus employée.

La souche de calaguala est rougeâtre, ridée à l'extérieur, d'une grosseur variable depuis celle d'une petite plume jusqu'à celle du doigt. Elle est aplatie et offre, sur une de ses faces, des espèces de chicots qui ne sont autre chose que les supports des feuilles tombées. On y voit en outre çà et là de petites écailles semblables à celles du polypode : son odeur est nulle, et sa saveur, que quelques auteurs indiquent devoir être d'abord douce et ensuite amère, est simplement douce dans l'échantillon que j'ai à ma disposition.

M. Vauquelin a soumis à l'analyse chimique la souche de calaguala, et en a retiré les principes suivans que j'énonce d'après l'ordre de leur plus grande quantité : matière ligneuse, matière gommeuse, résine rouge, âcre et amère; matière sucrée, matière amylacée, matière colorante particulière, acide malique, muriate de potasse, chaux et silice (*Ann. chim.* LV, 22.)

153. *De la racine de Canne ou de grand Roseau.*
Radix Donacis. — Off.

Arundo Donax L. Triandrie digynie; monocotylédones à étamines hypogynes, famille des graminées.

Car. génér. Calice extérieur, composé de deux balles; fleurs ramassées, entourées de soies. — *Car. spéc.* Calice à 5 fleurs? panicule diffuse; chaume arborescent. ♃.

Ce roseau s'élève à la hauteur de huit à dix pieds. Ses tiges noueuses et creuses servent à faire des instrumens à vent; ses feuilles sont larges de deux pouces, longues de deux pieds, lisses, un peu rudes sur les bords; ses fleurs forment une fort belle panicule, purpurine et un peu dense; sa racine est longue, forte, charnue, d'une saveur légèrement sucrée. On nous l'apporte sèche du midi de la France, et surtout de la Provence; ce qui est cause qu'on la prescrit ordinairement sous le nom de racine de *Canne de Provence.* Elle est coupée par tranches ou en tronçons de diverses grosseurs; inodore, d'un blanc jaunâtre à l'intérieur, spongieuse et cependant assez dure. Elle est recouverte d'un épiderme jaune, luisant, coriace, ridé longitudinalement, et marqué transversalement d'un grand nombre d'anneaux. Elle n'a presque pas de saveur.

M. Chevallier, ayant analysé la racine de canne, en a retiré, entre autres produits, une matière résineuse qui a une saveur aromatique analogue à celle de la vanille, et avec laquelle il a aromatisé des pastilles qui se sont trouvées très-agréables au goût (*Journ. de Pharmacie*, III, 244).

La racine de canne est employée comme *antilaiteuse.*

154. Autre espèce usitée; Le *roseau commun, Arundo Phragmites* L. — *Car. spéc.* Calice extérieur à trois fleurs; panicule lâche. Cette plante croît dans les marais; elle est plus petite que la précédente; sa tige est herbacée, creuse, entrecoupée de nœuds pleins; sa racine est longue

et rampante. Cette racine et, plus communément encore, la partie inférieure du chaume, sont employées comme dépuratives.

155. *De la racine de Chardon Roland.* Radix Eryngii. — Off.

(Panicaut ou Chardon à cent têtes.)

Eryngium campestre L. Pentandrie digynie; dicotylédones polypétales épigynes, famille des ombellifères.

Car. génér. Fleurs en tête et sessiles; collerette générale à plusieurs folioles roides et épineuses; collerettes partielles remplacées par des paillettes épineuses placées entre les fleurs. — *Car. spéc.* Feuilles radicales amplexicaules, pinnées-lancéolées. ♃.

Cette plante est remarquable en ce que, ayant tous les caractères des ombellifères, elle a néanmoins le port d'un chardon. Elle croît dans les champs et le long des chemins. Sa racine est grosse comme le doigt ou comme le pouce, blanche, succulente et fort longue. Lorsqu'elle est sèche, elle est grise à l'extérieur, et marquée, comme par anneaux, de fortes aspérités. Elle est blanche ou jaunâtre à l'intérieur, d'un tissu spongieux, d'une saveur douceâtre miellée, ayant quelque analogie avec celle de la carotte, d'une odeur assez marquée et qui n'est pas agréable.

Cette racine présente très-souvent, à sa partie supérieure, un amas de poils en forme de pinceau, qui est dû au débris des feuilles de l'année qui a précédé sa récolte. On observe ces fibres surtout au printemps, avant que la plante ait poussé de nouvelles feuilles : ce sont elles qui lui ont valu le nom d'*eryngium*, qui en grec signifie *barbe-de-chèvre*. Quant au nom français de *chardon-roland*, il paraît résulter de la corruption de l'ancien nom *chardon-roulant*, parce que la plante ressemble à un chardon et que, lorsqu'elle se dessèche sur terre vers l'automne, elle est emportée par les vents et roule au loin au travers des champs, en raison de sa forme arrondie.

La racine de chardon-roland est diurétique.

Autre espèce usitée : *Eryngium maritimum*.

156. *De la racine de Chiendent.*
Radix Graminis. — Off.

On confond sous ce nom les racines de deux plantes différentes : l'une est le chiendent-pied-de-poule, *Cynodon Dactylon* Rich. (*Paspalum Dactylon* DC., *Panicum Dactylon* L.), et l'autre est le chiendent commun (*Triticum repens* L.); toutes deux de la triandrie digynie et de la famille des graminées.

157. *Car. génér.* du *Paspalum Dactylon* : Calice extérieur ou glume à deux valves; balle à deux valves persistantes autour du fruit; fleurs solitaires, presque sessiles, disposées d'un même côté de l'axe.—*Car. spéc.* Épis digités ouverts, garnis de poils à la base intérieure; jets traçans.

Cette plante s'élève à la hauteur d'un pied environ. Ce sont les jets traçans que l'on emploie sous le nom de sa racine. Ils sont très-longs, de la grosseur d'une plume de corbeau, ordinairement cylindriques et entrecoupés d'un grand nombre de nœuds; de chacun des nœuds naissent ordinairement trois écailles embrassantes, qui recouvrent l'intervalle de deux nœuds. Sous ces écailles se trouve un épiderme dur, jaune, vernissé; et, à l'intérieur, une substance blanche d'une saveur farineuse et sucrée.

158. *Car. génér.* du *Triticum repens.* Calice bivalve, solitaire, contenant ordinairement 3 fleurs; fleur obtusiuscule, aiguë.—*Car. spéc.* : Calices quadriflores, subulés, armés d'une arête; feuilles planes.

Ce chiendent s'élève à la hauteur de deux ou trois pieds. Ses jets traçans, qui ressemblent beaucoup à ceux du précédent, sont cependant moins gros, plus droits, moins noueux et plus rarement entourés d'écailles foliacées. Par la dessiccation, ils deviennent anguleux et presque carrés. Ils sont moins farineux à l'intérieur et ont, par suite de cela, une saveur sucrée un peu plus prononcée. Ils sont aussi légèrement styptiques. Tels sont du moins les caractères comparatifs que je trouve à ces deux racines, sans répondre que différentes circonstances ne puissent quelquefois les faire varier.

Les racines de chiendent sont apéritives et rafraîchissantes, étant employées en tisane.

159. On donne encore le nom de chiendent à une autre plante graminée, avec la racine de laquelle on fait des vergettes et des balais. Cette plante est l'*Andropogon Ischæmum* L.

160. *De la racine* ou *bulbe de Colchique.*
Radix colchici. — Off.

(*Tue-Chien.*)

Colchicum autumnale L. Hexandrie trigynie; monocotylédones à étamines périgynes, famille des colchicées.

Car. génér. Une spathe; calice coloré, longuement tubulé, à 6 divisions; 3 capsules réunies, renflées. — *Car. spéc.* Feuilles planes, lancéolées, droites.

Le bulbe de colchique est composé d'un corps charnu, amylacé, qui est enveloppé d'une tunique brune au-dessous de laquelle on trouve, comme dans les bulbes ordinaires, un collet et des radicules. La plante offre l'apparence de trois tiges très-courtes, dont deux à fleur qui sont enveloppées chacune d'une spathe et enfermées presque jusqu'au limbe de la fleur dans le prolongement supérieur de la tunique brune. L'une de ces tiges, c'est la plus grosse, part immédiatement du collet inférieur, et monte extérieurement le long du corps charnu qui est creusé pour la recevoir. L'autre, plus petite, prend naissance au milieu du côté opposé, qui est convexe. Quant à la tige à feuilles, elle part directement du sommet du corps charnu et se confond d'un côté avec la tunique extérieure.

Le colchique est commun dans les prés et les pâturages d'une grande partie de l'Europe. Ses fleurs paraissent en septembre et octobre; elles sont d'une couleur rougeâtre ou d'un lilas pâle. Ce n'est qu'au printemps suivant que les feuilles se développent, et c'est alors seulement que le fruit paraît au milieu d'elles. Tous les ans, le bulbe qui a produit les fleurs et les fruits se détruit, et se trouve remplacé par un autre qui se forme à côté; et, comme ce renouvellement se fait toujours du même côté, il s'ensuit que la plante se déplace tous les ans de l'épaisseur du bulbe, qui est d'environ un pouce.

Le colchique récent contient un suc laiteux, âcre et caustique; il exhale une odeur pénétrante, qui irrite le nez et la gorge. Mais le principe auquel il doit ces propriétés, et qui est un véritable poison pour l'homme et quelques animaux, est presque entièrement détruit par la dessiccation.

Le colchique, tel que le commerce le présente, est un corps ovoïde, de la grosseur d'un marron, convexe d'un côté et présentant la cicatrice occasionnée par la petite tige; creusé longitudinalement de l'autre; d'un gris jaunâtre à l'extérieur, et marqué de sillons uniformes causés par la dessiccation; blanc et farineux à l'intérieur; d'une odeur nulle; d'une saveur âcre et mordicante. Cette saveur indique que cette racine est loin d'être dépourvue de toute propriété médicinale, pourvu qu'elle ne soit pas trop ancienne. Cependant Storck et les autres médecins qui, d'après lui, ont conseillé l'usage du colchique, recommandent de l'employer récent. C'est également sous cet état que, d'après M. Want chirurgien anglais, on doit s'en servir pour préparer la teinture antiarthritique dite *eau médicinale d'Hudson* (*Ann. Chim.* XCIV, 324).

MM. Pelletier et Caventou ont publié l'analyse de la racine de colchique. Ils en ont retiré :

1°. Une matière grasse, composée d'élaïne, de stéarine, et d'un acide volatil particulier;

2°. Un nouvel alcali végétal qui s'y trouve combiné à l'acide gallique : ce même alcali s'étant retrouvé dans la racine d'ellébore blanc (*Veratrum album* L.) et dans la cévadille (*Veratrum Sabadilla*), les auteurs lui ont donné le nom de *Vératrine;*

3°. Une matière colorante jaune;

4°. De la gomme;

5°. De l'amidon;

6°. De l'inuline en abondance;

7°. Du ligneux (*Annales de Phys. et Chim.* XIV, 82).

161. *De la racine de Columbo.*
Radix Columbæ. — Off.

occulus palmatus DC., *Menispermum palmatum* Lam.; peut-être aussi le *Cocculus peltatus :* diœcie dodécandrie de Linné; dicotylédones polypétales hypogynes, famille des ménispermées.

La plante qui fournit la racine de Columbo croît dans l'Inde, à Ceylan, et surtout, à ce qu'il paraît, dans les environs de la ville de *Columbo* dont la racine a pris le nom; mais cette plante est commune aussi à Madagascar et sur la côte orientale de l'Afrique, d'où on nous apporte maintenant la plus grande partie de la racine de Columbo. Elle est vivace, à tige grimpante comme toutes les ménispermées, à fleurs dioïques, à six étamines opposées aux pétales.

La racine de columbo, telle que le commerce la présente, est en rouelles de un à trois pouces de diamètre, ou en tronçons de deux à trois pouces de long. Elle est recouverte d'un épiderme d'un gris jaunâtre ou brunâtre, quelquefois presque uni, le plus souvent profondément rugueux; les rugosités sont irrégulières et n'offrent aucune apparence de stries circulaires parallèles.

Les surfaces transversales sont rugueuses, déprimées au centre de la racine par suite de la dessication, ou offrent plusieurs dépressions concentriques comme la bryone dessèchée. Dans quelques morceaux dont la végétation paraît avoir souffert et qui sont presque entièrement ligneux, les fibres ligneuses offrent d'une manière frappante la disposition rayonnée des racines de paréira-brava. On observe la même disposition, mais plus difficilement, dans les morceaux mieux nourris et plus amylacés.

La racine de columbo a une teinte générale jaune verdâtre; cette couleur, observée dans la coupe transversale, va en s'affaiblissant de la circonférence au centre, à l'exception d'un cercle plus foncé qui se trouve à la limite des couches ligneuses et des couches corticales. Elle a une saveur très-amère et une odeur désagréable, mais qui ne devient sensible que lorsque la racine est rassemblée en masse. Sa poudre est d'un gris verdâtre.

La racine de columbo ne colore pas l'éther, et forme avec l'alcool une teinture jaune-verdâtre foncée; humectée et touchée avec la teinture d'iode, elle prend de suite une couleur noirâtre due à la présence de l'amidon; elle forme avec l'eau un macéré brun qui n'exerce aucune action sur le tournesol, la gélatine et le sulfate de fer. Elle a été analysée par M. Planche, qui en a retiré : 1° le tiers de son poids d'amidon; 2° une matière azotée très-abondante; 3° une matière jaune amère non précipitable par les sels métalliques; 4° des traces d'huile volatile; 5° du ligneux; 6° des sels de chaux et de potasse, de l'oxide de fer et de la silice (*Bulletin de pharmacie III*, 289).

La racine de columbo a été vantée contre les indigestions, les coliques, les dyssenteries et les vomissemens opiniâtres; elle paraît douée, en effet, de propriétés très-actives; malheureusement, depuis quelques années, elle a presque entièrement disparu du commerce où on lui substitue une racine toute différente, mais à meilleur compte, qui vient des états barbaresques. Quoi de plus propre, cependant, à discréditer la pharmacie, et à rétrécir le cercle déja si borné des substances usitées, que cette substitution trop souvent répétée de matières inertes aux médicamens signalés par les premiers observateurs! Efforçons-nous donc de faire connaître ces fraudes et de donner les moyens de s'en garantir.

162. *De la fausse racine de Columbo.*

Cette racine est en rouelles ou en tronçons comme la précédente, mais elle est bien moins régulière dans sa forme. Elle a une teinte générale jaune fauve, une saveur faiblement amère et sucrée, une odeur faible et peu caractérisée.

Elle offre un épiderme gris-fauve, très-souvent marqué de stries circulaires, parallèles et serrées. Les surfaces transversales en sont irrégulièrement déprimées, comme veloutées, d'un fauve sale ou d'un jaune pâle et blanchâtre. La couleur intérieure est d'un jaune-orangé avec un cercle plus foncé vers la limite des couches ligneuses. La poudre est d'un jaune pâle tirant sur le fauve.

La fausse racine de columbo n'éprouve aucune coloration par le contact de l'iode, ce qui indique qu'elle ne contient pas d'amidon; elle communique à l'éther une couleur peu foncée, d'un jaune pur; en faisant évaporer la teinture éthérée et reprenant le produit par l'alcool, il reste une matière jaune, solide, qui se lustre par le frottement comme de la cire. Cette racine colore l'alcool en jaune fauve, et l'eau en jaune orangé. Le macéré aqueux rougit la teinture de tournesol, se colore en vert-noirâtre par le sulfate de fer, et se trouble légèrement par la colle de poisson; de plus, la potasse caustique en dégage de l'ammoniaque sensible à l'odorat, et par l'approche d'un bouchon mouillé d'acide acétique. Rien de semblable n'a lieu avec le vrai columbo. Espérons donc qu'à l'avenir ces deux racines ne seront plus confondues, et que la véritable sera seule demandée et livrée comme racine de columbo.

Quant à l'origine de la fausse, elle vient surtout d'Alger; mais il n'est guère possible de décider quel est le genre du végétal qui la produit. A n'en considérer que la forme générale, la couleur et la coupe transversale, on la prendrait pour la racine d'une grande gentiane; mais on n'a observé jusqu'ici en Afrique que deux petites espèces de ce genre, qui ne peuvent physiquement produire la racine qui nous occupe. De plus, sa saveur faiblement amère, son odeur peu marquée, son collet arrondi comme celui du navet et terminé par un bourgeon central écailleux, la distinguent de la racine de grande gentiane, dont la saveur et l'odeur sont si caractérisées, et dont le bourgeon, beaucoup plus gros, occupe ordinairement tout le disque. Enfin, la racine de gentiane contient de la glu et une grande quantité de principe gélatineux (*grossuline* ou *acide pectique*), dont le faux columbo paraît être dépourvu. Ces deux racines sont donc bien distinctes.

163. *De la racine de grande Consoude.*
Radix Symphyti. — Off.

Symphytum officinale L. Pentandrie monogynie : dicotylédones monopétales hypogynes, famille des boraginées.

Car. gén. Limbe de la corolle tubulé-renflé; gorge fermée par 5 rayons subulés. — *Car. spéc.* Feuilles ovées-lancéolées, décurrentes. ♃.

Cette plante croît dans les lieux humides et s'élève à la hauteur de deux à trois pieds; ses tiges et ses feuilles sont velues et rudes au toucher comme celles de toutes les plantes de la même famille; sa racine est longue d'un pied environ, grosse comme le doigt, succulente, facile à rompre, noirâtre au-dehors, blanche, pulpeuse et mucilagineuse en dedans, d'un goût visqueux, d'une odeur peu caractérisée.

La racine de grande consoude est adoucissante et un peu astringente; elle entre, ainsi que les feuilles de la plante, dans la composition du sirop qui porte son nom. On les employait également autrefois dans la préparation de plusieurs médicamens externes destinés à cicatriser et *consolider* les plaies, et c'est de là que la plante a tiré le nom de *consolida* ou de consoude. On lui a donné le surnom de *grande*, pour la distinguer d'autres plantes auxquelles les mêmes propriétés, vraies ou supposées, avaient fait donner le même nom. Ces dernières plantes étaient : le *consolida media* (*Ajuga reptans* L.) ou la bugle; le *consolida minor* (*Bellis perennis* L.) ou la paquerette; le *consolida regalis* (*Delphinium Consolida* L.) ou le pied d'alouette.

164. *De la racine de Contrayerva.*
Radix Contrayervæ. — Off.

Dorstenia Contrayerva L. Tétrandrie monogynie; dicotylédones diclines, famille des urticées.

Racine un peu aromatique, d'une couleur fauve rougeâtre à l'extérieur, blanche à l'intérieur, d'une saveur peu marquée d'abord, mais acquérant de l'âcreté par une mastication un peu prolongée. Elle est composée d'un corps ovoïde, terminé inférieurement par une queue recourbée qui lui donne à-peu-près la figure d'un scorpion; elle est garnie en outre de quelques radicules. On nous l'apporte du Mexique et du Pérou. Elle est peu usitée maintenant. Son nom est espagnol et signifie *contre-venin*.

165. *De la racine de Costus arabique.*
Radix Costi arabici.

Les plus anciens auteurs grecs, latins et arabes, ont parlé du *costus* et en ont distingué plusieurs espèces, entre autres l'*arabique* qu'ils décrivent blanc, léger, d'une odeur très-suave, d'un goût brûlant; l'*indien* qui devait être léger, plein et tirant sur le noir; le *syriaque* d'une couleur de buis et d'une odeur fatigante.

Aujourd'hui on ne connaît plus dans le commerce qu'une seule espèce de costus, et encore a-t-on de la peine à se la procurer. On la nomme *costus arabique*, et on l'attribue au *Costus arabicus* L., de la monandrie monogynie et de la famille des amomées. Voici les caractères que je lui trouve :

Racine dont la grosseur varie depuis celle du petit doigt jusqu'à un diamètre de dix-huit lignes; cassée en tronçons de deux à trois pouces; grise à l'extérieur, grise ou blanche à l'intérieur, offrant dans sa cassure un grand nombre de cellules rayonnantes remplies d'une substance rouge, transparente, probablement résineuse. La substance qui sépare les cellules est elle-même criblée d'une infinité de pores ronds ou de tubes cylindriques visibles à la loupe, surtout après avoir dissous, par l'eau et par l'alcohol, la matière soluble qui les remplit. Malgré cette texture spongieuse, la racine de costus est encore assez pesante.

La racine de costus a une odeur d'iris très-marquée et une saveur assez fortement amère, légèrement âcre. J'en ai vu quelques morceaux dont le centre était manifestement plus amer que l'écorce, laquelle, même, était gorgée d'un suc gommeux, cristallin, légèrement sucré.

Le costus donne à l'éther, à l'alcohol et à l'eau une couleur jaune foncée. Le macéré aqueux est très-amer, l'alcoholique l'est beaucoup moins. Il paraît être incisif, tonique et excitant.

166. *De la racine ou du bois de Couleuvre.*

Radix colubrina. — Off.

C'est la racine ligneuse d'un arbre des Indes orientales, le *Strychnos colubrina* L., de la pentandrie monogynie, et de l'ordre des apocynées de Jussieu. Elle peut avoir jusqu'à neuf ou dix pouces de diamètre; est recouverte d'une écorce brune, peu épaisse, dure et compacte, d'une très-grande amertume. Cette écorce présente à l'extérieur un grand nombre de lignes circulaires légèrement proéminentes et disposées assez régulièrement, qui lui donnent une ressemblance éloignée avec la peau d'un serpent. La racine, à l'intérieur, a la couleur du bois de chêne, mais on la distingue facilement de toute autre production végétale analogue par sa cassure longitudinale ondulée, et par des fibres blanches d'un éclat soyeux qui sont agréablement mêlées aux fibres ligneuses.

MM. Pelletier et Caventou, après avoir trouvé dans la noix vomique et la fève de Saint-Ignace, fruits des *Strychnos Nux vomica* et *Strychnos Ignatia*, un principe alcalin vénéneux doué d'une amertume insupportable (*la strychnine*), se sont assurés que ce même principe existe dans la racine de couleuvre : c'est donc à lui qu'elle doit sa propriété de causer des vertiges et des secousses tétaniques; mais d'après ce que j'ai dit plus haut de l'amertume comparée de l'écorce et du bois, c'est dans la première surtout que doit résider le principe vénéneux.

167. *De la racine de Curcuma.*
Radix Curcumæ. — Off.

(Noms vulgaires : *Terra merita*, *Souchet* ou *Safran des Indes.*)

On connaît deux espèces de curcuma, l'une ronde, l'autre longue, qui sont produites : la première par le *Curcuma rotunda* L., la seconde par le *Curcuma longa* L. ; tous deux de la monandrie monogynie, de la classe des monocotylédones épigynes de Jussieu, et de la famille des balisiers autrement dite des amomées.

Ces deux plantes croissent dans les Indes orientales et diffèrent très-peu l'une de l'autre. Il en est de même de leurs racines. Le curcuma long, qui est le plus répandu dans le commerce, est un peu moins gros et moins long que le petit doigt, cylindrique, plus ou moins contourné et quelquefois articulé. Il est recouvert d'une écorce mince, grise, chagrinée, marquée d'anneaux peu apparens. Il est compact à l'intérieur, d'un jaune orangé foncé, et offre une cassure tout-à-fait semblable à celle de la cire. Il a une odeur de gingembre très-marquée, une saveur chaude, amère et aromatique. Il teint la salive en jaune.

168. Le curcuma rond est en tubercules ronds ou ovoïdes, gros comme des œufs de pigeon, qui, dans l'état naturel, tenaient les uns aux autres par des jets cylindriques, de même que cela a lieu dans le souchet rond. Il est recouvert d'une écorce grise, marquée d'anneaux circulaires plus nombreux et plus marqués que dans l'autre espèce. Du reste, il a même couleur intérieure, même cassure et mêmes propriétés. Presque tous les auteurs lui en donnent de moins actives, mais je les trouve égales dans les échantillons que je possède. Ce curcuma ne se trouve qu'accidentellement dans le commerce mêlé avec le premier.

MM. Vogel et Pelletier ont analysé le curcuma long et l'ont trouvé formé de matière ligneuse, de fécule amilacée, d'une matière colorante jaune, d'une autre matière colorante brune, d'une petite quantité de gomme, d'une huile volatile âcre et odorante, d'une petite quantité de muriate de chaux. Le plus important de ces principes est la matière colorante jaune qui s'y trouve en grande quantité, et que son éclat rend utile dans la teinture, quoiqu'elle soit peu solide.

Cette matière colorante est très-soluble dans l'alcohol, dans l'éther et dans les huiles fixes et volatiles. Elle est très-sensible à l'action des alcalis, qui la changent en rouge de sang. Aussi la teinture et le papier teint de curcuma sont-ils au nombre des réactifs que le chimiste emploie le plus souvent (*Journ. Pharm.* 1815, *p.* 289).

Le curcuma est employé dans l'Inde comme assaisonnement. Il est tonique, diurétique, stimulant et anti-scorbutique. Il sert en outre en pharmacie pour colorer quelques onguens.

169. *De la racine de Cyclame.*
Radix cyclaminis. — Off.

(Noms vulgaires : *Arthanita, Pain de Pourceau.*)

Cyclamen europæum L. Pentandrie monogynie; dicotylédones monopétales hypogynes de Jussieu, famille des primulacées.

Car. génér. Calice à 5 divisions; corolle en roue à 5 divisions réfléchies; tube renflé hors du calice; 5 étamines conniventes par leurs anthères; 1 style; un stigmate aigu; 1 capsule charnue à 5 valves. — *Car. spéc.* Corolle réfléchie en arrière. ♃.

Cette plante pousse de sa racine de longs pétioles qui portent des feuilles presque rondes, marbrées en dessus, rougeâtres en dessous. Il s'élève parmi de longs pédoncules qui soutiennent de petites fleurs purpurines, d'une odeur agréable. Sa racine est sous la forme d'un pain orbiculaire aplati, brune au dehors, blanche en dedans, garnie de radicules noirâtres. Elle a une saveur âcre et caustique. Geoffroy, dans sa Matière médicale, annonce qu'elle perd toute son âcreté par la dessiccation; cela peut arriver quelquefois, mais celle que j'ai jouit encore d'une saveur vraiment insupportable. Elle est émétique, purgative et hydragogue, même appliquée extérieurement. Malgré des propriétés si énergiques, cette racine est peu employée maintenant, peut-être à cause du danger et de l'inconstance de ses effets. C'est elle qui donnait autrefois son nom à l'onguent d'*arthanita*. Quant au nom de *pain-de-pourceau*, il lui est venu de sa forme et de la recherche que les porcs en font pour leur nourriture.

170. *De la racine de Cynoglosse.*
Radix cynoglossæ. — Off.

(Nom vulgaire : *Langue de chien.*)

Cynoglossum officinale L. Pentandrie monogynie; dicotylédones monopétales hypogynes, famille des boraginées.

Car. gén. Corolle infundibuliforme à 5 divisions obtuses; tube fermé par des écailles; graines comprimées, hérissées, adhérentes au style par leur partie intérieure. — *Car. spéc.* Étamines plus courtes que la corolle; feuilles larges, lancéolées, cotonneuses, sessiles. Du reste, cette plante a le port d'une boraginée. ⊙.

Sa racine est grosse, longue, droite, charnue, grise au dehors, blanche en dedans, d'une odeur vireuse, d'une saveur fade. Lorsqu'on veut la faire sécher, il faut en séparer le centre, qui a peu de vertu. L'écorce, au contraire, conserve toute son odeur, et peut offrir un médicament assez énergique. Sa poudre entre dans les pilules de cynoglosse.

On doit la conserver dans un endroit sec, car elle attire puissamment l'humidité.

171. *De la racine de Dictame blanc ou de Fraxinelle.*
Radix dictamni albi. — Off.

Dictamnus albus L. Décandrie monogynie; dicotylédones polypétales hypogynes, famille des rutacées.

Car. génér. Calice à 5 divisions profondes; corolle à 5 pétales irréguliers; filets des étamines abaissés, recouverts de points glanduleux; 1 style; 5 capsules réunies au-dessous du centre. — *Car. spéc.* Feuilles pinnées, tiges simples. ♃.

Cette plante croît surtout dans le midi de la France et en Italie. Elle s'élève à la hauteur de deux pieds; ses feuilles sont d'un vert foncé, luisantes et fermes; elles ressemblent pour la forme à celles du frêne, ce qui a valu à la plante son nom de *fraxinelle*. Ses fleurs sont disposées en épis au haut des tiges. Elles sont blanches ou purpurines, marquées de lignes rouges plus foncées et d'un bel effet. Toute la plante est très-odorante, et l'on assure même que, dans les pays méridionaux, les émanations qui s'en échappent sont assez concentrées pour être quelquefois inflammables par l'approche d'un flambeau (?).

La racine seule est usitée, et même seulement l'écorce mondée de la racine. On nous l'envoie toute préparée du midi. Elle est blanche, roulée sur elle-même, d'une odeur presque nulle et d'une saveur amère.

172. *De la racine d'Ellébore blanc.*
Radix Veratri albi. — Off.

Veratrum album L. Polygamie monoëcie; monocotylédones à étamines périgynes, famille des colchicées.

Car. gén. Fleurs hermaphrodites, et fleurs mâles avec un rudiment de pistil; calice coloré à 6 divisions profondes; 6 étamines; 3 pistils; 3 capsules polyspermes.—*Car. spéc.* : Épi sur-décomposé, corolles redressées. ♃.

Cette plante pousse une tige haute de deux ou trois pieds, enveloppée à sa partie inférieure par un grand nombre de feuilles grandes, larges, molles, plissées dans leur longueur, un peu velues. Elle porte en outre d'autres feuilles caulinaires plus espacées et plus petites, et au haut de la tige des épis de fleurs d'une couleur herbacée. Sa racine est composée d'un corps principal assez volumineux, garni de beaucoup de radicules blanches.

Cette racine, telle qu'on nous l'apporte sèche de la Suisse, est sous la forme d'un cône tronqué, d'un pouce environ de diamètre moyen, de deux ou trois pouces de long, blanc à l'intérieur, noir et ridé au dehors; elle est privée ou garnie de ses radicules, qui sont très-nombreuses, longues de trois à quatre pouces, grosses comme une plume de corbeau, blanches à l'intérieur, jaunâtres à l'extérieur. Toute la racine est douée d'une saveur d'abord douceâtre et mêlée d'amertume, qui devient bientôt âcre et corrosive. Elle a dans son ensemble quelque ressemblance avec la racine d'asperge, mais les radicules de celle-ci sont plus longues, à moins qu'elles n'aient été coupées, plus flasques, rarement sèches, d'une saveur qui n'est qu'un peu sucrée et amère; de plus sa souche n'est ni conique ni aussi compacte que celle de l'ellébore blanc.

La racine d'ellébore blanc est un vomitif et un purgatif drastique des plus violens. Elle n'est plus guère employée qu'à l'extérieur, dans les maladies pédiculaires et cutanées. Sa pulvérisation est dangereuse.

MM. Pelletier et Caventou ont retiré de la racine d'ellébore blanc :

Une matière grasse composée d'élaïne, de stéarine et d'un acide volatil.

Du gallate acide de vératrine.

Une matière colorante jaune.

De l'amidon.

Du ligneux.

De la gomme (*Ann. Phys. et Chim.* XIV, 81).

De la racine d'Ellébore noir.

Radix hellebori nigri. — Off.

On confond sous ce nom les racines de deux espèces d'ellébore, l'*Helleborus niger* et l'*Helleborus viridis* L.; de la polyandrie polygynie; de la classe des dicotylédones polypétales hypogynes de Jussieu et de l'ordre des renonculacées.

Car. gén. Calice à cinq folioles souvent colorées; corolle de cinq à douze pétales, creux et en forme de cornets; 3 ou 5 styles; 3 ou 5 capsules polyspermes. — *Car. spéc.*

de l'*Hel. niger* : Hampe à 1 ou 2 fleurs; feuilles pédalées. — *Car. spéc.* de l'*H. viridis* : Tige bifide; rameaux feuillus, biflores; feuilles digitées.

Ces deux plantes croissent dans les lieux rudes, incultes et montagneux, surtout en Suisse et dans l'Auvergne; elles sont cultivées dans les jardins. La première, plus grande dans toutes ses parties, a une très-belle fleur incarnate, portée souvent isolément sur une hampe longue de six à huit pouces. La seconde, plus petite, a les feuilles et les fleurs d'une même couleur vert-pâle ou jaunâtre. On nous apporte leurs racines sèches des pays précités.

173. La racine de l'*helleborus niger* est plutôt une tige souterraine, à peu près grosse et longue comme le petit doigt, d'un gris brunâtre au dehors, marquée d'anneaux circulaires à des distances assez rapprochées, et portant quelquefois des vestiges d'écailles foliacées. Elle est grise ou rougeâtre à l'intérieur, et offre immédiatement sous l'écorce un cercle de points blancs, lesquels sont les extrémités de fibres qui paraissent aller d'un bout à l'autre de la racine. Elle n'a pas d'odeur bien caractérisée. Sa saveur, lorsqu'elle est récemment séchée, est d'abord styptique, puis âcre et brûlante. Ce dernier caractère disparaît en partie dans les vieilles racines du commerce.

174. La racine de l'*helleborus viridis*, plus commune que la précédente, est sous la forme de souches tout-à-fait irrégulières et entremêlées, garnies inférieurement d'un grand nombre de radicules longues, que l'on s'est plu à tresser à la manière des cheveux avant leur dessication. Elle est d'un gris noirâtre au dehors, blanchâtre à l'intérieur. On y observe également, mais plus difficilement, le caractère d'un cercle de points blancs dans sa cassure. Sa saveur n'est pas styptique comme celle de la précédente; elle offre de suite une âcreté considérable mêlée d'amertume. Ce caractère, comme dans l'autre, s'affaiblit avec le temps; je lui trouve une odeur plus prononcée.

Ces deux racines sont fortement émétiques et purgatives. On les emploie surtout dans l'hypocondrie, la manie, la folie, etc. Ce n'est ni l'une ni l'autre, cependant, que les anciens employaient à cet usage. Celle-ci paraît due à une autre espèce d'ellébore que Tournefort a observée dans le Levant et qu'il a décrite : *Helleborus niger orientalis folio amplissimo, flore viridi.* C'est l'*Helleborus orientalis* de Linné.

175. On emploie encore quelquefois la racine d'une autre espèce d'ellébore très-commune dans nos contrées, nommée *ellébore fétide, pied-de-griffon* : *Helleborus fetidus* L. Elle ressemble presque, pour la forme, à celle de l'*Helleborus viridis ;* mais elle est bien moins âcre au goût, et jouit, lorsqu'elle est récemment séchée, d'une odeur fort désagréable.

176. *De la racine de Filipendule.*

Radix Filipendulæ. — Off.

Spiræa Filipendula L. Icosandrie pentagynie; dicotylédones polypétales périgynes, ordre des rosacées.

Car. génér. Calice à 5 divisions; corolle pentapétale; étamines nombreuses; de 3 à 12 ovaires; autant de capsules polyspermes. — *Car. spéc.* Feuilles pinnées avec interruption; folioles linéaires-lancéolées, inégalement dentées, entièrement glabres; fleurs en cime. ♃.

La racine de filipendule est fibreuse, chevelue, interrompue de distance en distance par des tubercules gros comme des olives, oblongs, noirâtres au dehors, blanchâtres en dedans, d'une saveur amère, astringente. Elle passe pour astringente et diurétique. On emploie également les feuilles.

177. *De la racine de Fougère mâle.*

Radix Filicis maris. — Off.

Polysticum Filix mas Roth, *Aspidium Filix mas* Swartz,

Polypodium Filix mas L. Cryptogamie; famille des fougères.

Le caractère de cette plante, d'abord séparée des *polypodium* de Linné par Swartz, et ensuite des *aspidium* de Swartz par Roth, est d'avoir la fructification éparse sous les feuilles, en groupes arrondis, recouverts chacun par un tégument particulier attaché par un seul point. Ses caractères spécifiques sont : un feuillage bipinné; les folioles obtuses, crénelées; le stipe garni de paillettes; la fructification réniforme. ♃.

La partie de la plante, qui est employée en médecine, porte communément le nom de *racine;* mais c'est plutôt une *tige souterraine,* une *souche,* enfin ce que Linné nommait *stipes.* Cette souche est composée d'un grand nombre de tubercules oblongs, rangés tout autour et le long d'un axe commun; recouverts d'une enveloppe brune, coriace et foliacée; et séparés les uns des autres par des écailles très-fines, soyeuses et d'une couleur dorée. La vraie racine de la plante consiste dans les petites fibres dures et ligneuses qui sortent d'entre les tubercules que je viens de décrire. L'intérieur de la souche est d'une consistance solide, d'une couleur jaunâtre, d'une saveur astringente un peu amère et désagréable, d'une odeur nauséeuse.

La souche de fougère mâle est anthelmintique. On employait anciennement au même usage les racines de deux autres plantes analogues : l'une est la petite fougère femelle (*Polypodium Filix fœmina* L., *Athyrium Filix fœmina* Roth); l'autre est la grande fougère femelle ou fougère commune (*Pteris aquilina* L.). Elles ne sont plus usitées.

178. *De la racine de Fragon ou de petit-Houx.*
Radix Rusci. — Off.

Ruscus aculeatus L. Diœcie syngénésie; monocotylédones périgynes, famille des asparaginées.

Car. génér. Fleurs mâles : calice coloré à 6 divisions profondes, 6 étamines syngénèses. *Fleurs femelles* : calice semblable; 6 étamines stériles; 1 style; 1 stigmate; 1 baie triloculaire; 1, 2 ou 3 semences sphériques, cornées. — *Car. spéc.* Feuilles nues, portant les fleurs à leur surface supérieure. ♄.

Le fragon, ou petit-houx, est un petit arbrisseau toujours vert, à feuilles semblables à celles du myrte, mais plus raides et piquantes. Les fleurs sont solitaires et portées sur un court pédoncule qui naît du milieu des feuilles. Les baies sont sphériques et deviennent rouges en mûrissant. Au printemps, les jeunes pousses de la plante peuvent se manger comme celles de l'asperge. La racine est grosse comme le petit doigt, longue, noueuse, écailleuse et marquée d'anneaux très-rapprochés, comme les souchets. Elle est garnie, d'un côté surtout, d'un grand nombre de radicules de même que la racine d'asperge; mais on l'en distingue facilement à la forme de sa souche, qui est plus grêle, plus cylindrique, plus longue et moins écailleuse; à sa plus grande blancheur; à la plénitude de ses radicules : les deux saveurs sont peu différentes.

La racine de petit-houx est une des cinq racines dites apéritives.

179. *De la racine de Fraisier.*
Radix Fragariæ. — Off.

Fragaria vesca L. Icosandrie polygynie; dicotylédones polypétales périgynes, famille des rosacées.

Car. génér. Calice à 10 divisions, dont 5 extérieures; corolle à 5 pétales; réceptacle des fruits ové, succulent, tombant. — *Car. spéc.* Produit des jets qui prennent racine.

Cette plante croît naturellement dans les bois, et est cultivée dans les jardins. Ses feuilles sont à 3 folioles dentelées, vertes en dessus, blanches en dessous et velues. Les fleurs sont blanches, et naissent quatre ou cinq sur un péduncule. Les fruits sont composés d'un réceptacle charnu et succulent qui porte les graines (*akènes* Rich.) à sa superficie : ils sont ordinairement rouges, quelquefois blancs, d'un parfum et d'une saveur très-agréables. La racine est composée de deux ou plusieurs souches, longues de deux à trois pouces, réunies par leur partie inférieure d'où partent un assez grand nombre de radicules très-déliées. Toute la racine a une couleur très-brune à l'extérieur, fauve à l'intérieur, une odeur nulle, une saveur très-astringente.

On l'emploie en médecine comme apéritive et astringente. Les fruits sont recherchés sur les tables et servent en outre à préparer quelques esprits aromatiques.

180. *De la racine de Galanga grand et petit.* Radix galangæ majoris et minoris. — Off.

Alpinia Galanga Willd.; *Maranta Galanga* L.; plante herbacée de la monandrie monogynie, de la classe des monocotylédones à étamines épigynes et de la famille des amomées. Elle croît naturellement aux Indes, aux îles de la Sonde, à la Chine, d'où on nous envoie sa racine sèche.

On distingue deux sortes de galanga, qui sont dues à deux variétés de la même plante, ou qui peut-être ne diffèrent que par l'âge auquel on les a récoltées. L'une, qui est le *grand galanga*, a de six lignes à deux pouces de diamètre; elle est souvent bifurquée, longue de deux à trois pouces, cylindrique, d'un brun rougeâtre au dehors, et marquée comme d'anneaux ou de franges circulaires blanches. Elle est d'un fauve rougeâtre à l'intérieur, d'une texture fibreuse peu compacte; elle a une odeur forte, analogue à celle du cardamome; une saveur piquante, très-âcre et aromatique. Quelques droguistes lui donnent à tort le nom d'*acorus*.

Le petit galanga a de deux à quatre lignes de diamètre; il est en général d'une couleur plus brune à l'extérieur, d'une odeur et d'une saveur encore plus fortes; il est de même marqué de franges circulaires blanches.

On confond quelquefois le souchet long avec le petit galanga. Le souchet long est facile à reconnaître par sa couleur noire, l'absence des anneaux blancs, son odeur beaucoup plus faible et sa saveur amère, astringente, peu aromatique.

181. Outre les deux racines de galanga que j'ai décrites, on en trouve quelquefois une dans le commerce qui en diffère assez, pour qu'on puisse l'attribuer à une plante d'une espèce différente. Pour la grosseur, elle tient le milieu entre le petit et le grand galanga; elle est de même entourée de franges blanches; mais son écorce est lisse, luisante et jaunâtre; sa texture intérieure est beaucoup plus lâche, son odeur plus faible et sa saveur moins piquante : souvent même elle est presque insipide, ce qui tient sans doute à la facilité avec laquelle une racine aussi poreuse doit perdre ses principes actifs en vieillissant. Son caractère le plus tranché est sa grande légèreté; car, en en pesant des morceaux sensiblement égaux en volume à d'autres morceaux de vrai galanga, leur poids ne se trouve être que le tiers ou la moitié de ceux-ci. J'ignore quelle plante peut produire ce faux galanga.

182. *De la racine de Garance.*
Radix Rubiæ tinctorum. — Off.

Rubia tinctorum L. Tétrandrie monogynie; classe des dicotylédones monopétales épigynes, à anthères distinctes, famille des rubiacées.

Car. génér. Calice très-court, à 4 dents; corolle en roue à 4 divisions; 4 étamines; 1 style bifide; 2 baies rapprochées, monospermes. — *Car. spéc.* Feuilles annuelles; tige aiguillonnée.

La garance croît en France, et est cultivée dans les environs de Montpellier, à cause de sa racine qui est très-employée dans la teinture en rouge; mais celles d'Orient et d'Afrique sont plus estimées. Cette plante pousse des tiges longues, carrées, noueuses, rudes, portant à chaque nœud cinq ou six feuilles verticillées, hérissées de poils très-rudes. Ses fleurs sont petites et d'un jaune verdâtre; son fruit est formé de deux baies accolées, noires et succulentes; ses racines sont nombreuses, longues, rampantes, de la grosseur d'une plume d'oie, recouvertes d'une écorce rouge, dans laquelle surtout réside son principe colorant, car l'intérieur est jaunâtre; elles ont une saveur amère et styptique. Administrées en décoction, elles teignent en rouge le lait, les urines et les os; elles entrent dans le sirop d'armoise composé.

C'est avec la garance que l'on produit sur le coton ce beau rouge nommé *rouge d'Andrinople*. Nous le tirions autrefois du Levant; mais depuis long-temps déjà on en fabrique en France d'une aussi bonne qualité. Depuis plusieurs années aussi, MM. Gonin, teinturiers de Paris, sont parvenus à fixer la même couleur sur la laine, en lui conservant tout son éclat et sa solidité.

183. *De la racine de Gentiane.*
Radix Gentianæ. — Off.

Gentiana lutea L. Pentandrie digynie; dicotylédones monopétales hypogynes, famille des gentianées.

Car. génér. Calice à 4 ou 5 divisions; corolle campaniforme ou infundibuliforme; limbe à 4 ou 5 divisions; 4 ou 5 étamines; style 0; 2 stigmates arrondis; capsule oblongue à 2 valves, 1 seule loge, 2 placentas longitudinaux. — *Car. spéc.* Fleurs verticillées, corolle en roue, limbe à 5 divisions, calice en forme de spathe. ♃.

La gentiane pousse plusieurs tiges droites, fermes, hautes de deux ou trois pieds; ses feuilles sont opposées, sessiles, larges, lisses, plissées comme celles de l'ellébore blanc; ses fleurs sont jaunes et disposées en verticilles le long de la tige; sa racine est grosse comme le poignet, ou moins, longue et ramifiée : séchée, et telle qu'on nous l'apporte de la Suisse et de l'Auvergne, elle est grosse, très-rugueuse à l'extérieur, d'une texture spongieuse, jaune, d'une odeur forte et tenace, d'une saveur très-amère. On doit choisir celle qui est médiocrement grosse et non cariée.

MM. Henry et Caventou, qui ont fait l'analyse de la racine de gentiane, en ont retiré, entre autres principes, de la glu, une huile odorante, une huile fixe, une matière très-amère soluble dans l'eau et dans l'alcohol (gentianin), de la gomme, du sucre incristallisable et quelques sels; ils n'y ont pas trouvé d'amidon (*Journ. Pharm.* V, 97, et VII, 173).

La racine de gentiane est stomachique, tonique et fébrifuge. Elle entre dans la thériaque et le diascordium; on l'emploie souvent en sirop, en teinture alcoholique, en extrait.

184. L'espèce de gentiane dont il a été fait mention plus haut (*gentiana lutea*) n'est pas la seule qui puisse fournir sa racine à l'art de guérir. Les *gentiana purpurea* et *punctata* L. produisent des racines d'une amertume encore plus forte, et la première est presque la seule usitée en Allemagne et dans le nord de l'Europe. Je crois même que ces racines constituent une partie de notre gentiane du commerce, qui offre de grandes variations dans sa forme, son volume et la force de son amertume. J'ai donné à l'article *fausse racine de Columbo* (p. 275) les moyens de distinguer cette racine de la gentiane, avec laquelle elle a d'ailleurs plusieurs points de ressemblance.

De la racine de Ginseng.

Voyez *racine de Ninsin.*

185. *De la racine de Gingembre.*
Radix Zingiberis. — Off.

Amomum Zingiber L. Monandrie monogynie; monocotylédones à étamines épigynes, famille des balisiers ou amomées.

La plante qui fournit le gingembre croît naturellement dans les Indes, aux îles Philippines et à la Chine. Depuis elle a été transportée au Mexique, d'où elle s'est répandue dans les Antilles et à Cayenne; maintenant ces derniers pays, et surtout la Jamaïque, en produisent une grande quantité. La racine de gingembre, telle que le commerce nous l'offre ordinairement, est grosse comme le doigt, aplatie, palmée ou articulée, couverte d'un épiderme ridé, marqué d'anneaux peu apparens. Quelquefois l'épiderme est enlevé par places, et laisse voir la substance même de la racine, qui paraît noire et comme cornée. Mais l'intérieur est en général blanc, gris ou jaunâtre, et offre un assez grand nombre de fibres longitudinales. Le gingembre a une saveur âcre et brûlante, et une odeur forte, aromatique, qui lui est propre : il excite fortement l'éternument. Il faut le choisir pesant et non piqué des vers, ce à quoi il est très-sujet, malgré l'usage où l'on est de le tremper, avant sa dessiccation, dans une lessive de cendre ou de chaux, dans la vue cependant de l'en préserver autant que possible.

186. Depuis quelques années, on a fait venir à Paris une sorte de gingembre dont les Anglais font particulièrement usage, et qu'ils tirent de la Jamaïque. Ce gingembre est plus allongé et plus grêle que celui du commerce; il est entièrement blanc à l'intérieur, et son épiderme, qui est d'un blanc légèrement jaunâtre, est seulement strié longitudinalement. Il jouit d'une saveur véritablement brûlante, et d'une odeur plus agréable que le premier. Il donne une poudre blanche.

Le gingembre fournit à la distillation une huile volatile plus légère que l'eau, d'une odeur très-forte et d'une grande causticité. Il est très-employé comme médicament et comme assaisonnement : les vinaigriers en ajoutent au vinaigre pour en augmenter la force ; les Indiens le font cuire dans du sucre, et en forment ainsi un condiment fort agréable au goût, tonique et excitant.

187. *De la racine de Guimauve.*
Radix Althææ. — Off.

Althæa officinalis L. Monadelphie polyandrie. Dicotylédones polypétales hypogynes, famille des malvacées de Jussieu.

Car. gén. Calice double, l'extérieur offrant de 5 à 9 divisions; un grand nombre de capsules monospermes disposées circulairement. — *Car. spéc.* Feuilles simples, cotonneuses.

Cette plante pousse des tiges hautes d'un mètre, dures, cylindriques et velues. Les feuilles sont alternes, pétiolées, à 3 ou 5 lobes peu marqués, molles et douces au toucher. La racine est longue, cylindrique, branchue, grosse comme le pouce, bien nourrie, mucilagineuse, blanche en dedans et recouverte d'un épiderme jaunâtre.

Dans le commerce, on la trouve dépouillée de son épiderme, d'une belle couleur blanche, d'une odeur faible et d'une saveur douce et très-mucilagineuse. Il faut en outre la choisir bien nourrie et peu fibreuse. On l'emploie en poudre, en infusion et en décoction. Elle entre dans les sirops de guimauve et d'*althæa* de Fernel. Les feuilles de la plante sont aussi employées comme émollientes, et les fleurs comme pectorales. Celles-ci, outre leur double calice cotonneux à neuf divisions extérieures qui les distingue, ont cinq pétales d'un blanc rosé et d'une odeur faible, agréable. Elles sont, comme le reste de la plante, mucilagineuses et adoucissantes.

Les racines de quelques autres malvacées peuvent être employées à l'instar de celle de guimauve. Telles sont entre autres les racines de l'alcée (*malva alcea* L.), et de la rose trémière (*althæa rosea* Cav., *Alcea rosea* L.).

188. La première de ces plantes se distingue de la guimauve par ses feuilles rudes au toucher, à 3 ou 5 segmens pinnatifides, et par ses fleurs plus grandes et pédonculées, n'ayant que 3 divisions au calice extérieur. ♃.

189. La rose trémière s'élève à la hauteur de 6 à 8 pieds. Ses feuilles sont larges, cordiformes, à 5 lobes peu marqués, velues, un peu rudes au toucher. Les fleurs, disposées en longs épis à la partie supérieure de la tige, sont fort grandes, de couleur variée, à 6 divisions au calice extérieur. Cette plante est cultivée comme ornement dans les jardins. ♂.

190. *De la racine d'Hermodacte.*
Radix Hermodactyli. — Off.

Cette racine, inconnue aux anciens Grecs, paraît avoir été mise en usage par les Arabes. Les botanistes ont longtemps différé d'opinion sur son origine. Quelques-uns l'ont attribuée à l'*iris tuberosa* L. ; mais le plus grand nombre l'a toujours crue produite par une espèce de colchique nommée généralement aujourd'hui *colchicum illyricum*, quoique ses caractères spécifiques ne paraissent pas encore bien établis. Le genre *colchique* appartient à l'hexandrie trigynie L., et à la classe des monocotylédones à étamines périgynes de Jussieu : il a donné son nom à la petite famille des colchicées.

La racine d'hermodacte nous vient d'Égypte et de la Natolie. C'est un corps tubéreux, amylacé, ayant la forme d'un cœur, marqué à la partie inférieure du côté convexe des vestiges d'un plateau de bulbe ordinaire, creusé profondément et dans toute sa longueur de l'autre côté ; et ayant au bas du sillon une cicatrice qui indique le point d'insertion de la tige principale. Sur la partie convexe se trouve une seconde cicatrice d'où partait probablement une seconde tige à fleur; enfin le sommet de la racine offre une dernière cicatrice d'où devaient s'élever les feuilles. Si on se rappelle que la racine de colchique (*colchicum autumnale*, p. 270), est absolument conformée de la même manière, on sera convaincu que l'une et l'autre doivent être produites par des plantes du même genre, ce qui vient à l'appui de la dernière origine attribuée ci-dessus à l'hermodacte. Du reste, la racine d'hermodacte est facile à distinguer du colchique. Elle est beaucoup plus blanche, non ridée à l'extérieur, d'une saveur douceâtre, un peu mucilagineuse et un peu âcre. Elle est légèrement purgative, et elle entre dans la composition des électuaires diaphœnix, caryocostin, et des tablettes diacarthami. On a prétendu que les Égyptiennes en mangeaient pour acquérir de l'embonpoint.

191. *De la racine d'Impératoire.*
Radix Imperatoriæ. — Off.

Imperatoria Ostruthium L. Pentandrie digynie; classe des dicotylédones polypétales épigynes, famille des ombellifères.

Car. génér. Involucre très-souvent nul; fruit elliptique, comprimé et ceint d'une membrane. Pétales infléchis, échancrés.

L'impératoire croît en Suisse sur les Alpes; elle a le port d'une angélique. Sa racine, qu'on nous apporte sèche, est grosse comme le doigt, brune et très-rugueuse à l'extérieur; d'une texture fibreuse et d'une couleur jaune verdâtre à l'intérieur; d'une saveur aromatique, âcre et persistante; d'une odeur analogue à celle de l'angélique, mais plus forte. Toutes ces propriétés disparaissent avec le temps, et il n'est pas rare de trouver dans le commerce la racine d'impératoire vermoulue, noirâtre à l'intérieur, tombant en poussière lorsqu'on la casse, et d'une odeur faible. Il faut donc la choisir récente et telle que je l'ai décrite d'abord. Elle entre dans l'eau impériale, l'eau thériacale, l'esprit carminatif de Sylvius. Elle donne de l'huile volatile à la distillation.

Des racines d'Ipécacuanha.

L'ipécacuanha a été apporté en Europe vers l'année 1672. Il était alors connu sous le nom de *béconquille* et de *mine d'or;* mais on en fit peu d'usage jusqu'en 1686, époque à laquelle un marchand étranger en apporta de nouveau en France. Il fut alors préconisé et employé avec succès comme vomitif et anti-dysentérique par Adrien Helvétius, médecin de Rheims. Cependant, la source en restant inconnue, Louis XIV en acheta le secret en 1690, et le publia.

L'ipécacuanha a eu le sort de tous les médicamens véritablement utiles, et dont la découverte a fait époque dans l'histoire de la médecine. Le besoin de s'en procurer en a fait trouver partout, et chaque pays a voulu avoir le sien. Alors le nom en a été étendu non seulement aux racines de quelques plantes voisines de la première découverte, et qui pouvaient, jusqu'à un certain point, se confondre avec elle, mais encore à celles de végétaux entièrement différens, et qui n'offraient d'autre ressemblance avec l'ipécacuanha que d'être plus ou moins vomitives. On s'imagine facilement quelle confusion cette manière de procéder a dû jeter pendant long-temps sur l'histoire de cette précieuse substance. Aujourd'hui que l'origine des différentes racines qui en ont usurpé le nom est bien connue, il n'est plus permis de compter au nombre des ipécacuanhas que la première espèce employée et deux autres, d'une forme analogue, produites par des plantes de la même famille; celles qui appartiennent à des familles différentes ne seront considérées que comme des succédanées propres aux seuls pays qui les produisent, et n'ayant plus pour nous qu'une importance très-secondaire.

De l'Ipécacuanha officinal ou annelé
Radix Ipecacuanhæ. — Off.

Cephælis Ipecacuanha, Rich.; *Callicocca Ipecacuanha*, Gomez et Brotero; *Ipecacuanha fusca*, Pison. Cette plante appartient à la pentandrie monogynie de Linné et à la famille des rubiacées de Jussieu. Elle croît dans les forêts épaisses et ombragées du Brésil. Sa tige, qui est simple et ligneuse, s'élève à la hauteur d'un pied environ. Elle porte à sa partie supérieure 6 ou 8 feuilles opposées, stipulées, courtement pétiolées, ovales, entières, presque glabres, longues de 2 à 3 pouces. Les fleurs sont petites, blanches, infundibuliformes, et disposées en un petit capitule terminal environné à sa base de 4 folioles pubescentes. Le fruit est une petite baie ovoïde peu charnue, renfermant 2 nucules qui se séparent à la maturité. La racine est fibreuse et marquée d'impressions circulaires très-rapprochées. Cette racine, telle que le commerce la fournit, se présente sous trois variétés de forme dont voici la description :

192. *Première variété : Ipécacuanha annelé gris noirâtre; ipécacuanha brun* de Lemery; *ipécacuanha gris* ou *annulé* de M. Mérat (*Dict. Scienc. Méd.* XXVI, 10). Racine longue de trois à quatre pouces; tortue ou recourbée en différens sens, ordinairement de la grosseur d'une petite plume à écrire, et s'amincissant d'une manière remarquable vers son extrémité supérieure. Elle est formée d'un cœur ligneux, blanc-jaunâtre, qui va d'un bout à l'autre de la racine, et d'une écorce épaisse, bouillonnée ou comme disposée par anneaux contre le cœur ligneux, et facile à en séparer. Cette écorce, dont l'épiderme est d'un gris noirâtre, est grise à l'intérieur, dure, cornée et demi-transparente. Elle a une saveur âcre manifestement aromatique. L'odeur

de la racine respirée en masse est forte, irritante et nauséeuse.

M. Pelletier a analysé comparativement et séparément la partie corticale et la partie ligneuse de cette racine (1) et en a retiré les produits suivans :

Partie corticale.

Matière grasse odorante.	2
Matière vomitive propre à l'ipécacuanha, et nommée *émétine*.	16
Cire.	6
Gomme.	10
Amidon.	42
Ligneux.	20
Perte.	4
	100

Partie ligneuse.

Matière vomitive (*émétine*).	1.15
Matière extractive non vomitive.	2.45
Gomme.	5
Amidon.	20
Ligneux.	66.60
Matière grasse. . . . . des traces. . . .	
Perte.	4.80
	100.00

Il a ainsi expliqué et confirmé la croyance où l'on a toujours été que la partie corticale de l'ipécacuanha est beaucoup plus active que le *meditullium* ligneux.

(1) C'est par erreur que dans le mémoire de M. Pelletier, la racine qui a servi aux deux analyses suivantes, se trouve désignée sous le nom de *psychotria emetica*. (*Journ. pharm.* III. 148 — 151.)

193. *Deuxième variété : Ipécacuanha annelé gris rougeâtre; ipécacuanha gris rouge* de Lemery et de M. Mérat. Il a absolument la même forme que le précédent, mais il en diffère par la couleur de son écorce moins foncée et rougeâtre; par son odeur moins forte lorsqu'il est respiré en masse; par sa saveur non aromatique. M. Mérat, dans son excellent article du Dictionnaire des Sciences Médicales, le dit plus amer; mais il faut que ce caractère soit variable, car je n'y trouve pas cette différence, et même l'amertume est si peu prononcée dans les deux, que je ne crois pas que l'on puisse en faire un caractère principal, et comme exclusif, pour séparer les ipécacuanhas vrais ou faux en deux séries (loc. cit. page 14).

De même que dans l'ipécacuanha gris noirâtre, l'écorce de la variété grise rougeâtre est ordinairement cornée et demi-transparente; et même ce caractère y est plus apparent, en raison de la couleur moins foncée de l'épiderme; mais quelquefois la section de cette écorce est opaque, mate et farineuse, et alors la racine, offrant en général des propriétés moins actives, en est moins estimée. Cette manière d'être ne forme pas une nouvelle variété distincte, car on remarque des racines dont une partie de la section transversale est opaque et l'autre cornée, et j'en ai vu beaucoup d'autres dont l'extrémité supérieure était cornée et l'inférieure amylacée.

M. Pelletier ayant analysé l'ipécacuanha gris-rougeâtre privé de son *meditullium* ligneux l'a trouvé composé de

Matière grasse.	2
Émétine.	14
Gomme.	16
Amidon.	18
Ligneux.	48
Perte.	2
	100

(*Journ. Pharm.* III, 157).

Cette analyse rend raison de la propriété vomitive un peu moins forte de l'ipécacuanha gris rougeâtre comparé à la première variété; mais il n'explique pas l'odeur plus marquée de celle-ci. Enfin je ne vois rien dans ces racines qui justifie les proportions presque inverses de l'amidon et de la matière ligneuse. Cette anomalie serait-elle due à une simple transposition de nombres?

194. *Troisième variété :* M. Mérat distingue une troisième variété d'ipécacuanha produite par le *Cephælis Ipecacuanha,* qu'il nomme *ipécacuanha gris blanc.* Voici les caractères qu'il en donne : anneaux moins saillans, moins irréguliers, quoique remarquables encore; teinte d'un gris blanc; cassure et amertume comme dans la variété précédente; racine plus volumineuse que les deux autres, ce qui fait soupçonner qu'elle ne doit les différences qu'on y observe qu'à ce qu'elle a été récoltée dans toute sa maturité; on la trouve mélangée, mais bien rarement, dans l'ipécacuanha du commerce; elle doit avoir autant de vertu que les deux premières variétés, si ce n'est davantage.

Je crois posséder cette racine, car je lui trouve tous les caractères indiqués par M. Mérat, à l'exception de la couleur qui est absolument la même que celle de l'ipécacuanha *gris rougeâtre.* Peut-être même tire-t-elle encore plus sur le rouge. Son odeur est moins forte, et cependant sa saveur est très-caractérisée. Elle doit certainement posséder des propriétés médicales très-actives. Je pense que cette sorte n'est due qu'à la variété précédente, plus développée et mieux nourrie en raison de la nature du terrain et de la culture, et je la désigne sous le nom d'*ipécacuanha annelé majeur,* dans lequel je ne fais pas mention de la couleur qui paraît ne pas être constante.

195. *De l'Ipécacuanha strié.*
Radix Psychotriæ.—Off.

Ipécacuanha gris cendré glycyrrhizé de Lemery, *ipécacuanha noir* de quelques auteurs, *ipécacuanha strié* de M. Mérat. Cette racine forme une espèce bien distincte des variétés précédentes, tant par ses caractères physiques différens, que parce que la plante qui la fournit appartient à un autre genre de rubiacées. Elle est produite par le *Psychotria emetica* L., lequel croît au Pérou, et a long-temps passé, sur l'autorité de Mutis, comme la source du véritable ipécacuanha; mais il est bien reconnu maintenant que cet arbrisseau ne produit que l'espèce qui nous occupe.

La grosseur de l'ipécacuanha strié varie d'une ligne à trois ou quatre, et sa longueur de un à quatre pouces. Il est formé, comme les autres, d'un *méditullium* ligneux et d'une écorce plus ou moins épaisse; mais cette écorce n'offre que quelques étranglemens circulaires fort rares, et, ce que ne présentent pas du tout les autres espèces, elle est ridée longitudinalement. D'ailleurs elle est d'un gris rougeâtre sale à l'extérieur, d'un gris rougeâtre à l'intérieur, d'une consistance molle, facile à pénétrer par l'ongle et à tailler au couteau, sans se séparer du corps ligneux. Elle a une odeur mixte d'ipécacuanha gris et de bardane, et une saveur peu marquée. Le *méditullium* est jaunâtre et perforé de beaucoup de trous visibles à la loupe. En vieillissant, l'écorce prend une teinte noirâtre, et même devient tout-à-fait noire à l'intérieur, ce qui a valu à la racine le nom d'*ipécacuanha noir*, de la part de ceux qui ne l'ont vue qu'ainsi altérée. Cet ipécacuanha a toujours passé pour moins actif que l'officinal, car Lemery en fixe la dose en poudre à 1 gros ou 1 gros et demi, et en infusion à 3 gros. Cela s'accorde avec l'analyse de M. Pelletier, qui a retiré de cette racine seulement :

Matière vomitive	9
——— grasse	12
Ligneux, gomme et amidon	79
	100

(*Journ. Pharm.*, VI, 265).

Cette racine ne se trouve que rarement dans le commerce, de même que la suivante.

196. *De l'Ipécacuanha ondulé.*
Radix Richardsoniæ. — Off.

Ipécacuanha blanc de Pison et de Bergius (t. 2, p. 756); non l'*ipécacuanha blanc* de Lémery, qui est la racine d'une apocynée; *ipécacuanha amylacé* ou *blanc* de M. Mérat.

On a cru jusqu'à ces derniers temps que cette racine était produite par le *viola ipécacuanha* L., dont nous parlerons ci-après; mais, ainsi que j'en avais fait l'observation dans la 1re édition de cet ouvrage, il était beaucoup plus raisonnable de l'attribuer à une plante rubiacée, congénère ou très-voisine des *cephælis*; et, en effet, dès 1801, le Dr Gomez, Portugais, de retour d'un voyage au Brésil, avait publié à Lisbonne un Mémoire sur les ipécacuanhas, dans lequel il démontrait que la racine qui fait l'objet de cet article était produite par une plante du genre *Richardsonia* (*Richardia* L.), qu'il a nommée *Richardsonia brasiliensis*. Cette plante, de la famille des rubiacées, croît dans les prés aux environs de Rio-Janéiro. Elle est couchée sur terre, à fleurs en tête, à involucres tétraphylles, etc. (*Journ. Pharm.*, VI, 279).

La grosseur de l'ipécacuanha blanc varie dans les mêmes limites que celle de l'ipécacuanha officinal. Il est d'un gris blanchâtre à l'extérieur, et d'un blanc mat et farineux à l'intérieur. Il est de même pourvu d'un *meditullium* ligneux et son écorce paraît quelquefois *annelée* au premier coup d'œil; mais, en y regardant avec plus d'attention, on s'aperçoit qu'elle est plutôt *ondulée*, c'est-à-dire qu'une partie creusée ou sillonnée transversalement d'un côté, répond de l'autre à une partie couvexe, de manière que le sillon n'est que demi-circulaire, au lieu de faire tout le tour de la racine comme dans l'ipécacuanha officinal. Lorsqu'on casse l'ipécacuanha ondulé, et qu'on regarde un instant après la cassure au soleil, on aperçoit, à la simple vue et surtout vers la circonférence, des points éclatans et perlés, et la loupe fait voir qu'il s'est élevé au-dessus de la cassure un tas de matière blanche et micacée qu'on ne peut méconnaître pour de l'amidon. Aussi cette racine en contient-elle une énorme quantité, ainsi qu'il résulte de l'analyse qui en a été faite par M. Pelletier. Elle contient de plus, sur cent parties, six parties de matière vomitive, deux de matière grasse, et très-peu de ligneux (article cité de M. Mérat, pag. 18).

L'ipécacuanha ondulé est encore reconnaissable par son odeur; il en a une de moisi (que je ne crois pas accidentelle), non irritante et tout-à-fait distincte de celle de l'ipécacuanha officinal. Il jouit de propriétés vomitives bien moins marquées, ce qui est d'accord avec l'analyse ci-dessus.

Des faux Ipécacuanhas.

Je m'étendrai peu sur ces racines, dont l'importance est limitée aux pays qui les emploient comme succédanées de l'ipécacuanha. La plupart ne viennent pas en France, et il est évident, d'ailleurs, que si l'on voulait remplacer chez nous la racine d'ipécacuanha par quelqu'autre production végétale analogue, il vaudrait mieux employer à cet effet l'une des racines indigènes qui étaient usitées comme vomitives avant l'importation de la première (arnica, asarum, etc.), plutôt que d'autres, d'un effet variable, nul ou dangereux, dont la seule recommandation serait de venir de pays fort éloignés. Ces faux-ipécacuanhas appartiennent presque tous à l'une des trois familles suivantes : violariées, euphorbiacées, apocynées.

197. *Faux Ipécacuanha du Brésil : Ionidium Ipecacuanha* Vent., *Viola Ipecacuanha* L. *Pombalia Ipecacuanha* Vandelli; de la syngénésie monogamie de Linné, et de la famille des violariées de Jussieu.

Racine, ou tige radicante, longue de 6 à 7 pouces, de la grosseur d'une plume à écrire, un peu tortueuse ou flexueuse, et offrant quelquefois, dans les anses alternatives qu'elle forme, des fentes demi-circulaires qui lui donnent alors une sorte de ressemblance avec l'ipécacuanha ondulé. Cette racine est souvent bifurquée inférieurement et supérieurement, et elle se termine à la partie qui atteint la surface du sol, par un grand nombre de petites tiges ligneuses.

L'écorce est mince, ridée longitudinalement et d'un gris jaunâtre clair. Le corps ligneux est très-épais, jaunâtre, composé de paquets de fibres bien distincts à la circonférence, et qui sont tordus comme les fils d'une corde. La cassure récente, examinée à la loupe, paraît criblée d'une infinité de pores comme la tige d'un jonc. Cette racine est presqu'insipide et inodore, et il est douteux qu'elle jouisse de propriétés bien marquées. Elle ne contient pas d'amidon; M. Pelletier en a retiré sur 100 parties : matière vomitive 5, gomme 35, matière azotée 1, ligneux 57. (*Journ. Pharm.* III, 158.)

198. *Autre faux Ipécacuanha du Brésil.* Cette racine est produite par l'*Ionidium parviflorum* Vent. (*Viola parviflora* L.). M. Mérat l'a décrite sur un échantillon tiré de l'herbier de M. de Jussieu. J'ai cru l'avoir retrouvée dans une racine provenant du droguier de M. le docteur Lherminier (1re édition, n° 297); mais cette racine ressemble tellement à celle de l'*Ionidium Ipecacuanha* qu'il m'est impossible de dire maintenant à quelle espèce elle appartient. Il est probable que ces deux racines sont confondues dans le peu de faux ipécacuanha qui nous vient du Brésil.

199. *Faux Ipécacuanha de Cayenne; Ionidium Itouboa*

Vent., *Viola calceolaria* L., *Viola Itouboa* Aublet. La racine de cette plante ressemble encore beaucoup à celle de l'*Ionidium Ipecacuanha*; mais telle que je l'ai, provenant du droguier de M. Lemaire-Lizancourt, elle est moins longue, beaucoup plus tortueuse, d'un gris plus foncé à l'extérieur, plus blanche à l'intérieur, mêlée de débris de feuilles et de tiges entièrement velues, ce qui est un caractère distinctif de l'espèce. Les propriétés sont semblables.

Une autre racine vomitive, employée à Cayenne, est celle du *Boerhaavia diandra*.

200. *Faux-Ipécacuanha de l'Amérique septentrionale : Euphorbia Ipécacuanha* L. Racine fibreuse, cylindracée, blanchâtre, très-émétique. Les racines de plusieurs de nos euphorbes indigènes jouissent des mêmes propriétés.

On emploie également comme vomitive, dans la Virginie, la racine du *Spiræa trifolia*.

201. *Faux-Ipécacuanha des Antilles* : *Asclepias curassavica* L. Cette racine est fortement émétique et n'est employée que par les Nègres, en place d'ipécacuanha. Je ne la connais pas.

202. *Faux-Ipécacuanha de l'île de France, Ipécacuanha blanc* de Lemery : *Asclepias asthmatica* L., *Cynanchum vomitorium* Lam. *Cynanchum Ipecacuanha* Rich. Je n'ai pas cette racine; mais, suivant Lemery, elle est blanche, ni tortue, ni raboteuse, et elle ressemble beaucoup à la racine de l'*Asclepias vincetoxicum*, dont elle a aussi les feuilles. Elle n'a pas été analysée.

203. *Faux-Ipécacuanha de l'île Bourbon; Periploca mauritiana* Poiret? Je dois un échantillon de cette plante à M. Lemaire Lizancourt. Les tiges ressemblent à celles de la douce-amère; elles sont blanches à la partie inférieure, brunâtres aux extrémités. Les feuilles sont glabres, longues de 2 à 3 pouces, échancrées en cœur par le bas, ovales-lancéolées. La racine est blanche, ligneuse, presque grosse comme le petit doigt, accompagnée de radicules filiformes droites

et cylindriques. Elle n'a pas de saveur sensible d'abord; mais quelque temps après l'avoir mâchée, on ressent une assez forte irritation sur la langue et aux glandes salivaires. Toute la plante, feuilles, tige et racine, est imprégnée d'une odeur forte, exactement semblable à celle de l'arguel ou du séné de la Palthe.

204. *De la racine d'Iris commune.*
Radix Iridis germanicæ. — Off.

Iris germanica L. Triandrie monogynie; classe des monocotylédones à étamines périgynes, famille des iridées de Jussieu.

Car. génér. Calice à 6 divisions pétaloïdes, dont trois redressées et trois abaissées en dehors; 3 stigmates en forme de pétales; capsule triloculaire. — *Car. spéc.* Divisions du calice barbues; feuilles plus courtes que la tige, glabres, ensiformes, courbées en faulx; hampe multiflore. ♃.

Cette plante, cultivée dans les jardins, est généralement connue. Sa racine, ou tige souterraine, est horizontale, grosse, charnue, articulée, recouverte d'un épiderme gris. Elle est blanche en dedans, d'une odeur vireuse et d'une saveur âcre. Elle est diurétique et purgative, mais peu usitée. Lorsqu'elle est sèche, elle offre une faible odeur de violette. On l'emploie dans les buanderies pour communiquer cette odeur aux lessives.

205. *De la racine d'Iris de Florence.*
Radix Iridis florentinæ. — Off.

Iris florentina L. Mêmes classe, famille et genre que ci-dessus.

Car. spéc. Divisions du calice barbues; feuilles ensiformes, glabres, très-courtes; hampe portant ordinairement deux fleurs. ♃.

Cette plante ressemble beaucoup à la précédente; mais

sa fleur est toujours blanche, le tube du calice est plus long que l'ovaire, et sa racine est plus odorante. On nous apporte cette racine sèche et mondée d'Italie et de la Provence.

Elle est grosse comme le pouce, genouillée, très-pesante, d'une belle couleur blanche, d'une saveur âcre et amère, et d'une odeur de violette très-prononcée. Elle entre dans un grand nombre de préparations pharmaceutiques, et les parfumeurs en emploient une très-grande quantité. On en fabrique aussi de petites boules de la grosseur d'un pois, nommées *pois d'iris*, très-employées pour entretenir la suppuration des cautères.

La racine d'iris de Florence a fourni à M. Vogel : de la gomme, un extrait brun, de la fécule, une huile fixe, une huile volatile, solide et cristallisable, de la fibre végétale. *Journ. de Pharm.*, 1815, p. 481).

206. *De la racine d'Iris faux-acore ou Iris des marais.* Radix Iridis pseudo-acori. — Off.

Iris pseudo-Acorus L. — *Car. spéc.* Pétales non-barbus; feuilles ensiformes; divisions du calice alternes avec les stigmates plus courts que les autres.

Cette espèce se trouve communément dans les endroits marécageux; ses feuilles sont beaucoup plus longues et plus étroites que dans les précédentes; ses fleurs sont jaunes; sa racine ressemble à celle des autres espèces; elle est très-âcre et purgative, lorsqu'elle est récente, mais elle est inodore : elle est inusitée.

Il y a quelques années qu'un Anglais a proposé la graine de l'iris des marais comme succédanée du café. Il paraît en effet que cette graine torréfiée se rapproche plus du café qu'aucune autre substance précédemment essayée; mais cette découverte n'a pas eu de suite, par le rétablissement de nos relations commerciales avec les Indes et l'Amérique.

207. *De la racine de Jalap.*
Radix Jalapæ. — Off.

Convolvulus Jalapa L. Pentandrie monogynie; dicotylédones monopétales hypogynes, famille des convolvulacées.

Le jalap a été apporté en Europe vers l'année 1610. Son nom lui vient de Xalapa, ville du Mexique, auprès de laquelle la plante qui le produit est fort commune. Mais les vrais caractères de cette plante et sa place comme espèce végétale sont long-temps restés inconnus. Les botanistes, guidés par des analogies plus ou moins spécieuses, ont successivement regardé le jalap comme une sorte de bryone, de rhubarbe et de méchoacan. Plus tard, on l'a cru produit par le *mirabilis jalapa* L., puis par le *mirabilis longiflora* L., enfin par le *mirabilis dichotoma*, dont la racine, suivant Bergius, a des propriétés purgatives très-prononcées. Cependant d'autres botanistes célèbres, Roi, Houston, Sloane et Miller, avaient déjà dit que le jalap était une espèce de liseron; et cette vérité, fortifiée depuis par un grand nombre de savans, a enfin été généralement reconnue.

La racine de jalap peut acquérir un volume et un poids considérables; car celle qui a été apportée fraîche en France de Charles-Town, et qui a vécu deux ans au Jardin du Roi, pesait à son arrivée 47 livres $\frac{3}{4}$, malgré qu'on en eût élagué une partie. Mais le poids de la racine sèche du commerce va rarement au delà d'une livre, et le plus souvent il est beaucoup moindre.

Cette racine est coupée en grosses rouelles, ou est en morceaux arrondis, marqués circulairement d'une forte incision faite avant sa dessiccation, dans la vue d'en abréger la durée; sa surface est très-rugueuse, et d'un gris foncé veiné de noir; son intérieur est d'un gris sale; sa cassure ondulée, lisse, à points brillans. Elle est très-pesante, d'une odeur nauséabonde, d'une saveur âcre et strangulante. Elle est dangereuse à piler.

La racine de jalap est très-sujette à être piquée des vers. Celle qui offre ce défaut, ne doit pas être employée pour préparer la poudre, car les insectes n'attaquant que la partie amylacée et laissant la résine dans laquelle réside la propriété purgative, la poudre en deviendrait trop active. Mais on peut sans inconvénient employer le jalap piqué à l'extraction de la résine.

Le jalap est un fort purgatif, assez constant dans ses effets, et précieux pour le peuple à cause de son prix peu élevé. On en prépare un extrait aqueux, une teinture alcoholique, et une résine beaucoup plus purgative que la racine elle-même : néanmoins le jalap simplement pulvérisé est encore la forme sous laquelle on l'emploie le plus souvent.

M. F. Cadet a donné, ainsi qu'il suit, les résultats de l'analyse de la racine de jalap : Eau 24; résine 50; extrait gommeux 220; fécule 12.5; albumine 12.5; ligneux 145; phosphate de chaux 4; muriate de potasse 8.1; sous-carbonate de potasse 2; sous-carbonate de chaux 2; carbonate de fer 0.1; silice 2.7; perte 17 : total 500 (voyez, pour plus de détails, *Journ. de Pharm.*, 1817, p. 495 et suiv.).

208. *De la racine de Jean Lopez.*
Radix lopeziana. — Off.

Cette racine porte le nom du premier voyageur portugais qui l'apporta en Europe. L'arbre qui la produit croît dans les Indes orientales; mais il est inconnu quant au reste. La racine varie beaucoup en grosseur; elle est sous la forme de bâtons qui ont jusqu'à huit ou neuf pouces de long et un ou deux pouces de diamètre, ou sous celle d'un tronc ligneux de 5 à 6 pouces de diamètre. Le bois en est blanc-jaunâtre, plus léger que l'eau, poreux et néanmoins susceptible d'être poli: Il a une saveur amère et une odeur nulle. L'écorce est brune, compacte, amère, recouverte elle-même d'un épiderme jaune, spongieux, doux au toucher et comme velouté. Cette racine est quelquefois employée comme antidyssentérique; mais elle est très-rare et fort chère.

209. *De la racine de Livèche.*
Radix Levistici. — Off.

(*Ache de montagne.*)

Ligusticum Levisticum L. Pentandrie digynie; dicotylédones polypétales épigynes, famille des ombellifères.

Car. gén. Involucre à 7 folioles membraneuses; involucelles à 3 ou 4 folioles; 5 pétales égaux, entiers, courbés en dedans; fruit ovale-oblong, composé de 2 graines relevées chacune de 5 côtes saillantes. Ce genre diffère peu des angéliques.

Cette plante croît naturellement dans les montagnes du midi de la France, mais elle est cultivée presque partout dans les jardins. Elle s'élève à la hauteur d'un homme; ses feuilles sont très-grandes, 2 à 3 fois ailées et composées de folioles planes, luisantes, cunéiformes, incisées vers leur sommet. Les fleurs sont jaunâtres, terminales, disposées en ombelle d'une grandeur médiocre. Les fruits sont grands et alongés. La racine est épaisse, noirâtre en dehors, blanche en dedans, d'une odeur forte et d'une saveur âcre et aromatique, comme le reste de la plante. Cette racine est celle que l'on emploie généralement en pharmacie sous le nom de *racine d'ache*. Lorsqu'elle est sèche, elle est grosse comme le pouce, plus ou moins, grise à l'extérieur, ridée longitudinalement ou transversalement, offrant souvent à sa partie supérieure, et à la distance de 1 ou 2 pouces, plusieurs renflemens dus à de nouveaux collets qui se forment chaque année. L'intérieur est jaunâtre et spongieux, d'une saveur parfumée, un peu sucrée et un peu âcre. L'odeur est fort agréable et tient de celle de l'angélique.

210. *De la racine de Lobélie syphilitique.* Radix Lobeliæ. — Off.

Lobelia syphilitica L. Syngénésie monogamie; dicotylédones monopétales périgynes, famille des lobéliacées de Jussieu.

Car. génér. Calice à 5 divisions; corolle à 2 lèvres, dont la supérieure est à 2 divisions, et l'inférieure plus grande à 3 lobes; 5 étamines à anthères réunies; 1 style; 1 capsule à 2 ou 3 loges polyspermes, s'ouvrant par le sommet. — *Car. spéc.* Tige dressée; feuilles ovées-lancéolées, sous-dentées; plis du calice réfléchis.

Cette plante croît naturellement dans les lieux humides de la Virginie et de plusieurs autres parties de l'Amérique septentrionale. On la cultive depuis assez long-temps en France, et elle est connue dans les jardins sous le nom de *cardinale bleue.* Elle s'y élève à la hauteur d'un pied et demi à deux pieds; elle contient un suc laiteux très-âcre, et agit comme sudorifique, purgative et émétique, suivant les doses.

La racine de lobélie sèche, telle que le commerce nous la présente, est grosse comme le petit doigt, d'un gris cendré au dehors, et marquée de stries superficielles, circulaires et longitudinales, disposées régulièrement de manière à donner à l'épiderme une certaine ressemblance avec la peau d'un lézard; sa cassure transversale est jaune, comme feuilletée, et offre beaucoup de cellules rayonnantes du centre à la circonférence; sa saveur est légèrement sucrée; son odeur un peu aromatique se rapproche de celle des aristoloches.

Depuis long-temps la racine de lobélie est employée par les Canadiens comme antisyphilitique. On l'a essayée en France dans le même cas, mais avec un succès contesté. Elle a été analysée par M. Boissel. (*Journ. Pharm.*, X, 623.)

211. *De la racine de Mandragore.*
Radix Mandragoræ. — Off.

Mandragora officinalis Mill., *Atropa Mandragora* L. Pentandrie monogynie; dicotylédones monopétales hypogynes, famille des solanées.

Car. génér. Corolle en cloche; étamines à filets élargis à leur base et rapprochés; baie globuleuse à une seule loge. — *Car. spéc.* Hampe uniflore.

La mandragore a les feuilles très-grandes, et sortant immédiatement du collet de la racine; ses péduncules floraux sont très-courts, et ses baies ont la grosseur d'une petite pomme; sa racine est blanchâtre, longue, grosse, bifurquée, et ayant à peu près la forme d'un *scrotum*, ce qui lui avait fait donner le nom d'*antropomorphon*. Toute la plante est dangereuse; ses baies sont un poison souvent funeste aux enfans; ses feuilles sont narcotiques et entrent dans la composition du baume tranquille; sa racine, également narcotique, est très-rarement employée à l'intérieur : elle l'est quelquefois en cataplasme.

212. *De la racine de Méchoacan.*
Radix Mechoacannæ. — Off.

Cette racine a pris son nom de la province de Méchoacan, au Mexique, d'où elle nous est apportée.

Elle est fournie par une espèce de liseron qui a été nommée *Convolvulus Mechoacan*, mais qui, à vrai dire, est peu connue jusqu'à présent. Elle est coupée en rouelles assez grosses ou en morceaux de toute autre forme; mondée de son écorce, dont on aperçoit quelquefois cependant des vestiges jaunâtres. Elle est tout-à-fait blanche et farineuse à l'intérieur, inodore, d'une saveur presque nulle d'abord, suivie d'une légère âcreté. On prétend que l'on falsifie quelquefois le méchoacan avec la bryone sèche. A la vérité, les grosses rouelles de méchoacan offrent quelquefois des stries concentriques comme la bryone; mais celle-ci est moins blanche, d'une odeur désagréable, d'une saveur amère, âcre, et même caustique. De plus on observe sur toutes les parties du méchoacan, qui étaient à l'extérieur de la racine, des taches brunes et des pointes ligneuses, provenant des radicules, et la racine de bryone n'offre pas ce caractère. Il serait beaucoup plus facile de confondre le méchoacan avec la racine d'arum-serpentaire dont j'ai parlé précédemment; voici à quoi on peut les distinguer : cet arum est en morceaux plus arrondis; sa saveur est plus âcre; on aperçoit ordinairement sur l'une de ses faces, qui est celle d'où partait la tige, des vestiges concentriques d'écailles ou de feuilles. On n'y trouve jamais ces restes de radicules ligneuses qui distinguent le méchoacan.

Le méchoacan est légèrement purgatif. On suppose, avec raison, sans doute, qu'il doit cette propriété à une petite quantité d'une résine analogue à celle du jalap, ces deux plantes appartenant au même genre.

213. *De la racine de Méum.*

Radix Mei athamantici. — Off.

Æthusa Meum L. Pentandrie digynie ; dicotylédones polypétales épigynes, à anthères distinctes, famille des ombellifères de Jussieu.

Car. génér. Involucre o; involucelle latéral, triphylle, pendant; fruit strié. — *Car. spéc.* Toutes les feuilles divisées, sétacées.

La racine de *méum* nous est apportée sèche de la France méridionale et de l'Espagne. Elle est grosse comme le petit doigt, longue de quatre pouces, grise au dehors, blanchâtre en dedans, d'un tissu lâche, d'une saveur et d'une odeur de racine de livèche, mais plus faibles : sa saveur est mêlée d'un peu d'amertume.

Ce qui distingue surtout cette racine, c'est son collet qui est entouré d'un grand nombre de poils rudes et dressés de même que dans la racine de chardon-roland. On pourrait donc quelquefois la confondre avec cette dernière; mais la racine de chardon-roland est en général plus grosse, plus longue, et, de plus, est d'une odeur désagréable. La racine de *méum* est très-peu usitée maintenant.

214. *De la racine de Nard Indien ou Spicanard.*
Radix Nardi indici. — Off.

Valeriana Jatamansi Jones. Cette plante, qui produit véritablement le spicanard des anciens, croît dans les contrées les plus reculées et les plus montagneuses de l'Inde, ce qui est cause qu'elle a été si long-temps inconnue aux botanistes. Lambert, à la suite de son *illustration du genre* cinchona (1821), en a donné une figure qui représente exactement le spicanard; mais les caractères floraux ne s'accordent pas aussi bien avec ceux des valérianes, et il ne serait pas étonnant qu'un examen plus attentif fît sortir cette plante du genre *valeriana* (le calyce est droit, velu, à 4 divisions aiguës; les étamines sont au nombre de 4; les filets sont fort longs, courbés, hérissés de poils dans leur moitié inférieure; le fruit manque).

Le spicanard, tel qu'on nous l'apporte des Indes orientales, se compose d'un tronçon de racine très-court, surmonté d'un paquet de fibres rougeâtres, fines, dressées le long de la tige, et imitant la forme d'un épi qui aurait la grosseur et la longueur du petit doigt. Ces fibres, dont la plupart sont encore disposées en réseau de feuilles, ne sont effectivement que le squelette desséché des feuilles qui embrassaient le collet de la plante, et qui se sont détruites tous les ans. Elles ont une odeur forte et agréable, et une saveur amère, aromatique, plus marquée que celle de la racine proprement dite; de sorte qu'elles en forment la partie principale.

Le nard indien est peu employé maintenant, ce qui tient en partie à ce qu'on ne le trouve plus que vieilli dans le commerce, et piqué des vers; il n'y a pas de doute qu'il ne jouisse, étant plus récent, de propriétés propres à justifier le grand usage que les anciens en faisaient (1).

215. *Du faux Nard indien* ou *faux Spicanard.*

Cette substance, qui est presque la seule que l'on trouve dans le commerce, sous le nom de *Spicanard,* vient également de l'Inde et doit être produite par *l'Andropogon Nardus* de Linné, de la polygamie monoécie, et de la famille des graminées de Jussieu. Elle est formée d'une véritable racine, chevelue, très-fine, de laquelle naissent trois ou quatre tiges, entourées d'un faisceau de fibres brunes, droites, qui sont, comme dans le vrai spicanard, le débris des feuilles radicales; mais ces trois ou quatre tiges ayant été renfermées sous terre, jusqu'à un paquet de feuilles verdâtres qui les termine supérieurement, les fibres, dont je parle, sont entremêlées d'autres fibrilles ou radicules semblables à celles de la partie inférieure. Enfin le faux spicanard n'offre qu'une odeur terreuse et une saveur à peine sensible.

Autre faux spicanard. Allium victorialis L. Je ne connais pas cette espèce.

---

(1) Un de leurs imitateurs nous a dit :

> Et de cette conque azurée
> Tirons le nard délicieux
> Dont l'odeur seule fait qu'on aime :
> Qui prête un charme à Vénus même,
> Et l'annonce au banquet des dieux.

Il y a loin de cette apologie au spicanard de nos boutiques.

De la racine de Nard celtique.

Voyez *racine de valériane celtique.*

De la racine de Nard de Crète ou *Nard de montagne.*

Voyez *racine de grande valériane.*

De la racine de Nard sauvage.

Voyez *racine d'asarum.*

216. *De la racine de Nénuphar.*
Radix Nymphææ. — Off.

Nymphæa alba L. Polyandrie monogynie; monocotylédones à étamines épigynes (?), famille des nymphéacées.

Car. génér. Calice coloré à 4 folioles; corolle à 10—20 pétales; étamines très-nombreuses; style 0; stigmate large, orbiculaire, étoilé; 1 baie dure, multiloculaire, tronquée. —*Car. spéc.* Feuilles en cœur, arrondies, très-entières; stigmate à 16 rayons ascendans.

Cette plante croît dans les étangs; ses feuilles flottent sur la surface de l'eau, et ses fleurs, lorsqu'elles s'épanouissent, s'élèvent au-dessus. Elles sont grandes, d'un blanc éclatant, et fort belles. On les emploie en pharmacie, ainsi que la racine, qui est très-longue, grosse comme le bras, comprimée, couchée horizontalement au fond de l'eau, jaunâtre à l'extérieur, et garnie assez régulièrement de larges écailles brunes, taillées en losanges. Cette racine est blanche en dedans, charnue, fongueuse et imprégnée d'un suc visqueux. On la regarde comme très-rafraîchissante et un peu narcotique.

Autre espèce employée : le nénuphar à fleurs jaunes, *Nymphæa lutea* L., *Nuphar lutea* DC.

Des racines de Ninsin et de Ginseng.

Il a toujours régné entre ces deux racines, produites cependant par des plantes de familles et de genres différens, une confusion causée par une grande ressemblance de forme, de propriétés, et par la proximité des pays qui les fournissent. Toutes deux, en effet, croissent en Chine, au Japon ou dans la Corée; sont revêtues par la crédulité des peuples de propriétés merveilleuses, et leurs deux noms, qui paraissent être une altération l'un de l'autre, signifient également *figure d'homme*, parce que, souvent bifurquées par leur partie inférieure, ces racines figurent à peu près les cuisses d'un homme. Enfin, de ces deux racines, il n'en existe qu'une seule dans le commerce, que l'on donne pour l'une et pour l'autre; et il n'est pas facile de décider à quelle espèce il faut véritablement la rapporter.

217. Le Ginseng (*radix Ginseng*), est produit par le *Panax quinquefolium* L., de la polygamie diœcie, des dicotylédones polypétales épigynes et de la famille des araliacées de Jussieu. Cette plante croît en Chine, au Japon, et depuis a été trouvée au Canada; sa racine est tellement recherchée en Chine et dans toute l'Asie Orientale, qu'elle s'y est vendue au poids de l'or, et que les ambassadeurs de Siam en apportèrent à Louis XIV, comme une des productions les plus précieuses de ces contrées.

On la récolte en Chine pour le compte seul de l'empereur, et avec un appareil dont le récit tient peut-être plus de la fable que de la vérité. On peut en dire autant des propriétés toutes surnaturelles que les Chinois lui attribuent, comme de celle de réparer les forces épuisées par quelque cause que ce soit.

Cette racine, suivant la description qu'en donne Geoffroy, est longue de deux pouces, grosse comme le petit doigt, le plus souvent partagée par le bas en deux branches égales:

elle doit être roussâtre et raboteuse à l'extérieur, jaunâtre, cornée et demi-transparente à l'intérieur, d'une saveur légèrement âcre, amère et aromatique; d'une odeur agréable. Le collet de la racine est formé de nœuds tortueux où sont imprimés obliquement et alternativement, tantôt d'un côté, tantôt d'un autre, les vestiges de la tige unique que la plante produit chaque année.

Si cette description ne comprenait que les premiers caractères généraux, elle pourrait à la rigueur convenir à la seule racine que l'on trouve dans le commerce; mais la configuration si remarquable du collet de la racine, que l'on retrouve exactement reproduite dans la planche gravée du *Dictionnaire des sciences naturelles*, me porte à croire que la racine du commerce, qui n'offre rien de pareil, n'est pas de la racine de ginseng. Je la regarde donc comme du *ninsin*, d'autant plus qu'on peut lui appliquer toute la description de cette racine donnée par Geoffroy, tome 2, pages 193 et 194.

218. La racine de Ninsin (*radix Ninsi.*—Off.), est produite par le *Sium Ninsi* L., de la pentandrie digynie, des dicotylédones polypétales épigynes et de la famille des ombellifères. Elle croît en Chine et dans la Corée : elle y est moins estimée que le ginseng.

Cette racine, telle que nous l'avons, a souvent la forme d'un navet, renflée vers la partie supérieure, allongée par le bas, et se terminant en pointe; quelquefois bifurquée. Elle offre fréquemment près du collet un tubercule qui paraît être le germe d'une nouvelle tige, devant remplacer l'ancienne l'année d'après. D'autres fois, ce tubercule se change en une seconde tige. La grosseur de la racine varie de six lignes à deux pouces, et sa longueur d'un pouce et demi à trois ou quatre.

L'épiderme de la racine de ninsin est d'un gris jaunâtre, ridé et marqué d'un grand nombre de légers sillons circulaires, d'une couleur un peu plus foncée que le reste; sa cassure est inégale, un peu rayonnée, et sa section transversale faite à l'aide du couteau offre, sur un fond blanc et plus près de l'extérieur que du centre, un cercle jaunâtre. Elle n'a pas d'odeur lorsqu'elle est entière, mais lorsqu'on la pile, il s'en développe une semblable à celle de la bryone sèche, désagréable par conséquent, quoique beaucoup plus faible; sa saveur est à la fois sucrée et amère.

Cette racine est inusitée en France. Elle ne doit cependant pas être dépourvue de toute propriété médicamenteuse, mais il conviendrait de la constater par l'expérience, car il n'y a aucun fond à faire sur celles tout-à-fait exagérées que les orientaux lui ont attribuées.

219. *De la racine d'Orcanette.*
Radix Anchusæ rubræ. — Off.

Lithospermum tinctorium L. Pentandrie monogynie; dicotylédones monopétales hypogynes, famille des boraginées.

Car. gén. Corolle infundibuliforme, ayant l'entrée de la gorge nue. Stigmate légèrement divisé; 4 petites noix osseuses au fond du calice persistant. *Car. spéc.* Velue; feuilles sessiles, oblongues-obtuses; étamines plus courtes que la corolle.

Cette plante croît dans les lieux sablonneux de la Provence et du Languedoc; elle pousse plusieurs tiges hautes de huit pouces environ, très-velues, courbées vers la terre. Ses feuilles sont semblables à celles de la buglose, et ses fleurs sont bleues ou purpurines. Sa racine, telle que le commerce nous l'offre, est grosse comme le doigt, formée d'une écorce foliacée, ridée, et d'un rouge violet très-foncé: sous cette écorce se trouve un corps ligneux composé de fibres menues, cylindriques, ordinairement distinctes les unes des autres et seulement soudées ensemble; rouges également à l'extérieur, mais blanches intérieurement. Elle est inodore et presque insipide. On l'emploie dans la teinture et en pharmacie pour colorer quelques onguens.

La matière colorante de l'orcanette a été examinée par M. Pelletier. Elle est insoluble dans l'eau, soluble dans l'alcohol, l'éther, les huiles et tous les corps gras, auxquels elle communique une belle couleur rouge. Elle forme, avec les alcalis, des combinaisons d'un bleu superbe, solubles ou insolubles; précipitée de sa dissolution alcoholique par des dissolutions métalliques, on en obtient des laques diversement colorées, que l'on pourrait chercher à utiliser. (*Bulletin de Pharmacie*, 1814, p. 445.)

220. Il y a une autre plante de la famille des boraginées que l'on trouve également en Provence, et dont les racines sont quelquefois substituées à celle du *Lithospermum*; c'est l'*Onosma echioides* L. Enfin il paraît que, du temps de Lemery, on apportait encore quelquefois, du Levant en Europe, une plante, feuilles et racines mêlées, qu'il désigne sous le nom d'*orcanette de Constantinople*. Cette plante, qui doit être le *Lawsonia inermis* L., l'*alkanna* ou le *tamarhendi* d'Avicennes, était employée par les anciens peuples de l'Asie, pour se teindre les mains, les cheveux, la barbe et différentes parties du corps. Elle devait être encore plus riche en matière colorante que notre orcanette. Elle appartient à l'octandrie monogynie, aux dicotylédones polypétales périgynes et à la famille des Lythraires.

221. *De la racine d'Oseille.*

Radix Acetosæ. — Off.

Rumex Acetosa et *R. Acetosella* L. Hexandrie trigynie; dicotylédones apétales à étamines périgynes, famille des polygonées.

Car. gén. Calice à 6 divisions profondes, dont trois intérieures persistantes; 6 étamines à filets capillaires colorés; 3 styles; stigmates en pinceaux; 1 fruit triangulaire au fond du calice. — *Car. spéc.* du *R. Acetosa* : Fleurs dioïques, feuilles oblongues sagittées; du *R. Acetosella* : Fleurs dioïques, feuilles lancéolées-hastées.

Les feuilles de ces deux espèces d'oseille, et surtout de la dernière, sont très-usitées, soit comme aliment, soit comme médicament. Elles contiennent un suc d'une agréable acidité due à du sur-oxalate de potasse. Leurs racines sont rouges, longues, ligneuses, grosses comme une plume ou davantage, inodores, et d'une saveur astringente. Elles sont employées en décoction comme rafraîchissantes.

Ce sont ces plantes, du suc desquelles on extrait en partie, en Suisse et en Souabe, le sur-oxalate de potasse, ou sel d'oseille.

222. *De la racine de Pareira-Brava.*

Radix Pareiræ-bravæ. — Off.

Cissampelos Pareira L. Diœcie monadelphie; dicotylédones polypétales hypogynes, famille des ménispermées.

Le pareira brava est une espèce de liane du Brésil; son nom, en portugais, veut dire *vigne sauvage*. Sa racine est ligneuse, très-fibreuse, dure, tortueuse, et de la grosseur du bras d'un enfant, plus ou moins; elle est brune à l'extérieur, d'un gris jaunâtre à l'intérieur, offrant dans sa coupe transversale une grande quantité de cercles concentriques traversés par de nombreuses lignes radiaires; elle est inodore et douée d'une saveur amère. Elle paraît jouir des propriétés fondante et diurétique à un degré très-marqué.

Une autre espèce de Pareira brava est la racine de *Butua* (*Abuta rufescens* Aubl.), de la même famille que la précédente, croissant à Cayenne. Il est probable que ces deux racines sont mêlées dans le commerce. On en distingue également à peine la racine du *Cissampelos Caapeba* L.

223. *De la racine de Patience sauvage ou de Parelle.*
Radix Patientiæ. — Off.

Rumex acutus L. Hexandrie trigynie; dicotylédones apétales à étamines périgynes, famille des polygonées.

Caract. gén. (Voyez *racine d'oseille*). — *Caract. spéc.* Fleurs hermaphrodites; valvules dentées granifères; feuilles cordées-oblongues, aiguës.

La patience croît dans les lieux humides, et a le port de la grande oseille : sa racine est fusiforme, charnue, brune à l'extérieur, jaune à l'intérieur : elle a une odeur qui lui est propre, une saveur amère et austère; on l'emploie récente ou sèche, comme dépurative et antiscorbutique. Elle contient du soufre et de l'amidon. On trouve naturellement, et l'on cultive d'autres espèces de patience, qu'on peut employer à défaut de la première. Ce sont la patience crispée, *Rumex crispus* L.; la patience des jardins, *R. Patientia* L.; la patience d'eau, *R. aquaticus*. On peut encore employer la patience rouge, nommée aussi l'*herbe sang-dragon*, à cause de la couleur rouge de sa tige et des côtes de ses feuilles; c'est le *R. sanguineus* L. Une autre espèce de patience très-volumineuse est celle qui a été nommée rhubarbe des moines, *R. alpinus* L.

224. *De la racine de Persil.*
Radix Petroselini. — Off.

Apium Petroselinum L. Pentandrie digynie; dicotylédones polypétales épigynes, famille des ombellifères.

Caract. gén. (Voyez *racine d'ache*). — *Car. spéc.* Feuilles de la tige linéaires; involucelles très-petits.

On cultive le persil dans les jardins; il peut s'y élever à la hauteur de trois ou quatre pieds : ses feuilles sont décomposées, à folioles cunéiformes et incisées; elles sont douées d'une odeur très-forte, surtout lorsqu'on les froisse entre les doigts. Les fleurs sont blanchâtres, en ombelles pédunculées, souvent garnies d'une collerette à une seule foliole. La racine est simple, grosse comme le doigt, blanche, aromatique. Cette racine, récemment séchée, est légère, d'un gris jaunâtre, ridée à l'extérieur, pourvue d'un *meditullium* jaune, d'une odeur faible, mais agréable; d'une saveur légèrement âcre et amère. Comme elle ne tarde pas à perdre ces propriétés, en même temps qu'elle devient la proie des vers, il convient de la choisir récente. C'est une des cinq racines dites *apéritives*. Les feuilles sont résolutives étant appliquées à l'extérieur; leur plus grand usage est dans l'art culinaire.

Le fruit du persil est aussi employé en pharmacie : il entre dans la composition du sirop d'armoise. Il est, comme celui de toutes les ombellifères, composé de deux semences accolées, qui sont recourbées et striées; il ressemble à celui de l'anis, mais il est plus petit, plus alongé, non pubescent, d'une couleur plus foncée, et marqué sur chaque semence de cinq côtes saillantes blanches : il a, lorsqu'on le froisse dans les doigts, l'odeur de la térébenthine.

225. *De la racine de Pivoine.*

Radix Pæoniæ. — Off.

Pæonia officinalis L. Polyandrie digynie; dicotylédones polypétales hypogynes, famille des renonculacées.

Car. gén. Calice à 5 feuilles concaves, orbiculaires, persistantes; corolle à 5—10 pétales arrondis; étamines très-nombreuses; disque charnu entourant les ovaires; pas de styles; capsules polyspermes. — *Car. spéc.* Folioles oblongues. ♃

On distingue deux variétés de pivoine officinale, désignées autrefois sous les noms de pivoine *mâle* et de pivoine *femelle*. La première, qui est la plus grande, est la seule usitée; on la cultive dans les jardins, à cause de la beauté de sa fleur qui se double facilement : son fruit est une follicule longue, épaisse, arrondie, velue et recourbée, qui s'ouvre longitudinalement d'un seul côté, et laisse voir des semences rouges ou brunes, rondes et grosses comme des pois : sa racine est napiforme, médiocrement grosse, rougeâtre au dehors, blanche en dedans, d'une odeur forte, analogue à celle du raifort, lorsqu'elle est récente : nouvellement séchée, elle conserve encore une partie de son odeur et une saveur assez marquée; mais, lorsqu'elle commence à vieillir, et telle qu'elle existe presque toujours dans le commerce, elle n'est plus que farineuse et un peu astringente. Elle entre dans le sirop d'armoise composé et dans la poudre de guttète. Ses semences servent à faire, pour les enfans, des colliers auxquels on a attribué la propriété de faciliter la dentition. On fait une eau distillée de ses fleurs.

Analysée par M. Morin (*Journ. de Pharm.* X, 287).

226. *De la racine de Polygala de Virginie.*
Radix Polygalæ Senegæ. — Off.

Polygala Senega L. Diadelphie octandrie; dicotylédones monopétales hypogynes, famille des polygalées.

La plante qui produit cette racine croît dans l'Amérique septentrionale. La racine sèche, telle que nous l'avons, varie depuis la grosseur d'une plume jusqu'à celle du petit doigt. Elle est toute contournée, remplie d'éminences calleuses, et terminée supérieurement par une tubérosité difforme : on y remarque une côte saillante, qui, suivant tous les contours de la racine, va du sommet à l'extrémité; son écorce est grise, épaisse, comme résineuse; son *meditullium* ligneux est blanc; sa saveur, d'abord fade et mucilagineuse, devient âcre, piquante, excite la toux et la salivation; son odeur est nauséeuse, sa poussière irritante. L'écorce est plus énergique que le cœur, et l'infusion aqueuse est plus âcre que l'alcoholique. Le polygala récent est employé, en

Amérique, contre la morsure des serpens; celui que nous avons est encore un médicament fort énergique et excitant.

227. *De la racine de Polygala vulgaire.*

Radix Polygalæ vulgaris. — Off.

Polygala vulgaris L. Mêmes classes, famille et genre que le précédent.

Car. gén. Calice pentaphylle, dont 2 divisions colorées sont en formes d'ailes; corolle papillonacée; 8 étamines diadelphes; 1 style; légume ou capsule en cœur renversé, biloculaire. — *Car. spéc.* Fleurs aigrettées, en grappes; tiges simples, herbacées, tombantes; feuilles linéaires-lancéolées. ♃.

Cette plante est commune en France, dans les lieux herbeux, montagneux et non cultivés; elle s'élève à la hauteur de 4 à 10 pouces, et porte, depuis le milieu de sa tige jusqu'au haut, de petites fleurs bleues, violettes ou purpurines, rarement blanches. Le commerce nous offre sa racine et sa tige non séparées et séchées; la tige est menue, cylindrique et d'une couleur verte; la racine est longue d'un pouce, d'une ligne à une ligne et demie de diamètre, figurée comme le polygala de Virginie, mais moins contournée, plus unie, et n'offrant pas cette côte saillante qui distingue l'autre espèce : la couleur est plus foncée à l'extérieur; et son intérieur, presque entièrement ligneux, a une saveur très-faiblement aromatique, puis un peu âcre, sans amertume bien sensible; elle a une odeur faible non désagréable. Cette racine est très-peu usitée.

228. *De la racine de Polygala amer.*

Radix Polygalæ amaræ. — Off.

Polygala amara L. Cette espèce ne diffère guère de la précédente, que parce qu'elle est plus petite dans toutes ses parties, et que ses feuilles radicales sont obovées et plus grandes que celles de la tige. ♃. Suivant Murray, elle s'en distingue aussi par sa saveur amère très-marquée : il lui attribue également plus de propriétés médicales; mais il est extrêmement rare de trouver le polygala amer dans le commerce, et ce qu'on donne sous ce nom n'est que du polygala vulgaire.

229. *De la racine de Polypode commun.*
Radix Polypodii. — Off.

(Vulgairement *Polypode de Chêne.*)

Polypodium vulgare L. Cryptogamie; famille des fougères.

Car. gén. Fructification réunie en groupes distincts, épars sur le dos des feuilles, non recouverte d'aucun tégument. — *Car. spéc.* Feuillage pinnatifide; ailes oblongues, sous-dentées, obtuses; racine squammeuse. ♃.

Ce que nous désignons sous le nom de racine de polypode n'est, de même que dans la fougère, qu'une tige radiciforme, une souche, ou le *stipes* de Linné. Cette souche récente est couverte d'écailles jaunâtres, dont quelques-unes subsistent après la dessiccation; séchée, elle est grosse comme un tuyau de plume, cassante, aplatie, offrant deux surfaces bien distinctes : l'une, tuberculeuse, qui donnait naissance aux feuilles; l'autre, unie, est garnie de quelques épines, provenant des radicules; du reste elle est brune ou jaunâtre à l'extérieur, verte à l'intérieur, d'une saveur douceâtre et sucrée, mêlée d'âcreté, et d'un goût nauséeux; son odeur est désagréable et analogue à celle de la fougère. La souche de polypode passe pour être laxative et apéritive.

230. *De la racine de Pomme de terre.*
Radix Solani tuberosi. — Off.

Solanum tuberosum L. Pentandrie monogynie; dicotylédones monopétales hypogynes, famille des solanées.

Car. gén. Corolle en roue; anthères presque réunies et présentant au sommet deux ouvertures; baie biloculaire. — *Car. spéc.* Tige herbacée sans aiguillons; feuilles pinnées très-entières; pédoncules sous-divisés. ♃.

Cette plante, originaire de l'Amérique méridionale, est le végétal le plus précieux que l'Europe ait tiré du nouveau monde. Sa racine extrêmement riche en amidon est devenue l'aliment du riche comme du pauvre, et, après le froment et le maïs, c'est ce qu'on peut trouver de mieux pour faire du pain. On la cultive partout; seulement elle demande une terre mobile.

On en connaît un grand nombre de variétés, dont les principales sont :

La *pomme de terre naine hâtive*, jaune, ronde, mûrissant en juin;

La *truffe d'août*, rouge pâle et fort bonne;

La *Hollandaise jaune*, longue, aplatie, très-farineuse, recherchée;

La *rouge longue* ou *vitelotte*, de chair ferme, estimée pour la table;

La *patraque blanche*, très-grosse et farineuse; se réduit en pulpe par la cuisson. Très-productive;

La *patraque jaune*. Très-amylacée et très-productive; est employée pour les fabriques de fécule;

La *decroizille*, rose, alongée, d'excellente qualité, etc., etc.

On récolte les pommes de terre vers la fin du mois d'octobre.

On peut les conserver tout l'hiver dans une cave; mais, au printemps, elles germent et se gâtent. Pour obvier à cet inconvénient, qui a lieu à l'époque de la plus grande rareté des substances alimentaires, on a conseillé d'en faire sécher une partie en automne, ce qui permet alors de les conserver très-long-temps. Pour cela on les monde de leur épiderme, on les plonge pendant quelques minutes dans l'eau bouillante et on les fait sécher dans une bonne étuve. Elles deviennent alors très-dures, cassantes et cornées, et l'air ne peut plus les attaquer. Il faut les conserver dans un endroit sec et à l'abri des insectes.

M. Vauquelin, chargé par la société d'agriculture d'analyser quarante-sept variétés de pommes de terre, en a obtenu les résultats suivans :

1000 Parties de pomme de terre contiennent :

Eau.	de 670 à	780 part.
Amidon.	214	244
Parenchyme.	60	189
Albumine.		7
Asparagine.		1
Résine.		.
Matière animalisée particulière. . . .	4	5
Citrate de chaux.		12
Phosphate de potasse et phosphate de chaux. . . .		
Citrate de potasse et acide citrique libre.		

Les seuls principes de la pomme de terre qui aient une saveur marquée, sont la résine qui est amère, aromatique et cristalline, et la matière animalisée; ce sont aussi les seuls qui soient colorés. (*Journ. Pharm.*, 1817, *p.* 481 *et suiv.*)

On extrait en grand, pour le besoin des arts, l'amidon des pommes de terre. On lui donne plus particulièrement, dans l'usage ordinaire, le nom de *fécule* de pomme de terre.

231. *De la racine de Pyrèthre.*

Radix Pyrethri. — Off.

(*Racine salivaire.*)

Anthemis Pyrethrum L. Syngénésie polygamie superflue : dicotylédones monopétales épigynes, à anthères réunies ; famille des corymbifères.

La plante qui produit la pyrèthre croît en Turquie, en Asie et surtout en Afrique. On nous envoie sa racine sèche de Tunis. Elle est cylindrique, longue et grosse comme le doigt, quelquefois garnie d'un petit nombre de radicules; grise et rugueuse au dehors, grise ou blanchâtre en dedans, d'une saveur brûlante et qui excite fortement la salivation. Elle offre, lorsqu'on la respire en masse, une odeur forte, irritante et désagréable. Murray, cependant, ne lui donne aucune odeur, et effectivement celle du commerce manque souvent de ce caractère; mais cela tient à sa vétusté, et c'est une raison pour la rejeter. Il faut également rejeter celle qui est piquée des vers, ce à quoi elle est très-sujette. M. Gauthier, pharmacien de Paris, a fait l'analyse de la racine de pyrèthre; il résulte de son travail qu'elle contient une huile volatile, une huile fixe à laquelle elle doit ses propriétés actives (?), un principe colorant jaune, de la gomme, un tiers de son poids d'inuline, et un peu plus encore de ligneux (*Journ. Pharm.* 1818, *p.* 49).

La pyrèthre est souvent employée dans les maladies des dents, dans la paralysie de la langue, et toutes les fois que l'on veut exciter une abondante salivation. Les vinaigriers en emploient pour donner du mordant au vinaigre.

232. Lemery distingue une seconde espèce de pyrèthre qu'il attribue au *Pyrethrum umbelliferum* C. B., et qu'il dit être longue d'un demi-pied, plus menue que la précédente, grise-brune au dehors, blanchâtre en dedans, garnie par le haut de fibres barbues, comme l'est la racine de meum. Il lui donne le même goût âcre et brûlant et ajoute qu'on l'apporte entassée par petites bottes de la Hollande et d'autres lieux.

Geoffroy, qui ne fait pas mention de cette pyrèthre, en admet une autre produite par le *Chrysanthemum frutescens* L. des Canaries, et qu'il décrit, d'après Linné, blanche, ligneuse, moins grosse et moins charnue que la pyrèthre ordinaire, et pas aussi brûlante.

Je ne connais ni l'une ni l'autre de ces racines.

233. *De la racine de Quassie amère.*
Radix Quassiæ amaræ. — Off.

(Vulgairement *bois de Quassie, bois de Surinam, Quassia amara.*)

Quassia amara L. Décandrie monogynie; dicotylédones polypétales hypogynes, famille des simaroubées.

La quassie est un arbre de la Guyane, à fleurs rouges, en grappes, presque semblables à celles de la fraxinelle, connu à cause des propriétés fébrifuges de sa racine. On nous apporte cette racine revêtue de son écorce qui est unie, peu épaisse, grise tachetée, peu adhérente au bois. Le bois est blanc, très-léger; d'une amertume franche, très-marquée, moins grande cependant que celle de l'écorce; inodore.

On doit choisir la racine de quassie d'une grosseur moyenne, c'est-à-dire de un pouce à un pouce et demi de diamètre. Les plus grosses paraissent être moins actives. Le bois de la tige (?), que l'on trouve quelquefois dans le commerce en bûches plus ou moins grosses, a peu de vertu.

Le principe amer de la quassie est très soluble dans l'eau et dans l'alcohol; il n'altère en rien la teinture de tournesol; est précipité par le nitrate d'argent, l'acétate de plomb et le chlorure d'étain. Les autres dissolutions métalliques ne lui font éprouver aucun changement : il n'est précipité ni par la noix de galle ni par la gélatine animale. Il existe presque à l'état de pureté dans la racine.

234. *De la racine de Quintefeuille.*
Radix Quinquefolii. — Off.

Potentilla reptans L. Icosandrie polygynie; dicotylédones polypétales périgynes, famille des rosacées.

Car. génériques : Calice à 10 divisions; 5 pétales; fruits arrondis, fixés à un réceptacle petit et dépourvu de suc. — *Car. spéc.* Feuilles quinées; tige rampante; péduncules uniflores. ♃.

Cette plante ressemble à un fraisier et s'étend comme lui sur la terre à l'aide de jets traçans qui prennent racine de distance en distance. On l'en distingue facilement, cependant, par ses feuilles qui sont plus petites et divisées en cinq ou sept folioles sur chaque pétiole. Sa racine est plus longue que celle du fraisier, cylindrique, pivotante, d'un rouge brun au dehors, blanche en dedans, d'une saveur astringente. Lorsqu'on veut la faire sécher il faut inciser l'écorce longitudinalement ou en spirale et la détacher du cœur ligneux que l'on rejette. Cette écorce conserve ses couleurs et sa saveur primitives : rouge brune au dehors, blanche à l'intérieur, astringente.

235.—*De la racine de Raifort sauvage.*
Radix Raphani silvestris. — Off.

Cochlearia Armoracia L. Tétradynamie siliculeuse; dicotylédones polypétales hypogynes, famille des crucifères.

Car. génér. Calyce entr'ouvert à folioles concaves; 4 pétales ouverts; style court; silicule globuleuse à 2 valves bossues, obtuses, à 2 loges.—*Car. spéc.* Feuilles radicales lancéolées, crénelées; feuilles de la tige incisées. ♃.

Cette plante est une espèce de cochléaria, comme l'indique son nom générique; mais ses feuilles, bien différentes de celles du cochléaria officinal, sont très-grandes, longues, larges, pointues, et semblables à celles de certaines patiences. Sa tige est haute d'un pied et demi, droite, ferme, creuse et cannelée; sa racine est longue d'un pied ou deux, rampante, cylindrique, blanche, d'un goût âcre et brûlant. Elle est inodore, lorsqu'elle est entière; mais elle exhale, lorsqu'on l'écrase, un principe d'une âcreté telle que les yeux ne peuvent le supporter. Cette circonstance seule, qui indique la grande volatilité du principe auquel le raifort doit ses propriétés médicinales, fait qu'on ne l'emploie guère qu'à l'état récent, et non desséché.

L'analyse du raifort n'a pas encore été faite d'une manière précise. Nous savons seulement qu'il contient de l'amidon, et une huile volatile d'une nature toute particulière, car le soufre paraît être un de ses principes constituans. C'est à sa présence que le raifort doit la propriété de noircir les vaisseaux de métal dans lesquels on le distille, et Baumé a vu des cristaux de soufre se former dans un esprit de cochléaria très-chargé, qu'il avait préparé à ce dessein.

Le raifort sauvage est un des plus puissans excitans et antiscorbutiques que nous ayons. Il forme la base du sirop, du vin et des tisanes antiscorbutiques; pareillement de l'alcoholat des cochléarias.

236. *De la racine de Raifort cultivé ou de Radis.*
Radix Raphani sativi. — Off.

Raphanus sativus L. Tétradynamie siliqueuse; crucifères de Jussieu.

Car. génér. Calice fermé; silique charnue, cylindrique, inégalement renflée, sous-articulée; 2 glandes mellifères entre les 2 petites étamines et le pistil, et entre les plus longues et le calice.—*Car. spéc.* Silique cylindrique, inégalement renflée; biloculaire. ⊙.

On distingue deux variétés principales de cette plante, qui est un véritable raifort; c'est le *gros radis* ou *radis noir*, et *le petit radis* ou *la rave*. La racine de la première variété, qui est noire au dehors, acquiert la forme et la grosseur d'un navet; elle a une saveur âcre, piquante et agréable, due probablement au même principe que dans le raifort sauvage. La racine de la seconde variété, bien plus petite, plus douce et plus habituellement servie sur les tables, offre encore quatre sous-variétés, causées par la forme qui est longue ou ronde, et par la couleur qui est rouge ou blanche.

C'est surtout au printemps que l'on mange ces racines; elles sont antiscorbutiques.

237. *De la racine de Ratanhia.*
Radix ratanhiæ. — Off.

Krameria triandra Ruiz; tétrandrie monogynie; dicotylédones monopétales hypogynes, famille des polygalées (?).

La racine de ratanhia est ligneuse, et divisée en un grand nombre de radicules cylindriques, longues, ayant depuis la grosseur d'une plume jusqu'à celle du pouce; elle est composée d'une écorce rouge-brune, un peu fibreuse, ayant une saveur très-astringente, non amère; et d'un cœur entièrement ligneux, très-dur, d'un rouge pâle et jaunâtre. Comme ce cœur a moins de saveur et de propriétés médicales que l'écorce, il convient de choisir les racines les plus petites, ou au moins les moyennes, parce qu'elles contiennent proportionnellement plus de cette écorce que les grandes. Vient du Pérou.

D'après l'analyse de M. Vogel, la racine de ratanhia contient un principe rouge, résinoïde, astringent, de la gomme et de l'amidon; plus, quelques sels de chaux, de la magnésie et de la silice, qui résultent de son incinération. Le commerce nous fournit aussi l'extrait de ratanhia tout préparé. Il est sec, cassant, à cassure vitreuse, presque noire; d'une saveur très-astringente, donnant une poudre d'une couleur de sang. Ces propriétés le rapprochent beaucoup du kino. Je donnerai à l'article de ce dernier les caractères propres à les distinguer (*Journal de Pharm.*, 1819, p. 193).

Le ratanhia et son extrait sont employés comme astringens et toniques dans les hémorragies, les écoulemens vénériens, etc.

238. *De la racine de Réglisse.*
Radix Liquiritiæ. — Off.

Glycyrrhiza glabra L. Diadelphie décandrie; dicotylédones polypétales périgynes, famille des légumineuses.

Car. gén. Calice bilabié $\frac{4}{1}$ (1); carène à deux pétales distincts; légume ovale comprimé. — *Car. spéc.* Légume glabre; stipules nuls; foliole impaire pétiolée. ♃.

Cette plante, cultivée dans nos jardins, s'élève à la hauteur de trois ou quatre pieds; ses feuilles sont pennées comme celles d'un grand nombre de légumineuses; ses fleurs sont purpurines, papillonacées; sa racine, ou tige souterraine, est longue du plusieurs pieds, traçante, cylindrique, lisse, de la grosseur du doigt. Elle est brune au dehors, jaune en dedans, d'une saveur sucrée, mêlée d'une certaine âcreté. Mais la réglisse qu'on nous apporte sèche du midi de la France et de l'Espagne est plus sucrée que celle des environs de Paris. Il faut la choisir d'un beau jaune à l'intérieur, ce qui est un indice certain qu'elle n'a pas été avariée; car souvent elle est plus ou moins rousse, et d'un goût âcre fort désagréable.

Nous devons à M. Robiquet une analyse soignée de la racine de réglisse. Il y a trouvé : 1° de l'amidon que M. Lautour y avait également signalé; 2° une matière animale, coagulable par la chaleur (albumine?); 3° du ligneux; 4° des phosphates et malates de chaux et de magnésie; 5° une huile résineuse, brune et épaisse, à laquelle la réglisse doit son âcreté; 6° un principe qui n'a du sucre que sa saveur sucrée, et qui en diffère tellement, à d'autres égards, qu'on doit le regarder comme un corps particulier. Ce principe est à peine soluble dans l'eau froide, très-soluble dans l'eau bouillante, à laquelle il communique une consistance gélatineuse par le refroidissement; il se dissout facilement à froid dans l'alcohol, n'est pas susceptible d'éprouver la fermentation alcoholique, et ne donne pas d'acide oxalique par l'acide nitrique; 7° enfin un principe soluble dans l'eau,

(1) Cette sorte de signe est souvent employée par les botanistes. Le chiffre supérieur indique le nombre de divisions de la lèvre supérieure, et le chiffre inférieur celui des divisions de la lèvre inférieure.

cristallisable en octaèdre, qui diffère de l'asparagine par cette cristallisation, et parce qu'il dégage de l'ammoniaque, lorsqu'on le traite par la potasse caustique. (*Ann. Chim.* LXXII, 143.)

C'est avec la racine de réglisse que l'on prépare, en Italie et en Espagne, le suc de réglisse du commerce, dont nous parlerons au rang des produits végétaux. Nous employons la racine en nature pour sucrer les tisanes; alors il faut observer de ne la traiter que par l'eau froide, ou tout au plus tiède, car le principe oléo-résineux âcre, qu'il convient d'éviter dans ce cas, est insoluble par lui-même dans l'eau; il ne s'y dissout en partie qu'à la faveur des autres principes, et s'y dissout d'autant plus que la température est plus élevée.

239. *De la racine de Rhapontic ou Rapontic.* Radix Rhapontici. — Off.

Rheum Rhaponticum L. Ennéandrie trigynie; dicotylédones apétales à étamines périgynes, famille des polygonées.

Car. génér. Calice coloré à 6 divisions profondes; 9 étamines; ovaire surmonté de 3 stigmates, presque sessiles; fruit triangulaire membraneux. — *Car. spéc.* Feuilles glabres, pétioles sous-sillonnés. ♃.

Cette plante paraît être le Ρα ou le Ρηον des anciens; elle a été appelée depuis *rha-ponticum*, c'est-à-dire *rha des bords du Pont Euxin*, lorsqu'il fut devenu nécessaire de la distinguer d'une autre espèce apportée de la Scythie, qui fut pour cette raison nommée *rha-barbarum*, les Romains enveloppant sous la même désignation de *barbares* tous les peuples assez forts ou assez éloignés d'eux pour se défendre contre leur esprit de domination universelle. Comme on le voit, cette nouvelle racine, nommée *rha-barbarum*, est notre rhubarbe actuelle.

Le rapontic croît naturellement dans l'ancienne Thrace, sur les bords du Pont-Euxin; mais on le trouve plus abondamment encore au nord de la mer Caspienne, dans les déserts situés entre le Volga et l'Yaik (l'Oural), qui paraissent même en être la première patrie; car, par un rapprochement assez curieux, *rha* est aussi l'ancien nom du Volga, soit que le fleuve ait donné son nom à une plante abondante sur ses bords, soit que l'inverse ait eu lieu. Le rapontic croît également en Sibérie sur les montagnes du Krasnojar : il ne s'est répandu en Europe que postérieurement à l'année 1610, époque à laquelle Alpinus en fit venir de Thrace.

Le rapontic, cultivé maintenant dans nos jardins, pousse de sa racine des feuilles très-grandes, en forme de cœur, lisses, d'un vert foncé, portées sur de longs pétioles. D'entre elles s'élève une tige, haute de deux à trois pieds, portant des feuilles semblables aux premières, mais plus petites, et terminées par une panicule de fleurs blanches. La racine est brune au dehors, jaune et marbrée en dedans, grosse, charnue, souvent divisée en plusieurs rameaux; d'une saveur amère, astringente et aromatique.

Le commerce nous présente cette racine sèche sous deux formes. Selon l'une, elle est grosse comme le poing, ou moins, d'une apparence ligneuse, et d'un gris rougeâtre à l'extérieur; sa cassure transversale est marbrée de rouge et de blanc, de manière que ces deux couleurs forment des stries très-serrées, et rayonnantes du centre à la circonférence. Elle a une saveur très-astringente et mucilagineuse, teint la salive en jaune et ne croque pas sous la dent. Son odeur est analogue à celle de la rhubarbe, mais plus désagréable, et peut en être facilement distinguée. Sa poudre a une teinte rougeâtre que n'a pas celle de la rhubarbe.

Cette racine provient des rapontics qui sont naturalisés dans les jardins des environs de Paris, où ils croissent presque sans soins et sans culture. C'est elle qui se trouve décrite et analysée dans le mémoire de M. Henry, sur les rhubarbes (*Bull. de Pharmacie*, VI, 87), sous le nom de *rhubarbe de France*. Je rappellerai plus loin les résultats de cette analyse.

L'autre sorte de rapontic ressemble tout-à-fait à celui décrit par Lemery. Elle est longue de trois à quatre pouces, grosse de deux ou trois, d'une apparence moins ligneuse que la précédente, d'un jaune pâle, plus pur ou moins rougeâtre à l'extérieur, ce qui lui donne une plus grande ressemblance avec la rhubarbe, et permet à quelques personnes d'en mêler, par fraude, à la rhubarbe de Chine ou de Moscovie; mais sa cassure rayonnante, sa saveur astringente, mucilagineuse, non sablonneuse, et son odeur semblable à celle de la première sorte, l'en font facilement distinguer. Cette sorte de rapontic, qui, depuis quelques années surtout, simule presque parfaitement la rhubarbe, provient d'un établissement qui s'est formé à peu de distance de Lorient, dans le département du Morbihan. On y cultive en grand, non seulement cette espèce de *Rheum*, mais encore celles dont il sera question dans l'article suivant. Cet établissement est assez considérable pour que l'endroit même où il est situé en ait pris le nom de *Rheumpole*.

240. Lorsque le rapontic était encore parmi nous une substance exotique, nouvelle et recherchée, on tentait de lui substituer quelques racines indigènes, comme aujourd'hui on substitue le rapontic à la rhubarbe. L'une de ces racines était une espèce de patience, nommée *rhubarbe des moines* ou *rapontic de montagne* (*Rumex alpinus* L.), assez semblable au vrai rapontic; une autre était le rapontic *nostras*, produit par la grande centaurée (*Centaurea Centaurium* L.), et quelques autres plantes congénères. Cette dernière se distinguait facilement du rapontic par son épiderme noir, sa saveur douceâtre et son odeur très-prononcée de bardane.

De la racine de Rhubarbe.
Radix Rhei palmati. — Off.

Cette racine, connue postérieurement au rapontic, nous vient des contrées les plus sauvages de l'Asie, ce qui explique pourquoi on a été si long-temps indécis sur la plante qui la produit; aujourd'hui, quoique toute incertitude me paraisse levée à cet égard, on ne trouvera sans doute pas inutiles les détails dans lesquels je vais entrer, au sujet des trois plantes du genre *rheum* qui ont partagé l'avis des savans.

241. *Rheum undulatum* L. — *Car. spéc.* Feuilles duvetées; pétioles lisses. Son caractère principal consiste dans l'ondulation très-marquée du limbe de ses feuilles; celui que l'on pourrait tirer du duvet qui les recouvre, n'est pas constant, puisque l'on trouve des rhubarbes à feuilles ondulées glabres : ces feuilles sont d'un vert pâle, leur pétiole est presque demi-cylindrique; la tige s'élève à quatre ou cinq pieds.

Linné, attribuant d'abord la rhubarbe officinale à cette espèce, l'avait nommée *Rheum Rhabarbarum*, jusqu'au moment où la découverte du *Rheum palmatum* le fit changer d'idée, et substituer au premier nom celui de *Rheum undulatum*. Il est certain cependant que ce dernier *Rheum* est cultivé en grand en Sibérie; mais, du temps de Pallas et de Georgi, sa racine ne paraissait pas encore jouir de la même estime que celle de la Tartarie; d'où il faut conclure que la rhubarbe de Tartarie est comme un type que toutes les nations, même la russe, se sont efforcées de remplacer par un produit de leur sol, et qu'elle est la seule vraie rhubarbe officinale. Je ne sais si le gouvernement russe, qui n'a pas cessé d'encourager la culture de la rhubarbe en Sibérie, est parvenu depuis à en faire recevoir le produit dans le commerce; car il ne faut pas croire que cette rhubarbe soit celle que nous nommons *rhubarbe de Moscovie;* celle-ci est de la rhubarbe de Tartarie, venue seulement par la voie de Russie. Au moins l'identité que l'on trouve entre notre rhubarbe de Moscovie, et celle que Murray décrit sous le nom de *rhubarbe de Bucharie*, ne me paraît pas laisser de doute à cet égard.

242. *Rheum compactum* L.—*Car. spéc.* Feuilles sous-lobées, très-obtuses, très-glabres, luisantes, denticulées.

Cette espèce diffère peu du rapontic, quant aux feuilles. Elle vient très-bien dans les jardins, de même que les *Rh. undulatum* et *rhaponticum*, et toutes trois, cultivées à Rhéumpole, donnent des produits peu différens, qui sont confondus dans le commerce sous le nom de *Rhubarbe de France*. Cette rhubarbe, lorsqu'elle est bien séchée et parée, imite assez bien la rhubarbe de Chine; mais, après avoir essuyé la poussière jaune dont elle est recouverte, on la reconnaîtra toujours facilement à sa couleur rougeâtre ou d'un blanc rosé, à son odeur de rapontic (commune aux trois espèces) différente de l'odeur de la vraie rhubarbe, à sa marbrure rayonnante et serrée, enfin à ce qu'elle colore à peine la salive et ne croque pas sous la dent.

243. *Rheum palmatum* L. — *Car. spéc.* Feuilles palmées acuminées.

Cette espèce se cultive aussi dans les jardins; ses feuilles palmées sont d'un vert sombre, le toucher en est rude, leur pétiole cylindrique est marqué de taches rouges; la tige s'élève à la hauteur de deux ou trois pieds. D'après Murray, cette plante fut connue de la manière suivante :

Sur le désir de Kauw Boerhaave, premier médecin de l'empereur de Russie, le sénat chargea un marchand tartare de lui procurer des semences de rhubarbe, ce qui fut exécuté. Ces graines, semées à Saint-Pétersbourg, produisirent du *rheum undulatum*, qui était déjà connu depuis quelques années, et du *rheum palmatum*, encore inconnu. David de Gorter vit cette nouvelle espèce en 1758 et la fit connaître à Linné, qui la signala aussitôt et la comprit dans la seconde édition de son *Species plantarum*, publiée en 1762.

Murray dit ensuite :

« Si je remonte à la première origine de cette opinion, que le *rheum palmatum* est la source de la véritable rhubarbe, je n'en trouve pas d'autre que l'assurance donnée par le marchand tartare, que les semences qu'il apportait appartenaient à la véritable espèce; et, comme ces semences produisirent du *rheum palmatum* et du *rheum undulatum*, il s'ensuit que l'une quelconque de ces deux espèces doit autant être regardée comme la véritable que l'autre. On doit facilement pardonner à Gorter et à Mounsey, si, séduits par la belle forme de la nouvelle plante, ils lui ont attribué la rhubarbe officinale plutôt qu'à l'espèce qu'ils possédaient déjà. Bientôt les sentimens déclarés de Linné et de Hope, aidés du témoignage des savans qui se trouvaient en rapport d'amitié avec eux, l'emportèrent; et tous ceux qui vinrent après eux les suivirent, jusqu'aux nouveaux doutes élevés par Pallas et Georgi, qui ont étudié l'histoire naturelle de la Russie sur les lieux mêmes. Des Buchares assurèrent à Pallas ne pas connaître les feuilles du *rheum palmatum*, ajoutant que les feuilles de la vraie rhubarbe étaient rondes, et marquées sur le bord d'un grand nombre d'incisions, d'où Pallas conclut qu'ils voulaient lui décrire le *rheum compactum*. Un Cosaque dépeignit à Georgi le *rheum undulatum* pour la véritable espèce. L'un et l'autre pensent que, sur les monts les plus méridionaux, plus découverts et plus secs, comme le sont ceux du Thibet, le *rheum undulatum* peut produire une racine plus belle que sur les montagnes froides et humides de la Sibérie; et, par une raison semblable, ils déterminent les lieux de la Russie les plus propres à la culture de cette espèce.

» Il paraît raisonnable de conclure de tout ceci, que la rhubarbe vendue aux Russes, et tirée de la Tartarie Chinoise, provient, non d'une seule espèce de *rheum*, mais de plusieurs. »

Pendant quelque temps, j'ai adopté le sentiment de Murray, et je pensais, comme lui, que ce qui avait pu entraîner Linné et ses disciples à regarder exclusivement le *rheum palmatum* comme la source de la rhubarbe, était ce penchant involontaire, dont ne sont pas exempts les plus grands hommes, qui les porte à estimer davantage les nouveaux fruits de leurs travaux que les précédens; mais j'ai été détrompé, et Linné a pu être guidé par un motif plus digne de lui.

J'ai dû à la bienveillance de M. Thouin, jardinier-en chef du Jardin du Roi, des échantillons de racines des *rheum palmatum*, *undulatum*, *compactum* et *rhaponticum*. Ces plantes, cultivées dans un terrain probablement différent de celui de leur mère-patrie, avaient pu éprouver des altérations plus ou moins grandes; mais ces altérations devaient être du même genre; et, supposé que l'une des racines précitées nous présentât des caractères beaucoup plus rapprochés de la rhubarbe de Tartarie que les autres, nous pouvions en conclure, presque avec certitude, que c'est la véritable espèce.

Or, de ces échantillons, deux se ressemblaient parfaitement pour l'odeur, la saveur et la marbrure, c'étaient ceux provenant des *rheum raponticum* et *undulatum*. Celui du *R. compactum* s'éloignait encore plus de la vraie rhubarbe; mais cela tenait à la grande jeunesse de la plante, comme je l'ai reconnu depuis.

Le *rheum palmatum* seul jouissait exactement de l'odeur et de la saveur de la rhubarbe de Chine (sauf le craquement sous la dent); et le premier caractère, surtout, était si marqué, et tranchait tellement avec le même caractère dans les autres espèces, qu'il ne m'est plus resté, quant à moi, aucun doute, et que j'ai regardé le *rheum palmatum* comme la source exclusive de la vraie rhubarbe. Depuis, j'ai observé les mêmes différences d'odeur et de saveur entre le *rheum palmatum* cultivé à Rhéumpole et les autres espèces qui y sont exploitées, et j'ai encore été confirmé dans le sentiment que je viens d'énoncer.

Suivant Murray, le *rheum palmatum* croît spontanément sur une longue chaîne de montagnes en partie dépourvue de forêts, qui, bordant à l'occident la Tartarie chinoise, commence au nord non loin de la ville de Selin, et s'étend, au midi, jusque vers le lac *Kokonor*, voisin du Thibet. Le sol en est retourné par des taupes : l'âge propre à la récolte des racines est indiqué par la grosseur des tiges (c'est ordinairement la sixième année). On les arrache dans les mois d'avril et de mai, et quelquefois aussi en automne. On les nettoie, on les coupe en morceaux, et, après les avoir percées et enfilées, on les suspend, soit aux arbres voisins, soit dans les tentes, soit même aux cornes des brebis. Lorsque la récolte est finie, on les porte aux habitations, où, sans doute, on achève de les faire sécher. Selon Duhalde, les Chinois terminent cette dessiccation sur des tables de pierre chauffées en dessous par le moyen du feu.

Autrefois, que tout le commerce de l'Asie se faisait par la Natolie, cette rhubarbe nous était transmise par cette voie, d'où elle a quelquefois reçu le nom de *rhubarbe de Turquie* ou d'*Alexandrette*; mais, depuis fort long-temps, elle vient par deux autres voies : une partie est apportée par mer de Canton, et se nomme *rhubarbe des Indes*, ou plus communément *rhubarbe de Chine*; l'autre partie est transportée à Kiachta, en Sibérie, par des marchands buchares, qui la vendent au gouvernement russe. Il y a, dans cette ville, des commissaires chargés d'examiner scrupuleusement la rhubarbe, et de la faire nettoyer et monder morceau par morceau, car le gouvernement n'achète que celle qui est tout-à-fait belle. Cette rhubarbe est ensuite expédiée pour Pétersbourg, où elle est encore visitée avant que d'être livrée au commerce. C'est elle que Murray désigne sous le nom de *rhubarbe de Bucharie*, et que nous nommons *rhubarbe de Moscovie*. Voici les caractères de ces rhubarbes.

244. *Rhubarbe de Chine*; est ordinairement en morceaux arrondis, d'un jaune sale à l'extérieur, d'une texture compacte, d'une marbrure serrée, d'une couleur briquetée terne, d'une odeur prononcée, d'une saveur amère. Elle colore la salive en jaune orangé, et croque très-fort sous la dent. Elle est plus pesante que l'autre, et, pour la couleur, sa poudre tient le milieu entre le fauve et l'orangé.

La rhubarbe de Chine est souvent percée d'un petit trou dans lequel on trouve encore la corde qui a servi à la suspendre pendant sa dessiccation. Sa couleur, plus terne que celle de la rhubarbe de Moscovie, paraît provenir du long voyage qu'elle a fait sur mer. C'est en partie à la même cause qu'on doit attribuer l'inconvénient qu'elle a de présenter souvent des morceaux gâtés et roussâtres dans leur intérieur; mais, lorsqu'elle est choisie avec soin, bien saine et non piquée des vers (1), elle est très-estimée. On trouve aussi dans le commerce de la rhubarbe de Chine mondée au vif à la manière de la rhubarbe de Moscovie; mais sa texture plus compacte, sa couleur plus obscure ou plus grise, et la petitesse des trous dont elle est percée, l'en font toujours facilement distinguer.

245. *Rhubarbe de Moscovie*; est ordinairement en morceaux un peu aplatis, irréguliers, anguleux, et percés de grands trous faits en Sibérie, lors de la remise de la rhu-

(1) La rhubarbe est sujette à être piquée; dans le commerce on masque ce défaut en bouchant les trous avec une pâte faite de poudre de rhubarbe et d'eau et ensuite en roulant les morceaux secs dans de la poudre de rhubarbe. Un des premiers soins, lorsqu'on achète de la rhubarbe doit être d'enlever cette poussière trompeuse qui la recouvre, et de casser les morceaux les plus pesans et les plus légers. Les premiers sont ordinairement humides et noirs à l'intérieur; les seconds sont pulvérulens à force d'avoir été traversés en tous sens par les insectes.

barbe aux commissaires russes, dans la vue d'approprier les trous primitifs qui avaient servi à suspendre la racine, et d'enlever les parties environnantes, qui sont toujours plus ou moins altérées. Cette rhubarbe est d'un jaune pur à l'extérieur; sa cassure est, en général, moins compacte que celle de la rhubarbe de Chine. Elle est marbrée de veines rouges et blanches très-apparentes et très-irrégulières. Elle a une odeur très-prononcée, et une saveur amère-astringente. Elle colore fortement la salive en jaune safrané, et croque sous la dent. Sa poudre est d'un jaune plus pur que celle de la rhubarbe de Chine. Cette rhubarbe est la plus estimée.

246. Il n'y a pas de pays en Europe où l'on n'ait cherché à naturaliser la rhubarbe; malheureusement le *rheum palmatum*, qui seul pourrait en fournir de véritable, est de toutes les espèces cultivées celle qui a le plus perdu par son expatriation. Il en résulte que, comme à Rhéumpole, on en délaisse la culture pour s'attacher plus spécialement aux espèces dont les produits sont plus abondans et se rapprochent le plus, *en apparence*, de la vraie rhubarbe. Peut-être aussi cette différence, qui est toute au désavantage du *rheum palmatum*, tient-elle à ce que les autres *rheum* cultivés à Rhéumpole s'y trouvent dans un terrain propre à leur développement et à leur conservation, tandis que le premier, originaire du plateau central de l'Asie, aurait besoin d'être cultivé dans un sol dont la nature, l'élévation et la sécheresse répondissent aux lieux d'où il est sorti. J'ai sous les yeux un échantillon de *rheum palmatum* de Rhéumpole : cette racine, surtout lorsqu'elle est un peu âgée, est pour moi celle qui se rapproche le plus de la rhubarbe de Chine; mais elle a la compacité d'une substance qui a été gorgée d'eau avant sa dessiccation; elle a une saveur mucilagineuse et sucrée, indépendamment de l'amertume qui se développe ensuite; elle offre à sa surface une infinité de points blancs et brillans, qui s'y sont formés depuis quelques an-

nées que je la conserve (le *rheum palmatum* cultivé au Jardin du Roi n'offre ni cette saveur sucrée, ni ces points brillans); enfin elle ne contient qu'une très-petite quantité d'oxalate de chaux, et cette différence avec la rhubarbe de Chine paraît constante dans celle qui a été cultivée jusqu'ici en Europe; car Schéele l'a observée sur la rhubarbe de Suède, et Model sur celle de Saint-Pétersbourg. Voici, au reste, les résultats comparés de l'analyse des rhubarbes. (*Bulletin de Pharm.* VI, 87.)

La rhubarbe de Chine contient un principe particulier, *Rhabarbarin*, auquel elle doit sa couleur, sa saveur et son odeur. Ce principe est jaune, insoluble dans l'eau froide, soluble dans l'eau chaude, l'alcohol et l'éther. Il se volatilise en partie au feu sous la forme d'une fumée jaune odorante; il a une saveur amère très-âpre, qui est celle de la rhubarbe concentrée. Il donne, avec la potasse et l'ammoniaque, des dissolutions rouges, d'où les acides le précipitent en lui restituant sa couleur. Il est rougi et précipité par l'eau de chaux.

Il forme avec tous les acides (hormis, je crois, l'acide acétique) des composés jaunes, insolubles : avec les dissolutions de plomb, d'étain, de mercure et d'argent, des précipités jaunes : avec le sulfate de fer, un précipité vert noirâtre; avec la gélatine, un précipité caséeux coriacé. Il est très-difficilement altérable par l'acide nitrique, qui ne le change ni en acide malique, ni en acide oxalique.

Le second principe de la rhubarbe est une huile fixe, douce, rancissant par la chaleur, soluble dans l'alcohol et dans l'éther. Elle n'y existe qu'en très-petite quantité.

On y trouve une assez grande quantité de sur-malate de chaux, une petite quantité de gomme, de l'amidon, du ligneux, de l'oxalate de chaux, qui fait *le tiers* de son poids, une petite quantité d'un sel à base de potasse, une très-petite quantité de sulfate de chaux et d'oxide de fer : en tout dix principes.

La rhubarbe de Moscovie, malgré un extérieur assez différent de la rhubarbe de Chine, ne paraît pas s'en éloigner dans sa composition plus que ne peuvent le faire deux parties pareilles tirées d'individus de la même espèce. On y retrouve les mêmes principes et presque en mêmes proportions. Il faut faire observer cependant qu'une quantité un peu plus faible d'oxalate de chaux paraît constante dans la rhubarbe de Moscovie, Schéele ayant obtenu un résultat semblable. C'est pourquoi aussi la rhubarbe de Moscovie croque moins sous la dent.

La rhubarbe de France (1) contient une bien plus grande quantité de matière colorante, mais ce principe est rougeâtre au lieu d'être jaune. On y trouve aussi beaucoup plus de matière amylacée, ce qui est une suite de ce qu'elle contient moins d'oxalate de chaux, car la quantité de celui-ci s'élève au plus au dixième du poids de la racine.

La rhubarbe est stomachique, légèrement purgative et vermifuge. On l'emploie en poudre, en infusion dans l'eau, dans l'alcohol, en sirop et en extrait. Elle entre dans un grand nombre de préparations composées.

247. *De la racine de Salep ou du Salep.*
Radix Salep. — Off.

Orchis mascula L. Gynandrie diandrie; monocotylédones à étamines épigynes, famille des orchidées.

Car. gén. Calice coloré, à 6 divisions profondes; les 5 supérieures rapprochées en forme de casque, l'inférieure abaissée, large, terminée postérieurement par un éperon; étamine placée sur le sommet du pistil, composée d'une anthère à 2 loges; capsule uniloculaire à 3 valves; graines très-nom-

(1) Cette racine devait appartenir au *Rheum Rhaponticum* cultivé dans les jardins

breuses. — *Car. spécif.* Bulbes indivis : lèvre inférieure trilobée, crénelée ; éperon obtus ; pétales dorsaux réfléchis.

Cette racine telle qu'elle nous vient de la Turquie et de l'Asie-Mineure est en petits bulbes ovoïdes, ordinairement enfilés sous forme de chapelets, d'une couleur grise jaunâtre, demi-transparens et d'une cassure cornée. Elle a une odeur faible approchant de celle du mélilot, une saveur mucilagineuse un peu salée. Ces propriétés, qui lui donnent l'apparence d'une gomme, sont cause qu'on n'a pas soupçonné pendant long-temps que le salep fût une racine. Enfin Geoffroy, ayant pris les racines de différens *orchis* indigènes, les ayant mondées de leur épiderme, lavées, enfilées, trempées dans l'eau bouillante et séchées, obtint du salep en tout semblable à celui des Orientaux, et prouva par là plusieurs choses : d'abord que le salep était une racine préparée d'une manière analogue à celle qu'il avait employée, ensuite que les racines d'orchis indigènes, préparées de cette même manière, pouvaient remplacer le salep.

Le salep est nourrissant et restaurant. On l'emploie en gelée, sucré et aromatisé; ou incorporé dans du chocolat, qui prend alors le nom de *chocolat analeptique au salep* : il contient beaucoup d'amidon.

De la racine de Salsepareille.

Radix Sarsaparillæ. — Off.

Smilax Sarsaparilla L. Diœcie hexandrie; monocotylédones à étamines périgynes, famille des asparaginées.

La salsepareille est une plante sarmenteuse et épineuse de l'Amérique. Sa racine est composée d'une souche ligneuse semblable à celle de l'asperge ou du petit houx, très-dure, plus ou moins grosse, munie d'un grand nombre de radicules longues de plus de six pieds, grosses comme une plume à écrire, flexibles, ne s'enfonçant pas profondément en terre, mais s'étendant près de sa surface. Lorsqu'on veut en faire la récolte, on arrose fortement la terre, et lorsqu'elle est bien détrempée on en retire les racines toutes entières au moyens de crochets. Telle est au moins la méthode que l'on doit suivre pour la salsepareille de Honduras, au Mexique.

Il nous vient de la salsepareille du Mexique, de la Colombie, du Brésil et du Pérou. Il en résulte différentes sortes faciles à reconnaître.

248. *Salsepareille de Honduras.* Cette sorte est en racines fort longues, garnies de leurs souches et de quelques tronçons de tiges noueuses; entières, mais repliées en bottes de deux pieds de longueur, et réunies en balles du poids de cent à cent cinquante livres. Elle a au dehors une couleur grise qui paraît souvent noirâtre à cause de la terre qui la recouvre, et qui s'y est attachée et durcie après avoir été détrempée comme je l'ai dit. Elle offre aussi des cannelures longitudinales dues à la dessiccation de sa partie corticale. Cette partie corticale est d'un blanc rosé à l'intérieur et recouvre un cœur ligneux, blanc, cylindrique, qui se continue sans interruption d'un bout à l'autre de la racine, et lui donne la propriété de se fendre dans le sens de sa longueur avec une grande facilité. Ce cœur ligneux n'a qu'une saveur fade et amylacée; mais la partie corticale en a une mucilagineuse et souvent d'une amertume assez prononcée. La racine entière a une odeur terreuse particulière qui se développe singulièrement par la décoction dans l'eau.

249. *Salsepareille rouge* dite *de la Jamaïque.* Cette sorte vient du golfe de Honduras de même que la précédente, dont elle a la forme générale. Comme elle, elle est garnie de ses souches, longue de 6 à 7 pieds, ridée et comprimée par la dessication; mais elle est plus grêle et entièrement propre ou privée de terre. Elle se fend avec une grande facilité et sans avoir besoin d'être ramollie par une exposition plus ou moins prolongée à la cave, ce qui tient à ce qu'elle reste habituellement plus humide et plus souple que l'hon-

duras (elle contient une proportion plus forte de sel marin). L'épiderme est généralement d'un rouge orangé, mais souvent aussi il est d'un gris rougeâtre ou blancheâtre, et ces deux couleurs ne constituent pas deux espèces différentes, car on les trouve souvent réunies sur une même souche. L'écorce, qui est moins nourrie que dans l'honduras, est souvent humide, comme il vient d'être dit, et paraît alors remplie d'un suc visqueux. Elle a une saveur moins mucilagineuse, plus amère et plus aromatique. Il semble que cette salsepareille soit la racine de la plante sauvage plus grêle, plus colorée, plus sapide et moins amylacée que celle de la plante cultivée. M. Pope, pharmacien de Londres, qui nous l'a fait connaître le premier, et M. Robinet, pensent que cette salsepareille est supérieure à toutes les autres en qualité. (*Journal général de médecine*, juin 1825.)

250. *Salsepareille du Brésil*, dite de *Portugal*. Cette racine nous arrive privée de ses souches, et en bottes cylindriques d'un poids variable. Elle est d'un rouge terne à l'extérieur, cylindrique, et marquée de légères stries longitudinales. Elle est tout-à-fait blanche à l'intérieur, et paraît presque entièrement formée d'amidon. Elle a une saveur un peu amère.

251. *Salsepareille caraque.* Cette sorte est munie de ses souches comme celle de Honduras; mais elle est ordinairement plus propre ou non terreuse, et d'un gris pâle un peu rougeâtre à l'extérieur; elle ne paraît pas aussi flasque ou cannelée; elle est cylindrique et seulement striée longitudinalement. Ses stries sont plus apparentes que celles de la salsepareille du Brésil. Elle se fend avec la plus grande facilité, et présente alors un cœur ligneux, dont la couleur blanche tranche agréablement avec le rouge rosé de l'écorce. Cette salsepareille, bien choisie, a donc une très-belle apparence; mais elle est presqu'insipide, ce qui peut faire douter qu'elle soit aussi active que les autres; de plus, elle

est souvent mêlée de chevelu et de menues racines, qui la rendent d'un emploi moins avantageux.

Quant à la salsepareille du Pérou, qui paraît avoir été la première connue, et qui était autrefois la plus estimée, elle ne paraît plus exister dans le commerce, ou elle s'y trouve confondue dans l'une des sortes précédentes.

La salsepareille est maintenant la substance végétale estimée la plus efficace contre les maladies syphilitiques.

Des fausses Salsepareilles.

252. Trois racines, étrangères au genre *smilax*, paraissent avoir été substituées quelquefois à la salsepareille : l'une est produite par l'*aralia nudicaulis* L. (pentandrie pentagynie, famille des araliacées), laquelle croît dans l'Amérique septentrionale, et surtout dans la Virginie, où elle est employée comme sudorifique. Cette racine doit avoir une couleur cendrée, un tissu spongieux, sans *meditullium* ligneux, une saveur douceâtre, mucilagineuse, suivie d'une légère amertume; l'intérieur est parsemé de taches purpurines. Je ne l'ai pas vue.

253. La seconde appartient à l'agavé du Mexique (*agave cubensis* Jacq.), de l'hexandrie monogynie et de la famille des broméliacées. Cette racine, longue de deux pieds environ, est grosse comme une très-petite plume, recouverte d'une écorce foliacée, facile à séparer du cœur ligneux, et d'un rouge de garance. Le cœur ligneux est blanc à l'intérieur, et composé de fibres distinctes, difficiles à rompre, allant d'un bout à l'autre de la racine, et très-propres à faire des cordages. L'odeur est nulle; l'écorce seule a une saveur faiblement astringente.

254. La troisième racine, qui a quelquefois été vendue comme salsepareille, est celle du *Carex arenaria* L., ou Laiche des sables, employée en Allemagne sous le nom de *salsepareille d'Allemagne*.

Cette racine, desséchée, est longue et cylindrique comme la salsepareille; son écorce grise est très-mince, et difficile à isoler du cœur ligneux. Celui-ci est très-volumineux, grisâtre, et composé de fibres très apparentes, excepté dans les plus petites racines, qui l'ont plus blanc et plus amylacé, comme la salsepareille. Cette racine est très-difficile à fendre droit, et, lorsqu'elle est fendue par la moitié, si on essaie de la rompre, en la pliant de manière que la partie corticale soit en dehors, elle casse net, tandis que la salsepareille résiste à la même épreuve. La racine, en masse, offre une odeur peu marquée de vieux spinacard, et elle a une saveur non mucilagineuse, souvent nulle, mais d'autrefois un peu aromatique et comme camphrée.

255. *De la racine de Sassafras.*
Radix Sassafras. — Off.

Laurus Sassafras L. Ennéandrie monogynie; dicotylédones apétales périgynes, famille des laurinées.

Le sassafras ou *Pavame* est un assez bel arbre, qui croît à la Virginie, à la Caroline et dans la Floride. Il pourrait également venir en France, même sans culture, comme on en a eu la preuve, il y a peu d'années, par un très-gros sassafras qui s'est trouvé abattu dans la coupe d'un bois, près de Corbeil. Mais, jusqu'à présent, la racine de cet arbre nous a été envoyée sèche d'Amérique, en souches ou en morceaux de la grosseur de la cuisse ou du bras. Son écorce est grise à l'extérieur, d'une couleur de rouille à l'intérieur, plus aromatique que le bois; le bois est jaunâtre, poreux, léger, d'une odeur forte, particulière. On le râpe avant de l'employer.

Six livres de racine de sassafras donnent, à la distillation, d'une once à une once et demie d'une huile volatile plus pesante que l'eau, et incolore lorsqu'on vient de la préparer, mais se colorant avec le temps.

256. *Écorce de sassafras.* On trouve également dans le commerce l'écorce, séparée de la racine et du tronc de Sassafras. Elle est épaisse d'une à deux lignes, tantôt recouverte d'un épiderme gris, tantôt râclée et d'une couleur de rouille. Elle est comme spongieuse sous la dent, d'une saveur piquante et très-aromatique. La surface intérieure, qui est unie et d'un rouge plus prononcé que le reste, offre quelquefois de très-petits cristaux blancs, assez semblables à ceux que l'on observe sur la fève péchurim. Cette écorce devrait être employée en médecine, comme sudorifique, préférablement au bois.

257. *Autre écorce à odeur de sassafras.* J'ignore si cette écorce, que j'ai trouvée aussi dans le commerce, et déjà un peu ancienne, sous le nom d'*écorce de sassafras*, appartient réellement à cet arbre ou à quelque autre du même genre. Elle est mince, roulée, et paraît avoir appartenu aux branches de l'arbre; son épiderme est d'un gris blanchâtre, jaunâtre ou brunâtre, l'écorce même est d'une couleur de rouille terne, devenant brunâtre avec le temps. Sa texture est assez compacte, fine, fibreuse et feuilletée. Son odeur et sa saveur sont celles du sassafras, mais plus faibles et plus suaves; la surface intérieure, qui est assez unie, offre très-souvent une sorte d'exsudation blanche, opaque, cristalline, qui me paraît analogue à celle de la fève péchurim.

258. *Sassafras de l'Orénoque.* M. Lemaire-Lizancourt a présenté sous ce nom, à l'Académie royale de Médecine, un bois provenant du tronc de l'*ocotea cymbarum*, de MM. Humboldt et Bompland (même classe et même famille que le sassafras). Ce bois est plus pesant que le sassafras, mais il surnage encore sur l'eau et ne prend qu'un poli imparfait. Il est d'un gris jaunâtre, plus foncé à l'extérieur qu'au centre; d'une forte odeur de sassafras, lorsqu'on le râpe; non amer au goût. Il graisse la scie; et sa coupe transversale polie offre un pointillé blanchâtre, sur un fond jaunâtre obscur.

Autre bois à odeur de sassafras. Voyez *Bois de Naghas*.

259. *De la racine de Sceau-de-Notre-Dame.*
Radix Tamni. — Off.

Tamus communis L. Diœcie hexandrie; monocotylédones périgynes, famille des asparaginées.

Car. génér. Fl. mâles : calice coloré en cloche, à 6 divisions; 6 étamines rapprochées. Fl. femelles : calice adhérent, étranglé au dessus de l'ovaire; 1 style trifide; 1 baie triloculaire.

Le tamier est une plante sarmenteuse dont on se sert pour garnir les murs de feuillage. Ses feuilles, qui sont d'un vert foncé et luisant, lui ont fait donner les noms de *vigne noire* et de *bryone noire* (page 265). Sa racine est grosse, tubéreuse, noire au dehors, blanche en dedans, d'une saveur âcre, et imprégnée d'un suc gluant. Elle est un peu purgative et hydragogue; elle est aussi résolutive étant employée en cataplasme.

260. *De la racine de Sceau-de-Salomon.*
Radix Polygonati. — Off.

Convallaria Polygonatum L. *Polygonatum uniflorum* Desf. Hexandrie monogynie, monocotylédones à étamines périgynes, famille des asparaginées.

Car. génér. Calice coloré à 6 divisions au sommet; 6 étamines; 1 style; baie sèche, sphérique, tachetée. — *Car. spéc.* Feuilles alternes, amplexicaules; tige à deux tranchans; pédoncules axillaires sous-uniflores.

Cette plante ressemble beaucoup au muguet, et en diffère surtout par ses fleurs, qui sont infundibuliformes au lieu d'être en grelot. Sa racine est longue, grosse comme le pouce, articulée, blanche, garnie de beaucoup de radicules, d'une saveur douceâtre. Elle est astringente et employée comme cosmétique.

De la racine de Serpentaire commune.

Voyez racine d'*Arum-Serpentaire* (p. 253).

De la racine de Serpentaire de Virginie.

Voyez racine d'*Aristoloche-Serpentaire* (p. 250).

261. *De l'écorce de Simarouba.*

Cortex Simarubæ. — Off.

Quassia Simaruba L. F. *Simaruba amara* Aublet. Décandrie monogynie; dicotylédones polypétales hypogynes, famille des simaroubées.

Je range cette écorce parmi les racines, puisqu'elle paraît être en effet celle de la racine et non de la tige. Elle nous vient de la Guyane. Le bois, dont on trouve quelquefois des fragmens dans l'écorce, est léger et peu amer; mais l'écorce a une amertume franche, très-forte. Elle est en morceaux longs de plusieurs pieds, roulée ou repliée sur elle-même, très-fibreuse, légère, blanchâtre, très-difficile à rompre et à pulvériser. Son principe amer paraît être le même que celui du quassia. Elle est anti-dyssentérique.

262. *De la racine de Souchet long.*

Radix Cyperi longi. — Off.

Cyperus longus L. Triandrie monogynie; monocotylédones à étamines hypogynes, famille des Cypéracées.

Car. gén. Fleurs hermaphrodites; 3 étamines; 1 style; 3 stigmates; épillets comprimés, garnis d'écailles; fleurs disposées sur deux rangs opposés. — *Car. spéc.* Chaume triangulaire, feuillu; ombelle feuillue, sur-décomposée; pédoncules nus; épis alternes.

Le souchet long croît en France et en Italie, dans les lieux marécageux. Sa racine est rameuse, marquée d'impressions circulaires inégales et de nœuds. Elle est grosse comme une plume de cigne, recouverte d'une écorce très-brune. L'intérieur est ligneux, d'une couleur rougeâtre, d'une saveur amère, astringente et aromatique. Entière, elle a une odeur de violette faible. Elle donne une eau distillée aromatique, mais ne fournit pas d'huile essentielle. Elle est peu usitée, ainsi que la suivante.

263. *De la racine de Souchet rond.*
Radix Cyperi rotundi. — Off.

Cyperus rotundus L. Mêmes classe, ordre et genre que le précédent.

Le souchet rond vient dans le midi de la France, en Égypte et en Syrie. Sa racine est formée de tubercules ovoïdes, gros comme de petites noix, unis entre eux par une radicule longue, ligneuse, traçante et menue; les tubercules sont marqués d'anneaux circulaires et parallèles; leur écorce est presque noire et d'une texture foliacée; l'intérieur de la racine est blanchâtre, spongieux et désagréable à mâcher; sa saveur est légèrement aromatique; son odeur assez douce, mais faible.

264. *Souchet comestible; Cyperus esculentus* L. Cette espèce croît dans le midi de l'Europe, et en Afrique; sa racine se compose de fibres déliées, terminées par un tubercule de la grosseur d'une aveline; ce tubercule est marqué d'anneaux circulaires, et porte à la partie inférieure une sorte de plateau couvert de radicules chevelues. J'ai deux échantillons de cette racine : l'un, qui vient du fort de la Mine sur la côte de Guinée, est en tubercules plus gros, arrondis, à épiderme noir, d'un goût assez doux, mais encore un peu spongieux sous la dent; l'autre, venant d'Alexandrie en Égypte, est plus petit, plus alongé, à épiderme jaunâtre; d'un goût doux, sucré et huileux comme la noisette,

Cette racine est nourrissante, restaurante, et propre, dit-on, à exciter l'appétit vénérien. Lemery l'a décrite sous le nom de *Trasi* ou de *Souchet Sultan*. Dernièrement M. Virey l'a présentée à l'Académie royale de Médecine, sous celui d'*Abélésie*, qui est le mot barbaresque *Habel-Assis*, francisé.

De la racine de Spicanard.

Voyez *racine de Nard indien* (p. 314).

265. *De la racine de Squine.*

Radix Chinæ. — Off.

La racine de squine est produite par deux variétés du *Smilax China* L., de la diœcie hexandrie, et des monocotylédones à étamines périgynes, famille des asparaginées. L'une de ces variétés croît en Chine (d'où la racine a pris son nom) et dans les Indes-Orientales; l'autre vient au Mexique et dans divers autres pays de l'Amérique. Leurs racines se ressemblent tellement, qu'on les confond facilement ensemble; cependant quelques auteurs attribuent à la squine d'Asie plus de dureté, de compacité, et une plus grande pesanteur.

La racine de squine est en général moins grosse que le poing, noueuse, genouillée, recouverte d'une écorce brune-rougeâtre, lisse. Sa texture intérieure varie : tantôt elle est spongieuse, légère, d'un blanc rosé, facile à couper et à pulvériser; d'autres fois elle est très-pesante, très-dure, compacte, comme résineuse ou gommeuse, et d'une couleur brune, surtout vers le centre. C'est cette dernière qu'il faut préférer, parce qu'elle doit être plus riche en principes solubles dans l'eau, et qu'elle est moins sujette à être piquée des vers. L'une et l'autre n'ont qu'une saveur peu sensible et farineuse. Elles contiennent une très-grande quantité d'amidon, de la gomme, et une matière colorante rouge soluble dans l'eau.

La squine a acquis une sorte de célébrité, comme anti-vénérienne et anti-goutteuse, par l'usage qu'en fit Charles-Quint. Bien qu'elle ait perdu de l'estime qu'on en a fait, elle est encore assez souvent employée, associée aux autres sudorifiques.

266. *De la racine de Tormentille.*

Radix Tormentillæ. — Off.

Tormentilla erecta L. Icosandrie polygynie; dicotylédones polypétales périgynes, famille des rosacées.

Caract. génér. Calice à huit divisions, dont 4 alternes plus petites; corolle à 4 pétales; 15 ou 16 étamines; 8 ou 10 styles; autant de graines rondes fixées à un petit réceptacle desséché. — *Car. spéc.* Tiges un peu élevées, feuilles sessiles. ♃.

La tormentille s'élève à la hauteur d'un pied et demi; ses feuilles ressemblent à celles de la quintefeuille, mais sont plus grandes et sessiles; elle croît sur les Alpes et les Pyrénées, d'où on nous envoie sa racine sèche.

Cette racine est d'une forme irrégulière : tantôt alongée et grosse comme le doigt, tantôt formée de tubercules réunis. Elle est brune au dehors, rougeâtre en dedans, très-pesante, d'un goût astringent. Elle a quelque ressemblance avec la bistorte; mais celle-ci est plus rouge, plus astringente, ordinairement comprimée, et deux fois repliée sur elle-même.

La tormentille est astringente; elle est quelquefois employée à tanner les cuirs.

267. *De la racine de Turbith.*

Radix Turpethi. — Off.

Convolvulus Turpethum L. Pentandrie monogynie; dicotylédones monopétales hypogynes, famille des convolvulacées.

La plante qui fournit le turbith croît aux Indes-Occidentales, en Asie, et dans l'île de Ceylan. La racine, telle que nous l'avons, est rompue en tronçons de quatre à cinq pouces, pleins à l'intérieur, ou ne consiste qu'en une écorce très-épaisse dont on a séparé le cœur : son diamètre varie de six lignes à un pouce; son extérieur est gris cendré ou rougeâtre; l'intérieur est blanchâtre; la partie corticale est compacte et gorgée d'une résine orangée, qui exsude souvent à la longue par l'extrémité des morceaux rompus; la partie du centre, lorsqu'elle existe, et quelquefois aussi l'écorce elle-même, sont entièrement criblées de trous ronds très-apparens à la simple vue. Ces trous, qui sont les extrémités des fibres parallèles et longitudinales dont paraît se composer la racine, lui donnent absolument l'aspect d'une tige de bambou ou de jonc coupée transversalement. Il est étonnant qu'aucun auteur ne fasse mention de ce caractère, qui est si tranché, qu'avec un peu moins de certitude sur la famille de la plante qui produit le turbith, on serait tenté de l'attribuer à une monocotylédone.

Le turbith n'a pas d'odeur; sa saveur est peu sensible d'abord, mais elle laisse une impression nauséeuse assez forte. C'est un fort purgatif.

Le turbith ressemble assez au costus arabique pour qu'on puisse les confondre à la première vue. Mais les différences d'odeur, de saveur et de texture, qu'on y remarque bientôt, les font facilement distinguer.

268. *De la racine de Turbith faux ou de Thapsie.*

Thapsia villosa L. Pentandrie digynie; famille des ombellifères.

Racine grosse comme le pouce, longue, barbue dans sa partie supérieure, d'un gris blanchâtre ou quelquefois noirâtre au dehors, pourvue, lorsqu'elle est récente, d'un suc laiteux très-âcre. Privée de sa partie centrale, et séchée, elle a beaucoup de ressemblance avec le vrai turbith; mais, au dire de Lemery, elle est plus légère, plus blanche, et beaucoup plus âcre. Elle offre aussi quelqu'analogie de forme avec les racines de *meum* et d'*eryngium;* ne l'ayant pas sous les yeux, je ne puis en déterminer les différences.

Le *Seseli Turbith* L., mêmes classe et famille que la précédente, donne aussi une espèce de faux turbith.

269. *De la racine de Valériane sauvage.*
Radix Valerianæ silvestris. — Off.

Valeriana officinalis L. Triandrie monogynie; dicotylédones monopétales à étamines épigynes distinctes, famille des valérianées.

Car. gén. Calice adhérent avec l'ovaire; le limbe, roulé en dedans, se développe après la floraison, et forme une aigrette plumeuse qui couronne la graine; corolle infundibuliforme, à 5 lobes inégaux; capsule à une loge monosperme. — *Car. spécif.* Fleur triandre; toutes les feuilles pinnées. ♃.

Cette plante croît dans les bois. Elle s'élève à la hauteur de quatre ou cinq pieds. Ses tiges sont droites, grêles, fistuleuses, garnies d'espace en espace de feuilles opposées, vertes, profondément découpées, un peu velues en dessous. Les fleurs sont petites, nombreuses, disposées en cime au haut des tiges, d'une couleur blanche purpurine, d'une odeur agréable. La racine est petite, formée d'un collet écailleux très-court, entouré de tous côtés de radicules blanches, cylindriques, d'une à deux lignes de diamètre, qui conservent leur plénitude par la dessiccation, et prennent le plus souvent une apparence cornée.

Cette racine a une odeur désagréable qui se développe par la dessiccation au point de devenir très-forte et fétide. Cette odeur a cela de remarquable qu'elle plaît singulièrement aux chats. Ceux-ci déchirent les sacs de cette racine qu'on laisse à leur disposition, se vautrent dessus et en mangent même avec délices.

La racine de valériane sauvage a une saveur un peu amère qui est comme légèrement sucrée au commencement. Elle fournit à la distillation une huile volatile verte d'une odeur forte, semblable à la sienne propre. Elle est très-employée comme antispasmodique.

270. *Valériane aquatique.*

Radix Valerianæ aquaticæ. — Off.

Il y a une autre sorte de valériane que l'on trouve ordinairement mêlée à celle dont je viens de traiter. Elle en diffère en ce qu'elle a crû dans un lieu humide et marécageux, comme on le voit par la terre qui y reste attachée, et qui a évidemment été détrempée d'eau. On n'est pas très-certain de l'espèce botanique qui la produit. En effet, le *Valeriana officinalis* L. que l'on trouve ordinairement dans les bois, croît aussi quelquefois dans les lieux humides, acquiert alors des feuilles plus larges, plus vertes, plus lisses, et forme une variété de la même espèce qui pourrait bien fournir la racine dont je veux parler; mais comme, d'un autre côté, Lemery rapporte la valériane aquatique au *Valeriana palustris minor* de Gaspard Bauhin et de Tournefort (*Valeriana dioica* L.), et que les caractères qu'il lui assigne se rapportent à ceux de la racine dont il s'agit ici, je penche à croire que cette racine est produite par le *Valeriana dioica.*

La racine de valériane aquatique diffère de celle de valériane des bois par sa couleur qui est d'un gris foncé au-dehors comme en dedans; par ses radicules plus déliées, plus fibreuses et ridées à l'extérieur, ce qui vient de ce qu'elles ont pris plus de retrait par la dessiccation; le collet est de même que dans l'autre court et écailleux; son odeur est aromatique, ayant toujours de l'analogie avec l'autre, mais néanmoins agréable; sa saveur est peu différente, peut-être un peu plus amère. Enfin ce qui peut servir encore à distinguer cette racine de la première, c'est la terre qui se trouve ordinairement renfermée entre leurs radicules. La terre qui reste attachée à la valériane des bois est légère, sablonneuse, jaunâtre, et tombe en poussière par la percussion. Celle qui se trouve dans la racine de valériane aquatique est noirâtre, compacte, dure à casser, toutes qualités d'une terre argileuse qui a été détrempée dans l'eau, et ensuite desséchée.

Cette valériane jouit de propriétés analogues à la première, mais dans un moindre degré.

271. *De la racine de grande Valériane.*
Radix Valerianæ Phu. — Off.

Valeriana phu L. — *Car. spéc.* Fleurs triandres; feuilles de la tige pinnées; feuilles radicales entières. ♃.

Cette espèce est cultivée dans les jardins. Toutes ses parties sont plus grandes que dans les précédentes, si ce n'est sa tige qui n'a que trois pieds de haut. Sa racine est très-facile à distinguer des deux premières : elle est formée d'un corps de racine long et gros comme le doigt; d'une couleur grise, et marquée d'anneaux circulaires qui paraissent être des vestiges d'insertion d'écailles foliacées noirâtres. Ce corps de racine, qui se trouve placé transversalement dans la terre, est nu du côté qui regardait la surface du sol, et garni de l'autre d'un grand nombre de radicules dirigées en bas. Ces radicules sont grises et ridées à l'extérieur, et d'une couleur foncée en dedans. L'odeur de la racine est analogue à celle de la première espèce, mais moins forte et cependant désagréable, ce qui la distingue de la seconde. Sa saveur est manifestement plus amère. Elle jouit dans un moindre degré des mêmes propriétés.

La racine de grande valériane est le *phu*, ou *nard de*

Crète, dont il est fait mention dans le douzième livre de Pline.

272. *De la racine de Valériane celtique ou Nard celtique.*
Radix Valerianæ celticæ. — Off.

Valeriana celtica L. — *Car. spéc.* Fleurs triandres; feuilles ovales, oblongues, obtuses, très-entières. ♃.

Cette espèce croît sur les montagnes de la Suisse et du Tyrol, pays des anciens Celtes; d'où lui est venu le nom qu'elle a toujours porté de *nard celtique*. On nous envoie sa racine disposée en paquets ronds et plats, encore munie de feuilles, et mêlée de beaucoup de terre sablonneuse. La racine elle-même est composée d'un petit tronc allongé, entièrement recouvert d'écailles blanches imbriquées, et muni, d'un seul côté ou à l'extrémité, de deux ou trois radicules brunes très-menues : toute la racine a une saveur très-amère, légèrement aromatique, et une odeur terreuse désagréable. Les radicules, froissées dans le creux de la main, en développent une un peu plus marquée, qui a quelque chose de celle de la valériane.

Elle était plus usitée autrefois qu'aujourd'hui, car elle n'est plus guère employée que pour la thériaque. On doit la choisir chargée de terre le moins possible, et la priver de ses feuilles lorsqu'elle en est pourvue.

Des racines de Zédoaires.

On connaît trois sortes de zédoaire : la ronde, la longue et la jaune : toute incertitude n'est pas levée à l'égard de leur origine.

273. *La Zédoaire ronde.*
Radix Zedoariæ rotundæ. — Off.

Kæmpferia rotunda L. — *Curcuma Zerumbet Roxb.* Monandrie monogynie ; monocotylédones à étamines épigynes, famille des amomées.

Cette racine nous vient des Indes en Asie, et des îles Moluques, coupée en deux ou en quatre parties, représentant des moitiés ou des quartiers de petits œufs de poule : la partie convexe est souvent anguleuse et toujours garnie de pointes épineuses, qui sont des restes de radicules. L'épiderme, dans les morceaux qui n'en sont pas privés, offre une surface comme foliacée, et marquée d'anneaux circulaires, semblables à ceux du souchet et du curcuma ronds, mais moins nombreux et moins marqués. Enfin, cette même partie offre souvent une cicatrice ronde de quatre à cinq lignes de diamètre, provenant indubitablement de la section d'un prolongement cylindrique qui unissait deux tubercules entre eux. D'après cette description, il est facile de se faire une idée de la zédoaire ronde dans son état naturel ; ce doit être une racine tuberculeuse, grosse comme un œuf de poule, marquée d'anneaux circulaires comme le souchet ou le curcuma, garnie tout autour d'un grand nombre de radicules ligneuses, toutes dirigées en bas, et unie, tubercule à tubercule, par des prolongemens cylindriques de quatre à cinq lignes de diamètre, et d'un pouce de longueur présumée. Cette disposition est entièrement semblable à celle du curcuma rond.

La zédoaire ronde est d'un blanc grisâtre au-dehors, pesante, compacte, grise et souvent cornée à l'intérieur, d'une saveur amère, fortement camphrée ; lorsqu'elle est entière, son odeur ressemble à celle du gingembre, mais plus faible et camphrée : lorsqu'on la pulvérise, cette odeur devient plus forte et analogue à celle du cardamome.

274. *La Zédoaire longue.*

Radix Zedoariæ longæ. — Off.

La zédoaire longue est une racine un peu moins longue

et moins grosse que le petit doigt, ordinairement terminée en pointe mousse à ses deux extrémités, recouverte d'une écorce ridée, d'un gris blanchâtre; grise et souvent cornée à l'intérieur. Son odeur et sa saveur sont absolument semblables à celles de la zédoaire ronde.

Pendant long-temps les auteurs n'ont pas été d'accord sur la plante qui produit cette zédoaire; les uns ont pensé qu'elle n'était formée que des jets cylindriques qui unissent les tubercules de la zédoaire ronde; les autres l'ont crue la racine entière d'une autre plante. Voici ce que je puis dire à ce sujet : on trouve des morceaux de zédoaire ronde munis de leur prolongement cylindrique; cette partie a bien l'écorce, la couleur, la cassure et l'odeur de la zédoaire longue, puisque ces caractères sont semblables dans les deux espèces; et, si on la récolte, il n'y a pas de doute qu'elle ne fasse une sorte de zédoaire longue : mais cette partie cylindrique n'a guère qu'un pouce de long, n'est pas amincie à ses extrémités, enfin, ne porte pas de radicules; tandis que la zédoaire longue du commerce offre des restes de radicules ligneuses semblables à celles de la zédoaire ronde, et couchées dans le sens de l'axe de la racine, ce qui indique sa position à peu près perpendiculaire dans le sein de la terre, et ne s'accorde pas avec l'idée de jets horizontaux unissant les tubercules de l'autre espèce. Je suis donc persuadé que la zédoaire longue est fournie par une autre plante que la zédoaire ronde, et cette plante doit être l'*amomum zedooaria* de Wildenow (*Curcuma zedoaria* Roxb.), des mêmes classe et ordre que la précédente.

La zédoaire longue a une certaine ressemblance, ou, si l'on peut s'exprimer ainsi, un air de famille avec le gingembre. On les distingue cependant facilement : le gingembre est palmé ou articulé, et très-aplati; la zédoaire est formée d'un morceau unique, non divisé, peu aplati, rugueux et comprimé en différens sens; d'ailleurs l'odeur et la saveur sont différentes, et beaucoup plus marquées dans le gingembre.

275. *La Zedoaire jaune.*
Radix Zedoariæ luteæ. — Off.

Cette racine est peu connue ; on la trouve mêlée en petite quantité à la zédoaire ronde, à laquelle elle ressemble entièrement par sa forme, ses radicules et la disposition de ses prolongemens cylindriques. Elle en diffère par sa couleur qui est semblable à celle du curcuma, par sa saveur et son odeur, qui, tenant le milieu entre celles de la zédoaire et du curcuma, sont cependant plus désagréables que dans l'un et l'autre : elle se distingue, d'un autre côté, du curcuma rond, par son volume plus considérable, sa surface convexe souvent anguleuse, sa couleur extérieure plus blanche et semblable à celle de la zédoaire, sa couleur intérieure plus pâle; au total, elle se rapproche plus de la zédoaire que du curcuma, et doit être fournie par une plante analogue à la première.

Je présume que cette racine de zédoaire jaune est le *cassumuniar* dont il est fait mention dans le 2e volume de la *Matière Médicale* de Geoffroy, pag. 47.

276. *De la racine de Zérumbeth.*
Radix Zerumbeth. — Off.

Beaucoup d'auteurs, et notamment Lemery, ont confondu le zérumbeth avec la zédoaire ronde. Il n'est pas douteux cependant que le zérumbeth ne soit une autre racine, si l'on s'en rapporte à l'autorité de Geoffroy, qui la décrit ainsi : racine tubéreuse, genouillée, inégale, grosse comme le pouce et quelquefois comme le bras, un peu aplatie, blanchâtre ou jaunâtre; d'un goût âcre, un peu amer, aromatique, approchant du gingembre; d'une odeur agréable. Je n'ai jamais vu cette racine.

IIe DIVISION. — *Des Bois et des tiges.*

Le nombre des bois employés en pharmacie est fort petit, et diminue journellement. Il est bon néanmoins de connaître ceux d'entre eux, dont l'usage se soutient toujours dans la teinture et l'ébénisterie, la médecine pouvant les réclamer tôt ou tard.

277. *Du bois d'Acajou.*
Lignum Mahogoni.

(*Acajou à meubles.*)

Swietenia mahogoni L. Décandrie monogynie, famille des méliacées.

L'acajou est un grand et bel arbre des îles de l'Amérique, dont le bois fort dur, assez léger, susceptible d'un beau poli, et non sujet à être piqué des vers, est très-employé dans l'ébénisterie. Il est jaunâtre lorsqu'il est récent, mais il acquiert une belle couleur rouge en vieillissant. L'écorce de l'arbre est fébrifuge ainsi que celle d'une autre espèce observée au Coromandel, le *Swietenia febrifuga.*

278. Le bois nommé *acajou à planches* est produit par un arbre différent, le *Cedrela odorata* L., de la pentandrie monogynie et de la même famille des méliacées. Il est tendre, aromatique et amer.

Ni l'un ni l'autre de ces arbres ne donne la *noix d'acajou*, dont il sera question dans la division des fruits.

Des bois d'Aloès.
Ligni Aloès. — Off.

Il règne une assez grande incertitude sur les diverses espèces de bois d'aloès, et sur les arbres qui les produisent. Voici ce que j'ai trouvé de moins obscur dans les auteurs que j'ai à ma disposition.

Il existe une première espèce de bois d'aloès, nommée aussi *calambac*, qui est très-rare même en Asie, et qui s'y vend au poids de l'or. Ce bois paraît être très-résineux, comme onctueux, d'une couleur jaspée, et doit répandre, lorsqu'on le brûle, une odeur des plus suaves. Il est réservé pour parfumer les temples et les palais des grands, et ne vient que très-rarement en Europe. On cite comme un fait curieux, qu'au nombre des présens envoyés par le roi de Siam à Louis XIV, se trouvait une certaine quantité de bois de calambac. Ce bois est attribué à deux arbres fort différens : l'un a été observé par Loureiro à la Cochinchine, et nommé par lui *Aloexylum Agallochum ;* mais cet arbre, qui appartient à la décandrie monogynie de Linné, et à la famille des légumineuses, a le bois blanc et inodore (de Cand. *Prodromus*, II, 519); l'autre, très-abondant dans la plupart des îles Moluques et décrit par Rhumph sous le nom *d'arbor excœcans* (*Herbar. Amboin.*, II, t. 79, 80), est l'*Excœcaria Agallocha* L., de la Diœcie triandrie et de la famille des euphorbiacées. Cet arbre est petit et tortu, rempli d'un suc laiteux, caustique et fort dangereux s'il en tombe dans les yeux, comme l'indique le nom d'*arbor excœcans*, et celui d'*excœcaria* formé depuis par Linné. La description que l'on fait de son bois se rapporte presque entièrement à celle du calambac.

Une autre espèce d'aloès est celle que l'on nomme plus spécialement *agalloche*. Elle doit être produite soit par l'*Aloexylum Agallochum* dont il vient d'être parlé, soit par un arbre des contrées les plus orientales de l'Inde, qui a été nommé par Roxburg *Aquilaria Agallocha*, pareillement de la décandrie monogynie, mais de la famille des aquilarinées (de Cand., *Prodrom.*, II, 59).

Une troisième espèce de bois d'aloès est celle que l'on nomme *bois d'Aigle* ou *Garo*, produite par l'*Aquilaria malaccensis* Lam. (*Aq. ovata*, Cavan.), ou par l'*Aq. secundaria* (*Agallochum secundarium* de Rhump., II, cap. 12). Lemery le distingue du vrai bois d'aloès, c'est-à-dire de l'agalloche, parce que celui-ci est amer, et que le bois d'aigle ne l'est pas.

Lemery décrit également, sous le nom d'*aspalat*, un autre bois qu'il dit être compact, pesant, oléagineux, odorant, de couleur purpurine, obscure et marbrée, d'un goût un peu amer et piquant. Cette description se rapporte assez au calambac, dont Lemery parle à peine, pour qu'on puisse mettre en question si ce ne sont pas les mêmes.

Enfin, s'il faut s'en rapporter au *Dictionnaire des Sciences naturelles* et à celui des Drogues de Morellot, il viendrait du Mexique une sorte de calambac ou de bois d'aigle d'une source inconnue.

Quoi qu'il en puisse être de ces différentes sortes de bois d'aloès, et des arbres qui les produisent, voici les caractères que je trouve à ceux que je possède.

279. *Bois de Calambac*. Ce bois est noueux, très-pesant, compact, onctueux et étonnamment résineux. Il est à l'extérieur d'un brun rougeâtre uniforme, mais la nouvelle section qu'y produit la scie, offre une couleur un peu plus grise, marquée de taches noires, dues à un suc particulier extravasé : c'est ce qu'on exprime en disant qu'il est *jaspé*. Sa cassure transversale n'offre pas le caractère dont il va être parlé en décrivant les autres sortes, ce qui tient peut-être à la grande quantité de résine dont tous ses vaisseaux sont gorgés ; il a une forte odeur de myrrhe et de résine animé mêlées ; son intérieur présente des excavations remplies d'une résine rougeâtre qui a quelque analogie avec la myrrhe ; il se réduit en poudre sous la dent et jouit d'une saveur amère ; il répand un parfum très-agréable lorsqu'on le brûle ou qu'on le chauffe sur une plaque métallique. Ce bois existe dans les droguiers de la Pharmacie Centrale et de l'Hôtel-Dieu de Paris.

280. *Bois d'Agalloche*. J'ai deux échantillons de ce bois, qui ne sont pas entièrement semblables ; l'un est un tronçon tout-à-fait noueux, pesant, ressemblant beaucoup au bois de Rhodes, dont son odeur le rapproche un peu. Cette odeur

a cependant de plus grands rapports avec celle de la résine animé chauffée. Ce bois est d'un jaune assez pur, amer, et se broie sous la dent. La coupe transversale de la scie y produit une surface lisse, résineuse ou comme cireuse, d'une couleur orangée assez uniforme. Ce bois n'est pas caverneux dans son intérieur; il parfume l'air quand on le brûle.

281. Le second échantillon est d'une couleur grisâtre, et sa surface devient noire avec le temps. Sa pesanteur spécifique varie, et un morceau ayant été scié en deux, une des parts a surnagé sur l'eau; l'autre, qui contenait un nœud, est tombée au fond. Sa saveur est amère, son odeur à peu près celle de la résine animé; plusieurs morceaux offrent des excavations remplies d'une résine rouge semblable à celle du Calambac. La coupe transversale de la scie y découvre un caractère particulier : la surface est lisse et résineuse, mais parsemée d'une infinité de points blancs, qui doivent résulter de la déchirure des parois d'autant de tubes, dont la direction suit celle du bois. Lorsqu'au lieu de scier entièrement le morceau, on laisse au centre une portion intacte, et qu'on la rompt, la partie rompue offre de ces tubes qu'on peut apercevoir à l'aide de la loupe.

C'est cette sorte qui est la plus répandue dans le commerce sous le nom de *bois d'Aloès*.

282. *Bois d'Aigle*. Ce bois a une couleur jaune sale comme verdâtre; il est peu résineux, comparativement aux précédens, fibreux, quelquefois spongieux, difficile à diviser sous la dent. Il n'est nullement amer, et sa saveur est seulement un peu aromatique; il a une odeur faible et comme musquée. J'ai pensé que ce dernier caractère pouvait être accidentel; j'ai lavé ce bois plusieurs fois, et l'ai fait, chaque fois, sécher à l'étuve; il l'a toujours conservé. Il présente d'une manière bien plus marquée que le bois d'agalloche, le caractère des points blancs résultant de sa coupe transversale, et celui des tubes mis à découvert par la fracture partielle des morceaux; mais cette différence peut tenir seule-

ment à ce que ces tubes, étant moins remplis de résine, sont plus apparens. Il exhale, lorsqu'on le projette sur un fer chaud, qui ne doit pas être rouge, une odeur agréable semblable à celle du bois d'aloès, mais moins forte; et pour peu que le fer soit trop chaud, cette odeur est couverte par celle du bois qui brûle. Ces différens bois sont peu usités maintenant.

283. *Du bois de Baumier.*
Xylobalsamum, i. — Off.

Amyris Opobalsamum L. Octandrie monogynie; dicotylédones polypétales périgynes, famille des térébinthacées.

C'est le bois de l'arbre qui produit le baume de La Mecque. Tel que nous le recevons, il est formé seulement des plus petites branches, et se compose d'une écorce brune, striée longitudinalement, et d'une partie ligneuse blanchâtre. Il a une saveur aromatique légèrement amère et une odeur douce et agréable. Il n'est plus usité.

284. *Du bois de Buis.*
Lignum Buxi. — Off.

Buxus sempervirens L. Monoécie tétrandrie; dicotylédones diclines irrégulières, famille des euphorbiacées.

Le buis est un arbrisseau toujours vert qui croît naturellement à la hauteur de 10 à 15 pieds, mais que la culture peut réduire à ne former que des bordures dans les jardins. Ses feuilles sont opposées, ovales, lisses et d'un vert foncé; les fleurs sont jaunâtres, disposées par petits paquets aux aisselles des feuilles; le fruit est une capsule à 3 cornes, à 3 loges et à 6 graines.

Le bois de buis est jaune, dur, compacte et susceptible d'un beau poli. Celui de Hollande, qui est le plus estimé, pèse jusqu'à 1,328, tandis que celui de France est souvent plus léger que l'eau. Les tourneurs en consomment une quantité considérable. En pharmacie, on emploie quelquefois la racine et surtout l'écorce de la racine qui paraît jouir de propriétés actives dans la syphilis constitutionnelle et les rhumatismes chroniques. Cette écorce est d'un jaune blanchâtre, un peu fongueuse et très-amère.

285. *Du Bois de Brésil ou de Fernambouc.*
Lignum brasiliense, sis. — Off.

Cæsalpinia echinata Lam. Décandrie monogynie; dicotylédones polypétales épigynes, famille des légumineuses.

Cet arbre du Brésil est fort grand, fort gros, tortu et épineux. Son bois est recouvert d'un aubier très-épais, qu'on enlève avant de l'envoyer, ce qui en diminue beaucoup le volume. Il est de différentes nuances de rouge, inodore, d'une saveur peu sensible; il ne sert que dans la teinture.

Le même arbre, ou quelqu'autre espèce voisine, croît également aux îles Antilles; le bois qui en provient, a reçu les noms de *Bresillet, de bois de Sainte-Marthe, bois des Antilles.* Le *bois de Sappan* ou *du Japon* est encore un bois analogue, produit par le *Cæsalpinia Sappan* L., arbre des Grandes-Indes, cultivé aussi à l'île de France. De tous ces bois, c'est celui du Brésil proprement dit qui est le plus estimé.

286. *Du calamus verus* ou *aromaticus.*

Cette substance, assez célèbre dans l'antiquité, est devenue tellement rare dans les temps modernes, qu'on s'est généralement accordé à la remplacer par la racine de l'*acorus verus* (p. 244). Voici cependant les caractères que lui donnent Pomet, Lemery et Valmont de Bomare, d'après Prosper Alpin et d'autres auteurs.

Fragments de tiges longs de 6 pouces, de la grosseur d'une plume, rougeâtres au dehors, parsemés de nœuds, remplis d'une moëlle blanche d'un goût fort amer, se divisant en éclats lorsqu'on les brise.

La plante croît à la hauteur de trois pieds; de chacun des nœuds poussent deux feuilles longues et pointues; les fleurs naissent aux sommités de la tige et des rameaux et sont disposées par petits bouquets jaunes : il leur succède de petites capsules oblongues, pointues, noires, contenant des graines de la même couleur.

On a long-temps et généralement attribué le *calamus verus* à une plante graminée ou arundinacée, parce qu'on a été trompé par le nom de *calamus* donné par les anciens à toute tige creuse, et qui s'est trouvé plus spécialement appliqué depuis aux tiges des graminées. On ne remarquait pas alors que des feuilles et des rameaux opposés, et des graines contenues dans une capsule, ne convenaient pas à une plante de cette famille. Plus tard on a pensé que cette plante pouvait être une ombellifère ou une lysimachie; mais on peut dire que jusqu'à présent on n'a eu que des idées peu justes sur le vrai *calamus* des anciens.

Il y a quelque temps que M. Boutron ayant eu la complaisance de me remettre plusieurs tiges d'une substance qui existait depuis long-temps dans sa maison, sous le nom de *calamus verus*, nous y avons facilement reconnu le véritable *calamus* décrit par Lemery, et je n'ai pas tardé non plus à trouver le genre du végétal qui le produit.

A part la faible odeur de mélilot que conserve encore cette substance, j'ai d'abord été frappé de sa grande amertume, de sa teinte généralement jaunâtre, et de sa propriété de teindre l'eau en jaune assez foncé, même à froid. Je pensai aux gentianées, et trouvant en effet que tous les caractères de la plante concordaient avec cette supposition, je priai M. Boissel, pharmacien de Paris, de me donner de la tige du chiretta de l'Inde (*Gentiana Chirayita*), qu'il a analysée avec M. Lassaigne (*Journ. pharm.* VII, 283), et je trouvai une ressemblance tellement frappante entre les deux tiges, qu'il ne me fut plus permis de douter que le *calamus verus* ne fût la tige d'une gentiane de l'Inde.

Une chose remarquable, c'est que le *gentiana chirayita* possède tous les caractères de la plante du *calamus* : tige branchue à sa partie supérieure, feuilles simples opposées, fleurs jaunes terminales, hauteur de 2 à 3 pieds; bien plus, la disposition et la forme des racines sont telles, qu'on dirait que plusieurs individus ont servi de modèle aux figures du *calamus* que l'on trouve dans l'Écluse et dans Pomet.

Je n'hésiterais donc pas à dire que le *calamus verus* des anciens et le *gentiana chirayita* des modernes sont une seule et même plante, si, indépendamment de quelques différences dans la couleur extérieure des deux tiges, dans leur consistance et dans la manière dont l'amertume se développe dans la bouche, le *chiretta* n'était entièrement dépourvu d'odeur, tandis que le *calamus* en offre une qui a dû être beaucoup plus marquée et qui doit être constante (bien que Pomet et Lemery n'en parlent pas), puisque son nom latin était *calamus odoratus* ou *aromaticus*, et son nom arabe *cassabel darrira* ou *cassab el darrib*, qui signifie de même *canne aromatique*. Au moins devons-nous admettre que ces deux végétaux appartiennent au même genre, et peut-être à deux variétés de la même espèce. (*Journ. chim. méd.*, I, 229 et 233.)

La tige de *chiretta* se trouvant suffisamment décrite par ce qui précède, il devient inutile d'en traiter séparément.

287. *Du bois de Campêche ou bois d'Inde.*

Lignum campechianum, i. — Off.

Hæmatoxylum campechianum L. Grand arbre de la décandrie monogynie et de la famille des légumineuses, à feuilles pinnées, non aromatiques. Il croît à Campêche en Amérique, à l'île de Sainte-Croix et à la Jamaïque.

Le bois de campêche nous est apporté en grosses bûches, d'un brun noir au dehors, d'un rouge jaunâtre en dedans, devenant d'un rouge vif par le poli; d'une odeur d'iris très-marquée, d'une pesanteur spécifique supérieure à celle de l'eau.

Le bois de campêche donne, par l'ébullition dans l'eau, une liqueur rouge très-chargée, qui passe au rouge vif par les acides, et au bleu violet par les alcalis, les oxides métalliques et les sels avec excès d'oxide. Il est très-usité dans la teinture en noir et en bleu; il l'est aussi dans l'ébénisterie, car il prend un très-beau poli.

M. Chevreul a obtenu la matière colorante du bois de campêche à l'état de pureté, et lui a donné le nom d'*Hématine*. Elle est soluble dans l'eau bouillante, et cristallisable par l'évaporation. La dissolution bouillante est d'un rouge orangé, qui passe au jaune par le refroidissement; les acides la rendent jaune d'abord, puis rouge. Les alcalis, au contraire, lui donnent une couleur pourpre ou violette (*Ann. Chim.* LXXXI, 128).

288. *Du bois de Cèdre.*
Lignum cedrinum, i. — Off.

Abies Cedrus.... Pinus Cedrus L. Monoécie monadelphie; dicotylédones diclines irrégulières, famille des conifères.

Très-grand arbre originaire du mont Liban en Syrie.

Il en découle pendant l'été une résine, connue sous le nom de *résine de cèdre*. Son bois, tant célébré dans les livres sacrés, est effectivement supérieur aux autres par sa légèreté et son incorruptibilité. On l'emploie pour les grandes constructions, de même que pour les ouvrages de marqueterie.

Du bois de Couleuvre.

Voyez *Racine de couleuvre.*

289. *De la tige de Douce-Amère.*
Caulis Dulcamaræ. — Off.

Solanum Dulcamara L. Pentandrie monogynie; dicotylédones monopétales hypogynes, famille des solanées.

Car. génér. (voyez à l'article *racine de pomme-de-terre*, p. 326). — *Car. spéc.* Tige sans aiguillons, frutescente, flexueuse; feuilles supérieures hastées; grappes en cime.

Cette plante pousse des tiges sarmenteuses qui s'élèvent de trois à six pieds, grêles, couvertes d'une écorce verte d'abord, puis blanchâtre et rude, renfermant un canal médullaire très-large.

Les tiges récentes ont une odeur fort désagréable et repoussante : sèches, elles sont presque inodores, d'une saveur amère, qui laisse un arrière-goût sucré, ce qui a valu à la plante le nom de *douce-amère.* On les emploie comme dépuratives.

290. *Du bois d'Ebène.*
Lignum Ebenum, i. — Off.

Diospyros Ebenum L. Polygamie diœcie; dicotylédones monopétales périgynes, famille des ébénacées.

Cet arbre croît surtout à Madagascar. Son bois est d'une belle couleur noire, très-pesant et d'une saveur piquante; il répand une odeur agréable sur les charbons allumés; il prend un poli parfait, et est très-recherché pour les ouvrages de marqueterie.

On connaît aussi une espèce d'ébène rouge que l'on nomme *grenadille;* et une autre verte qui est le bois d'*évilasse.* Ces bois appartiennent à des arbres fort différents de celui qui produit le véritable ébène.

291. *Du bois de Fustet.*
Lignum Cotini.

Rhus Cotinus L. Pentandrie trigynie; dicotylédones polypétales périgynes, famille des térébinthacées.

Car. génér. Calice à 5 divisions; corolle à 5 pétales; 5 étamines; 3 styles courts; 1 drupe sphérique; 1 noyau osseux. — *Car. spéc.* Feuilles très-simples, ovales, élargies au sommet. ♃.

Le fustet est un grand arbrisseau de France, cultivé dans les jardins à cause de l'élégance de son feuillage et des houppes capillaires qui succèdent ordinairement à ses fleurs, en place des fruits qui avortent.

Le bois de fustet est d'un jaune assez foncé, et donne une couleur jaune usitée dans la teinture.

292. *Du bois de Gayac.*
Lignum Guajaci. — Off.

Guajacum officinale L. Décandrie monogynie; dicotylédones polypétales hypogynes, famille des rutacées.

Cet arbre croît dans les îles de l'Amérique; son bois nous est envoyé en grosses bûches, assez droites, recouvertes d'une écorce grise, compacte, très-dure, très-pesante et très-résineuse, d'une saveur amère.

Cette écorce, gardée pendant long-temps, présente, à sa surface interne, comme un infinité de petits cristaux brillans que je soupçonne être de l'acide benzoïque. Le bois est très-dur, très-pesant, résineux, composé d'un cœur brun-verdâtre, et d'un aubier jaune; il n'a pas d'odeur, mais il fait éternuer lorsqu'on le râpe. Sa râpure, qui est jaune, a une saveur âcre, strangulante, et jouit de la propriété de devenir verte à la lumière. Toutes ces propriétés sont dues à la résine, qui, comme nous le verrons par la suite, les possède à un haut degré. Le bois de Gayac râpé est usité en décoction comme sudorifique. Entier, les tourneurs l'emploient à faire des mortiers, des roulettes de lit, et d'autres objets pour lesquels la dureté est une qualité essentielle.

293. *Du bois de Genévrier.*
Lignum Juniperi. — Off.

Ce bois est fourni par le genévrier commun, *Juniperus communis* L., de la diœcie monadelphie, et de la famille des conifères.

Il est léger, peu compact, d'un blanc veiné de rouge, d'une odeur aromatique, d'une saveur peu sensible; il n'est plus employé.

294. *Bois jaune des teinturiers.*
Lignum luteum, tei.

Morus tinctoria L. Monoécie tétrandrie; famille des urticées. Arbre du Brésil et d'autres lieux de l'Amérique.

295. Dans l'ébénisterie et la marqueterie on donne le nom de *bois jaune* à plusieurs bois de cette couleur, et entre autres à ceux du Tulipier (*Liriodendron tulipifera* L.), et de l'Érithal (*Erithalis fruticosa* L.). Ce dernier, à fibres droites, d'un jaune pâle et d'une odeur mixte de cédrat et de mélilot, a aussi été nommé *bois de rose*, *bois de jasmin*, *bois-chandelle*; on le connaît plus particulièrement sous le nom de *bois de citron*. Il vient des Antilles.

296. *Du bois de Mahaleb ou de Sainte-Lucie.*
Lignum Mahaleb.

Cerasus Mahaleb Mill., *Prunus Mahaleb* L. Icosandrie monogynie; dicotylédones polypétales périgynes, famille des rosacées.

Car. génér. Calice quinquéfide; corolle pentapétale; 20

étamines ou plus; 1 style; 1 drupe; 1 noyau lisse à suture saillante. — *Car. spéc.* Fleurs en corymbes terminaux; feuilles ovales.

Le cerisier mahaleb croît en Suisse et dans la ci-devant Lorraine, principalement aux environs du village de Sainte-Lucie, d'où il a pris son nom. Son bois est gris-rougeâtre, compacte, assez pesant, d'une odeur agréable; il est très-recherché des ébénistes, des tabletiers et des tourneurs. L'amande du noyau est employée par les parfumeurs.

297. *Du bois de Nagas, ou bois de fer de Ceylan.*

Mesua ferrea L. *Nagassarium* de Rhumph; arbre de la monadelphie polyandrie et de la famille des guttifères.

Ce bois, tel qu'il m'a été remis par M. Boutron-Charlard, provient d'un tronc d'un diamètre considérable; il pèse spécifiquement 1,094, est très-dur, noirâtre avec un aubier jaune, susceptible d'un beau poli, et offrant alors sur un fond brun foncé un pointillé blanc très-serré. Il jouit d'une odeur et d'une saveur très-fortes de Sassafras. Il a été analysé par M. Lassaigne qui a probablement fait erreur en annonçant que l'huile volatile ne résidait que dans l'écorce, ou bien ce n'est pas le même bois qu'il a soumis à l'examen. (*Journ. Pharm.* X, 169.)

Ce bois, qui n'est pas assez connu, pourrait devenir très-utile comme médicament, aromate et bois de marqueterie. Son nom de *bois de fer* lui a été donné à cause de sa dureté qui est assez considérable; mais beaucoup d'autres bois, employés pour faire des instruments tranchants par des peuples sauvages qui ne connaissaient pas l'usage du fer, méritent mieux ce nom; tels sont entre autres le Bois de fer de l'île de France (pes. spécif. 1, 23), *Stadmannia sideroxylon* DC., de la famille des sapindacées; le Bois de fer blanc de l'île Bourbon, *Sideroxylon cinereum* Lam. de la famille des sapotées; le Bois de fer des malais, *Baryxylum rufum* Lour., de la famille des légumineuses; le Bois de fer de la Martinique, *Siderodendrum triflorum* Swartz, de la famille des rubiacées, etc.

298. *Du Bois néphrétique.*
Lignum Nephreticum. — Off.

Ce bois a été attribué au *Guilandina moringa* L., ou *Moringa zeilanica* Lam., arbre qui produit également le fruit nommé *noix de Ben*, et qui appartient à la décandrie monogynie et à la famille des légumineuses. Mais cette opinion mérite peu de confiance; car la noix de Ben, qui est bien produite par le *moringa zeilanica*, vient de Ceylan, de l'Arabie et de l'Égypte, d'où on n'apporte jamais de bois néphrétique; tandis que le bois néphrétique vient de la Nouvelle-Espagne qui ne nous fournit pas de noix de Ben.

Plus récemment quelques auteurs ont pensé que ce bois était produit par une espèce de Mimeuse ou d'Acacia nommée *Inga Unguis cati* (*Mimosa Unguis cati* L.), de la famille des légumineuses; quelle qu'en soit l'origine, voici quelles sont ses propriétés physiques. Il est très-pesant, inodore, formé d'un aubier blanchâtre assez compacte, et d'un cœur rougeâtre aussi dur que celui du gayac. Ce bois a donc quelque ressemblance avec le gayac, mais son écorce est légère, fibreuse à l'intérieur, fongueuse et crevassée à l'extérieur. Sa saveur, quoique peu sensible, se distingue par quelque chose de pipéracé.

Le bois néphrétique donne à l'eau et à l'alcohol une teinture qui paraît jaune lorsqu'on la place entre l'œil et la lumière, et bleue si on la regarde autrement. Un acide rend la couleur jaune permanente, et un alcali lui rend la propriété de changer.

Ce bois, auquel on a attribué des propriétés contre les maladies des reins, n'est plus du tout employé.

299. *Du bois d'Oxicèdre.*
Lignum Oxicedri. — Off.

Juniperus Oxicedrus L. Mêmes classe, ordre et genre que le genévrier commun, dont il ne diffère que par ses feuilles qui sont plus courtes que sa baie. Il croît dans le midi de la France. Son tronc laisse exsuder une résine odorante qui porte son nom. Son bois est rougeâtre, odorant et sudorifique. On en retire par la distillation à la cornue la véritable *huile de Cade.*

300. *Du bois de Roses ou bois de Rhodes.*
Lignum rhodium, ii. — Off.

Le premier de ces noms lui a été donné à cause de son odeur, et le second parce qu'on le tirait autrefois de l'île de Rhodes; par une raison semblable on l'a nommé quelquefois *bois de Chypre;* mais depuis long-temps il nous vient surtout des îles Canaries, où il est produit par un liseron arborescent, *Convolvulus scoparius* L., de la pentandrie monogynie, des dicotylédones monopétales hypogynes et de la famille des convolvulacées. On l'avait attribué pendant quelque temps au *Genista canariensis* L., de la famille des légumineuses.

Le bois de Rhodes est une racine ligneuse, noueuse et contournée, pouvant avoir de 1 à 4 pouces de diamètre. L'écorce est un peu fongueuse et d'un gris rougeâtre. Le bois est dur, pesant, à couches concentriques très-serrées, d'un jaune fauve plus foncé au centre qu'à la circonférence, d'une saveur un peu amère, d'une forte odeur de rose, surtout lorsqu'on le râpe. Il paraît huileux sous la scie, et s'enflamme facilement par l'approche d'une bougie. Plus il est pesant, haut en couleur, huileux et odorant, meilleur il est.

J'ai vu, dans un droguier, un morceau de bois de Rhodes qui avait appartenu à la tige du végétal. Il était pourvu de son canal médullaire, pouvait avoir deux pouces de diamètre, était également pesant, huileux et odorant, mais moins que la racine correspondante; de sorte que pour ce végétal comme pour le sassafras et le quassia, c'est la racine qui l'emporte en qualité sur le tronc.

Le bois de Rhodes fournit à la distillation une huile volatile que l'on prépare surtout en Hollande, et qui sert souvent à sophistiquer celle de roses.

Il est aussi très-estimé pour les ouvrages de tour et de marqueterie; mais celui que l'on emploie le plus souvent pour cet usage sous le nom de *bois de rose*, est un autre bois à odeur de rose plus faible, et d'une couleur rouge pâle ou jaunâtre veinée de rouge plus foncé. Ce bois, qui vient des Antilles, est produit par l'*amyris balsamifera* L., de la famille des térébinthacées.

Des bois de Santal blanc et de Santal citrin.
Santalum album et Santalum citrinum. — Off.

Ces deux bois paraissent produits par deux variétés du *Santalum album* L., de la tétrandrie monogynie et de la famille des onagraires. A la vérité, presque tous les auteurs ont admis qu'ils provenaient du même tronc; que le santal blanc était l'aubier, et le jaune le bois parfait. Morellot, d'un autre côté, a supposé que le santal citrin était produit par les individus les plus âgés; mais ni l'une ni l'autre de ces opinions ne me paraît admissible.

D'abord, on trouve très-fréquemment des bûches de santal citrin garnies de leur aubier; cet aubier est très-odorant par lui-même, et n'est pas du santal blanc dont l'odeur à l'air est pour ainsi dire nulle. Secondement, le santal blanc est santal blanc jusqu'au centre, c'est-à-dire qu'il n'y a pas de distinction sensible de bois et d'aubier, et que le centre a peu d'odeur à l'air libre, ce qui le distingue du santal citrin. Enfin, une autre présomption que ces deux santaux ne sont pas l'aubier ou le bois l'un de l'autre, c'est que le santal citrin paraît venir de la Chine et de Siam, et le santal blanc de l'île de Timor.

Quant au sentiment admis par Morellot, il est certain que l'âge des végétaux change souvent leurs propriétés; mais alors il semble que le centre des morceaux de santal blanc, dont l'âge peut être calculé par le nombre des couches ligneuses, devrait être plus aromatique que l'aubier du santal citrin, et c'est le contraire qui a lieu.

Pendant quelque temps aussi, j'ai cru trouver dans l'organisation de ces bois une cause plus réelle de leur différence. N'ayant vu jusqu'alors que du santal citrin provenant du tronc de l'arbre, et du santal blanc tiré d'une racine, j'avais pensé que cette circonstance pouvait influer sur leurs propriétés particulières: mais j'ai observé depuis des racines de santal citrin plus aromatiques que le tronc, et des tiges de santal blanc non différentes de la racine. On peut conclure de tout ce qui précède, que ces deux bois sont produits par deux arbres différents, mais toujours congénères et peut-être simples variétés d'une même espèce.

Je reviens d'une manière plus précise sur les caractères physiques de ces deux bois.

301. Le *santal blanc* est un peu tortueux, couvert d'une écorce grise-brune, dure et compacte. Le bois est très-dur, très-pesant, susceptible d'un beau poli, d'une couleur blanchâtre devenant jaune foncé par le brunissage, muni ou non d'un aubier blanc. Le centre du bois exhale une légère odeur de santal citrin.

302. Le *santal citrin* est en bûches d'un volume quelquefois considérable, droit, pourvu d'aubier et plus léger que l'eau, lorsqu'il provient du tronc; tortueux, sans aubier et plus lourd que l'eau, quand il appartient à la racine. Il est d'un jaune pur, ou fauve, ou rougeâtre dans les morceaux les plus huileux, et toujours plus foncé au centre qu'à la circonférence. Il est moins dur que le santal blanc et cependant encore susceptible d'un beau poli. Il exhale une odeur

très-forte et aromatique qui tient de la rose, et présente une saveur amère. L'aubier a moins d'odeur et de saveur.

Le santal citrin est très-employé par les ébénistes et les tourneurs. C'est un de nos plus précieux aromates; il entre dans le sirop de rhubarbe et l'électuaire de safran composé; il fournit à la distillation une huile volatile plus pesante que l'eau, et congelable par un froid médiocre.

Les morceaux tortueux de santal citrin, de bois de Rhodes et du bois d'Aloès décrit sous le n° 280, offrent une telle ressemblance de caractères et de propriétés, que c'est à l'odeur seule qu'on peut les distinguer. Il faut éviter également de confondre le santal citrin avec le bois-citron ou bois-chandelle dont il a été question précédemment (n° 295). Celui-ci est plus léger, à fibres plus droites et d'un jaune beaucoup plus pâle.

303. *Du bois de Santal rouge.*
Lignum Santalum rubrum. — Off.

Pterocarpus santalinus L. Arbre de la diadelphie décandrie, et de la famille des légumineuses, qui croît à Ceylan, dans le royaume de Golconde, à Timor et dans les îles environnantes.

Ce bois nous est apporté en morceaux équarris, qui, par le temps, sont devenus d'un brun noirâtre à l'extérieur, mais qui sont d'un rouge de sang à l'intérieur : sa texture est très-fibreuse et assez remarquable; car ses fibres sont disposées par couches dirigées alternativement en sens inverse, de sorte que, lorsqu'on le fend dans le sens de son diamètre, il se sépare en deux morceaux, qui sont comme engrenés l'un dans l'autre; et que, lorsqu'on y passe le rabot, la surface est alternativement polie et déchirée. Les parties polies offrent un grand nombre de pores allongés remplis de résine.

Le santal rouge est moins pesant que les deux bois

précédens. Il est très-résineux, peu odorant et peu sapide : peu employé en pharmacie, il l'est davantage en teinture.

M. Pelletier a fait des recherches sur le santal rouge et sa matière colorante. L'eau n'a que peu d'action sur ce bois; l'alcohol rectifié en a une beaucoup plus grande, et néanmoins ne le décolore pas entièrement. La matière dissoute a les propriétés générales des *résinoïdes*. Elle est à peine soluble dans l'eau froide, plus soluble dans l'eau bouillante, très-soluble dans l'alcohol, l'éther, l'acide acétique et les alcalis. Elle est presque insoluble dans les huiles fixes et volatiles, excepté l'huile volatile de lavande et celle de romarin, ce qui est un caractère assez singulier (*Bulletin de Pharm.*, 1815, pag. 453).

IIIe DIVISION. — *Des Écorces.*

304. *De l'écorce d'Alcornoque.*
Cortex Alcornocæ. — Off.

Cette écorce a été apportée, pour la première fois, de l'Amérique méridionale en Espagne, par don Joaquin Jove, en 1804; elle ne l'a été en France qu'en 1812, par M. Poudenx, médecin. L'arbre qui la produit est encore inconnu; car, si, d'un côté, M. Virey a supposé que c'était le *Quercus Suber* L., pris dans sa jeunesse, et avant qu'il n'ait donné de liége; de l'autre, M. Poudenx assure que c'est un arbre analogue aux guttiers, et appartenant à la dodécandrie monogynie (*Bull. Pharm.* V, 256).

L'écorce d'alcornoque est formée de deux parties distinctes : 1°. d'une partie extérieure ordinairement raclée et mondée au couteau, épaisse néanmoins de deux lignes, rougeâtre, d'une cassure grenue, d'une saveur astringente un peu amère; 2°. d'une partie interne ou *liber*, jaune, mince, fibreuse, d'une saveur amère, et colorant la salive en jaune.

Cette écorce a d'abord été annoncée comme un spécifique de la phthisie pulmonaire; on a proposé ensuite d'en isoler le liber, et de l'employer comme succédané de l'ipécacuanha; elle n'a soutenu ni l'une ni l'autre épreuve; et, comme cela n'arrive que trop souvent, elle est passée d'une annonce fastueuse à un oubli trop complet.

305. *De l'écorce d'Angusture vraie:* Cortex Angusturæ veræ. — Off.

L'emploi de cette écorce, en Europe, ne remonte pas au delà de l'année 1788. Elle fut d'abord apportée en Angleterre de l'île de la Trinité, où l'arbre qui la produit avait été transporté des environs d'Angustura, ville de la Terre-Ferme.

De même que la plupart des drogues exotiques, elle a été attribuée successivement à différens arbres, et entre autres au *Magnolia glauca* L.; mais il a été reconnu par MM. de Humboldt et Bonpland qu'elle était produite par un arbre de la famille des rutacées, qui a reçu d'eux le nom de *Cusparia febrifuga*, et qu'ils ont trouvé formant d'immenses forêts sur les bords de l'Orénoque. C'est ce même arbre qui a été nommé depuis par Willdenow, *Bonplandia trifoliata*, et enfin par M. de Candolle *Galipea Cusparia* (*Prodromus* II, 731).

Les caractères extérieurs de l'écorce d'angusture sont variables, et on la trouve sous trois formes dans le commerce.

1°. Il y en a des morceaux courts, plats, minces, plus ou moins larges, recouverts d'un épiderme gris-jaunâtre, mince et peu rugueux; leur cassure est d'un brun-jaunâtre, nette, compacte et résineuse; leur surface intérieure est d'un jaune-fauve souvent rosé, et se divise facilement par feuillets; leur odeur et leur saveur sont un peu moins fortes que celles des variétés suivantes.

2°. On en trouve d'autres morceaux qui sont longs de six à quinze pouces, qui ont une odeur forte, animalisée, très-désagréable; qui sont roulés et recouverts d'un épiderme épais, fongueux, blanc, et comme limoneux. Dessous cet épiderme est l'écorce proprement dite, qui est brune, dure, compacte, et qui casse nette sous la main. Cette écorce a une saveur amère, sur laquelle domine le principe odorant et nauséeux; cette saveur passée, il reste à l'extrémité de la langue une impression mordicante qui excite la salivation.

3°. Enfin, on trouve des morceaux d'angusture qui tiennent le milieu entre les précédens, c'est-à-dire, qu'ils sont plus longs, moins plats, et plus épais que les premiers, que leur enveloppe extérieure est grise, peu épaisse et peu fongueuse, et qu'ils ont la même saveur et la même odeur que les derniers. Toutes ces écorces peuvent provenir du même arbre croissant dans des expositions différentes.

La poudre d'angusture a une couleur presque semblable à celle de la poudre de rhubarbe; son infusion dans l'eau est très-colorée, amère, odorante et nauséeuse comme l'écorce.

Ses propriétés médicales sont d'être fébrifuge et anti-dyssentérique.

306. *De l'écorce de fausse Angusture.*
Cortex Pseudo-Angusturæ. — Off.

Il est de la plus grande importance de bien apprendre à distinguer cette écorce d'avec la précédente, car c'est un poison très-actif: douze ou dix-huit grains suffisant pour tuer des chiens assez forts, et des accidens trop répétés ayant appris qu'elle avait la même action vénéneuse sur l'homme.

Cette écorce vient d'Amérique, mêlée à celle d'angusture, mais on ne connaît pas le végétal qui la produit. Je ne sais comment on a pu l'attribuer à un arbre d'Abyssinie, nommé *Brucea antidysenterica* ou *ferruginea:* il est bien reconnu aujourd'hui qu'elle doit appartenir à un *strychnos;* ne serait-ce pas le *Rouhamon* d'Aublet, qui croît aux mêmes lieux que la véritable angusture?

L'écorce de fausse angusture est beaucoup plus épaisse que la véritable; compacte, pesante, et comme racornie par la dessiccation. Sa substance intérieure est grise, et son épiderme varie : tantôt il est peu épais, non fongueux, et d'un gris jaunâtre, marqué de points blancs proéminens; tantôt il est fongueux et d'une couleur de rouille de fer. Du reste cette écorce est presque inodore, et sa saveur, qui est infiniment plus amère que celle de la vraie angusture, persiste très-long-temps au palais sans laisser d'âcreté à l'extrémité de la langue. Sa poudre a une couleur bien différente de l'autre, car elle est d'un blanc légèrement jaunâtre.

Pour mettre encore mieux à même de distinguer ces deux écorces, je rappellerai la comparaison de leurs infusés aqueux que je fis il y a plusieurs années. Elle pourra être utile, nonobstant des travaux plus récens faits sur ces mêmes écorces.

J'ai fait macérer pendant dix-huit heures un gros de poudre de chacune des deux angustures dans trois onces d'eau, et j'ai filtré. Le résidu de l'angusture vraie avait encore une odeur et une saveur très-fortes; l'autre était toujours très-amer.

	ANGUSTURE VRAIE.	FAUSSE ANGUSTURE.
Saveur.	De l'écorce.	De l'écorce.
Odeur.	De l'écorce.	Nulle.
Couleur.	Orangée.	Orangée; moitié moins foncée.
Teinture de tournesol.	Couleur détruite.	Paraît très-faiblement rougie ou rien.
Nitrate de baryte.	Rien.	Rien.
Oxalate d'ammoniaque.	Grand trouble.	Grand trouble.
Nitrate d'argent.	Précipité très-abondant qu'un grand excès d'acide nitrique ne redissout pas.	Trouble qu'un excès d'acide nitrique ne fait pas disparaître.
Émétique.	Précipité très-abondant, blanc jaunâtre.	Précipité blanc.
Deutochlorure de mercure.	Précipité très-abondant.	Trouble.
Sulfate de fer.	Précipité gris blanchâtre très-abondant.	Couleur vert-bouteille; trouble léger.
Hydrocyanate de potasse et de fer.	Rien : l'acide hydrochlorique y forme ensuite un précipité jaune très-abondant.	Trouble léger qui n'augmente pas par l'acide hydrochlorique; la liqueur prend un aspect verdâtre.
Noix de galle.	Précipité jaunâtre très-abondant.	Précipité blanc extrêmement abondant.
Gélatine.	Rien.	Rien.
Potasse caustique.	En petite ou en grande quantité, la liqueur se fonce en orangé avec une teinte verdâtre et précipite. L'acide nitrique rétablit la couleur primitive.	Une petite quantité donne une couleur vert-bouteille; une grande quantité, une couleur orangée foncée avec une teinte verdâtre; la liqueur reste transparente. L'acide nitrique ajouté peu à peu rétablit la couleur vert-bouteille, puis celle de l'infusion.
Eau de chaux.	En petite ou en grande quantité, couleur plus foncée légèrement verdâtre et grand trouble; l'acide nitrique rétablit la couleur primitive.	En petite quantité, couleur vert-bouteille transparente; en plus grande quantité, couleur jaune légèrement verdâtre et léger trouble. L'acide nitrique rétablit d'abord la couleur vert-bouteille, puis la couleur de l'infusion, mais affaiblie.
Acide nitrique.	Une petite quantité trouble fortement la liqueur; couleur affaiblie; en grande quantité, liqueur rouge transparente.	En petite quantité, couleur affaiblie, liqueur transparente; en grande quantité, liqueur rouge transparente.
Acide sulfurique.	En petite quantité, trouble fortement; un excès redissout le précipité sans rougir la liqueur.	Rien.

Voici les conséquences que l'on peut tirer de ces essais.
Aucune des deux infusions ne contient de sulfate.

Toutes deux contiennent probablement une petite quantité d'un muriate.

Toutes deux contiennent un sel calcaire.

Ni l'une, ni l'autre, ne contient de tannin. Elles contiennent plutôt un principe azoté, précipitable par la noix de galle.

La teinture de tournesol, le sulfate de fer, l'hydrocyanate de potasse ferrugineux aidé de l'acide hydrochlorique, et les alcalis, offrent les meilleurs moyens pour les distinguer.

Dans le même temps je fis aussi un essai comparatif de l'action des deux angustures. A dix heures du matin un gros de la première ayant été donné à un chien médiocre, au bout d'une heure il avait eu une selle ordinaire et deux vomissemens de matière glaireuse légèrement teinte en jaune, mais transparente, de sorte que la substance ingérée n'avait pas été rejetée. Alors il éprouvait un léger tremblement dans les pattes, qui a cessé bientôt après. L'animal faisait des mouvemens de déglutition qui ont été en augmentant jusqu'à trois heures de l'après-midi, époque à laquelle il a vomi la totalité de l'angusture. Il s'est endormi et ensuite a dîné avec appétit.

J'ai fait avaler à un autre chien neuf grains de poudre de fausse angusture mêlée à du miel. Presqu'aussitôt il a paru abattu et a cherché l'obscurité. Il ne paraissait pas éprouver d'autre effet lorsque, huit minutes après, l'ayant pris dans les mains, il a raïdi tous les membres et a haleté d'une manière pénible, jusqu'à ce qu'on l'eût reposé à terre. Peu après, l'état convulsif s'est déclaré sans avoir besoin d'être déterminé par l'attouchement; il durait avec la plus grande violence pendant deux ou trois minutes, après lesquelles succédait un relâchement d'une demie à une minute. Le chien est mort trois quarts d'heures après l'injection du poison.

J'ai voulu essayer si quelque substance ne pourrait pas

détruire les effets d'un poison aussi énergique. J'avais remarqué l'abondance et la densité du précipité formé par la teinture de noix de galle dans le macéré de fausse angusture, et l'entière décoloration de la liqueur. J'en avais conclu que la noix de galle, paraissant rendre insoluble la matière vénéneuse du macéré, et pouvant être prise elle-même à une certaine dose sans agir comme poison, pourrait servir de contre-poison à la fausse angusture. Voici l'expérience que j'ai tentée. A dix heures un quart du matin j'ai fait prendre au chien qui avait subi l'expérience de la véritable angusture, vingt-quatre grains de poudre de la fausse mêlée à du miel. Trois minutes après on lui a fait avaler, autant que possible, l'infusé aqueux d'une once de noix de galle pulvérisée dans douze onces d'eau, et on l'a abandonné à lui-même. Aussitôt sa bouche a laissé couler une matière filante très-épaisse, il est devenu très-abattu et s'est couché; mais il se levait de temps en temps et cherchait l'air : il paraissait ivre. A une heure un quart il est sorti et a rendu une assez grande quantité d'une urine d'un jaune extrêmement foncé. Ses membres postérieurs sont devenus très-faibles, ses pupilles très-dilatées, sa respiration haletante, ensuite pénible et bruyante; le ventre très-déprimé : la faiblesse a toujours augmenté. L'animal est mort à deux heures sans convulsions et en rendant par la bouche une grande quantité d'un liquide sanguinolent. Il y avait trois heures trois quarts qu'il avait pris le poison.

Bien que cet animal soit mort, le long temps qu'il a vécu après l'ingestion de la substance vénéneuse, et l'absence des convulsions, prouvent que la noix de galle agissait dans l'estomac sur le principe délétère, à mesure qu'il se dissolvait, et le dénaturait en le rendant insoluble. Mais le composé insoluble formé n'a-t-il pas, en exerçant une action délétère différente, contribué à la mort de l'individu? Cela est possible; aussi ne m'appuierai-je pas de cette seule expérience pour annoncer la noix de galle comme le contre-poison de la fausse angusture. On peut présumer, cependant, qu'elle serait utile pour en détruire les effets, surtout en en combinant l'emploi avec les autres moyens curatifs indiqués dans l'excellent ouvrage de M. Orfila.

MM. Pelletier et Caventou ont analysé l'écorce de fausse angusture et en ont retiré une matière alcaline vénéneuse analogue à la strychnine et à la morphine, mais en différant, cependant : ils l'ont nommée *brucine*, mais à tort. Ils ont retiré en outre, de l'écorce, une matière grasse non vénéneuse, beaucoup de gomme, une matière jaune soluble dans l'eau et dans l'alcohol, des traces de sucre et du ligneux (*Ann. Chim. et Phys.* XII, 113).

M. Pelletier a également analysé la matière orangée ou le lichen qui recouvre souvent l'écorce de fausse angusture. Il en a obtenu une matière grasse, d'une saveur douce; une matière colorante jaune, insoluble dans l'eau, remarquable par la belle couleur verte qu'elle prend avec l'acide nitrique; une autre matière jaune soluble; un peu de gomme, pas d'amidon, de la fibre ligneuse (*Journal de Pharm.* V, p. 546).

De l'écorce de Cannelle vraie.
Cortex Cinnamomi. — Off.

Cette écorce est produite par le *Laurus Cinnamomum* L., petit arbre de l'ennéandrie monogynie et de la famille des lauriers, qui croît dans différentes parties des Indes orientales, à Sumatra, à Java, mais surtout dans l'île de Ceylan qui fait le principal commerce de la cannelle. De là il a été propagé, par le moyen des fruits, à l'Ile-de-France, à Cayenne et à la Jamaïque, où maintenant il prospère. On le trouve également à la Guadeloupe et à l'île Saint-Vincent.

On cultive à Ceylan plusieurs variétés de cannellier qui ne donnent pas toutes une écorce également estimée

(*Ann. Chim.*, t. 89, p. 330; *Bullet. Pharm.*, VI, 193). Si l'on joint à cette cause les variations de qualité dues à l'âge de l'arbre et à son exposition plus ou moins propice, on ne sera plus étonné d'entendre dire qu'une grande partie de la cannelle dite de Chine, provient de Ceylan, sans qu'on puisse assigner au juste quelle est la cause, parmi celles énoncées ci-dessus, qui a influé sur sa qualité.

Lorsque le cannellier est bien exposé, il peut donner son écorce au bout de cinq ans; mais dans une position contraire, il n'en donne de bonne qu'au bout de huit, douze et même seize ans. On l'exploite jusqu'à trente ans et on en fait deux récoltes par an, dont la première et la plus forte dure depuis le mois d'avril jusqu'au mois d'août, et dont la seconde commence en novembre et finit en janvier.

Pour y procéder on coupe toutes les branches de plus de trois ans qui paraissent avoir les qualités requises; on détache, avec un couteau, l'épiderme que l'on rejette. Ensuite on fend longitudinalement l'écorce, et on l'enlève. Cette écorce ressemble alors à des tubes fendus dans leur longueur. On insère les plus petits dans les plus grands et on les fait sécher au soleil. Par la dessication l'écorce se roule sur elle-même et prend la forme qu'on lui voit dans le commerce. On sépare les qualités et on en forme des surons que l'on envoie en Europe. Les menus de l'écorce qu'on n'a pas pu y faire entrer sont distillés et fournissent une assez grande quantité d'huile essentielle qui est versée dans le commerce.

On trouve dans le commerce au moins cinq sortes de cannelle qui sont : celles de *Ceylan* et de *Chine*, la cannelle *mate*, et deux autres sortes qui viennent de Cayenne.

307. La cannelle de Ceylan fine, qui est la plus estimée, est en faisceaux très-longs, composés d'écorces aussi minces

que du papier, renfermées en grand nombre les unes dans les autres, ayant une couleur citrine blonde, une saveur agréable, aromatique, chaude, un peu piquante et un peu sucrée. Elle est douée d'une odeur très-suave, et ne donne guère à la distillation qu'un gros d'huile volatile par livre; mais cette huile est d'une odeur très-agréable, quoique forte.

308. La cannelle dite de Chine, probablement parce qu'il en vient aussi de ce pays et des autres contrées orientales de l'Asie, est en faisceaux plus courts, et se compose d'écorces plus épaisses, plus rouges et d'une odeur plus forte qui a quelque chose de désagréable. Sa saveur est également plus chaude, plus piquante, et offre un goût de punaise : enfin elle est moins estimée.

J'ai conservé cette description de la cannelle de Chine, parce qu'on en trouve encore qui possède les propriétés qui y sont indiquées; mais souvent, à présent, le commerce ne nous offre, sous le nom de cannelle de Chine, qu'un ramas d'écorces brisées, entourées de quelques écorces plus entières, d'une odeur et d'une saveur presque nulles. Cette cannelle diffère peu du *cassia lignea*; elle doit être entièrement rejetée.

309. La cannelle mate est l'écorce qui provient du tronc du cannellier de Ceylan. Elle est privée de son épiderme, large d'un pouce, plus ou moins, épaisse de deux lignes, presque plate ou peu roulée; son extérieur est légèrement rugueux et d'un jaune foncé; son intérieur est d'un jaune plus pâle et comme recouvert d'une légère couche vernissée et brillante. Sa cassure est fibreuse comme celle du quinquina jaune, et brillante. Elle a une odeur et une saveur de cannelle agréables, mais très-faibles. Cette cannelle doit aussi être rejetée.

310. La première sorte de cannelle de Cayenne, que j'ai vue, il y a quelques années, est en écorces aussi minces et aussi longues que la belle cannelle de Ceylan, dont elle a

également l'odeur et le goût; seulement elle est plus pâle en couleur, beaucoup plus large et plus volumineuse.

Suivant ce que m'a dit M. Marchand, cette cannelle provenait du vrai cannellier de Ceylan transplanté à Cayenne, mais elle aurait été récoltée à un âge trop avancé, par l'ignorance des colons. Aujourd'hui qu'on la récolte plus jeune, elle diffère à peine de la cannelle de Ceylan.

311. La seconde sorte de cannelle de Cayenne est à la première ce que la cannelle de Chine est à la cannelle de Ceylan; et effectivement, suivant M. Marchand, cette cannelle provient d'une première transplantation d'un cannellier bâtard qui eut lieu de l'île de Sumatra à Cayenne. Elle est épaisse à peu près comme la cannelle de Chine, en bâtons isolés, d'une odeur assez forte et agréable, d'une saveur aromatique et piquante. Voici maintenant ce qui la distingue : elle n'est qu'imparfaitement privée de son épiderme qui est gris ou blanchâtre, et elle se réduit en pâte dans la bouche, tant elle est mucilagineuse.

La cannelle et son huile ne sont pas les seuls produits que l'on tire du cannellier. On apporte encore en Europe ses fruits non développés et desséchés dont je parlerai dans la division des fruits; dans l'île de Ceylan même on obtient une espèce de camphre par la distillation de l'écorce de sa racine, et son fruit, qui est un drupe ovoïde de la grosseur d'une olive, fournit par expression une huile concrète dont on fait des bougies odorantes.

M. Vauquelin ayant fait un examen comparé des cannelles de Ceylan et de Cayenne (2e sorte?) en a retiré également de l'huile volatile, du tannin, du mucilage, une matière colorante et un acide (*Journal de Pharmacie*, III, 433). Elles doivent contenir de plus de l'amidon; au moins est-il certain que la cannelle de Chine en contient une grande quantité.

De l'écorce dite *Cassia lignea* ou *Cannelle de Malabar.*
Cassia lignea. — Off.

312. Cette écorce est produite par le *Laurus Cassia* L., espèce très-voisine du *laurus cinnamomum*, qui croît également à Ceylan et sur la côte de Malabar, où elle paraît cependant avoir été détruite presque entièrement par les Hollandais, lorsque, ayant conquis l'île de Ceylan sur les Portugais, ils voulurent ôter aux autres nations jusqu'à l'ombre du commerce de la cannelle.

Cette écorce a la forme et la couleur de la cannelle; mais elle est presque dépourvue d'odeur, et sa saveur, qui est mucilagineuse, est en outre à peu près nulle. Elle est aussi en tubes très-droits et parfaitement cylindriques, tandis que la cannelle est ordinairement flexueuse.

Le cassia lignea n'est plus guère employé que lorsqu'on fait la thériaque et le diascordium.

Le même arbre qui le produit, donne également les feuilles dites *indiennes* ou *Malabathrum*.

313. *De l'écorce de Culilawan.*
Cortex Culilawan. — Off.

Cannelle giroflée de quelques-uns; *Cortex caryophylloides* de Rhumph.

Cette écorce est produite par un arbre des îles Moluques, et surtout de l'île d'Amboine. Sur la foi de Rhumph, Linné l'a réuni aux lauriers, bien qu'il ait les feuilles opposées, et l'a nommé *Laurus Culilawan*. Il appartient donc, comme les autres, à l'ennéandrie monogynie et à la famille des laurinées. L'écorce est en morceaux plus ou moins longs, presque plats ou peu convexes, épais de une à trois lignes, fibreux, raclés à l'extérieur ou recouverts d'un épiderme blanchâtre; d'un jaune rougeâtre à l'intérieur et ressemblant assez à de mauvais quinquina jaune. Elle a une odeur de muscades et de girofles mêlés, qui, lorsqu'on la pulvérise, acquiert quelque chose de l'huile de térébenthine. Elle a une saveur aromatique, chaude, un peu piquante, et mêlée d'un léger goût astringent et mucilagineux. Elle donne une huile volatile à la distillation : elle est peu employée.

314. *De l'écorce de Cannelle Giroflée.*
Cortex Caryophyllata. — Off.

(*Cassia Caryophyllata*, Mur.)

Cette écorce, à laquelle on a plus généralement accordé le nom de Cannelle giroflée, a aussi porté ceux de *bois de crabe et bois de girofle*. Elle a été attribuée pendant longtemps à un arbre de Madagascar, que Sonnerat a nommé *Agatophyllum aromaticum*. C'est le même qui produit le fruit connu sous le nom de *noix de girofle* ou de *ravensara*. Depuis, on a reconnu qu'elle était produite par le *Myrtus caryophyllata* L., arbre croissant à Ceylan, à la Jamaïque, à Cuba, à la Guadeloupe, et dans les autres îles de l'Amérique.

La cannelle giroflée est en bâtons longs de deux pieds et demi environ, d'un pouce de diamètre, et imitant une canne. Ces bâtons sont formés d'un grand nombre d'écorces minces, compactes, très-dures et très-serrées, roulées les unes autour des autres, et maintenues à l'aide d'une petite corde faite d'une écorce fibreuse. La cannelle giroflée est unie et d'une couleur brune foncée, lorsqu'elle est privée de son épiderme qui est gris-blanchâtre; mais quelquefois elle en est pourvue. Elle offre une forte odeur de girofle et une saveur chaude et aromatique; elle est très-dure sous la dent.

Elle jouit des propriétés du girofle, et peut le remplacer dans les assaisonnemens, quoiqu'elle soit plus faible.

315. *De l'écorce de Cannelle blanche.*
Cortex Cannellæ albæ *seu* Cannella alba. — Off.

(Dite faussement *Costus doux, Costus corticosus.*)

Cette écorce vient des Antilles, et surtout de la Jamaïque. Elle est fournie par un arbre nommé par Murray *Cannella alba*, appartenant à la dodécandrie monogynie et à la famille des guttifères DC. On le dépeint ainsi : *Arbre baccifère, aromatique, à feuilles de laurier, à fruit vert caliculé et en grappes.*

L'écorce est en morceaux roulés, de plusieurs pieds de longueur, de 6 à 18 lignes de diamètre et d'une à deux lignes d'épaisseur. Quelquefois, aussi, on en trouve des morceaux provenant du tronc, qui sont plus larges, plus épais et recouverts d'un épiderme fongueux, rougeâtre, crevassé, souvent d'un blanc de craie à l'extérieur.

L'écorce ordinaire est raclée, d'un jaune-orange pâle et comme cendré à l'extérieur; sa cassure est grenue, blanchâtre, comme marbrée; sa surface intérieure paraît revêtue d'une pellicule beaucoup plus blanche que tout le reste; elle a une saveur amère, aromatique et piquante; une odeur très-agréable, approchant de celle du girofle mêlé de poivre; sa poudre est blanche; elle donne une huile volatile à la distillation.

La cannelle blanche est souvent substituée dans le commerce à l'écorce de Winter. Aussi quelques auteurs lui ont-ils donné le nom de *fausse écorce de Winter*. Elles sont faciles à distinguer, comme on le verra à l'article de cette dernière. On peut consulter aussi le *Journal de Pharmacie* (V, 482 et suiv.), où l'on trouve une analyse comparée de ces deux écorces, faite par M. Henry.

316. *De l'écorce de Cascarille.*
Cortex Cascarillæ *seu* Cascarilla.

Chacrille, quinquina aromatique, écorce éleutérienne. Cette écorce est fournie par le *Croton Cascarilla* L., petit arbrisseau de la monoécie monadelphie et de la famille des euphorbiacées, qui croît au Paraguay, au Pérou et aux îles de Bahama. L'écorce est roulée, compacte, pesante, ayant une cassure résineuse et rayonnée. Elle est d'un brun obscur, souvent comme racornie par la dessiccation, nue ou recouverte d'un épiderme blanc, rugueux et fendillé comme celui du quinquina, et quelquefois parsemé d'un petit lichen. Elle a une saveur amère, aromatique, et une odeur agréable surtout lorsqu'on la chauffe. Elle contient beaucoup de résine, et donne à la distillation une huile volatile verte, aromatique et suave. Elle est très-fébrifuge, mais elle échauffe beaucoup, et, à cause de cela, ne convient pas à tous les tempéramens. Elle arrête le vomissement et la dyssenterie; on la mêle au tabac pour l'aromatiser; mais elle enivre à trop forte dose. Elle donne un beau noir à la teinture.

317. *De l'écorce de Chêne.*
Cortex Roboris. — Off.

Quercus Robur L. Monoécie polyandrie; dicotylédones diclines irrégulières, famille des amentacées.

Car. gén. Fleurs monoïques; *fleurs mâles :* chaton lâche et pendant; Calice à 4 divisions; 5 ou 10 étamines; *fleurs femelles:* Calice composé d'écailles imbriquées et soudées. Le calice persiste, croît, et prend la forme d'une coupe qui entoure la base d'un fruit oblong recouvert d'une peau cartilagineuse. — *Car. spéc.* Feuilles tombantes, oblongues, élargies en haut; sinuosités piquantes, angles obtus.

L'espèce de Linné, telle que je viens d'en exposer les caractères, comprend deux variétés, dont l'une a les fruits sessiles, et l'autre péduncules. On en fait maintenant deux espèces, que l'on nomme *Quercus sessiliflora* et *Quercus racemosa*. Lam. et Decand. C'est à la première surtout qu'appartient le nom de *chêne rouvre;* l'autre, beaucoup plus élevé, se nomme communément *gravelin* ou *chêne blanc*. Ces deux arbres forment la base de nos forêts.

L'écorce de chêne varie selon l'âge de l'arbre; lorsqu'il est vieux, elle est épaisse, raboteuse, noire et crevassée au dehors, rougeâtre en dedans. Lorsqu'il est jeune, elle est moins rude ou presque lisse, couverte d'un épiderme gris-bleuâtre diversement dessiné; d'un rouge pâle et blanchâtre à l'intérieur. Alors aussi, elle est bien plus riche en principe astringent, et jouit d'une odeur fade particulière, qui est celle que l'on sent dans les tanneries.

Cette écorce séchée et réduite en poudre prend le nom de *tan*, et sert à tanner les peaux. On l'emploie aussi en médecine comme un puissant astringent.

318. *De l'écorce de Chêne jaune ou Quercitron.* Cortex Querci tinctoriæ.

Quercus tinctoria L.; grande espèce de chêne qui croît dans les forêts de la Pensilvanie. On se sert de son écorce pour tanner les peaux; mais on en exporte aussi une grande quantité en Europe, à cause de sa richesse en un principe colorant jaune que l'on peut substituer à celui de la gaude. Cet arbre paraît se naturaliser au bois de Boulogne près de Paris, où, en 1818, on en a fait un semis considérable.

319. *De l'écorce de Chêne-Liége ou Liége.* Cortex suberis *vel* suber. — Off.

Quercus Suber L. Mêmes classe, ordre et genre que

les précédens. — *Car. spéc.* : Feuilles ovales-oblongues, indivises, dentées en scie, cotonneuses en dessous; écorce crevassée fongueuse.

Le chêne-liége est toujours vert; il croît en Espagne, en Italie et dans nos départemens méridionaux. Il commence à fournir son écorce, qui est très-épaisse et fongueuse, à l'âge de quinze ou seize ans, et il peut en donner de nouvelle tous les six à huit ans, jusqu'à cent cinquante ans, sans périr. Lorsqu'on a obtenu cette écorce en grandes plaques carrées, on la chauffe et on la charge de poids pour la redresser; alors on la fait sécher très-lentement, afin de lui conserver sa flexibilité.

On choisit le liége épais, flexible, élastique, d'une porosité fine, d'une couleur rougeâtre, non ligneux dans son intérieur.

En Espagne on brûle les rognures de liége dans des vases clos, et on en retire un charbon très-noir et très-léger, qui est estimé en peinture. Ce charbon est aussi recommandé contre les hémorrhoïdes, étant mêlé à de l'huile d'olives.

Le liége a été regardé, pendant quelques années, comme un principe immédiat des végétaux; mais il est évident qu'une écorce n'est pas un principe immédiat. Elle peut bien en contenir, et même plus d'un, comme cela est effectivement; tout ce qu'on peut dire, c'est que la majeure partie du liége est un corps particulier, que l'on peut nommer *subérine,* analogue au ligneux et à la fungine des champignons, mais en différant en ce que, traité par l'acide nitrique, il donne naissance à un acide particulier qui a été nommé *acide subérique.*

On doit à M. Chevreul une analyse du liége. Cette substance a d'abord perdu 0,04 d'*eau* par la dessiccation; traitée ensuite par l'eau dans le digesteur distillatoire, elle a fourni, à la distillation, une petite quantité d'une *huile volatile odorante* et de l'*acide acétique*; la liqueur restant dans le digesteur, lui a donné un *principe colorant jaune*, un *principe astringent*, une *matière animalisée*, de l'*acide gallique*, un *autre acide*; du *gallate de fer*, de la *chaux*, en tout 0,1425; la partie insoluble dans l'eau traitée par l'alcohol, lui a cédé les mêmes principes que ci-dessus, plus une matière analogue à la cire, mais cristallisable, qu'il a nommée *cérine*, une *résine molle* qu'il croit être une combinaison de cérine avec une autre substance qui l'empêche de cristalliser, *deux autres matières* paraissant encore contenir de la cérine unie à des principes non déterminés, en tout 0,1575. Le liége, épuisé par l'eau et l'alcohol, différait peu du liége naturel; il pesait 0,70 (*Ann. chim.* XCVI, 115). C'est à cette partie, supposée entièrement privée de ses principes solubles, que l'on peut appliquer le nom de *subérine*.

Des Ecorces dites *Costus amer et Paratodo.*

En parlant de la racine de *costus* (p. 276), j'ai dit que les anciens en distinguaient trois espèces, l'*arabique*, l'*indien* et le *syriaque*. Les nouveaux Grecs en ont distingué deux autres, le *doux* et l'*amer*, soit que ces espèces fussent les mêmes que deux des trois précédentes, soit qu'elles fussent différentes.

Dans nos temps modernes, il ne nous reste, de ces costus, que l'*arabique*; et tous les autres sont perdus, ou sont employés sous d'autres dénominations. Mais les demandes qu'on en a toujours faites de temps à autre, ont été cause que les commerçans se sont efforcés de les retrouver dans leurs magasins, et de là sont venus, sans doute, les nouveaux noms de *costus doux*, *costus corticosus*, *costus âcre*, *costus amer*, tous donnés à des écorces venues d'Amérique, inconnues par conséquent aux anciens, et ne devant aucunement porter le nom de costus.

J'ai déjà traité de la cannelle blanche, à laquelle s'appliquent les deux premiers noms de *costus doux* et de *costus corticosus*; je parlerai plus tard de l'écorce de Winter, nommée par quelques-uns *costus âcre*; je traiterai ici d'une écorce que j'ai trouvée chez M. Marchand, sous le nom de *costus amer*, et faute de lui en connaître un plus convenable. J'y réunirai deux écorces analogues qui ont été reçues du Brésil, et mêlées ensemble, sous le nom de *Paratodo.*

320. *Costus amer.* Cette écorce est en morceaux de différentes longueurs et grosseurs, dont les plus gros ont dû faire partie de rameaux de deux à trois pouces de diamètre, et dont les plus petits, qui sont tout-à-fait roulés, ont appartenu à des branches d'un pouce environ.

Ces plus gros morceaux sont épais de trois lignes, légers, recouverts d'un épiderme gris, mince, rugueux et légèrement crevassé; ils ont une cassure médiocrement fibreuse, jaunâtre, et une surface intérieure d'une apparence fibreuse: quelquefois ils ont été raclés à l'extérieur, et alors leur surface est unie et d'un blanc rosé. Ils sont inodores, et leur saveur amère, plus forte vers la partie interne qu'à l'extérieur, est mêlée d'un goût aromatique, nauséeux et fort désagréable.

Les morceaux roulés sont recouverts d'un épiderme gris moins rugueux, souvent marqué de taches blanches à peu près comme la fausse angusture, quelquefois blanc et fongueux comme dans la véritable. La cassure est moins fibreuse que dans les gros morceaux; la surface intérieure est revêtue d'une pellicule unie d'une couleur plus foncée que l'écorce elle-même, qui est d'un jaune pâle à l'intérieur; la saveur est semblable à celle des morceaux précédens.

321. *Paratodo* n° 1. Écorce large, peu ceintrée, épaisse de 2 lignes non compris l'épiderme, légère, à cassure grenue, jaunâtre et marbrée; la partie interne est recouverte d'une légère pellicule blanchâtre. L'épiderme est épais d'u-

une ligne à une ligne et demie, profondément rugueux ou crevassé, facile à séparer de l'écorce proprement dite; il est d'un gris foncé à l'extérieur, d'un vert jaunâtre à l'intérieur, et paraît formé de couches concentriques nombreuses et très-serrées. L'écorce se broie facilement sous la dent et a une saveur très-amère.

322. *Paratodo* n° 2. Écorce large, plus compacte que la précédente, épaisse de trois lignes ou plus, à cassure un peu rougeâtre, marbrée et grenue, excepté à la partie interne qui est formée de quelques lames minces, très-fibreuses et d'un gris foncé. L'épiderme est épais d'une ligne, adhérent à l'écorce, rugueux et crevassé, d'une couleur orangée, d'une texture semblable à celle du liége, et ayant comme lui les fibres perpendiculaires à celles de l'écorce. Cette écorce, dont la saveur est excessivement amère, diffère certainement de la précédente de même que du Costus amer, et cette conséquence deviendra plus évidente par la comparaison des propriétés de leur macéré aqueux (2 gros de poudre sur 3 onces d'eau).

	COSTUS AMER.	PARATODO N° 1.	PARATODO N° 2.
Tournesol	Rougi?	Rien.	Rien.
Nitrate de baryte.	Précipité.	Précipité.	Rien.
Nitrate d'argent.	Précipité abondant de chlorure.	Trouble qui disparaît presque entièrement par l'acide nitrique.	Précipité de chlorure.
Émétique.	Rien.	Rien.	Rien.
Sulfate de fer.	Précipité grisâtre.	Précipité blanchâtre.	Liqueur verte-noirâtre; précipité vert.
Gélatine.	Rien.	Rien.	Rien.
Noix de galle.	Léger trouble.	Précipité.	Précipité.
Eau de chaux.	Rien.	Rien.	Rien.
Acide nitrique.	Trouble qu'un excès d'acide redissout.	Trouble.	Rien.
Acide sulfurique.	Précipité.	Trouble.	Rien.

Il n'est pas à ma connaissance qu'aucune de ces écorces soit employée.

323. *De l'écorce de Garou ou de Sain-Bois.* Cortex Gnidii. — Off.

Daphne Gnidium L.; et aussi l'écorce de *mézéréon*, ou de bois-gentil, *Daphne Mezereum* L. Arbrisseaux de l'octandrie-monogynie de Linné, de la classe des dicotylédones apétales à étamines périgynes, et de la famille des thymélées.

Car. gén. : Calice coloré en tube, limbe quadrifide, 8 étamines renfermées dans le tube, 1 style court, 1 stigmate, baie monosperme. — *Car. spéc.* du *Daphne gnidium* : Panicule terminale, feuilles linéaires-lancéolées pointues. — Du *Daphne Mezereum* : Fleurs sessiles attachées à la tige 3 à 3, feuilles lancéolées tombantes.

L'écorce de ces deux arbrisseaux, ainsi que celle de la lauréole, *Daphne Laureola* L., sont également épispastiques; mais c'est surtout celle du garou, ou *daphne gnidium*, qui nous est apportée du Languedoc, où cet arbrisseau est très-commun. Il croît également en Espagne et en Italie. Cette écorce est très-mince, et néanmoins difficile à rompre. Elle est couverte d'un épiderme demi-transparent, d'un gris foncé, crispé ou ridé transversalement par le fait de la dessiccation, et uniformément marqué de distance en distance de petites taches blanches tuberculeuses. Dessous cet épiderme se trouvent des fibres longitudinales très-tenaces que l'on pourrait filer comme le chanvre, si elles n'étaient pas couvertes, du côté de l'épiderme, d'une soie très-fine, blanche et lustrée, qui, en s'introduisant dans la peau, y cause des démangeaisons insupportables. L'intérieur de l'écorce est d'un jaune de paille, uni, mais déchiré longitudinalement. Toute l'écorce a une odeur faible, et cependant nauséeuse; une saveur âcre et corrosive. Elle est épispastique, étant appliquée sur la peau, en écorce, en poudre ou en pommade. Elle nous arrive en morceaux longs de trois ou quatre pieds, larges de un à deux pouces, pliés par le milieu et réunis en bottes. On doit la choisir large et bien séchée.

On nous envoyait auparavant, au lieu de l'écorce de garou, les rameaux mêmes de l'arbrisseau desséchés, et on était dans l'usage d'en séparer l'écorce à Paris, à mesure du besoin, en la ramollissant préalablement dans l'eau, ou, ce qui est encore pis, dans du vinaigre. Il est évident que l'écorce qui a été enlevée de dessus le bois récent, sans macération préliminaire, et qui a été séchée promptement, doit être plus efficace. Il faut donc préférer, au bois de garou, l'écorce toute préparée que nous offre le commerce.

324. *De l'écorce de Malambo.*
Cortex Malambo. — Off.

Cette écorce vient des provinces du Choco, d'Antioquia et du Popayan, etc., dans la Colombie occidentale. Elle y est produite par un arbre que l'on présume appartenir à la famille des magnoliacées, et être fort voisin de celui qui donne l'écorce de Winter; elle n'est connue en Europe que depuis une douzaine d'années.

L'écorce de malambo, telle que je l'observe sur un échantillon que je dois à l'obligeance de M. Morin, pharmacien de Paris, est en morceaux longs de 18 pouces à 2 pieds, larges de 3 pouces, presque plats, et ayant appartenu à un tronc ou à des rameaux d'un diamètre considérable. Elle est épaisse de 5 à 6 lignes, d'un gris rougeâtre, filandreuse et cependant pesante et compacte, en raison de la grande quantité d'huile et de résine dont elle est imprégnée.

Elle à une odeur analogue à celle de l'acore vrai, mais beaucoup plus forte, et une saveur âcre, amère et aromatique. L'épiderme est mince, foliacé, généralement blanc, mais avec des taches brunes ou rosées; et de plus, il est parsemé d'un grand nombre de tubercules peu proéminens.

M. Vauquelin a retiré de l'écorce de Malambo : une huile volatile citrine, une résine très-amère, un extrait soluble dans l'eau, etc. (*Ann. Chim.* XCV, 112).

325. *De l'écorce de Marronier d'Inde.*
Cortex Hippocastani. — Off.

Æsculus Hippocastanum L. Heptandrie monogynie; dicotylédones polypétales hypogynes, familles des érables.

Car. gén. Calice renflé à 5 dents; corolle à 5 pétales inégaux; 7 étamines inclinées; 1 style; 1 capsule aiguillonée, coriace, trivale et triloculaire; graines lisses. — *Car. spéc.* Feuilles à 7 follioles digitées, obovées-aiguës, dentées.

Cet arbre est originaire des Indes orientales; le premier pied que l'on ait vu en France fut planté au jardin de Soubise, à Paris, en 1515. Le second l'a été au Jardin du Roi en 1655; maintenant il est extrêmement répandu, et fait l'ornement des jardins et des parcs par la beauté de son feuillage et l'élégance de ses fleurs. Ses semences ressemblent aux grosses châtaignes dites *marrons ;* leur parenchyme est amilacé et amer; depuis quelque temps on a commencé à l'utiliser en en fabricant des pois à cautères.

L'écorce du marronier d'Inde a été prônée à différentes époques comme succédanée du quinquina; mais elle n'a pas soutenu, d'une manière tout-à-fait satisfaisante, les épreuves auxquelles on l'a soumise. Celle des branches de deux à trois ans, que l'on doit préférer, est brune et rugueuse à l'extérieur, de couleur de chair dans sa cassure, qui est plutôt grenue que fibreuse; elle est inodore, et jouit d'une saveur amère, astringente, très-désagréable.

L'infusion aqueuse d'écorce de marronier rougit le tournesol, précipite la gélatine, verdit et forme un précipité vert par le sulfate de fer; ne précipite pas l'émétique; précipite par les acides, par la baryte et la chaux, ne précipite pas par la potasse qui lui donne une couleur bleue intense (Henry, *Annal. de Chimie*, LXVII, 210). La même infusion forme, avec le nitrate d'argent, un précipité gris, passant de suite au noir, ce qui la distingue de l'infusion de quinquina qui produit avec le même réactif un précipité blanc permanent (Planche, *Bull. Pharm.*, I, 35).

326. *Ecorce d'Orme pyramidal.*
Cortex Ulmi pyramidalis. — Off.

Ulmus campestris L. Pentandrie digynie; famille des amentacées?

Car. gén. Calice coloré, persistant à 4 ou 5 dents; corolle 0; 4 ou 5 étamines; fruit comprimé, bordé d'une membrane échancrée au sommet. — *Car. spéc.* feuilles doublement dentées, inégales à la base.

L'orme croît abondamment dans les forêts de l'Europe; on le cultive aussi pour border des routes et former des allées dans les promenades publiques. Il peut s'élever à 80 pieds de hauteur et acquérir avec le temps un tronc de 12 à 15 pieds de circonférence. Ses fleurs qui sont rougeâtres, et disposées en paquets serrés le long des rameaux, paraissent au mois de mars avant les feuilles, et les fruits sont mûrs un mois après.

L'écorce intérieure de l'orme, ou le liber, a long-temps été vantée contre l'hydropisie ascite et ensuite contre les maladies de la peau. On la trouve dans le commerce divisée en lanières rougeâtres, fibreuses, d'un goût pâteux et amilacé.

La teinture d'iode y indique en effet la présence de l'amidon,

Le bois d'orme est assez dur, rougeâtre et usité surtout pour le charronage. Celui que l'on nomme *tortillard* surtout est employé pour faire des moyeux de roues, des pieds de mortiers, des vis de pressoirs, etc. Ce même arbre est sujet à produire, sur son tronc, des excroissances ligneuses d'un volume considérable, qui, travaillées par les ébénistes, forment des meubles d'une grande beauté, à cause des accidens variés et bizarres que leur coupe a mis au jour.

Des écorces de Quinquinas.

Le quinquina vient du Pérou et paraît avoir été apporté pour la première fois, en Europe, en 1640. On n'est pas d'accord si les Péruviens en connaissaient, ou non, l'usage avant cette époque; mais il est certain qu'en 1638, la femme du comte *del Cinchon* ou *Chinchon*, vice-roi du Pérou, étant attaquée d'une fièvre opiniâtre, un corrégidor de Loxa lui indiqua le quinquina, dont elle fit usage et qui la guérit. Par la suite, cette comtesse distribua elle-même le quinquina réduit en poudre, ce qui lui fit donner le nom de *poudre de la comtesse*, et elle en rapporta avec elle à son retour en Europe qui eut lieu en 1640. Mais ce ne fut guère qu'en 1649 que les jésuites de Rome, en ayant reçu une grande quantité d'Amérique, le mirent en vogue, et firent changer son nom en celui de *poudre des jésuites*; car ils le distribuaient toujours en poudre, afin d'en tenir l'origine cachée : enfin, en 1679, Louis XIV en acheta le secret d'un Anglais nommé Talbot, et c'est depuis ce temps seulement qu'on a reçu en France du quinquina en écorces.

La première espèce de quinquina connue, paraît être le quinquina de Loxa. Elle a été décrite avec soin par La Condamine, académicien français qui fut envoyé, en 1730—1740, au Pérou, pour y mesurer quelques degrés du méridien terrestre, et qui se rendit également célèbre par deux genres d'occupation aussi différens : ses recherches sur le quinquina se trouvent dans les Mémoires de l'académie des sciences pour l'année 1738.

Cette espèce de quinquina appartient, comme celles qui ont été découvertes depuis, au genre *Cinchona* de Linné, de sa pentandrie monogynie, et de la famille des rubiacées de Jussieu. Il est visible que ce mot *cinchona* est formé du nom du vice-roi dont j'ai parlé : quant au nom français *quinquina*, Murray met en doute s'il n'est pas dérivé de *cinchona* par corruption; mais, suivant La Condamine, il existe au Pérou un autre arbre dont l'écorce y était employée comme fébrifuge, avant la découverte du quinquina, et s'y nommait *quina quina;* et c'est par confusion que, dans les premiers temps, les naturels du pays ont étendu à la nouvelle écorce ce nom, que nous avons traduit par *quinquina.*

L'arbre qui produit cette autre écorce fébrifuge, ancien quinquina des Péruviens, est le *Myroxylon peruiferum* L. F., le même qui donne le baume du Pérou. Pour ce qui est du quinquina de Loxa, il porte au Pérou le nom de *corteza* ou de *cascara de Loxa,* ce qui signifie seulement *écorce de Loxa.* Il y porte également le nom de *cascarilla* (petite écorce), et ceux qui le récoltent se nomment *cascarilleros.*

Mais une seule espèce de quinquina ne suffisant pas à beaucoup près à la consommation, on en a mis successivement plusieurs autres en usage, et aujourd'hui le nombre des espèces ou variétés en est devenu tellement considérable, qu'il est presqu'impossible de les distinguer toutes, et d'indiquer d'une manière certaine l'espèce botanique à laquelle on doit rapporter chacune.

A la tête des savans qui ont étendu le nombre des espèces de quinquina connues, il faut placer Mutis, botaniste espagnol qui partit, en 1760, pour la Nouvelle-Grenade, comme médecin du vice-roi, et qui fut nommé, en 1780, directeur de l'expédition botanique de Santa-Fé, organisée dans ce pays par le gouvernement espagnol.

Mutis distingua et décrivit quatre espèces officinales de quinquinas; savoir : le quinquina orangé, qu'il met en première ligne pour l'efficacité, produit par son *Cinchona lancifolia*; le rouge, produit par le *C. oblongifolia;* le jaune, par le *C. cordifolia;* le blanc, par le *C. ovalifolia.*

Ces quinquinas se trouvent décrits, et les arbres qui les produisent exactement figurés, d'après M. Zéa, dans le traité des fièvres pernicieuses de M. Alibert. Mutis ne connaissait pas le quinquina de Loxa, ou le croyait le même que son quinquina orangé.

Après Mutis, viennent: M. Zéa son disciple; Vahl et Laubert à qui l'on doit des monographies justement estimées; Ruiz et Pavon, auteurs de la *Flore péruvienne;* M. Tafalla leur successeur au Pérou; MM. de Humboldt et Bonpland, auteurs des *Plantes équinoxiales*, etc. A défaut des ouvrages de ces savans, on peut consulter avec fruit le mémoire de M. Laubert sur les quinquinas (*Bull. pharm.* II, 289), celui de M. Virey (*ibid.* IV, 481), la synonymie des quinquinas, extraite de l'ouvrage de M. Fée *sur les cryptogames des écorces exotiques* (*Journ. chim. méd.* I, 35, 90); enfin, l'article QUINQUINA du *Dictionnaire des sciences médicales*, dans lequel M. Laubert a donné un extrait du savant mémoire de M. de Humboldt *sur les forêts de l'Amérique méridionale.* C'est de cet article, surtout, que j'extrairai ce que j'ai à dire sur les différentes espèces de *cinchona* qui ont été reconnues jusqu'ici.

Ire SECTION. — *Quinquinas à corolles velues; étamines toujours renfermées dans le tube.*

1re *Espèce. Cinchona condaminea*, Humb. et Bonpl. Cet arbre, haut de dix-huit pieds, croît sur la pente des montagnes, au 4e degré de latitude sud, à une élévation moyenne de 9 à 1200 toises, et à une température de 15 à 16 degrés; ses feuilles sont ovales ou lancéolées, très-entières, très-glabres, vertes des deux côtés, relevées en dessous par plusieurs nervures, dans l'aisselle de chacune desquelles se trouve une fossette qui renferme une humeur cristalline très-astringente. Le pétiole est six fois plus court que la feuille et coloré en rouge, ainsi que la nervure principale. Les fleurs sont disposées en panicules terminales; elles sont rouges, odorantes, longues de 7 à 8 lignes, à 5 étamines renfermées dans le tube, à style droit terminé par un stygmate bifide.

Cette espèce est la même que celle décrite par La Condamine, et suivant M. de Humboldt, qui s'accorde en cela avec Ruiz et Pavon, son écorce, connue particulièrement sous le nom de quinquina d'*Uritusinga*, était anciennement réservée pour la pharmacie du roi d'Espagne. Cette écorce est roulée, d'une ligne d'épaisseur, de deux à cinq lignes de diamètre; à surface lisse ou peu raboteuse, fauve-grisâtre, marquée de petites crevasses transversales parallèles; à surface interne lisse, d'un rouge orangé; de consistance assez compacte; ayant une cassure nette, avec quelques filets ligneux vers le bord interne; offrant un goût astringent-amer, sans être nauséabond, et assez intense; d'une odeur faible devenant plus marquée par la pulvérisation; donnant une poudre jaune grisâtre.

2e *Espèce.* — *Cinchona scrobiculata* H. B.; *C. purpurea* R. P. Cet arbre forme d'immenses forêts dans la province de Jaen de Bracamoros; ses caractères spécifiques coïncident avec ceux du *C. condaminea*, mais il s'éleve à la hauteur de 40 pieds (1); son écorce dont on fait un grand commerce, est probablement celle que l'on vend sous le nom de *quinquina gris fin de Lima*; lorsqu'elle provient des jeunes branches elle ressemble tellement à celle du *C. condaminea* qu'il est difficile de les distinguer.

---

(1) Suivant La Condamine l'arbre au quinquina s'élève également fort haut lorsqu'on le laisse croître; mais déjà de son temps tous les vieux troncs ayant été détruits, on n'en trouvait plus que de jeunes de la hauteur de 12 à 15 pieds. De là vient que M. de Humboldt et M. Pavon (*Bull. pharm.* II, p. 295, note 10) ne donnent à ce même arbre que 18 pieds d'élévation.

3e *Espèce.* — *Cinchona lancifolia* Mut., *C. angustifolia* R. P. Arbre d'un fort beau port, de 30 à 45 pieds d'élévation et de 1 à 4 pieds de diamètre. Il croît entre le quatrième et le cinquième degré de latitude nord, sur la pente des montagnes, entre 700 et 1500 toises d'élévation, et à une température de 13 degrés Réaumur, ou moindre. C'est cet arbre qui produit le quinquina orangé de Santa-Fé et, suivant Mutis, c'est également lui qui donne le quinquina de Calisaya, province du Pérou méridional dans l'intendance de la Paz.

MM. Zéa, de Humboldt, et d'autres botanistes regardent comme des variétés du *C. lancifolia* :

1°. Le *C. nitida* de la Flore péruvienne, qui habite les andes du Pérou. Son écorce, connue sous le nom de *peruviana* dans le commerce espagnol, ressemble à celle du *C. lancifolia* de Mutis.

2°. Le *C. lanceolata*, dont l'écorce est connue dans le commerce espagnol sous les noms de *cascarilla lampigna*, *cascarilla amarilla de Mugna*, et figure parmi les quinquinas jaunes (1).

---

(1) Lambert, dans son *an illustration of the genus* Cinchona (1821), réunit en une seule espèce les *C. condaminea* H. B., *lancifolia* M., *lanceolata* R. P., *nitida* R. P., *angustifolia* R. Quinol., *lutea* Pav., *colorada* Pav. La réunion du *C. lancifolia* au *condaminea* peut, en effet, paraître justifiée par la comparaison de la figure du *lancifolia* donnée dans le *Traité des fièvres pernicieuses* de M. Alibert, avec celles du quinquina de La Condamine (Mémoires de l'académie 1738), du *C. officinalis* de Vahl (Lambert, *description*, etc., t. 1), et du *C. condaminea* (*Plant. équin*, t. 10). Quant aux *C. lutea* et *colorada* de M. Pavon, qui paraissent être les mêmes que ceux dont il est parlé dans le *Bull. de Pharmacie*, t. II, p. 292 et suiv., sous les noms de *Cascarilla amarilla* et *colorada*, leur réunion avec le *C. condaminea* doit être d'autant plus approuvée que ces mêmes variétés ont été mentionnées par La Condamine lui-même, sous les noms de QQ. *jaune* et *rouge*, avec l'observation qu'elles n'offraient aucune différence remarquable dans leurs caractères botaniques.

4e *Espèce.* — *Cinchona cordifolia*, ou quinquina jaune de Mutis ; *C. pubescens* de Vahl ; *C. ovata* R. et P.

Arbre droit, de quinze à vingt pieds d'élévation, croissant à quatre degrés de latitude nord, entre neuf cents et quatorze cents toises d'élévation, et à peu près à la même latitude sud, dans les provinces de Cuença et de Loxa. Son écorce est en tubes et en gros morceaux peu roulés, dure, ligneuse, d'un jaune-paille à l'intérieur, très-amère, et sans aucune astriction ; elle est recouverte d'un épiderme fin, très-adhérent, et plus grisâtre qu'elle ; sa poudre est beaucoup plus pâle que celle du quinquina orangé.

M. Zéa regarde comme une variété du *C. cordifolia*, le *C. hirsuta* R. et P.

5e *Espèce.* — *C. oblongifolia* Mut. ; *C. grandifolia* Poiret. Cet arbre, un des plus grands du genre *cinchona*, croît vers le cinquième degré de latitude nord, à une élévation de six à treize cents toises ; et aussi au sud de l'équateur ; ses feuilles ont depuis un pied et demi jusqu'à deux de longueur ; ses fleurs, qui sont blanches et longues d'un pouce, exhalent une odeur analogue à celle des fleurs d'oranger : l'écorce sèche est d'un rouge prononcé, et semblable, par ses formes, sa grosseur et son épiderme, au quinquina calisaya ; mais elle est moins amère et remarquable par sa grande stypticité. Cette espèce paraît différer de la suivante.

6e *Espèce.* — *C. caduciflora* Kunth ; *C. magnifolia* H. B. *Plante équin.*, *C. magnifolia?* R. P. Cet arbre croît à Jaen et s'élève à plus de cent pieds ; ses feuilles ont en général de six à huit pouces de long, mais celles des individus âgés peuvent acquérir jusqu'à trois pieds de longueur. Les fleurs sont inodores, plus petites que dans le *C. oblongifolia*, à corolles blanches et caduques.

7e *Espèce.* — *Cinchona macrocarpa* de Vahl ; *C.*

ovalifolia M. Cette espèce produit le quinquina *blanc* de Mutis, qui est très-compacte, grisâtre à l'extérieur, blanchâtre et comme basané à l'intérieur, très-mince lorsqu'il appartient aux jeunes pousses, à peu près d'une ligne d'épaisseur lorsqu'il provient des grosses branches; la cassure en est ligneuse, inégale, spongieuse, et comme formée de différentes couches; son goût, d'abord peu marqué, devient très-amer et désagréable.

8e *Espèce.* — *Cinchona ovalifolia* Humb. et Bon., différent de celui de Mutis.

9e *Espèce.* — *Cinchona brasiliensis*, à très-petites fleurs non encore bien déterminées.

.... *Espèce.* — *C. micrantha*, Fl. péruv. Arbre d'un beau port, un des plus grands de ce genre, croissant dans les andes péruviennes.

.... *Espèce.* — *C. parviflora* Poiret; croît à la Martinique.

10e *Espèce.* — *C. excelsa* Roxburg; croît dans les Indes orientales.

.... *Espèce.* — *C. glandulifera* R. et P. Se trouve au nord de Huanuco, au Pérou; se rapproche du *C. condaminea*, mais en diffère par sa corolle glabre en dessus et par ses feuilles velues en dessous.

IIe SECTION. — *Quinquinas à corolles glabres; étamines renfermées dans la corolle.*

11e *Espèce.* — *Cinchona grandiflora* R. P., qui est aussi leur *Cosmibuena obtusifolia*; arbre du royaume de Santa-Fé.

12e *Espèce.* — *Cinchona parviflora* Mutis.

13e *Espèce.* — *C. acutifolia* R. et P.

14e *Espèce.* — *C. acuminata*; *Cosmibuena acuminata* R. P.

IIIᵉ SECTION. — *Quinquinas à corolles glabres; étamines saillantes hors de la corolle.*

Exostema H et B.

15ᵉ *Espèce.* — *Cinc. dissimiliflora;* de la Nouvelle-Grenade.

16ᵉ *Espèce.* — *C. longiflora* Lambert; de la Guyane.

17ᵉ *Espèce.* — *C. caribæa;* croissant à la Jamaïque, aux environs de la Havanne, à Saint-Domingue; trouvé également à la Guadeloupe, sur les bords de la mer, et sur les versans des mornes de ce côté. Produit le quinquina caraïbe.

18ᵉ *Espèce.* — *Cinchona lineata.*

19ᵉ *Espèce.* — *Cinchona floribunda* de Swartz; *C. montana* de Badier; *Exostema floribunda* de Bonpl. Cet arbre a été découvert, en 1742, par Desportes, à Saint-Domingue. Il croît également à la Jamaïque, la Martinique, la Guadeloupe et Sainte-Lucie. Son écorce, que l'on trouve assez souvent dans le commerce, se nomme *Quinquina piton*, *Q. de Sainte-Lucie*, *Q. de Saint-Domingue.*

20ᵉ *Espèce.* — *C. angustifolia* de Swartz, à Saint-Domingue.

21ᵉ *Espèce.* — *C. brachycarpa* de Lambert, au nord de la Jamaïque occidentale.

22ᵉ *Espèce.* — *C. coriacea* de Poiret, à Saint-Domingue.

23ᵉ *Espèce.* — *C. corymbifera,* trouvé par Forster dans une des îles des Amis.

24ᵉ *Espèce.* — *C. philippica* de Cavanilles, à Manille.

25ᵉ *Espèce.* — *Exostema peruviana* H. B. Autres espèces mal déterminées : *C. dichotoma, scandens, spinosa* Lamb., *triflora* Wright, *caroliniana* Poiret, *mauritiana, thyrsiflora,* etc.

J'aurais pu étendre cet exposé des espèces qui composent le genre *cinchona*, et m'appesantir davantage sur les caractères assignés à leurs écorces; mais en raison de la difficulté de reconnaître à ces caractères la plupart des quinquinas du commerce, j'ai préféré m'attacher à bien décrire ceux-ci : je n'aurai pas entièrement perdu le fruit de mon travail, si quelque savant parvient à reconnaître, d'une manière certaine, dans une de mes écorces, le produit d'une espèce botanique.

Je divise d'abord les quinquinas, comme on le fait ordinairement, en *QQ. gris, jaunes, rouges, blancs,* et *faux-quinquinas.* Les premiers, ou les *quinquinas gris*, comprennent en général des écorces roulées, médiocrement fibreuses, plus astringentes qu'amères, donnant une poudre d'un fauve grisâtre plus ou moins pâle, contenant surtout de la *cinchonine* et peu ou pas de *quinine.*

Les *quinquinas jaunes* peuvent offrir un volume plus considérable, sont d'une texture très-fibreuse et d'une amertume beaucoup plus forte et plus dégagée d'astringence. Ils donnent une poudre jaune fauve ou orangée, et contiennent une si grande quantité de sels à base de chaux et de quinine, qu'ils précipitent instantanément la dissolution de sulfate de soude.

Les *quinquinas rouges* tiennent le milieu pour la texture entre les gris et les jaunes; ils sont à la fois très-amers et astringens; leur poudre est d'un rouge plus ou moins vif. Ils contiennent à la fois de la quinquine et de la cinchonine.

Les quinquinas blancs se distinguent par un épiderme naturellement blanc, uni ou non fendillé, adhérent aux couches corticales (1). Ils contiennent ou ne contiennent pas de

(1) L'épiderme des sortes précédentes est en général fendillé, rugueux, naturellement brun, et ne devenant blanchâtre à la superficie qu'en raison des cryptogames qui le recouvrent.

cinchonine, et il est douteux qu'on doive les regarder tous comme de véritables quinquinas.

Les *faux-quinquinas* sont des écorces produites par des arbres étrangers au genre *cinchona* ou qui en ont été séparés (*Exostema*, *Portlandia*, etc.) On n'y rencontre ni quinine, ni cinchonine, et ils ne diffèrent pas moins des véritables quinquinas par leurs propriétés chimiques et médicales que par leurs caractères botaniques.

Des quinquinas gris.

527. Première sorte. — *Quinquina gris-brun de Loxa.*

Cette écorce varie en grosseur depuis celle d'une petite plume jusqu'à celle du petit doigt. Elle est entièrement roulée et recouverte d'un épiderme fin, rugueux, offrant des fissures transversales parallèles. Cet épiderme est naturellement brun ou d'un gris foncé; mais il est le plus souvent blanchi par différents cryptogames, dont à la simple vue on distingue trois formes principales. Tantôt ce n'est qu'une légère couche d'un blanc argenté, appliquée sur l'épiderme et comme identifiée avec lui; tantôt ce sont des expansions foliacées qui se détachent facilement de l'écorce; d'autres fois enfin ce sont des filets blancs, ramifiés et presque capillaires (*usnea barbata*, Fée, cryptogames, tab. 32).

Le quinquina gris-brun de Loxa a une épaisseur d'une demi-ligne à une ligne; il est très-léger; sa cassure est tout-à-fait nette dans les écorces les plus jeunes (1), un peu fibreuse dans celles qui sont plus âgées; sa couleur intérieure varie du jaune pâle au fauve rougeâtre; sa saveur est astringente et amère; son odeur, qui est très-développée, est analogue à celle que l'on respire dans les forêts humides.

(1) Lorsque ces écorces sont privées de toute partie ligneuse; car elles offrent souvent à leur intérieur une portion de bois blanc très-fibreux, qu'il est facile d'en détacher.

Quant à l'origine de ce quinquina, elle me semble bien connue aujourd'hui, et je crois pouvoir confirmer ce que j'avais avancé dans la première édition de cet ouvrage; savoir, que le quinquina gris-brun de Loxa est celui que M. Laubert a décrit sous le nom de *peruviana* (Bull. Pharm. II, 235); or il n'est pas douteux que cette écorce ne soit produite par le *Cinchona nitida* (Fl. péruv.), que Lambert a compris dans la variété β de son *C. condaminea* (*Illustration*, etc.). Mais quelle que soit la justesse de cette réunion opérée par Lambert, sous le rapport purement botanique, je pense qu'il n'en faut pas moins distinguer les écorces de ces deux arbres; car celle du *C. condaminea* proprement dit, que tous les auteurs s'accordent à faire réserver, jusqu'en ces derniers temps, pour la pharmacie royale de Madrid, est un véritable quinquina jaune, à peine différent du quinquina calisaya (1). Voir plus loin n° 336.

L'âge auquel on récolte le quinquina gris-brun de Loxa, apporte de très-grandes variations dans ses propriétés. En choisissant les écorces les plus jeunes et les plus minces, je les ai constamment trouvées d'une saveur très-astringente et mucilagineuse, formant avec l'eau froide une liqueur jaune foncée, qui précipitait très-abondamment la gélatine, et ne précipitait ni l'émétique ni le macéré de tan; tandis que les écorces les plus grosses, qu'on reconnaissait pour appartenir à la même sorte, à cause de leurs caractères physiques semblables, étaient bien moins astringentes, plus amères, et donnaient une liqueur moins foncée, qui se troublait

(1) M. Baska, pharmacien-droguiste à Prague, a soumis depuis deux ans environ, à l'Académie royale de médecine, des observations sur les quinquinas, où la même opinion se trouve très-positivement exprimée. Seulement ce savant pharmacien attribue notre quinquina gris de Loxa au *C. cordifolia* M., et je crois qu'il a encore raison; parce que le quinquina de Loxa qui lui avait été envoyé de Paris, était surtout composé de la sorte suivante, et non de celle qui fait le sujet de cet article.

fortement par la gélatine sans former de précipité, se troublait fortement par la solution d'émétique, et précipitait le macéré de tan. Les essais chimiques ne peuvent donc pas toujours servir à la distinction certaine des espèces de quinquina.

328. D'un autre côté, si les cryptogames qui recouvrent cette sorte de quinquina, plus que toutes les autres, peuvent servir à la faire reconnaître, il s'en faut de beaucoup qu'ils ajoutent à ses propriétés, et qu'on doive la priser d'autant plus qu'elle en est plus chargée. Il y a quelques années qu'on reçut dans le commerce une quantité considérable d'un pareil quinquina à épiderme très-brun, très-rugueux et couvert d'une grande abondance de lichens foliacés et filamenteux. Ce quinquina, vendu fort cher, était cependant d'une qualité très-inférieure : il était contourné et comme tourmenté par suite de la dessiccation, de même que le serait une substance qui aurait été trop gorgée d'humidité; il était épais, ligneux, fibreux, peu roulé sur lui-même, toutes qualités contraires au bon quinquina de Loxa, qui doit être en longues écorces bien cylindriques, bien roulées, mince et peu ligneux. Enfin il n'avait qu'une saveur astringente, peu amère et peu aromatique.

Nota. Cette variété de quinquina si rugueuse et si brune dans les parties non couvertes de lichens, ne serait-elle pas l'écorce du *C. glandulifera?*

329. Deuxième sorte. — *Quinquina gris de Loxa.*

Cette écorce, qui m'a été donnée comme une véritable sorte de Loxa, est celle que M. Laubert a décrite sous le nom de *Delgada* (*Bull. Pharm.* II, 296), et qu'il attribue au *Cinchona hirsuta* de la Flore péruvienne (variété du *C. cordifolia* suivant Vahl et Zea). Elle est un peu rugueuse à l'extérieur, avec de petites fissures transversales; est *d'un gris clair*, à cause d'une légère couche de cryptogames blanchâtres, *moins argentins* que ceux du *C. nitida*, qui la recouvre en grande partie. (Elle est généralement moins rugueuse et moins brune que le quinquina gris-brun de Loxa.) Elle est remarquable par sa finesse, étant souvent *presqu'aussi mince et aussi roulée que la cannelle de Ceylan*, même lorsqu'elle provient de branches d'un grand diamètre. Elle a une cassure nette, une texture fibreuse, *mais très-fine*, et sa surface interne est presqu'aussi unie que celle de la cannelle. Dans les écorces qui n'ont pas souffert, cette surface est d'une couleur rougeâtre assez vive, tandis que la substance même de l'écorce, nouvellement mise à nu, paraît presque blanche : la saveur est astringente et amère; l'odeur faible.

Cette écorce n'est pas toujours aussi mince que je viens de le dire; et lorsqu'elle provient du tronc elle peut acquérir 2 lignes d'épaisseur et l'apparence d'un quinquina jaune; mais sa surface à peine rugueuse et souvent ridée longitudinalement, sa cassure nette, la finesse de sa texture, enfin sa surface interne presque lisse la font toujours facilement reconnaître.

Le quinquina *delgada* est très-rare, et la cause en est dans son extrême finesse. Les cascarilleros ne trouvent pas leur compte à l'exploiter, pouvant, dans le même espace de temps, se procurer huit fois plus de *peruviana* que de *delgada* (Laubert).

J'ai trouvé mêlées à ce quinquina trois autres écorces qui seront étudiées plus tard. La plus abondante était du *quinquina blanc de Loxa* (n° 347); la seconde, dont on rencontrait une certaine quantité, était le vrai *quinquina du roi d'Espagne* (n° 336); la troisième était du *quinquina de Lima blanc* (n° 331).

Troisième sorte. — *Quinquina de Lima.*

Ce quinquina me paraît être le *Lampigna* de Ruiz, le *cascarilla boba* du Pérou, et par conséquent l'écorce du *Cin-*

chona lanceolata de la Flore péruvienne (*Bull. Ph.* II, 297). On le trouve sous deux formes dans le commerce, qui diffèrent assez pour qu'on doive les décrire séparément.

330. *Quinquina gris fin de Lima.* Grosseur d'une forte plume à celle du petit doigt; *épiderme fin,* légèrement fendillé et *d'un gris blanchâtre assez uniforme;* épaisseur d'une ligne environ; cassure nette, *compacte et résineuse à l'extérieur,* ligneuse ou légèrement fibreuse à l'intérieur; couleur d'un jaune orangé dans les écorces nouvellement livrées au commerce, grisâtre et terne dans celles qui ont vieilli; saveur astringente et amère, odeur faible.

331. *Quinquina gros-lima* ou *lima blanc* (1). Écorces de la grosseur du petit doigt à celle du pouce et davantage; ordinairement revêtue d'une couche crétacée qui lui donne *un aspect blanchâtre à l'extérieur;* épiderme médiocrement rugueux, offrant quelques fissures transversales ou d'autres fois irrégulières; cet épiderme est le plus souvent mince et adhérent au bois; mais dans d'autres morceaux il est épais, fongueux, et peut se séparer en plusieurs couches.

L'écorce elle-même est *épaisse,* d'un *jaune prononcé* ou un peu rougeâtre; elle offre une cassure compacte et serrée à l'extérieur, tout-à-fait ligneuse à l'intérieur; elle est plus souvent spongieuse que dure sous la dent: la saveur en est manifestement amère; l'odeur est peu sensible.

Indépendamment des deux écorces précédentes, qui for-

(1) Peut-être faut-il encore distinguer le *gros lima* ou *Q. gris en grosses écorces* du *lima blanc.* Le premier, qui est plus évidemment formé des grosses écorces du précédent, est d'un gris foncé à l'extérieur, à cassure brune; le second, auquel se rapporte la description du n° 331, est blanc à l'extérieur et jaune à l'intérieur: quelques personnes l'attribuent au *C. cordifolia* M., et le regardent comme le vrai quinquina jaune de Mutis.

ment à proprement parler le quinquina de Lima, j'ai trouvé dans les caisses qui les renferment, mais en petite quantité, trois autres écorces dont l'une est le quinquina gris de Loxa ou *delgada* (n° 329), et dont les deux autres me paraissent devoir être décrites ici.

332. *Quinquina gris huanuco.* Je donne à cette écorce le nom de *huanuco*, parce que je lui trouve tous les caractères indiqués par M. Laubert pour cette sorte de quinquina (*Bull. Pharm.* II, 309).

Grosseur du pouce; épaisseur d'une ligne et demie; forme entièrement roulée; surface raboteuse avec des fissures transversales très-rapprochées : épiderme mince (fongueux dans un endroit), noirâtre, mais recouvert, par place, d'une matière crétacée; cet épiderme est sans goût; il se sépare très-facilement de l'écorce par très-petites plaques, et y laisse des impressions circulaires très-nombreuses; la cassure est compacte et ligneuse; la couleur interne, celle du quinquina jaune; la saveur amère, un peu pâteuse; l'odeur presque nulle.

333. *Quinquina gris imitant le jaune royal; Lagartijada?* (*Bull. Ph.* II, 298.)

Les petites écorces de ce quinquina ont une teinte *grise-bleuâtre* assez uniforme, due au mélange de la légère couche blanche qui les recouvre avec la couleur brune-noirâtre de l'épiderme. Cet épiderme est fin, *rugueux*, *très-fendillé*, et dans les gros morceaux il acquiert *la dureté et la rugosité* de celui du quinquina calisaya. L'écorce elle-même est *très-dure*, *pesante*, *à cassure nette* lorsqu'elle provient des jeunes branches, d'une apparence ligneuse, surtout au centre, dans les plus gros morceaux. Il n'est pas rare que la cassure des écorces roulées ne laisse apercevoir vers la partie externe un cercle de substance purement résineuse ou extractive, quelquefois jaune et transparente comme du succin. La saveur de ce quinquina est à la fois amère, astringente et aromatique; les grosses écorces imitent tellement le calisaya non mondé de son épiderme qu'il faut examiner morceau à morceau pour les distinguer. Le premier est généralement d'une couleur *plus obscure*, d'une dureté plus grande sous la dent, d'une amertume bien moins marquée; enfin il ne précipite pas la dissolution de sulfate de soude, ce qui forme le caractère essentiel du vrai calisaya. Cette écorce se rapproche peut-être encore plus du vrai peruviana (*C. nitida*) que du quinquina Lima.

334. Quatrième sorte. — *Quinquina* dit *havane*.

Écorce ordinairement roulée, de 3 lignes à 1 pouce de diamètre, épaisse d'une à deux lignes, quelquefois dure, compacte et pesante; le plus souvent légère, fibreuse et facile à briser. L'épiderme est gris *avec une teinte rougeâtre ou rosée, mince, feuilleté*, uni ou peu rugueux; parfois sans aucune fissure transversale, d'autres fois *offrant des fentes circulaires assez régulièrement espacées à une distance de 3 à 9 lignes*. L'écorce est assez unie intérieurement, et jaunâtre. Lorsqu'elle est privée de son épiderme elle ressemble beaucoup à celle que l'on nomme quinquina-cannelle.

Cette écorce me paraît être celle que M. Laubert a décrite sous le nom de *Cascarilla pagiza* (couleur de patte de canard) et qu'il attribue au *C. ovata* R. P., *C. pubescens* de Vahl. Elle se rapproche aussi beaucoup de celle qui sera décrite sous le nom de *quinquina blanc du Loxa* (n° 347).

335. Cinquième sorte. — *Quinquina ferrugineux*.

Cascarilla ferruginea Laub. (*Bull. Ph.* II, 310); quinquina *huanuco* du commerce. Cette écorce est bien caractérisée par sa *couleur d'ochre*, tant à l'intérieur qu'à l'extérieur; cependant l'épiderme est d'un gris noirâtre, mais le plus souvent il est usé par le frottement et fait place à la couleur de rouille de l'écorce. Cet épiderme est comme tuberculeux ou *verruqueux*, sans fissures ou offrant des fentes transversales assez rapprochées. L'écorce est grosse comme le pouce, *fibreuse* ou ligneuse, assez légère, d'une odeur *qui rappelle celle de la véritable angusture;* d'une saveur *amère et nauséabonde.* On pourrait douter qu'elle fût un véritable quinquina, si d'ailleurs, d'après l'examen qu'en a fait M. Henry fils, elle ne contenait pas une assez grande quantité de cinchonine.

Examen chimique des quinquinas gris. Jusqu'à l'analyse de ces quinquinas par MM. Pelletier et Caventou, nous n'avions rien de complet sur leur composition : on trouvait, à la vérité, dans les Annales de chimie (XVI, 172), une analyse de M. Bartholdi (et non Berthollet) qu'on peut supposer avoir été faite sur un quinquina gris; mais les résultats en étaient assez extraordinaires pour qu'il fût permis de les révoquer en doute. L'auteur a extrait d'une once de quinquina, par le moyen de l'eau bouillante, 131 grains de matière soluble, composée suivant lui de : nitrate de potasse 20 grains; muriate de chaux 6 grains; muriate de magnésie 4; muriate d'alumine 1 et demi; mucilage 60; poudre rougeâtre contenant de l'acide gallique 40.

Plus tard, M. Armand Séguin a fait des essais sur plus de 600 échantillons de quinquinas; mais on en tire peu de lumière pour les sortes qui nous occupent, ce savant chimiste n'ayant publié que les résultats généraux de son travail. Un des plus remarquables cependant, qui se trouve confirmé par les travaux des chimistes qui ont suivi, c'est que le principe fébrifuge du quinquina n'est pas astringent, ne précipite pas la gélatine, et précipite au contraire l'infusion de tan (*Ann. Chim.* XCI, 276).

On peut puiser des connaissances plus positives dans les expériences de M. Vauquelin sur dix-sept échantillons de quinquina, au nombre desquels il s'en trouve trois gris. Voici le tableau des résultats qu'il a obtenus en essayant le macéré de ces quinquinas par divers réactifs (*Ann. Chim.* LIX, 113). Je placerai au-dessous ceux que m'ont donnés plusieurs des quinquinas gris que j'ai distingués. A l'exemple

ESPÈCES.	CARACTÈRES DE L'ÉCORCE.	CARACTÈRES DU MACÉRÉ.	TEINTURE DE TOURNESOL.	GÉLATINE.	MACÉRÉ DE TAN.	ÉMÉTIQUE.	SULFATE DE FER.	OXALATE D'AMMONIAQUE.	ACTIONS DIVERSES.
Q. gris supérieur. (3).		Presque incolore; amer-astringent.		Ppté blanc très-abondant.	Ppté rouge.	Ppté blanc abondant.	Ppté vert d'émeraude.		Ne précipite pas le macéré du Q. jaune royal.
Q. gris. (6).	Écorces très-minces, roulées; paraissent être du Q. de Loxa.	Rouge de vin de Malaga; amer-astringent.		Ppté blanc abondant.	Ppté jaune rougeâtre.	Ppté blanc jaunâtre.	Ppté vert.		Ppte le Q. jaune; ne ppte pas le Q. de Santa-Fé.
Q. ordinaire du Pérou. (15).	Gris au dehors, couleur d'ocre en dedans, surface rugueuse, amer-astringent.	Jaune pâle; amer-astringent.	Rougie.	Ppté blanc jaunâtre abondant.	Ppté blanc jaunâtre.	Ppté blanc jaunâtre.	Ppté vert.		
Q. de Loxa, petites écorces.	Poudre d'un gris jaunâtre très-pâle. (327).	Mousseux, jaune foncé, astringent.	Rougie.	Ppté très-abondant.	Louche léger.	Trouble léger.	Couleur verte très-foncée; ppté.	Trouble.	Ppte les Q. Q. qui ne pptent pas la gélatine.
Q. de Loxa, grosses écorces.	(327).	Jaune; amer.	Rougie.	Très-trouble, sans ppté.	Ppté.	Très-trouble.	Vert très-foncé, trouble.	Ppté.	Ne ppte ni le Q. rouge n° 541, ni le Q. jaune n° 337.
Q. de Lima fin?	Poudre d'un fauve grisâtre assez foncé. (330)?	Jaune pâle; amer.	A peine rougie.	Trouble.	Précipité rougeâtre.	Ppté jaunâtre.	Ppté vert qu'un excès de sulfate redissout.	Louche.	Ppte la noix de galle.
Q. de Lima blanc.	Poudre jaune prenant par l'eau une coul. presque rouge. (331).	Jaune pâle; très-amer.	Rougie fortement.	Rien, ou louche et léger ppté.	Ppté rougeâtre abondant.	Trouble, ou ppté abondant.	Couleur verte foncée, ou ppté abondant.	Pté.	
Q. gris Huanuco.	(332).	Presque incolore; amer.	Rougie.	0.	Ppté.	0.	Verdit légèrement.	Ppté.	Ppte la noix de galle et les Q. Q. qui pptent la gélatine.

de M. Vauquelin j'ai opéré en faisant macérer, pendant vingt-quatre heures, une partie de quinquina pulvérisé dans seize parties d'eau.

Nota. 1°. Les nombres placés dans les deux premières colonnes sont les numéros d'ordre des espèces examinées par M. Vauquelin, ou ceux qui sont en marge des paragraphes de cet ouvrage.

2°. Lorsque M. Vauquelin renvoie à d'autres espèces de quinquina, c'est à celles dont il a traité; pareillement lorsque je renverrai à d'autres quinquinas, ce sera à ceux dont j'ai déjà parlé ou dont je parlerai par la suite.

3°. *Ppter* signifie précipiter; il en est de même de ses dérivés. *Voyez le tableau ci-contre.*

Les conséquences que l'on peut tirer de ces essais sont :

1°. Le quinquina de Loxa précipite la gélatine, et cela d'autant plus qu'il provient de plusieurs jeunes branches.

2°. Ce même quinquina, le plus jeune, est très-mucilagineux, et ne précipite que très-peu, ou pas, l'infusion de tan et la solution d'émétique, tandis que, plus âgé, il est moins mucilagineux et précipite ces deux réactifs.

3°. Il précipite le sulfate de fer en vert ou en vert bleuâtre. En général le précipité est soluble dans un excès de sulfate et donne une liqueur d'un beau vert foncé : cela est cause que les quinquinas qui contiennent peu du principe précipitant, donnent de suite une belle liqueur verte transparente avec le sulfate de fer; d'un autre côté, comme on n'est pas toujours sûr de mettre la même quantité de sulfate dans ses essais, la précipitation et la non précipitation par le sulfate de fer forment deux caractères peu distinctifs, lorsque, toutefois, le dernier cas est accompagné d'une forte coloration de la liqueur.

4°. Le quinquina de Lima fin contient moins d'acide libre que les autres quinquinas gris; son macéré précipite à peine la gélatine, mais précipite beaucoup plus le tan et l'émétique.

5°. Les mêmes différences sont encore plus marquées dans le quinquina de Lima blanc, ce qui, joint à sa saveur beaucoup plus amère, le rapproche des quinquinas jaunes.

6°. Le quinquina gris huanuco paraît être d'une qualité très-inférieure.

7°. Tous ces quinquinas contiennent un sel à base de chaux, indiqué par l'oxalate d'ammoniaque; mais en petite quantité, car le sulfate de soude n'a aucune action sur leur macéré.

En général les quinquinas gris se distinguent des autres, par leur odeur de bois chansi; par leur saveur astringente-amère qui porte avec elle un bouquet particulier; par la petite quantité de sel calcaire qu'ils renferment.

Si au lieu de traiter ces quinquinas par l'eau froide, on les soumet à l'action de l'eau bouillante, ce liquide se chargera d'une beaucoup plus grande quantité de principes, mais il se troublera par le refroidissement. Le précipité que l'on désigne ordinairement sous le nom de *résine* est loin d'en être une : c'est, pour la plus grande partie, un corps *sui generis*, colorant, soluble à la vérité dans l'alcohol, mais non entièrement insoluble dans l'eau (1). La liqueur d'où ce principe colorant s'est précipité en contient encore une certaine quantité, qui lui donne sur les réactifs une action semblable à celle du macéré, et même plus forte.

On peut, en faisant évaporer cette liqueur presqu'à siccité, et étendant le résidu d'eau froide, en séparer la plus grande partie de ce principe colorant. Alors elle ne contiendra plus guère que du mucilage et du sel calcaire.

Parmi les chimistes qui, depuis M. Vauquelin, se sont occupés de l'analyse des quinquinas, il faut citer, d'abord, M. Laubert qui, ayant traité du quinquina de Loxa par l'é-

(1) Le précipité doit contenir, en outre, divers composés de ce même corps avec de la chaux, de l'amidon et une matière animalisée qui existe dans le quinquina.

ther sulfurique, en a obtenu une teinture jaune, dont il a retiré une substance molle verdâtre qui lui a présenté quelque ressemblance avec la glu, et une autre substance soluble dans l'alcohol, composée elle-même d'une matière huileuse rosée et d'un principe blanc cristallisable. (*Jour. Phar.* II, 289.)

M. Gomez avait également retiré du quinquina une substance blanche et cristallisable; mais les caractères respectifs n'en étant pas alors parfaitement établis, il était difficile de rien décider sur leur identité. Le docteur Duncan d'Edimbourg paraît aussi avoir des droits à la découverte de la cinchonine, ou principe cristallisable du quinquina gris.

M. Pfaff, professeur à Kiel, a cherché à vérifier la découverte de M. Gomez sur le principe blanc cristallisable, sans être parvenu au même résultat. Il a cependant tiré de ses expériences les conséquences suivantes, qui sont toutes de la plus grande exactitude :

1°. Les matériaux immédiats capables de précipiter l'émétique, la noix de galle et la gélatine animale, sont tous solubles dans l'eau et dans l'alcohol.

2°. Les principes qui précipitent la noix de galle et l'émétique, paraissent coexister constamment sans être identiques.

3°. La substance qui précipite l'infusion de noix de galle est la véritable cause de l'amertume du quinquina, ou le principe amer, quoique son union avec la noix de galle soit dépourvue de toute amertume.

4°. La matière qui se précipite avec la gélatine animale diffère tout-à-fait de ce principe amer; elle appartient à cette modification du tannin qui colore en vert les dissolutions de fer, et qui existe dans quelques mauvaises espèces de quinquina sans ce principe amer. (*Journ. Pharm.* I, 556.)

Enfin M. Pelletier, conjointement avec M. Caventou, ayant porté sur les quinquinas la persévérance et la sagacité auxquelles nous devons de si belles analyses, tant végétales qu'animales, il est permis de croire que nous connaissons aujourd'hui la composition chimique de ces précieuses écorces, aussi bien que celle des substances organiques les plus soigneusement traitées. Le mémoire de ces deux chimistes se trouve inséré dans le 7e tome du *Journal de Pharmacie.* Je conserverai littéralement ici l'extrait que M. Pelletier avait bien voulu m'en faire lui-même, pour la première édition de cet ouvrage.

Quinquina gris (1).

« D'après le mémoire lu à l'Institut, sur les quinquinas, par M. Caventou et par moi, le quinquina gris est composé de :

1°. Cinchonine unie à l'acide kinique (j'adopte le mot *kinique* pour l'acide);

2°. Matière grasse verte;

3°. Matière colorante rouge peu soluble (rouge cinchonique);

4°. Matière colorante rouge soluble (tannin);

5°. Matière colorante jaune;

6°. Kinate de chaux;

7°. Gomme;

8°. Amidon.

» La *Cinchonine* découverte par Gomez, mais dont ce chimiste n'avait ni connu la nature alcaline, ni examiné les combinaisons, est une véritable base salifiable. Sa capacité paraît même l'emporter sur celle de la morphine, puisque

(1) L'écorce analysée se composait de plusieurs sortes de quinquinas gris; l'échantillon conservé par M. Pelletier appartient à celle que j'ai nommée *quinquina gris de Loxa* ou *delgada*.

le poids de sa molécule est de 38.488, tandis que celui de la morphine est de 40.250 (1).

» La Cinchonine est à peine soluble dans l'eau; aussi sa saveur est-elle long-temps à se développer; mais dissoute dans l'alcohol, ou mieux dans un acide, elle a une saveur amère, sous-aromatique, en tout semblable à celle du quinquina gris.

» La Cinchonine s'unit à tous les acides et forme des sels parfaitement neutres. Ces sels ont une saveur très-amère; la plupart sont cristallisables; la proportion de leurs élémens est constante; le sulfate, par exemple, est formé de :

Cinchonine.	100
Acide sulfurique.	13.021

» Le nitrate de cinchonine est cristallisable.

» Le muriate cristallise assez bien et en belles aiguilles; il est formé de :

Cinchonine.	100
Acide hydrochlorique.	8.901

» L'acide oxalique forme avec la cinchonine un sel neutre presqu'insoluble à froid : aussi en versant de cet acide, ou mieux encore de l'oxalate d'ammoniaque, dans un sel soluble de cinchonine, y fait-on un précipité très-blanc et abondant, qu'on pourrait prendre pour de l'oxalate de chaux; mais ce précipité est soluble dans un excès d'acide oxalique, dans l'alcohol, etc.

» L'acide gallique forme avec la cinchonine un sel neutre, également très-peu soluble : c'est à l'acide gallique que l'infusion de noix de galle doit la propriété de précipiter la dé-

---

(1) Strychnine. 47,625
Brucine. 51,500

Le poids de la molécule est d'autant plus fort que la capacité est plus faible.

coction des bons quinquinas, et c'est la cinchonine qui dans ce cas est précipitée. Le tannin est étranger à cet effet.

» La cinchonine est très-peu soluble dans l'éther; elle se dissout au contraire parfaitement dans l'alcohol, et *cristallise* par l'évaporation lente de ce menstrue.

» Il existe plusieurs procédés pour obtenir la cinchonine : si on lave de la matière résinoïde de quinquina avec de l'eau de potasse, on dissout toute la matière colorante rouge et jaune, et il reste une substance d'un blanc verdâtre. Cette substance, dissoute dans l'alcohol, donne des cristaux que M. Laubert a décrits avec soin, sous le nom de *matière blanche* ou *résine pure blanche* du quinquina, mais qui sont un mélange intime de cinchonine et de matière grasse. Pour en extraire la cinchonine, il faut la dissoudre dans un acide étendu (l'hydrochlorique); la matière grasse se sépare. On filtre et on décompose l'hydrochlorate par de la magnésie : la cinchonine reste mêlée à l'excès de cette base lavée, et il suffit de l'action de l'alcohol pour la redissoudre et l'obtenir à l'état de pureté.

» On peut avec plus d'avantages obtenir la cinchonine en traitant directement la matière résinoïde du quinquina par l'acide hydrochlorique, et décomposant l'hydrochlorate formé par la magnésie; mais dans ce cas il faut employer un grand excès de magnésie pour retenir les matières colorantes rouges et les rendre insolubles dans l'alcohol, en réagissant sur elles comme il est expliqué dans le mémoire.

» L'*acide kinique*, qui était uni à la cinchonine, se retrouve dans les eaux de lavage du précipité magnésien, à l'état de kinate de magnésie; on obtient ce sel en le faisant cristalliser; on le purifie par des lavages à l'alcohol, et par de nouvelles cristallisations; il peut être converti en kinate de chaux, dont on retire l'acide par le procédé de M. Vauquelin.

» L'acide kinique jouit, entre autres propriétés que nous lui avons reconnues, de celle de former par le feu un acide *pyrokinique* cristallisable, susceptible de précipiter le fer en beau vert, etc.

» La *matière grasse verte* est celle que M. Laubert a le premier signalée et décrite avec soin : il l'avait obtenue directement en traitant le quinquina par l'éther.

» La *matière colorante rouge insoluble*, ou *peu soluble*, n'est autre que le rouge cinchonique découvert par Reuss et assez bien décrit par ce chimiste; mais nous avons trouvé à cette substance une propriété qui jette un grand jour sur la théorie des matières tannantes, c'est celle de pouvoir être changée en une sorte de tannin par l'action successive des alcalis et des acides. Nous entrons dans de grands détails sur cet objet dans notre mémoire.

» La *matière colorante rouge soluble* diffère de la précédente par sa solubilité et ses propriétés chimiques; elle jouit des propriétés tannantes, indépendamment de l'action des alcalis : son examen nous conduit à de nouvelles considérations sur le tannin.

» La *matière colorante jaune* est soluble dans l'eau, dans l'alcohol, et précipitable par le sous-acétate de plomb, qui donne un moyen de l'obtenir dépouillée de cinchonine. Elle diffère de la matière jaune de M. Laubert, en ce qu'elle est privée de la cinchonine qui donnait à celle-ci son amertume et la propriété de précipiter par la noix de galle. Elle diffère peu de la matière colorante jaune qu'on rencontre dans beaucoup de végétaux, et qui accompagne presque constamment le corps ligneux.

» Le *kinate de chaux* a été découvert par M. Deschamps. Quand on a épuisé du quinquina par l'alcohol, on retrouve ce kinate de chaux dans le résidu, et on peut l'extraire par infusion dans l'eau tiède : une décoction fournirait trop de tannate d'amidon, qui rendrait le kinate difficile à obtenir.

» Nous ne dirons rien de la gomme ni de l'amidon. »

Des quinquinas jaunes.

336. Sixième sorte. — *Quinquina du roi d'Espagne.*

Ce quinquina a été envoyé à M. de Ch., ancien garde-wallonne et colonel au service d'Espagne, par le duc de Frias. Il provient de la pharmacie de Charles IV, et se trouvait accompagné d'une note de l'apothicaire du roi qui recommandait de le tenir toujours hermétiquement renfermé. L'origine en est tout-à-fait certaine.

Ce quinquina, suivant ce qui a été rapporté à M. de Ch. par le chevalier de Croï qui a été pendant long-temps vice-roi du Pérou, était cultivé dans des parcs enclos et gardés. On avait grand soin surtout de priver les arbres des cryptogames qui s'y attachent, ce qui est tout-à-fait rationnel et opposé à une opinion qui a long-temps régné dans le commerce que le quinquina était d'autant meilleur qu'il était plus chargé de lichens; transformant ainsi un accident qui pouvait tout au plus servir à reconnaître l'espèce, en un caractère de qualité supérieure (1). Voir aussi précédemment n° 328.

Le quinquina du roi, récolté avec une sorte d'appareil et séché avec le plus grand soin, était alors renfermé dans des caisses d'étain parfaitement soudées, défendues des atteintes extérieures par une caisse de bois et par une peau de buffle, scellées et expédiées pour Cadix, et de là à Madrid. Un pareil envoi avait lieu chaque année, et ce qui restait du quinquina

---

(1) Un autre écart de nos commerçans, vendeurs ou acheteurs, est d'avoir transformé la *finesse* des écorces en leur extrême jeunesse, au point que j'en ai vu s'extasier devant du quinquina de Loxa si délié qu'on y distinguait à peine des traces d'organisation fibreuse. Le quinquina du roi d'Espagne n'est récolté que sur des branches bien développées, et on peut juger par sa grosseur, qui est un peu inférieure à celle du petit doigt, qu'il serait loin de contenter nos amateurs.

de l'année précédente était donné en cadeau aux personnes de la cour. Telle est l'origine du quinquina envoyé à M. de Ch. par le duc de Frias, dans les dernières années du règne de Charles IV, et avant que les diverses révolutions qui se sont succédées en Espagne et au Pérou aient pu influer sur la régularité de ce service. Ce quinquina, gardé religieusement dans un bocal de verre cacheté, s'est conservé depuis ce temps dans toute son intégrité; et il jouit d'une telle efficacité que, nombre de fois, lorsque des amis du possesseur étaient fatigués de prendre sans succès de nos quinquinas du commerce, constamment des quantités fort peu considérables de celui de Madrid les ont délivrés des fièvres opiniâtres qui les tenaient abattus.

Ces faits, qu'on ne peut révoquer en doute, nous montrent combien l'humidité qui agit sans cesse sur nos quinquinas du commerce, tant sur mer que dans les magasins où ils séjournent, altère leur qualité, au point de les rendre souvent tout-à-fait inertes. C'est cette vérité que j'avais déjà sentie, qui m'a fait élever avec force, dans la première édition de ce traité, contre ceux qui pensaient augmenter la vertu du quinquina en le gardant pendant long-temps; car sa vertu ne peut s'augmenter, et elle s'altère au contraire d'autant plus vite que les écorces sont moins abritées de l'air humide. Il serait même à désirer que le commerce imitât le procédé du service espagnol, et ne fît traverser les mers au quinquina que dans des caisses hermétiquement fermées, où il serait conservé jusqu'à son débit dans les pharmacies.

Le quinquina du roi d'Espagne est remarquable par sa couleur vive d'un jaune-orangé, et par son odeur forte, pénétrante, analogue à celle du tabac; bien différente par conséquent de l'odeur de chansi qu'offrent beaucoup de nos quinquinas. En examinant les écorces qui le composent, on y trouve un peu de quinquina brun de Loxa (n° 327), mais la presque totalité paraît formée de jeunes écorces d'un quinquina presque semblable à celui que l'on nomme *calisaya*, ou *jaune royal*, et cette ressemblance, au moins, peut servir à expliquer ce dernier nom que jusqu'à présent nous avions peine à comprendre, parce que nous voulions toujours que le quinquina du roi d'Espagne fût un quinquina gris analogue à notre loxa du commerce.

Je ne crois pas cependant que le quinquina du roi d'Espagne et le calisaya soient tout-à-fait identiques. Le premier, qui paraît produit par le *Cinchona condaminea*, répond exactement à celui que M. Laubert a décrit sous le nom de *Cascarilla amarilla del rey* ou de *quinquina jaune du roi* (*Bull. Pharm.* II, 292-293, et note 9), et ses caractères ne coïncident pas entièrement avec ceux du calisaya. En prenant des écorces de même âge, on trouve constamment celles du *C. condaminea* moins amères, d'une astringence agréable, dures et cependant plus faciles à broyer, un peu moins fibreuses ; enfin elles précipitent beaucoup moins abondamment par le sulfate de soude (1).

337. Septième sorte. — *Quinquina Calisaya* ou *jaune royal.*

Ce quinquina, connu en Europe seulement depuis 1790, vient surtout de la province de Calisaya, dans l'intendance de la Paz, au Pérou méridional. On le croit le même que le quinquina orangé de Mutis et produit par conséquent par son *Cinchona lancifolia*. On le trouve dans le commerce pourvu ou privé de son épiderme, et désigné sous les noms de

---

(1) Pour faire cet essai on pulvérise une écorce dans un mortier de fer, on triture la poudre dans un mortier de porcelaine avec assez d'eau pour en former une bouillie liquide, et on jette le tout sur un filtre. En ajoutant dans la liqueur filtrée quelques cristaux de sulfate de soude, on produit un ppté blanc abondant dans la dissolution de quinquina jaune, un trouble très-prononcé avec le quinquina du roi d'Espagne, et la liqueur reste transparente avec tous les quinquinas gris et la plupart des quinquinas rouges.

quinquina jaune royal *en écorces*, et de quinquina jaune royal *mondé*.

Quinquina calisaya en écorces. Ce quinquina varie de la grosseur du doigt à celle de deux ou trois pouces de diamètre.

A. Dans les petites écorces l'épiderme est assez mince, très-rugueux, et marqué de distance en distance de crevasses transversales. Il est presqu'insipide, et paraît être naturellement brun; mais, très-souvent, la couleur de sa surface est altérée par plusieurs sortes de cryptogames. Le plus ordinairement c'est un léger enduit blanc qui recouvre uniformément cette surface; d'autres fois cet enduit devient plus épais et manifestement tuberculeux; d'autres fois encore il est jaune et ressemble à de la cire fondue qui aurait coulé dans les fissures de l'écorce; quelquefois, enfin, ce sont des expansions foliacées ou des lichens filamenteux, semblables à ceux qui sont si communs sur le quinquina brun de loxa.

L'épiderme des écorces que je décris est presque toujours détaché par plaques de l'écorce proprement dite, sur laquelle il reste alors des empreintes transversales qui répondent aux fissures de la partie enlevée. L'écorce même est épaisse d'une ligne environ, d'un jaune brunâtre à l'extérieur, d'un jaune fauve à l'intérieur, d'une saveur très-amère, un peu astringente. Sa cassure est très-fibreuse, surtout du côté du centre, et grossière.

B. Dans les grosses écorces, l'épiderme est semblable à l'extérieur à celui des petites, mais il est épais de deux à quatre lignes, et, par suite de cela, encore plus rugueux et plus profondément crevassé; néanmoins ses crevasses ne pénètrent pas jusqu'à l'écorce, qui n'offre plus ces impressions circulaires que l'on remarque sur les plus jeunes. Cet épiderme est composé de couches dont les plus extérieures paraissent se détacher naturellement au bout de deux ou trois ans, à mesure qu'il s'en forme de nouvelles par-dessous. Chacune de ces couches est formée d'une matière rouge pulvérulente, entremêlée de fibres qui ressemblent à des poils blancs, et elle est séparée des autres couches par une membrane d'un rouge brun, comme veloutée. La disposition de ces couches est telle, que leur coupe transversale présente l'image de plusieurs polyèdres inscrits les uns dans les autres. Du reste cet épiderme est insipide, et sa poudre est d'un rouge foncé.

L'écorce intérieure est épaisse de deux lignes, d'un jaune-fauve foncé, d'une texture entièrement fibreuse, mais fine et uniforme. Elle paraît, par son exposition à la lumière, toute parsemée de points brillans, qui sont les extrémités des fibres mêmes dont elle est formée, lesquelles, vues à la loupe, paraissent jaunes et transparentes lorsqu'elles sont dépouillées d'une matière rouge briquetée qui les recouvre. Cette écorce laisse échapper, lorsqu'on la brise, de petites fibres aiguës qui pénètrent dans la peau, et y causent une démangeaison désagréable; elle a une saveur très-amère et astringente, plus forte dans la couche externe que dans la partie du centre; ses fibres se séparent avec une grande facilité sous la dent, et y croquent un peu, à la manière de la rhubarbe de Chine.

Quinquina Calisaya mondé. Cette écorce se présente sous plusieurs formes qui ne varient que par l'âge auquel elles ont été récoltées.

C. Tantôt elle est en morceaux gros comme le pouce, bien roulés, parfaitement cylindriques, épais d'une à deux lignes, ayant une surface très-unie et d'un jaune brun, ressemblant parfaitement à de grosse cannelle. Cette écorce est *très-compacte, très-pesante, d'une très-forte amertume,* et doit être d'une très-grande efficacité.

D. Le plus ordinairement elle est en morceaux également roulés, mais d'un volume plus considérable, épais d'une à deux lignes, moins pesans, plus fibreux, très-amers, comprimés en différens sens. Ce sont ces rouleaux qui en se brisant dans le transport forment le quinquina *jaune royal plat* du commerce.

E. D'autres fois enfin elle est en morceaux larges, plats, épais de 2 à 3 lignes, ordinairement munis de portions de leur épiderme, qui présente toujours, pour son caractère distinctif, des fibres blanches couchées au milieu d'une matière rouge pulvérulente. Cette écorce que l'on nomme *Calisaya de plancha* est d'autant moins amère et moins estimée qu'elle est plus grosse, plus épaisse et plus ligneuse.

Tous ces différens calisayas ne forment qu'une seule et même écorce, et répondent à ceux qui ont été décrits par M. Laubert, sous les noms de *C. arrollada* ou *de Quito*, *de Plancha* et *de Santa-Fé* (*Bull. Ph.* II, 300-303).

338. Huitième sorte. — *Quinquina jaune orangé.*

Lors de la première édition de cet ouvrage (n° 473 et 474), je ne possédais que deux échantillons de ce quinquina, qui m'avaient paru assez différens du calisaya pour devoir être décrits séparément; en ayant depuis retrouvé des écorces provenant du tronc et des branches, il ne me reste plus aucun doute sur la distinction des deux espèces, et je vais décrire complètement celle-ci sous les quatre formes que je lui ai reconnues.

A. Petites écorces roulées, de la grosseur du petit doigt, quelquefois recouvertes d'un épiderme mince, comme papyracé, qui se sépare avec une grande facilité du liber. L'écorce, privée d'épiderme, reste marquée de légères impressions circulaires et de quelques faibles proéminences propres à cette espèce; elle est à l'extérieur d'une couleur jaune grisâtre et quelquefois verdâtre; elle offre dans sa forme générale une certaine ressemblance avec la cannelle de Chine, et de là lui est venu le nom de *quinquina-cannelle.* La saveur en est très-amère et astringente.

B. Écorces moyennes, en morceaux convexes, parti-cylindriques, quelquefois recouverts d'un épiderme mince, feuilleté, d'un gris argentin; le plus souvent raclés à l'extérieur, et offrant une surface unie, d'un rouge brun. Ces morceaux, raclés ou non raclés, présentent çà et là, sur leur surface extérieure, des cavités peu profondes, d'une figure ronde ou ovale plus ou moins irrégulière, qui sont remplies d'une matière rougeâtre, pulvérulente, entremêlée de poils blancs.

Leur épaisseur n'atteint pas deux lignes; la cassure en est toute fibreuse; les fibres, qui sont *très-fines*, s'introduisent dans la peau comme celles du quinquina calisaya, et y causent la même démangeaison : en examinant la cassure avec une loupe, on y découvre, quoique avec peine, des points blancs perlés, différens des fibres, et semblables à ceux du quinquina de Carthagène. La saveur est d'une amertume très-marquée, un peu désagréable; l'odeur en est faible.

C. Écorces tout-à-fait plates, larges souvent de deux pouces, et privées d'épiderme, dont quelques portions, cependant, qui y restent encore, sont semblables à celui du précédent. La surface extérieure est comme verdâtre, marquée d'impressions transversales, de cavités ovales remplies de matière fongueuse, et offrant en outre des aspérités et des inégalités qu'on ne retrouve sur aucune autre sorte.

D. Écorces du tronc dures, compactes, pesantes, offrant une surface extérieure inégale, et comme marquée de lignes longitudinales légèrement verruqueuses. L'épiderme est rougeâtre, mince et foliacé; quelquefois aussi il devient fongueux, rouge, pulvérulent, et ressemble alors à l'épiderme fongueux du quinquina rouge.

Toutes ces écorces se distinguent du vrai calisaya par leur peu d'épaisseur, par une texture beaucoup plus fine et plus compacte, enfin par un caractère qui disparaît en partie dans les vieilles écorces, mais qui est très-tranché dans les nouvelles; c'est que la partie de l'écorce qui avoisine l'épiderme est rose, tandis que celle du côté du centre est d'un jaune pur; le mélange de ces deux couleurs donne à ce quinquina une teinte générale *orangée*, et si l'une des sortes que nous avons examinées jusqu'ici doit en porter le nom, c'est bien celui qui nous occupe.

Ce quinquina me paraît être celui qui a été décrit par M. Laubert sous le nom de *Cascarilla claro-amarilla* (*Bull. Pharm.* II, 310); peut-être aussi celui dit *pareil au calisaya*, trouvé par M. Bezares dans les bois de Chicoplaya (*ibid.* p. 303); enfin il se rapproche du vrai quinquina du roi d'Espagne (*cinchona condaminea*) par la finesse de son épiderme et de sa texture, et par son amertume un peu inférieure à celle du calisaya et moins franche; il serait possible que ce n'en fût qu'une simple variété.

Examen chimique des Quinquinas jaunes. Ces quinquinas ont été, dès l'abord de leur arrivée en Europe, le sujet des expériences d'un grand nombre de chimistes, qui tous y ont reconnu, plus ou moins, la présence d'une matière résinoïde, d'une matière gommeuse, de l'acide gallique, ou autre, de quelques sels, etc. Mais le plus marquant de ces travaux est sans contredit celui de M. Deschamps, pharmacien de Lyon, qui est parvenu à retirer, d'une livre de quinquina jaune, jusqu'à trois onces d'un sel cristallisé, à acide végétal et à base de chaux, qu'il a nommé *quinquinate de chaux*. Il a reconnu que le quinquina rouge et le gris en contenaient également, mais en bien moindre quantité, et beaucoup plus difficile à séparer des principes résineux et extractifs. Le procédé de M. Deschamps se trouve dans les *Annales de Chimie*, tome XLVIII, page 65.

Si c'est M. Deschamps qui a signalé le premier ce sel calcaire, c'est M. Vauquelin qui en a isolé l'acide et nous a fait connaître que ses propriétés étaient différentes de celles des autres acides végétaux (*Ann. Chim.* LIX, 162). M. Vauquelin a nommé cet acide *acide kinique*, et son sel calcaire, *kinate de chaux*. Ce nom a prévalu.

M. Vauquelin, dans d'autres expériences semblables à celles dont j'ai déjà rendu compte, a soumis à l'action des réactifs quatre sortes de quinquina jaune, qui sont ses 1re, 8e, 14e et 17e espèces. J'en offre, ci-joint, le tableau, auquel je joins les résultats que j'ai obtenus avec les sortes que j'ai décrites. (Voyez le *tableau*.)

D'après M. Pelletier, «Le Quinquina jaune, ou Calisaya, diffère chimiquement du Q. gris, en ce que le principe alcalin qu'on en retire par l'analyse se distingue de la cinchonine par plusieurs propriétés essentielles; nous avons cru devoir nommer ce nouvel alcali *quinine*.

» La quinine s'obtient par les mêmes procédés que la cinchonine; elle en diffère par les propriétés physiques et chimiques suivantes.

» Non combinée aux acides, elle est incristallisable; sa teinture alcoholique évaporée lentement donne une matière translucide qui recouvre la capsule sous la forme d'un vernis; entièrement desséchée elle est d'un blanc grisâtre et poreuse; elle est très-soluble dans l'éther, tandis que la cinchonine l'est fort peu; elle forme avec les acides des sels dont la plupart diffèrent complètement de ceux de la cinchonine par leur forme, leur aspect et leur composition. Elle a moins de capacité pour les acides : son sulfate est formé de :

Quinine.	100
Acide sulfurique.	10.9147

» Ce sel diffère entièrement par sa cristallisation du sulfate de cinchonine; il a un aspect satiné et nacré très-remarquable; il est peu soluble dans l'eau froide; un excès d'acide le rend très-soluble.

» Le phosphate de quinine diffère aussi beaucoup par son aspect du phosphate de cinchonine; mais il n'en est pas de même du nitrate qui est également incristallisable, et qui n'étant pas non plus très-soluble, lorsqu'il est neutre, se

ESPÈCES.	CARACTÈRES DE L'ÉCORCE.	CARACTÈRES DU MACÉRÉ.	TEINTURE DE TOURNESOL.	GÉLATINE.	TAN.	ÉMÉTIQUE.	SULFATE DE FER.	SULFATE DE CUIVRE.	SULFATE DE SOUDE.	OXALATE D'AMMONIAQUE.	ACTIONS DIVERSES.
(1). *Q. jaune royal ou calisaya.*		Jaune; très-amer, légèrement astringent.	Rougit très-sensiblement.	Ppté blanc floconneux abondant.		Ppté blanc jaunâtre.	Couleur verte de bile; précipité *idem*.	Ppté jaune rougeâtre.		Dépôt d'oxalate de chaux.	La décoction se trouble en refroidissant.
(8). *Quinquina jaune.*	(*Cinchona pubescens.*)	Jaune d'or, très-amer, moussant par l'agitation.	o.	o.		Ppté blanc jaunâtre.	Couleur verte foncée, sans précipité.				L'alcohol gallique y forme un ppté qu'un excès redissout et que l'eau fait reparaître; contient beaucoup de sel calcaire.
(12). *Q. du Roi d'Espagne.*	Provient de branches de 2 ans; saveur amère-astringente.	Jaune rougeâtre; faible odeur de moisi; saveur amère.		Flocons blancs glutineux.		Ppté blanc jaunâtre.	Couleur verte bleuâtre et précipité.			Précipité.	Ppte la noix de galle en blanc jaunâtre.
(14). *Q. orangé de Santa-Fé.*	Couleur cannelle; épais, sans épiderme, fibreux; non astringent.	A peine coloré; très-amer.		o.		o.	Verdit sans précipiter.				Ne précipite pas la noix de galle.
(18). *Q. jaune de Cuença.*	Venant de branches de 4 à 6 ans. Avarié.	Ni amer, ni astringent.		o.	o.	o.	Verdit sans précipiter.				Ecorce grise à l'extérieur, couverte d'un lichen blanc; d'un jaune brun à l'intérieur; fibreuse, presque sans saveur.
Q. calisaya en écorces.	(337, A, B).	Jaune fauve; très-amer styptique.	Rougit.	Trouble et précipité.	Précipité.	Précipité.	Liqueur verte; précipité vert bleuâtre.	Ppté blanchâtre abondant.	Précipité.	Ppté très-abondant.	
Q. calisaya mondé.	(337, C, D).	Jaune fauve; très-amer astringent.	*Idem.*	Ppté blanc abondant.	*Idem.*	Ppté très-abondant.	Liqueur et ppté verts.	Ppté blanchâtre.	Précipité très-abondant.	*Idem.*	La noix de galle forme dans tous ces quinquinas un précipité très-abondant.
Calisaya de Plancha.	(337, E).	Jaune, très-amer.	*Idem.*	Trouble ou ppté blanc.	Précipité.	Comme le n° 337, D.	N° 337, D.	Ppté blanchâtre très-abondant.	Comme le n° 337, D.	*Idem.*	
Quinquina jaune orangé.	(338).	Jaune fauve, très-amer.	*Idem.*	N° 337, D.	Ppté très-abondant.	N° 337, D.	N° 337, D.	N° 337, D.	N° 337, D.	*Idem.*	

précipite par l'évaporation des liqueurs aqueuses sous la forme de gouttelettes.

» L'acétate de quinine est très-remarquable par sa grande facilité à cristalliser, par l'aspect nacré et satiné de ses cristaux, et par la manière agréable dont ces cristaux se groupent en gerbes ou en étoiles. On sait que l'acétate de cinchonine cristallise difficilement, et simplement en lamelles ou petites plaques transparentes et sans aspect nacré.

» La quinine forme avec l'acide oxalique et l'acide gallique des sels insolubles; par cette propriété elle se rapproche de la cinchonine; mais elle paraît être plus sensible à la présence de l'acide gallique.

» Le quinquina jaune diffère peu du quinquina gris par ses autres principes; nous avons consigné dans notre mémoire les légères différences que nous y avons trouvées.

» Il n'y a pas cependant de matière gommeuse bien caractérisée dans le quinquina jaune; aussi obtient-on plus facilement le kinate de chaux qu'il contient, et le kinate de magnésie qu'on prépare en le traitant par cette base à l'instant indiqué. »

A peine la quinine, ou plutôt son sulfate a-t-il été connu, que ce sel est devenu d'un usage général en médecine et l'objet d'une fabrication très-importante; alors beaucoup de pharmaciens se sont occupés des moyens de l'obtenir, concurremment avec les auteurs de la découverte, et leurs travaux ont contribué à modifier quelques-uns des résultats précédens. Ainsi on reconnut bientôt que la cinchonine n'existait pas exclusivement dans le quinquina gris, et la quinine dans le quinquina jaune; mais seulement que ces bases alcalines y dominaient l'une sur l'autre (*Journ. Pharm.* VII, 304); M. Peschier d'abord (*ibid.* VIII, 164) et M. Pelletier (*ibid.* XI, 249) sont parvenus à faire cristalliser la quinine, à l'aide de précautions convenables. M. Henry fils a publié un procédé de fabrication pour le sulfate de kinine, qui est généralement suivi maintenant (*ibid.* VII, 296). M. Robiquet, et M. Baup, pharmacien à Vevay, ont reconnu qu'il existait plusieurs sulfates de quinine, et en ont publié les analyses (*Ann. Chim. Phys.* XVII, 316 et XXVII, 323), etc., etc.

Des quinquinas rouges.

339. Neuvième sorte. — *Quinquina rouge non verruqueux.*

Cascarilla roxa verdadera Laubert (*Bull. Pharm.* II, 304).

A. Les *petites écorces* de ce quinquina, qui se trouvent décrites dans la 1re édition sous le nom de *quinquina rouge orangé fin* (n° 484), ont l'apparence extérieure du quinquina lima blanc. Elles sont tout-à-fait roulées, couvertes d'un épiderme mince, généralement et uniformément blanc, offrant parfois des taches jaunes dues à un très-petit cryptogame grenu implanté sur sa surface. Cet épiderme est fendillé longitudinalement, avec quelques fissures transversales à des espaces assez éloignés. L'écorce proprement dite est d'un rouge pâle ou orangé, unie à l'extérieur, quelquefois très-dure et compacte, assez souvent plus légère et fibreuse; elle jouit d'une saveur amère-astringente très-prononcée, aromatique, finissant par être sucrée. La poudre est d'une couleur orangée rouge.

J'ai trouvé chez M. Marchand, sous le nom de *quinquina orangé*, une écorce qui n'est que la précédente privée de son épiderme.

B. Les *écorces moyennes* diffèrent des précédentes par une surface rude, très-rugueuse, et d'une couleur grise foncée; les fissures transversales sont plus marquées et plus rapprochées; l'intérieur est d'un rouge beaucoup plus pur et plus foncé; l'épaisseur est de 2 à 3 lignes; la cassure est nette à l'extérieur, fibreuse à l'intérieur. La dureté et la saveur varient également. L'extérieur est très-dur sous la dent, et jouit d'une saveur astringente-aromatique très-prononcée.

L'intérieur est un peu spongieux et peu sapide (1re *édit.*, n° 485).

C. Le quinquina rouge qui a été analysé par M. Pelletier me paraît appartenir à cette variété; mais il offre quelques caractères particuliers que j'ai retrouvés dans un certain nombre d'écorces, ce qui fait que je le décris ici.

Épiderme généralement d'un *blanc-jaunâtre* à l'extérieur, très-dur, rugueux, profondément crevassé, et se séparant par places du liber. Liber dur, compact, crevassé, inégal, d'un rouge orangé; saveur acide, amère et astringente.

D. Grosses écorces munies d'un épiderme épais, mais dur, marqué de profondes crevasses transversales et ressemblant entièrement à celui du gros calisaya. Il en diffère cependant : 1° parce qu'on y découvre très-peu de ces fibres blanches qui donnent à l'épiderme du calisaya une sorte de ressemblance avec une peau chargée d'un poil ras; 2° par sa belle couleur rouge foncé à l'intérieur, et par la couleur grise des lames qui en séparent les différentes couches, tandis que dans le calisaya les lames de l'épiderme sont brunes et plus foncées que la substance qu'elles renferment; 3° cette substance rouge possède une amertume et une astringence marquées, quoique beaucoup moins fortes que celles de la partie ligneuse; cette même substance est insipide dans le calisaya.

Le liber débarrassé de l'épiderme offre une surface très-inégale et *bosselée*; il est d'un rouge plus ou moins prononcé, et il ressemble du reste, par sa texture fibreuse et sa grande amertume, à celui du calisaya (1re *édit.*, n° 488, F. 2).

Nota. Dans l'incertitude qui règne encore sur l'identité ou la diversité de l'arbre nommé par Mutis *Cinchona oblongifolia,* avec ceux qui ont été nommés par MM. Ruiz, Pavou et de Humboldt, *C. magnifolia*, il est difficile de dire quelle est la véritable source de ce quinquina rouge. Dans le *Bulletin de Pharmacie* (II, 305), M. Laubert la regarde comme une espèce inconnue, et attribue au *C. oblongifo-*

lia Mut., *magnifolia* R. P., un autre quinquina rouge qui est probablement celui dont il va être question. Dans le *Dictionnaire des Sciences médicales* (XLVI, 423), on donne au contraire comme caractère de l'écorce sèche du même arbre de ressembler à celle du calisaya, ce qui paraît se rapporter au quinquina précédent.

340. Dixième sorte. — *Quinquina rouge verruqueux.*

A. Écorces roulées de la grosseur du doigt ou davantage; épiderme mince, non crevassé, d'un gris-rougeâtre ou gris-verdâtre, remarquable par un grand nombre de points proéminens qui répondent aux parties verruqueuses du liber, et qui, ayant été plus exposés au frottement que les parties environnantes, sont en général usés et d'une couleur orangée. Le liber est d'un rouge pâle ou orangé, et d'une saveur amère-astringente (1re *édit.*, n° 489).

B. Écorces roulées à épiderme d'un gris rouge, dur, mince, très-adhérent au liber. Celui-ci est compacte, d'un rouge-brun, et chargé d'une grande quantité de verrues ou d'autres proéminences de formes variées. Cette écorce a une saveur très-amère et styptique, teint la salive en rouge, donne une poudre d'un rouge-orangé foncé (1re *édit.*, n° 487).

C. Écorces plates à épiderme mince, blanchâtre, marqué de très-petites fentes irrégulières, offrant quelques portions fongueuses plus élevées; partie ligneuse rouge, très-chargée de verrues (1re *édit.*, n° 488, F. 1).

D. Grosses écorces à épiderme blanchâtre à l'extérieur, mais très-fongueux à l'intérieur et formé d'une matière rouge pulvérulente, séparée par des lames grises d'un aspect micacé; liber d'un rouge vif, surtout dans les parties qui avoisinent l'épiderme, et offrant une surface très-inégale; cassure toute fibreuse; mais la coupe opérée à l'aide de la scie est lisse et très-résineuse à l'extérieur (1re *édit.*, n° 488, F. 3). Ce quinquina est recherché à cause de sa belle couleur rouge, et se vend toujours un prix fort élevé.

341. Onzième sorte. — *Quinquina rouge de Santa-Fé.*

Ce quinquina, décrit par M. Laubert sous le même nom (*Bull. Pharm.* II, 306), est entièrement roulé, bien cylindrique, de la grosseur du pouce, très-rugueux à l'extérieur, marqué en tous sens de nombreuses fissures, et, de distance en distance, d'autres fissures transversales plus apparentes. Son épiderme est mince, très-adhérent à la partie ligneuse, gris-foncé, chargé de taches jaunes cryptogamiques. L'écorce même est d'un rouge assez prononcé. Tous ces caractères se rapportent avec ceux des écorces moyennes du quinquina rouge vrai (339. *B*); mais voici ce qui distingue celui de Santa-Fé : il est pâteux sous la dent, non amer, mais acide et un peu astringent, à peu près comme certains faux sucs d'acacias. Il est comme fragile, et casse ordinairement, sous l'effort des mains, par un plan perpendiculaire à l'axe. Sa cassure est très-peu fibreuse, et cependant elle n'est pas nette comme celle des quinquinas chargés de résine; elle est inégale. Enfin cette cassure offre le singulier caractère de blanchir au bout de quelque temps, surtout à la partie interne, et si alors on l'examine à la loupe on voit qu'il s'y est formé une sorte d'exsudation blanche, grenue.

342. Douzième sorte. — *Quinquina rouge-orangé plat.*

Cascarilla del rey, Laubert, *Bull. Pharm.* II, 307. Ce quinquina, assez difficile à bien spécifier, est au quinquina rouge ce que le Q. jaune-orangé est au calisaya. Il est en écorces plates ou peu roulées, peu épaisses, à texture fine et fibreuse, à épiderme rougeâtre, mince et foliacé, non fendillé, recouvrant un liber inégal et raboteux, d'un rouge pâle ou orangé; la saveur en est astringente et amère.

Ce quinquina offre donc une grande ressemblance avec le Q. jaune-orangé (n° 338); mais il s'en distingue par sa saveur moins amère, par sa couleur intérieure, et par la surface de son liber, qui offre un grand nombre de petites verrues et de stries longitudinales proéminentes. Peut-être est-ce proprement cette écorce que La Condamine a désignée sous le nom de *quinquina rouge*, et M. Pavon sous celui de *C. colorada* (voir p. 412, note 1), et ne diffère-t-elle pas autrement du vrai quinquina du roi d'Espagne que par sa couleur et l'âge auquel elle a été récoltée.

D'un autre côté, le quinquina rouge-orangé offre d'assez grands rapports avec le quinquina rouge plat, à épiderme blanc, dont il sera traité ci-après, n° 343.

Examen chimique sur les Quinquinas rouges.

Fourcroy, pour faire l'analyse du quinquina rouge, en a épuisé, en différentes fois, une once par quatorze livres d'eau distillée. Les décoctions évaporées et refroidies ont laissé déposer une grande partie de la matière colorante, qui en a été séparée par ce moyen; et, en dernier résultat, elles se sont réduites presque à rien.

Le produit total de l'évaporation pesait trente-huit grains, sur lesquels l'eau froide a eu peu d'action. Cependant la liqueur filtrée rougissait le tournesol, noircissait le sulfate de fer, était précipitée par l'eau de chaux qui en dégageait en outre de l'ammoniaque : d'autres essais y ont démontré la présence de l'acide muriatique et de la chaux.

Le quinquina épuisé par l'eau a été traité par l'alcohol, et lui a fourni vingt-quatre grains d'une matière rouge, semblable à celle qui avait été enlevée par l'eau, si ce n'est que celle-ci est insoluble dans l'alcohol, par suite de quelque altération qu'elle a dû éprouver pendant sa longue coction.

Le résidu, pesant encore sept gros, s'est dissous presque entièrement dans une lessive de soude caustique. Ce résidu devait être du ligneux, encore combiné à de la matière colorante rouge.

La même quantité de quinquina rouge incinérée a donné

ESPÈCES.	CARACTÈRES DE L'ÉCORCE.	CARACTÈRES DU MACÉRÉ.	TEINTURE DE TOURNESOL.	GÉLATINE.	TAN.	ÉMÉTIQUE.	SULFATE DE FER.	SULFATE DE CUIVRE.	SULFATE DE SOUDE.	OXALATE D'AMMONIAQUE.	ACTIONS DIVERSES.
Q. rouge-vif faussement appelé Q. Piton. (5).		Rouge-orangé, amer astringent.		Précipité rougeâtre.		Ppté blanc jaunâtre.	Ppté vert.				
Cinchona magnifolia. (10).		Rouge-rubis, peu mucilagineux, légèrement amer, très-astringent	o. ou rougie.	Ppté abondant.		o.	Belle couleur verte d'oxide de chrôme.				
Quinquina de Santa-Fé. (2. 16).	Extérieur gris, intér. rouge; épais peu roulé; saveur astringente peu amère.	Rougeâtre, peu amer, mais astringent.	Rougie.	Flocons rougeâtres ou ppté brun.	o.	o.	Verdit sans ppté, ou ppté vert foncé.	Ppté brun rougeâtre.		Dépôt d'oxalate de chaux.	
Q. Q. rouge non verruqueux.	(339).	Jaune, très-amer.	Rougie.	Louche.	Ppté abondant.	Ppté très-abondant.	Précipité gris noirâtre.		Louche et flocons rouges.	Ppté abondant.	Le ppté gris noirâtre formé par le sulf. de fer se redissout dans un excès de sulfate; liqueur verte : plus tard il se reforme un ppté vert.
Q. rouge verruqueux.	(340, A).	Jaune assez foncé, saveur amère désagréable se rapprochant du tan.	Rougie.	o.	Ppté rouge.	Précipité.	Couleur verte de bile, et précipité.	o.	Ppté rougeâtre.	Précipité rougeâtre.	Précipite abondamment la noix de galle.
Q. rouge verruqueux.	(340. c, d).	Jaune; très-amer, acide.	Rougie fortement.	o.	Ppté rouge.	Précipité.	Couleur verte de bile.	o.	o.	Léger précipité.	Précipite abondamment la noix de galle.
Quinquina de Santa-Fé.		Jaune pâle, amer.	Rougie.	o.	Précipité.	Trouble.	Verdit sans précipité.	o.	o.	Précipité.	

treize grains d'une cendre composée de deux grains de sous-carbonate de potasse, deux tiers de grain de muriate de potasse, un demi-grain de sulfate de potasse, deux grains de magnésie, et d'environ huit grains de carbonate de chaux (*Ann. Chim.* VIII, 174).

Voici le tableau des essais de M. Vauquelin sur les quinquinas rouges, suivis de ceux que j'ai obtenus avec les quinquinas que j'ai décrits (voir le tableau).

MM. Pelletier et Caventou ont analysé le quinquina rouge vrai (n° 339. *C*) et se sont assurés qu'il contenait :

Une grande quantité de kinate acide de quinine et de kinate acide de cinchonine;

Du kinate de chaux;

Beaucoup de rouge cinchonique;

De la matière colorante rouge soluble (tannin);

De la matière grasse;

De la matière colorante jaune;

Du ligneux et de l'amidon.

Il résulte de cette analyse que le quinquina rouge est l'espèce la plus active, la propriété fébrifuge des quinquinas paraissant être en raison de la quantité de quinine et de cinchonine qu'ils contiennent.

Des Quinquinas a épiderme blanc.

343. Treizième sorte. — *Quinquina rouge-blanc.*

Écorces plates ou peu roulées, devant avoir appartenu à un tronc d'arbre ou à ses principales divisions; épaisses de 1 à 2 lignes, d'un rouge pâle, plus dures et plus compactes dans les grosses que dans les petites; à surface intérieure unie ou ligneuse; à surface extérieure inégale et raboteuse, recouverte d'une légère couche épidermoïdale blanche et comme micacée; saveur astringente et amère; odeur faible.

Cette écorce offre les plus grands rapports avec le quinquina rouge-orangé plat (n° 342); mais elle en diffère par sa couleur généralement moins foncée et par son épiderme blanc. On la trouve mêlée aux quinquinas rouges.

344. Quatorzième sorte. — *Quinquina blanc de Loxa.*

Je nomme ainsi un quinquina que j'ai trouvé mêlé en assez grande quantité au Q. gris de Loxa ou *delgada* (n° 329), et qui s'en rapproche effectivement par plusieurs de ses caractères.

A. Petites écorces longues et roulées comme le quinquina de Loxa, très-minces et ne dépassant pas une demi-ligne d'épaisseur; l'épiderme est très-uni, d'un blanc de craie, d'un blanc grisâtre, ou d'un gris rosé, et alors cette écorce se confond presque avec le quinquina dit *havane* (n° 334); la surface interne est presqu'aussi unie que celle de la cannelle, ou légèrement sillonnée, et dans les écorces qui n'ont pas souffert, cette surface offre une teinte rougeâtre assez vive, tandis que la substance même de l'écorce est d'une couleur très-pâle.

La saveur est astringente et amère, pâteuse et désagréable. L'odeur, qui est assez développée, est celle des quinquinas gris.

B. Les plus *grosses écorces* ont d'une ligne à deux d'épaisseur, sont presque plates, dures, compactes, ou à cassure fibreuse, mais d'une texture très-fine. La surface est inégale, raboteuse, uniformément blanche, et ressemble du reste aux grosses écorces tant du n° 343, que des n°s suivans 345 et 346; la surface interne est toujours lisse et d'un rouge plus prononcé que le reste.

Cette écorce est bien certainement celle que M. Laubert a décrite sous le nom de *quina blanca de Santa-Fé* (Bull. Pharm. II, 315), et qu'il attribue au *Cinchona macrocarpa* de Vahl ou *C. ovalifolia* de Mutis.

345. *Autre quinquina blanc.* J'ai trouvé dans le quinquina précédent un certain nombre d'écorces que je décris ici

faute de pouvoir les rapporter avec certitude à aucune des espèces de quinquinas blancs.

Écorces de la grosseur du petit doigt à celle du pouce ou davantage; épaisseur d'une à trois lignes; épiderme *tout-à-fait blanc*, doux au toucher, très-uni dans certaines écorces, fongueux et crevassé dans d'autres; cassure fibreuse, *presque blanche, devenant avec le temps d'un rouge assez vif.* Saveur *extrêmement amère*, suivie d'astriction.

346. Quinzième sorte. — *Quinquina Carthagène brun.*

Épiderme blanc, sans fissures, appliqué immédiatement sur un liber inégal, *raboteux, dur, compacte, très-pesant*, pouvant offrir jusqu'à 6 lignes d'épaisseur, prenant sous la scie l'aspect d'un bois marbré d'une couleur orangée brune. Beaucoup de morceaux provenant des rameaux sont contournés et comme tourmentés par la dessication. Ceux des plus jeunes branches sont cylindriques, bien roulés et ont une surface blanche très-unie. Tous sont également durs et compactes, *d'une couleur de chocolat* à l'intérieur, d'une saveur amère et astringente analogue à celle des quinquinas gris, mais plus désagréable, et tenant de celle de l'angusture.

Ce quinquina est celui qui a été analysé par MM. Pelletier et Caventou sous le nom de Q. carthagène, et auquel ils ont trouvé une composition semblable à celle des quinquinas gris et rouges; c'est-à-dire, qu'il est formé de kinates de cinchonine et de quinine, de beaucoup de rouge cinchonique, de kinate de chaux, etc. (*Journ. Pharm.* VII, 101.)

347. Seizième sorte. — *Quinquina Carthagène jaune.*

Fragmens d'écorces épais de 1 à 3 lignes, moins compactes et plus fibreux que les précédens, d'une couleur beaucoup plus pâle et jaunâtre, un peu spongieux sous la dent et d'une saveur amère.

C'est à cette sorte qu'il faut réunir l'écorce décrite dans ma 1re édition sous le n° 476, laquelle était remarquable par son peu d'épaisseur, par son épiderme blanc chargé d'une matière rougeâtre fongueuse, et par le grand nombre de points blancs perlés, que la simple vue faisait découvrir au milieu de ses fibres. C'est également à cette sorte que je crois pouvoir rapporter une écorce apportée de Chicoplaya, présentée à l'Académie royale de médecine par M. Lemaire-Lizancourt, et attribuée par lui au *C. micrantha* R. P.

Les points blancs perlés dont je viens de parler ne sont pas particuliers à la sorte de quinquina qui nous occupe; ils sont communs, au contraire, à tous ceux qui ont l'épiderme blanc et micacé, et ces deux caractères semblent être commandés l'un par l'autre. Ainsi ces points blancs sont très-apparens, surtout à l'aide de la loupe, dans les deux Q. Q. carthagènes durs, dans les deux qui vont suivre (nos 348 et 349), dans celui qui a précédé (n° 345), dans le Q. blanc de Loxa, dans le Q. rouge-blanc, et on en retrouve des traces jusque dans le Q. jaune-orangé, dont l'épiderme mince et feuilleté offre beaucoup d'analogie avec celui des Q. Q. blancs.

348. Dix-septième sorte. — *Quinquina Carthagène rouge.*

Cette écorce se trouve mêlée aux quinquinas rouges dont elle offre la couleur; mais elle s'en distingue facilement par son épiderme blanc, lisse et micacé, qui la range parmi les quinquinas carthagènes. Elle est quelquefois assez compacte, pesante, et d'une amertume très-prononcée; mais ordinairement elle est fibreuse, même un peu spongieuse et peu sapide; alors elle se rapproche beaucoup de la suivante.

349. Dix-huitième sorte. — *Quinquina Carthagène spongieux.*

Épiderme blanc, mince et micacé, ou épais de 2 à 3 lignes, et formé d'une matière jaune rougeâtre entièrement micacée, séparée en plusieurs couches par des lames d'un gris argentin; il est insipide et aussi désagréable à mâcher que celui du liége. La partie ligneuse est également d'un jaune rougeâtre, épaisse de 2 à 5 lignes, extrêmement fibreuse, légère, spongieuse sous la dent et insipide; la loupe y fait apercevoir des points blancs, opaques; la poudre est d'une couleur orangée foncée. Ce quinquina est attribué au *Portlandia hexandra* Jacq. (*Coutarea speciosa* Aublet.)

Des faux Quinquinas.

350. Dix-neuvième sorte. — *Exostema du Pérou*

Cette écorce a été trouvée chez M. André Thouin, professeur au Jardin-du-Roi, sans désignation d'espèce. Je l'ai facilement reconnue pour être celle de l'*Exostema peruviana* de MM. de Humboldt et Bonpland (*Plantes équin.* t. 38; *Dict. scienc. médic.* XLVI, p. 444-445); arbrisseau de 10 à 12 pieds, à écorce cendrée parsemée de tubercules blancs.

Cette écorce provient de jeunes branches, et a presque l'apparence de celle du cerisier. Elle est ou lisse, luisante, d'un gris sombre et parsemée de petits tubercules blancs, ou couverte d'un épiderme mince et cendré, sur lequel se dessinent de petits cryptogames noirs, linéaires (*opegrapha comma, peruviana, etc.,* Fée), et quelques *verrucaria.*

Le liber est mince, fibreux, naturellement verd, mais prenant une teinte noire par son exposition à l'air; l'intérieur de l'écorce conserve souvent une couleur verte livide. La poudre est verdâtre; la saveur très-amère, un peu sucrée; l'odeur nauséabonde. Cette écorce a la plus grande ressemblance avec la suivante.

351. Vingtième sorte. — *Quinquina caraïbe.*

Cinchona ou *Exostema caribæa.* Arbuste de 10 à 12 pieds d'élévation, trouvé à la Jamaïque, à Cuba, à Saint-

Domingue et à la Guadeloupe. Les rameaux sont d'un brun pourpre et parsemés de points cendrés.

« L'écorce sèche du tronc est en fragmens un peu convexes, d'une ligne et demie d'épaisseur, composée d'un épiderme profondément gercé, jaunâtre, spongieux et friable, et d'un liber plus pesant, dur, fibreux, d'un brun-verdâtre. L'écorce des branches est également brune et couverte d'un épiderme mince, grisâtre, recouvert de lichens. (Murray, *App. med.* VI, 58.) La saveur de cette écorce, d'abord sucrée et mucilagineuse, devient ensuite très-amère; elle colore la salive en jaune verdâtre, etc. » (*Dict. scienc. médic.* t. XLVI, p. 433.)

Je ne connaissais le quinquina caraïbe que par cette description, lorsque M. Cap, pharmacien de Lyon, eut la bonté de m'en envoyer quelques morceaux dont voici les caractères :

Fragmens d'écorces n'offrant que des restes d'un épiderme blanc, quelquefois épais de une à deux lignes, dur et profondément crevassé; mais ordinairement mince et offrant à sa surface une quantité considérable de petits cryptogames noirs et tuberculeux, entre autres le *Verrucaria tropica* Ach.

Liber épais d'une ligne, formé de fibres plates qui se séparent facilement les unes des autres par plaques minces; sa couleur naturelle paraît être le jaune foncé, mais par la dessication, ou par l'action prolongée de l'air, la plupart des morceaux prennent une teinte rouge ou brune noirâtre; l'amertume en est très-forte et désagréable ; il colore la salive en jaune orangé; sa poudre ressemble à celle du quinquina jaune.

Cette écorce, malgré son caractère fibreux, est très-pesante, et semble avoir été plongée dans une dissolution saline et séchée ensuite; d'autant plus qu'elle offre à la loupe, et même à la simple vue, des points brillans dont plusieurs ont une forme cristalline bien prononcée. Pour m'assurer si ce caractère n'était pas effectivement accidentel, j'ai lavé une écorce dans de l'eau froide, qui n'a offert ensuite aucun indice d'hydrochlorate ou de sulfate; je pense donc que les cristaux doivent être attribués à quelque principe inhérent à l'écorce.

352. Vingt-unième sorte. — *Quinquina piton.*

Cinchona ou *Exostema floribunda*, arbre de 30 ou 40 pieds, croissant surtout sur les montagnes des Antilles; et comme dans ces îles le sommet des montagnes se nomme *Piton*, l'écorce en a pris le nom de Q. Piton. Découvert en 1742, par Desportes, à Saint-Domingue.

A. Cette écorce, telle que je l'ai trouvée la première fois dans le commerce, est roulée, cylindrique, grosse comme le doigt, recouverte d'un épiderme variable : tantôt cet épiderme est d'un gris foncé, très-mince, ridé longitudinalement; tantôt il est recouvert de plaques cryptogamiques, blanches et tuberculeuses, et marqué de légères fissures transversales; d'autres fois, enfin, il est épais, fongueux, crevassé, blanchâtre à l'extérieur, jaunâtre à l'intérieur. Dans tous les cas l'écorce elle-même est mince, légère, très-fibreuse, sans ténacité, facile à déchirer ou à fendre dans le sens de sa longueur. Sa cassure est d'un gris jaunâtre, mais sa surface interne est d'une couleur plus ou moins noire, entremêlée de fibres blanches longitudinales; son odeur, quoique faible, est nauséeuse; sa saveur est excessivement amère et désagréable; elle donne une poudre d'un brun terne.

B. Je dois à M. Robinet un autre échantillon de quinquina piton dont les caractères physiques sont assez différens de ceux qui viennent d'être exposés, et qui paraît être celui dont il est question dans le *Journal de pharmacie*, t. II, p. 508. Ce quinquina se compose de deux sortes d'écorces; les unes, qui ont appartenu aux rameaux supérieurs de l'arbre, sont presque aussi minces que du papier, et néanmoins très-larges, ayant une surface presque unie ou faiblement chagrinée, d'un gris sombre et un peu rougeâtre; la surface intérieure est brunâtre, unie, et offre la même apparence fibreuse que la précédente. La poudre est d'un brun pâle ou blanchâtre; du reste cette écorce jouit des mêmes propriétés chimiques que la précédente et se comporte de même avec les réactifs.

C. Les secondes écorces de l'échantillon de M. Robinet, paraissent avoir appartenu au tronc de l'arbre, sont épaisses d'une ligne à une ligne et demie, et sont recouvertes d'un épiderme jaunâtre, peu épais, un peu spongieux et friable. Le liber est compacte, offre une cassure fibreuse à l'intérieur, mais donne sous la scie une coupe polie et orangée. La surface intérieure est striée, jaunâtre et noirâtre par places. Toutes ces écorces paraissent avoir une grande tendance à la moisissure, et il est rare que l'intérieur n'en offre pas des traces plus ou moins évidentes.

Analyse chimique. Le quinquina piton donne, par la macération dans l'eau, un liquide rouge très-foncé, très-amer, ne rougissant pas le tournesol, et paraissant plutôt alcalin qu'acide.

Une livre de poudre, traitée par l'eau bouillante jusqu'à épuisement complet, a donné neuf onces cinquante-six grains d'extrait. Lorsqu'au lieu de faire évaporer les liqueurs immédiatement, on les laisse refroidir en repos, elles déposent une matière noire, molle et filante, insoluble dans l'eau froide, pesant cinq onces; par une nouvelle évaporation, jusqu'à réduction à deux ou trois livres, il s'en dépose encore deux onces deux gros : la liqueur restante, mêlée au double d'alcohol, laisse précipiter une once de principe gommeux; 1er *principe immédiat*.

La matière gluante, précipitée par le refroidissement, ayant été traitée par l'alcohol, a laissé trois gros d'une poudre insoluble, d'un rouge magnifique, contenant elle-même deux gros d'un principe colorant du plus beau rouge (2e *principe*), et un gros de gomme.

La solution alcoholique évaporée spontanément, a laissé déposer une matière cristalline jaunâtre, 3e *principe.*

La liqueur évaporée ayant été étendue d'eau, a formé des flocons blancs jaunâtres, qui, lavés et séchés, pesaient un gros douze grains; 4e *principe.*

La liqueur, évaporée entièrement, a donné une sorte d'extrait (5e *principe*), contenant une très-petite quantité de sels de potasse et de chaux.

Le résidu du quinquina épuisé par l'eau était du ligneux (6e *principe*), contenant une assez grande quantité de carbonâte de chaux.

La matière gommeuse ne différait de la gomme ordinaire, que par sa couleur brune.

La poudre rouge est un principe colorant particulier, insoluble dans l'eau et l'alcohol, soluble dans les alcalis sans décomposition, donnant de l'ammoniaque à la distillation.

La matière cristalline jaune paraît être un autre principe peu soluble dans l'eau, soluble également dans les alcalis, donnant de l'ammoniaque à la distillation.

Les flocons blancs jaunâtres, précipités par l'eau de la dissolution alcoholique de l'extrait, se ramollissent sur les charbons, y exhalent une fumée blanche très-fétide, et donnent de l'ammoniaque à la distillation. Fourcroy les regarde comme une sorte de gluten.

La matière brune, qui fait les deux tiers de l'extrait, est d'une saveur très-amère, insoluble dans l'eau froide, soluble dans l'eau bouillante et dans l'alcohol, et donne un peu d'ammoniaque à la distillation (*Ann. de chim.*, VIII, 113).

Cette analyse, que l'on doit à Fourcroy, est sans contredit une des plus belles qui aient été exécutées sur une substance végétale, non seulement pour l'époque où elle a été faite (1790), mais même pour celle-ci. Elle n'est cependant pas entièrement satisfaisante, car il n'est pas probable que le quinquina piton contienne quatre principes azotés différens : on est plutôt porté à penser que la séparation de ces principes, n'a pas été parfaite; et c'est aussi probablement ce qui a empêché de les mieux caractériser.

On trouve une autre analyse du quinquina piton, par M. Moretti, dans le *Bulletin de Pharmacie*, t. III, p. 487; plus récemment encore MM. Pelletier et Caventou en ont fait l'objet de leurs recherches; ils se sont principalement attachés à y rechercher la quinine ou la cinchonine, et n'en ont pas rencontré.

353. Vingt-deuxième sorte. — *Quinquina pitaya.*

M. A. Delondre a reçu de la Colombie, sous le nom ci-dessus, une écorce demi-roulée, épaisse d'une ligne et demie, assez compacte, à fibres fines, d'une couleur jaune orangée foncée, couverte d'un épiderme jaunâtre, mince et foliacé. Cette écorce a une saveur amère et désagréable, analogue à celle de l'angusture vraie, et sa poudre a la couleur de celle du quinquina jaune.

M. Henri fils, qui a soumis à l'essai la petite quantité de cette écorce reçue d'Amérique, a constaté qu'elle contenait une assez grande proportion de cinchonine et de quinine; sa composition la place donc à côté des véritables quinquinas; tandis que, d'un autre côté, ses caractères physiques et son nom même de *pitaya*, qui semble être dérivé du mot *piton*, paraissent indiquer qu'elle est produite par un *exostema*.

354. Vingt-troisième sorte. — *Quinquina bicolore.*

Cette écorce, répandue il y a peu d'années en Italie sous le nom de *quina bicolore*, est connue dans le commerce anglais sous celui de *pitaya*, comme la précédente. Elle a été envoyée à M. Pelletier par M. Baska de Prague, sous le nom de *C. floribunda* ou de *Q. de Sainte-Lucie;* en France on l'a généralement, au contraire, regardée comme une espèce d'angusture vraie; mais elle me semble encore plus rapprochée des quinquinas pitons que de l'angusture.

Écorce sous la forme de tubes très-droits, longs de 8 à 10 pouces, bien roulés en volute ou en double volute; elle est épaisse d'une demi-ligne à trois-quarts de ligne, dure, compacte, non fibreuse et cassante. La surface extérieure est très-unie, d'une couleur uniforme grise-jaunâtre; la surface intérieure est d'un brun foncé ou noirâtre, quelquefois grise comme l'extérieure, et alors l'écorce n'offre véritablement que deux couleurs, ce qui lui a valu son nom. La cassure est orangée foncée; la saveur est amère, désagréable, analogue à celle de l'angusture; l'odeur nulle. La poudre a la couleur des quinquinas gris et rouge mêlés.

J'ai fait macérer un gros de poudre de quinquina bicolore dans trois onces d'eau. La liqueur filtrée avait une couleur orangée foncée, une saveur amère, non aromatique ni très-désagréable, une odeur de quinquina. Traitée par les réactifs, comparativement avec la véritable angusture, elle m'a donné les résultats suivans.

Résultats semblables à ceux de l'angusture.

Oxalate d'ammoniaque; louche et ppté coloré.
Nitrate d'argent; ppté insoluble dans l'acide nitrique.
Gélatine; rien.
Eau de chaux, trouble et ppté.

Résultats variés.

Deutochlorure de mercure; trouble et ppté jaune.
Noix de galle; ppté.

Résultats différens.

Teinture de tournesol; rien.
Nitrate de baryte; trouble et précipité coloré, insoluble dans l'acide nitrique.
Émétique; rien.
Sulfate de fer; couleur verte noirâtre et ppté.

Hydrocyanate de potasse ferrug.; rien; *acide hydrochlorique*; rien ou léger ppté bleu.

Potasse; couleur foncée, pas de précipité.

Acides nitrique et sulfurique; rien.

355. Vingt-quatrième sorte. — *Quinquina nova.*

Portlandia grandiflora L., arbre croissant à Surinam et à la Jamaïque.

Cette écorce, connue depuis une vingtaine d'années, est longue d'un pied, plus ou moins, roulée lorsqu'elle est petite, ouverte ou presque plate lorsqu'elle est plus grosse, ayant en général une forme parfaitement cylindrique. Son épiderme est blanchâtre, mince, uni, offrant à peine quelques cryptogames (dont un entr'autres sous la forme de plaques jaunes, cireuses, mamelonnées); sans autres fissures que quelques déchirures transversales répondant à celles du liber; et celles-ci ne paraissent être qu'un effet de la dessication, tandis que les impressions circulaires observées sur le quinquina jaune roulé, par exemple, tiennent à l'organisation même de l'écorce. Quelquefois l'épiderme manque. L'écorce proprement dite est épaisse de une à trois lignes (1), d'un rouge pâle incarnat, devenant plus foncé à l'air, surtout à la surface externe qui, lorsqu'elle est privée d'épiderme, est toujours d'un rouge brunâtre : sa cassure est feuilletée à l'extérieur, fibreuse à l'intérieur; et, lorsqu'on l'examine à la loupe, on découvre, entre les fibres et surtout entre les feuillets, une très-grande abondance de deux matières grenues, dont l'une est rouge et l'autre blanchâtre, ce qui donne à la masse la couleur rosée que j'ai indiquée. Quelques morceaux offrent dans leur cassure, et plus près

(1) L'écorce du tronc est épaisse de 5 à 6 lignes, couverte d'un épiderme blanc, friable, inégal et crevassé; du reste elle ressemble à celle des rameaux.

du bord externe que de l'interne, une exsudation jaune et transparente, comme une résine ou comme une gomme. L'écorce a une saveur fade, astringente, analogue à celle du tan, et une odeur faible qui tient le milieu entre celles du tan et du quinquina gris. La poudre est fibreuse et d'un rouge assez prononcé.

MM. Pelletier et Caventou n'ont trouvé ni quinine ni cinchonine dans le quinquina nova, et cette écorce leur a paru contenir : 1° une matière grasse; 2° un acide particulier, analogue aux acides gras, nommé *acide kinovique;* 3° une matière résinoïde rouge; 4° une matière tannante; 5° une gomme; 6° de l'amidon; 7° une matière jaune; 8° une matière alcalescente en très-petite quantité; 9° du ligneux (*Journ. Pharm.* VII, 109).

356. Vingt-cinquième sorte. — *Quinquina nova colorada.*

Je désigne ainsi une écorce reçue tout nouvellement dans le commerce, sous le nom de *quinquina colorada*, et qui, loin d'être analogue aux bonnes espèces de quinquina qui ont été nommées de même, me semble être bien plutôt une sorte de quinquina nova, malgré l'aspect extérieur qui paraît l'en éloigner.

Écorce roulée; épiderme très-rugueux, marqué de quelques fentes transversales, naturellement d'un rouge brun, mais assez uniformement revêtu d'un bissus blanc argenté, et offrant souvent, en outre, une sorte de champignon foliacé, découpé, d'un rouge de carmin très-vif sur ses bords et sur toute sa face inférieure (*hypochnus rubro-cinctus*, Fée, t. V). Liber couleur de lie de vin, assez mince dans les jeunes écorces, épais de 2 à 3 lignes dans les grosses, médiocrement fibreux à l'intérieur, offrant très-souvent vers sa partie externe une exsudation jaune et transparente, comme celle du Q. nova. Du reste cette écorce paraît plus dense et plus chargée de sucs que le Q. nova; elle a une saveur très-astringente, plus ou moins amère, et une odeur faible analogue à celle des quinquinas gris.

M. Henri fils, qui a examiné cette écorce, a constaté qu'elle contenait une petite quantité de cinchonine.

Voici les résultats de l'essai par les réactifs des différens faux-quinquinas dont il vient d'être question, et des quinquinas de Carthagène jaune et spongieux (*voir le tableau*).

Nota. Les quinquinas de Carthagène ne précipitent ni le sulfate de cuivre ni celui de soude.

Le quinquina caraïbe est le seul qui ne précipite pas l'oxalate d'ammoniaque.

Le macéré de quinquina nova présente absolument les mêmes résultats que le macéré de tan.

RÉCAPITULATION

Des quinquinas précédemment décrits.

I. *Quinquinas gris.*

SORTES.		N^os
1re. Q. gris-brun de Loxa,	*C. nitida.*	327
——— Inférieur,	*C. glandulifera?*	328
2e. Q. gris de Loxa,	*C. hirsuta.*	329
3e. Q. lima fin,	*C. lanceolata.*	330
Q. lima blanc,	*C. lanceolata.*	331
Q. gris huanuco,	*C. . . . . . .*	332
Q. gris, faux calisaya,	*C. . . . . . .*	333
4e. Q. havane,	*C. ovata.*	334
5e. Q. huanuco ferrugineux,	*C. . . . . . .*	335

II. *Quinquinas jaunes.*

SORTES.		N^os
6e. Q. du roi d'Espagne,	*C. condaminea.*	336
7e. Q. calisaya,	*C. lancifolia* M. ?	337
8e. Q. jaune-orangé,	*C. condaminea?*	338

ESPÈCES.	CARACTÈRES DU MACÉRÉ.	TEINTURE DE TOURNESOL.	GÉLATINE.	MACÉRÉ DE TAN.	NOIX DE GALLE.	ÉMÉTIQUE.	SULFATE DE FER.	OXALATE D'AMMONIAQUE.
Q. Carthagène jaune. (347).	Presqu'incolore; saveur amère peu sensible.	Rougie.	Léger louche.	Grand trouble.		Trouble.	Liqueur verte sans ppté.	Précipité.
Q. Carthagène spongieux. (349).	Incolore; saveur amère.	o.	o.	Précipité.		o.	Verdit à peine.	Grand trouble.
Exostema peruviana. (350).	Brun - jaunâtre foncé; saveur très-amère, un peu sucrée.	Rougie.	Précipité abondant.	Précipité.	Précipité.	Ppté orangé très-abondant.	Vert-noirâtre et ppté.	Ppté orangé abondant.
Quinquina caraïbe. (351).	Jaune - orangé très-foncé; odeur désagréable; saveur amère très-désagréable.	Faiblement rougie.	Trouble et ppté.	Trouble.	Précipité.	Ppté orangé-rouge très-abondant.	Vert-noirâtre et ppté.	o.
Quinquina piton. (352).	Brun; saveur excessivement amère.	Rougie.	Grand trouble et ppté.	Trouble.	Précipité.	Trouble et ppté rougeâtre.	Vert-noirâtre et ppté.	Précipité.
Quinquina pitaya. (353).	Presqu'incolore; saveur amère.				Précipité.	Ppté blanc abondant.	Vert-clair et ppté.	Précipité.
Quinquina bicolore. (354).	Amer, non aromatique ni très-désagréable.	Rougie.	Léger louche.	Précipité.	Précipité.	o.	Vert-noirâtre et ppté.	Précipité coloré.
Quinquina nova. (355).	Rouge jaunâtre; odeur de tan; saveur peu sensible.	Faiblement rougie.	Ppté abondant brun-rougeâtre.	o.	o.	Léger louche.	Précipité bleu.	Ppté peu abondant.
Q. nova colorada. (356).	Rouge jaunâtre clair. Saveur astringente.	Rougie.	Précipité abondant.	o.	o.	o.	Ppté noir-verdâtre très-abondant.	Ppté peu abondant.

III. *Quinquinas rouges.*

SORTES.			Nos
9e.	Q. rouge non verruqueux,	*C. oblongifolia* M. ?	339
10e.	Q. rouge verruqueux,	*C.*	340
11e.	Q rouge de Santa-Fé,	*C.*	341
12e.	Q. rouge-orangé plat,	*C. condaminea ?*	342

IV. *Quinquinas blancs.*

SORTES.			Nos
13e.	Q. rouge-blanc,	*C.*	343
14e.	Q. blanc de Loxa,	*C. macrocarpa?*	344
	Q. blanc. . . . ,	*C.*	345
15e.	Q. carthagène brun,	*C.*	346
16e.	Q. carthagène jaune,	*C. micrantha !*	347
17e.	Q. carthagène rouge,	. . . .	348
18e.	Q. carthagène spongieux,	*Portlandia hexandra* !	349

V. *Quinquinas faux.*

SORTES.			Nos
19e.	Q. . . . . ,	*Exostema peruviana.*	350
20e.	Q. caraïbe,	*E. caribæa.*	351
21e.	Q. piton,	*E. floribunda.*	352
22e.	Q. pitaya,	. . . .	353
23e.	Q. bicolore,	. . . .	354
24e.	Q. nova,	*Portl. grandiflora.*	355
25e.	Q. nova colorada,	. . . .	356

357. *De l'écorce de Solanum pseudo-kina.*

Cette écorce, employée au Brésil comme succédanée du quinquina, a été rapportée de ce pays par M. Auguste de Saint-Hilaire. Elle ressemble beaucoup à la canelle blanche; mais elle est inodore, et sa surface intérieure, au lieu d'être blanche, est d'un gris qui tranche avec la cassure blanche et grenue de l'écorce. La saveur en est très-amère et désagréable. M. Vauquelin en a fait l'analyse (*Journ. Pharm.* XI, 49).

358. *De l'écorce de Sureau.*
Cortex Sambuci. — Off.

Sambucus nigra L. Pentandrie trigynie; dicotylédones monopétales épigynes à anthères distinctes, famille des caprifoliacées.

Car. gén. Calice à 5 dents; corolle en roue à 5 divisions; 5 étamines; 1 style; 1 stigmate; baie à 3 ou 4 graines; fleurs en cime. — *Car. spéc.* Cimes à 5 branches; feuilles pinnées; folioles sous-ovales dentées; tige d'arbre. (— *Car. spéc.* de l'*ièble*, *Sambucus Ebulus* L. Cimes à 3 branches, stipules foliacées; tige herbacée.)

Le sureau est un arbuste qui répand une odeur désagréable, et dont le bois très-léger renferme un canal médullaire très-large, surtout dans les jeunes branches. Ces jeunes branches poussent très-rapidement, et sont recouvertes d'un épiderme vert d'abord, mais qui ne tarde pas à devenir gris et parsemé d'aspérités. C'est l'écorce de ces branches que l'on emploie en médecine. Pour la recueillir, on coupe les branches du sureau, on racle légèrement, avec un couteau, l'épiderme gris, puis on enlève par lambeaux l'écorce verte qui est dessous, et on la fait sécher. Cette écorce est alors sous la forme de lanières très-fines, d'un blanc verdâtre, d'une saveur douceâtre astringente, d'une odeur faible. Elle est vomitive et purgative à la dose d'une once par pinte de décoction. Elle est employée dans l'hydropisie.

L'écorce d'ièble a les mêmes propriétés.

La fleur de sureau est aussi usitée, et même l'est beaucoup plus que l'écorce. Sur l'arbre elle est disposée en très-belles cimes blanches et fort odorantes : séchée, elle est d'un très-petit volume, jaune et d'une odeur encore forte et agréable. On en prépare une eau distillée, un vinaigre aromatique, et différentes préparations magistrales. Elle est sudorifique et résolutive.

Enfin on récolte la baie de sureau pour en tirer le suc et le réduire en extrait. Ces baies sont grosses comme de petits pois, presque noires et remplies d'un suc rouge foncé, passant au violet par les alcalis, et au rouge vif par les acides. On les nommait autrefois *grana actes*, ce qui ne veut rien dire autre chose que graine de sureau, ακτη étant le nom grec de l'arbre.

359. *De l'écorce de Tamarisc.*
Cortex Tamaricis. — Off.

Tamarix gallica L. Pentandrie trigynie; dicotylédones polypétales pérignes, famille des portulacées.

Car. gén. Calice persistant à 5 divisions; corolle à 5 pétales, 5 à 10 étamines libres ou monadelphes; capsule uniloculaire trivalve; semences aigrettées. — *Car. spéc.* Fleurs pentandres (l'autre espèce, le *Tamarix germanica*, a les fleurs décandres).

Le tamarisc est un arbre de moyenne hauteur, qui croît en Italie, en Espagne et dans le midi de la France, dans les lieux humides. On le cultive aussi dans nos jardins. Ses feuilles sont très-menues, approchantes de celles du cyprès ou de la sabine, mais d'un vert plus pâle et jaunâtre, et non odorantes. Son écorce sèche est légère, d'un gris brun ou verdâtre à l'extérieur, rouge à l'intérieur, et se séparant, lorsqu'on la casse, en lames plates, dont chaque surface est chagrinée, et qui, lorsqu'elles sont très-minces, offrent un réseau hexagone allongé, très-propre à démontrer la manière dont les fibres des écorces, en général, forment des mailles en se déjetant alternativement à droite et à gauche, et en se soudant aux points de contact:

L'écorce de tamarisc a une saveur astringente, légèrement nauséeuse et très-faiblement amère. Elle donne beaucoup de potasse par sa combustion. Elle est peu employée en médecine.

360. *De l'écorce de Winter* nommée aussi *Costus âcre*.
Cortex Winteræ. — Off.

Cette écorce a pris son nom de *Winter*, commandant de vaisseau, parti avec Drake, en 1577, pour faire le tour du monde, et qui, obligé par la tempête de séjourner au détroit de Magellan, abandonna le chef de l'expédition, et revint en Angleterre en 1579, apportant avec lui cette écorce, dont il fit usage, comme d'épice, durant la traversée. Il crut pouvoir attribuer à son emploi la guérison du scorbut, dont sc équipage fut attaqué, et lui donna par-là une sorte de c brité.

L'écorce de Winter vient donc des terres magellan L'arbre qui la produit a été nommé, par Solander, *W rana aromatica;* par Forster et Linné jeune, *Drymis teri;* cet arbre appartient à la polyandrie polygynie né, et à la famille des magnoliacées.

L'écorce de Winter est en morceaux roulés, qui ont nairement un pied de long, et dont le diamètre varie de quarts de pouce à deux pouces, et l'épaisseur de deux lignes; elle est ordinairement raclée à l'extérieur, ass et grise, ou d'un gris rougeâtre sale; l'intérieur du tube de la même couleur, et d'autres fois noirâtre; les plus gros morceaux sont intacts à l'extérieur, et médiocrement rugueux (1). Cette écorce a une cassure compacte, grise vers la circonférence, rouge à l'intérieur, et offrant ordinairement une ligne de démarcation très-sensible. Elle a une odeur de basilic et de poivre mêlés, qui devient tellement forte par la pulvérisation, qu'on ne peut plus la comparer

---

(1) Il paraît que ce sont ces grosses écorces de Winter qui se trouvent désignées dans Lemery sous le nom d'*écorce Caryocostin*.

qu'à celle de l'essence de térébenthine. Sa saveur est âcre et brûlante; sa poudre a la couleur de la poudre de quinquina.

Un dernier caractère de cette écorce, est de présenter, çà et là, à sa surface, des taches rouges elliptiques, qui sont des vestiges de tubercules étoilés, s'élevant, dans l'état naturel, au dessus de l'épiderme. L'écorce de Winter entre dans le vin diurétique amer de la Charité.

IVe DIVISION. — *Des Bulbes et des Bourgeons.*

361. *De la bulbe d'Ail.*

Bulbus Allii. — Off.

Allium sativum L. Hexandrie monogynie; monocotylédones à étamines périgynes, famille des asphodélées.

Car. gén. Fleurs en ombelle enveloppées d'une spathe; calice ouvert à 6 divisions profondes; 6 étamines, 1 style; capsule triloculaire. — *Car. spéc.* Tige bulbifère à feuilles planes et linéaires; bulbe composée; étamines à 3 pointes.

Cette plante, haute de 2 pieds, est pénétrée d'un suc âcre, volatil, et qui réside surtout dans sa bulbe. Cette bulbe est composée de *cayeux*, dont chacun est muni de ses enveloppes. Elle a une saveur âcre et caustique, une odeur forte, irritante et très-tenace. Elle incommode surtout les yeux lorsqu'on la monde de ses pellicules ou qu'on la pile. Elle est usitée comme assaisonnement. Elle est aussi anthelmintique et prophylactique, et entre dans la composition du vinaigre des quatre voleurs. Elle contient beaucoup de mucilage, du soufre, et une huile volatile pesante et caustique.

Autres espèces usitées dans l'art culinaire :

L'Ognon, *Allium Cepa* L.

L'Échalotte, *Allium Ascalonicum* L.

La Civette, *Allium Schœnoprasum* L.

Le Porreau, *Allium Porrum* et *A. Ampeloprasum* L.

La Rocambolle, *Allium Scorodoprasum* L.

De la bulbe de Colchique.

(Voyez *Racine de colchique*, p. 270.)

362. *De la bulbe de Lis.*
Bulbus Lilii. — Off.

Lilium candidum L. Hexandrie monogynie; famille des liliacées.

Car. gén. Calice coloré en cloche, à 6 divisions profondes, portant des lignes nectarifères longitudinales; 6 étamines; 1 style terminé par un stigmate épais à 3 lobes; capsule alongée, triangulaire, triloculaire, dont les valves sont réunies à l'aide de poils entrelacés. — *Car. spéc.* Feuilles éparses; calice en cloche, glabre en dedans.

Cette plante fait l'ornement des jardins par la beauté de ses fleurs qui sont disposées en grand nombre le long du sommet de la tige, et d'une blancheur éblouissante. Elles sont douées d'une odeur très-agréable d'abord, mais qui ne tarde pas à porter à la tête. On en prépare en pharmacie une eau distillée et une huile par infusion.

Les bulbes de lis sont fort grosses et composées d'écailles, ou feuilles avortées, courtes, épaisses et peu serrées. On les emploie en cataplasme, étant cuites sous la cendre. Elles sont émollientes.

363. *De la bulbe de Scille.*
Bulbus Scillæ. — Off.

Scilla maritima L. Mêmes classes et ordres que la précédente.

Car. gén. Calice coloré à 6 divisions très-profondes, ouvertes, tombantes; 6 étamines; filets aplatis; 1 style; 1 capsule à 3 loges. — *Car. spéc.* Fleurs nues accompagnées d'une bractée réfléchie et comme articulée.

La bulbe de scille est très-volumineuse, composée de tuniques serrées, rouge ou blanche selon la variété de la plante; mais la rouge est la seule usitée en médecine. On nous l'envoie récente d'Espagne et des îles de la Méditerranée. Les premières tuniques en sont rouges, sèches, minces, transparentes, presque dépourvues du principe âcre et amer de la scille; on les rejette. Les tuniques du centre sont blanches, très-mucilagineuses et encore peu estimées. Il n'y a donc que les tuniques intermédiaires que l'on doive employer. Elles sont très-amples, épaisses et recouvertes d'un épiderme blanc rosé; elles sont remplies d'un suc visqueux, inodore, mais très-amer, très-âcre et même corrosif. Ces dernières propriétés se perdent en partie par la dessiccation, et l'amertume domine alors. Pour faire sécher ces tuniques, on les coupe en lanières, on les enfile en forme de chapelets, et on les suspend dans une étuve; il faut les y laisser long-temps pour être certain de leur entière dessiccation; et il est nécessaire de les conserver dans un endroit sec, parce qu'elles attirent fortement l'humidité.

La scille est employée en poudre, en extrait, en teinture, en miel et en oximel.

Suivant M. Vogel, qui a fait l'analyse de la bulbe de scille, elle est composée d'un principe particulier (scillitine) d'une amertume excessive, soluble dans l'eau et dans l'alcohol, déliquescent, et auquel la scille doit une partie de ses propriétés; de gomme, de tannin, de citrate de chaux, de matière sucrée, de fibre ligneuse, et d'un dernier principe âcre et corrosif, mais que l'auteur n'a pu isoler (*Ann. de Chim.* LXXXIII, 147).

En 1820, M. Tilloy, pharmacien de Dijon, a présenté à l'académie de cette ville une autre analyse de la scille dont un seul résultat est venu à ma connaissance; c'est que la scillitine de M. Vogel est un mélange de sucre incristallisable, d'une matière excessivement âcre, et d'une troisième substance très-amère que l'auteur n'a pu isoler.

364. *Du bourgeon de Peuplier.*
Gemma Populi. — Off.

512. *Populus nigra* L. Diœcie octandrie; dicotylédones diclines irrégulières, famille des amentacées.

Car. gén. Fleurs dioïques; chatons cylindriques composés d'écailles déchirées au sommet. *Fleurs mâles* ayant de 8 à 30 étamines qui sortent d'un godet tronqué obliquement. *Fleurs femelles* portant 4 stigmates; capsule à 2 valves et à 2 loges; graines nombreuses aigrettées.—*Car. spéc.* Feuilles deltoïdes pointues, dentées en scie.

Les bourgeons de cet arbre sont oblongs, pointus, longs d'environ six lignes, épais de deux, d'un vert jaunâtre, enduits d'une matière résineuse, glutineuse, très-odoriférante. On peut les faire sécher, et ils conservent encore beaucoup d'odeur et leurs autres propriétés; mais on préfère les employer récens. Ils font la base de l'onguent *populeum.*

Il y a deux autres espèces de peuplier communes dans ce pays, le *Peuplier blanc* et le *Peuplier Tremble; Populus alba* et *Populus Tremula* L. Le premier se distingue du peuplier noir, par son bois qui est plus blanc, moins dur et moins nerveux; il est aussi moins gros et moins grand. Le second a été nommé *tremble*, à cause de ses feuilles qui sont dans une agitation presque continuelle, même lorsque l'air ne paraît pas sensiblement agité.

Une autre espèce non moins remarquable par sa forme conique et sa majestueuse grandeur, est le *peuplier* venu d'*Italie, Populus fastigiata.*

365. *Du bourgeon de Sapin.*
Gemma Abietis. — Off.

Abies pectinata DC. *Pinus Picea* L. Monoécie monadelphie; dicotylédones diclines irrégulières; famille des conifères.

Car. gén. Chatons mâles solitaires; cône composé d'écailles minces, arrondies au sommet, ni épaissies, ni anguleuses, ni ombiliquées sur le dos; feuilles solitaires. — *Car. spéc.* Cônes redressés, feuilles déjetées sur deux rangs.

Ce sapin a la tige droite, les branches horizontales, la tête pyramidale, les cônes redressés, l'écorce blanchâtre, le bois tendre et résineux. Il fournit beaucoup de mâts de vaisseaux, et de bois de construction. Ses bourgeons qui nous viennent des pays septentrionaux, et surtout de Russie, ont une forme conique arrondie, et sont ordinairement composés de cinq ou six bourgeons latéraux, placés tout autour de la base d'un bourgeon terminal plus gros, long de six lignes à un pouce; ils sont revêtus d'écailles rougeâtres, droites, et sont tout gorgés de résine, dont une partie même est exsudée sous la forme de larmes à leur surface; leur odeur et leur saveur sont résineuses, légèrement aromatiques; on les emploie dans les affections scorbutiques, goutteuses et rhumatismales.

366. On trouve dans le commerce deux autres espèces de bourgeons que l'on substitue quelquefois aux premiers, mais qui sont produits par des arbres différens : les uns sont les bourgeons du pin sauvage, *Pinus silvestris* L. Ils viennent du Berry; sont d'une couleur plus foncée que ceux de sapin, beaucoup plus longs, cylindriques et recouverts d'écailles recourbées en dehors et roulées en volutes. Ils sont rarement chargés d'exsudation résineuse. Les autres sont produits par l'*Abies alba* (la sapinette blanche), et viennent d'Allemagne; ils sont longs d'un pouce à dix-huit lignes, cylindriques, d'une à deux lignes de diamètre seulement, tout recouverts d'écailles jaunes très-petites, imbriquées très-régulièrement. Ces deux espèces de bourgeons paraissent employées en Allemagne; en France on préfère ceux du sapin, comme étant plus résineux et plus aromatiques.

FIN DU TOME PREMIER.

ADDITIONS.

1°. A l'article *Or*, page 84.

En parlant des usages de l'or, j'ai omis de faire mention des titres de ce métal en France. Le titre de l'or des monnaies est à 0.900, c'est-à-dire que 1000 parties d'alliage contiennent 900 parties d'or pur et 100 parties de cuivre ou d'argent. L'or d'orfèvrerie a trois titres autorisés, qui sont 0.920, 0.840 et 0.750.

2°. Aux articles *Sulfures d'arsenic*, pages 111—115.

Me fondant sur l'usage que les anciens faisaient des sulfures d'arsenic naturels et sur les expériences d'Hoffmann et du docteur Renault, j'ai peut-être trop insisté sur l'inocuité de ces sulfures, lorsqu'ils sont entièrement privés d'oxide. Il reste toujours certain qu'ils sont beaucoup moins vénéneux que l'oxide, surtout le véritable réalgar qui l'est encore moins que l'orpiment; mais enfin tous deux le sont, ainsi qu'il résulte de nouvelles expériences tentées par M. Orfila. (*Journ. Chim. Méd.*, II, 153.)

3°. A l'article *Racine de Garance*, page 289.

MM. Collin et Robiquet viennent d'isoler le principe colorant de la garance et l'ont obtenu sublimé en longues aiguilles pourpres. Ils ont nommé ce principe *Izarin* du nom *Izari* que la garance porte dans le Levant.

4°. A l'article *fausse Salsepareille*, page 350.

Au nombre des racines qui sont substituées à la salsepareille, j'ai fait mention de celle de l'*Aralia nudicaulis;* je me suis procuré cette substance depuis, et comme elle simule presqu'entièrement la salsepareille, je crois devoir revenir sur les caractères propres à la faire reconnaître.

Cette substance est une tige rampante et non une racine; son épiderme est d'un gris un peu rougeâtre, profondément sillonné par suite de la dessiccation, tout-à-fait semblable à celui de la salsepareille; au dessous se trouve une partie corticale grise ou blanchâtre, spongieuse, molle, quelquefois gluante et comme gorgée d'un suc mielleux; à l'intérieur est un corps ligneux, blanchâtre, cylindrique, percé au centre d'un large canal médullaire, et ce caractère est celui qui distingue le mieux la tige de l'*aralia nudicaulis* de la salsepareille, dont le cœur est plein et ligneux. Cette tige a une odeur fade peu marquée et une saveur d'abord sucrée, puis assez fortement amère.

Il y a quelques années qu'une assez grande quantité de tige d'aralie est arrivée en France, d'où elle paraît avoir été repoussée. Aujourd'hui quelques commerçans de Paris la tirent d'Allemagne, pour la mêler à la salsepareille qu'ils débitent toute coupée : avis aux consommateurs.

ERRATA.

Page 105, ligne 6, *au lieu de :* (p. 00), *lisez :* (p. 46). — Pag. 239, *au tableau, au lieu de :* épigyne { ét. distinctes, ét. réunies, *lisez :* épigyne { ét. réunies. ét. distinctes. — Pag. 262, lig. 7, *au lieu de :* Radix Betæ. Rapaceæ, *lisez :* Radix Betæ rapaceæ. — Pag. 272, lig. 15, au lieu de : *occulus*, lisez : *Cocculus*.

www.ingramcontent.com/pod-product-compliance
Ingram Content Group UK Ltd.
Pitfield, Milton Keynes, MK11 3LW, UK
UKHW022321190726
13856UKWH00001B/137

9 782013 414951